精确高效求解辐射传递方程的DRESOR法

DRESOR Method for Accurately and Efficiently Solving Radiative Transfer Equation

程　强　黄志锋　周怀春　著

科学出版社
北　京

内 容 简 介

在高温工业设备中，辐射换热是一种主要的传热方式，准确地计算辐射换热量对于高温系统设计、设备监测及安全优化运行有重要的指导意义。同时，在利用辐射图像法进行温度场测量等逆问题分析过程中，辐射传递过程的计算是逆问题求解的前提。本书致力于介绍一种适用对象广、计算效率高的高方向分辨率辐射强度计算方法——DRESOR 法。本书系统介绍 DRESOR 法的原理及其用于处理不同的辐射问题，包括一维/多维各向同性和异性散射、梯度折射率介质、瞬态辐射传递等，全面分析 DRESOR 法的计算精度及效率，并把它应用于基于图像处理的燃烧检测技术中。本书充分说明 DRESOR 法是一种能有效处理各种复杂辐射传热问题的高效可靠求解方法。

本书可供工程热物理、光学工程等相关领域从事辐射传递过程计算的科研人员、工程技术人员以及高等学校相关专业教师、研究生和高年级本科生参考。

图书在版编目(CIP)数据

精确高效求解辐射传递方程的DRESOR法 = DRESOR Method for Accurately and Efficiently Solving Radiative Transfer Equation / 程强，黄志锋，周怀春著. —北京：科学出版社，2019.6

ISBN 978-7-03-061266-3

Ⅰ. ①精… Ⅱ. ①程… ②黄… ③周… Ⅲ. ①辐射热传递-计算方法-研究 Ⅳ. ①TK124

中国版本图书馆CIP数据核字(2019)第094643号

责任编辑：范运年 / 责任校对：彭珍珍
责任印制：师艳茹 / 封面设计：蓝正设计

科学出版社 出版
北京东黄城根北街 16 号
邮政编码: 100717
http://www.sciencep.com
天津市新科印刷有限公司 印刷
科学出版社发行 各地新华书店经销
*
2019 年 6 月第 一 版 开本：720 × 1000 1/16
2019 年 6 月第一次印刷 印张：17 1/2
字数：350 000

定价：158.00 元

（如有印装质量问题，我社负责调换）

前　言

热辐射是热传递的基本方式之一。在许多工程应用中，如炉膛内燃烧、高温材料的热加工、太阳能利用等，辐射换热更是一种主要的传热方式。通过辐射传递方程可以求解热辐射的传递过程。本书中介绍一套 DRESOR (distributions of ratios of energy scattered or reflected)法，能精确高效求解各种复杂辐射传热问题中的辐射传递方程，得出高方向分辨率辐射强度。该方法兼顾计算效率和计算精度，并且便于处理复杂结构中复杂介质特性的辐射传热问题。目前已发表相关学术论文50余篇，其中包括发表在*International Journal of Heat and Mass Transfer*、*Journal of Heat and Transfer*、*International Journal of Thermal Sciences*、*Journal of Quantitative Spectroscopy & Radiative Transfer* 等热科学领域国际知名刊物上的 SCI 论文 30 余篇。

目前，国内外一些求解辐射传递方程方法得到的往往是辐射强度积分量，如辐射热流、辐射内热源等，而无法有效计算高方向分辨率的辐射强度；另外，由于数学计算处理形式复杂，难于处理复杂多维辐射传热问题，应用上存在一定局限性。具有许多优势的蒙特卡洛法可以综合考虑辐射传递过程中所有重要的影响而不需要近似，所获解的精确性由计算时间和统计误差的综合因素决定，但还没有被应用在空间具有较高方向分辨率的辐射强度分布和辐射传递方程的求解中。本书采用蒙特卡洛法求解辐射强度在空间具有较高方向分辨率的分布方面进行了探索研究。很明显，这对于蒙特卡洛法的求解能力的提高具有重要的意义，为复杂辐射传递问题求解增添了新的途径，为推动辐射传递问题研究向前发展作出贡献。

本书内容丰富全面，基本覆盖了工程实际中遇到的各类辐射传热问题，包括不同维数几何结构：一维、二维及三维；不同坐标系：直角坐标和柱坐标；不同时间尺度：稳态和瞬态辐射传热问题；不同介质类型：梯度折射率介质及各向异性散射介质；不同壁面条件：漫反射、镜反射及双向反射分布函数 BRDF (bidirectional reflectance distribution function)壁面。本书一个突出特点是，在多种求解条件下，介绍了能更准确反映壁面实际特性的耦合 BRDF 壁面条件下的辐射传递问题求解。

本书的研究内容得到国家自然科学基金重点项目“火焰多波段热辐射图像分析处理及热物理量场重建燃烧诊断”(No.50636010)、国家杰出青年科学基金项目“热辐射分析与燃烧监控”(No.51025622)、国家自然科学基金面上项目“基于高光谱成像分析的煤焦高温燃烧机理研究”(No.51676077)、国家自然科学基金面上项目“基于红外辐射图像分析的气体燃烧系统内三维温度场反演研究”(No.51676142)、国家自然科学基金青年科学基金项目“精确、高效求解实际辐射传热问题的 DRESOR 法研究”(No.50906027)、中国博士后特别基金资助项目(No.200801307)及中国博士后基金一等资助项目(No.20070420171)、华中科技大学煤燃烧国家重点实验室自主研发基金项目(No.FSKLCCB1601，No.FSKLCCB1901)等的支持。作者还要感谢为本书的研究内容做出重要贡献的张向宇、王贵华、王志超、张险、陈杰、柴家乐、马文维、周奕帆、刘杨等课题组中已毕业的博士及硕士研究生。本书的出版过程中，欧涵和黄正伟做了较多的文字整理工作，对他们的辛勤付出表示感谢！本书的出版得到华中科技大学自主创新基金创新团队培育项目(No.2016YXZD009)经费的支持，在此表示感谢！

限于作者的知识视野和学术水平，书中难免存在不当之处，恳请读者批评、指正。

作　者

2019 年 1 月 10 日

目　录

主要符号表

$\boldsymbol{A}$	系数矩阵
A	单位表面积，m^2
A_m	散射相函数系数
a	黑度；相函数系数
$\boldsymbol{C}$	系数矩阵
C_0	补偿系数，m^{-3} 或 m^{-2}；形状因子
C_1	补偿系数，m^{-3} 或 m^{-2}
C_α	归一化因子
$C_{\max}$	归一化因子最大值
c	声速，m/s
c_0	真空中光速，2.998×10^8 m/s
c_1	第一辐射常数，$3.741832\times10^8\ \mathrm{W\cdot\mu m^4/m^2}$
c_2	第二辐射常数，$1.4388\times10^4\ \mathrm{\mu m^4\cdot K}$
$\boldsymbol{D}$	正则化矩阵
D_a	吸收距离，m
D_s	散射距离，m
$\boldsymbol{E}$	辐射能向量
E	辐射力，W/m^2；辐射能，W
E_R	辐射能信号，W/m^2
E_0	能束初始能量，W
E_λ	单色辐射力，$W/(m^2\cdot\mu m)$
E_b	黑体辐射力，$W/(m^2\cdot\mu m)$
$E_{\mathrm{b}\lambda}$	黑体光谱辐射力，W/m^2
G	入射辐射，W/m^2
g	散射非对称因子
H	Heaviside 函数；待求变量
$\boldsymbol{I}$	辐射强度向量；单位矩阵
I	辐射强度，$W/(m^2\cdot sr)$
I_i	入射辐射，$W/(m^2\cdot sr)$
I_λ	光谱辐射强度，$W/(m^2\cdot\mu m\cdot sr)$

$I_{b\lambda}$	光谱黑体辐射强度，W/(m^2·μm·sr)
I_r	反射辐射，W/(m^2·sr)
I_{ow}	边界入射辐射强度，W/(m^2·sr)
$\boldsymbol{J}$	雅可比矩阵强度
$\boldsymbol{K}$	系数矩阵
K	模型系数
k_λ	单色吸收因子
M	离散方向数；勒让德多项式总阶数
$\underline{m}$	表面均方根斜率
N_0	追踪能束数
$\boldsymbol{N}$	法向矢量
N	均匀性介质折射率，真空中为 1
n_w	系统边界，积分路径末端
$P(\cdot)$	概率
P	方位角坐标下的散射相函数
P_m	勒让德多项式
Q	能量，W
$\dot{Q}$	介质内辐射热源，W/m^3
q	辐射热流，W/m^2
$\tilde{q}$	无量纲反射热流
$\boldsymbol{R}$	正交矩阵；柱坐标轴
R_0	普适气体常数，8314 J/(kmol·K)
R_d	READ 数
R_d^d	直接能量份额，m^{-2}·sr^{-1}
R_d^i	间接能量份额，m^{-2}·sr^{-1}
R_d^s	散射能量份额，m^{-3} 或 m^{-2}
$\boldsymbol{r}$	位置矢量
r	半径，m
$\boldsymbol{S}$	三维温度场的输出向量
S	源函数，W/(m^2·sr)
$\hat{\boldsymbol{s}}_i$	入射方向矢量
$\hat{\boldsymbol{s}}_r$	反射方向矢量
$\boldsymbol{s}'$	散射方向矢量
s	能束行进距离，m
$\boldsymbol{T}$	温度向量，其元素为绝对温度的四次方

T 绝对温度，K

t 时间，s

t_p 单位时间步长

t^* 无量纲化时间

t_λ 光谱透射率

u 速度，m/s

V 体积，m^3

$\boldsymbol{V}$ 速度矢量

v 速度绝对值

W 圆盘

w_m 离散坐标(DO)法的离散积分集的权值

$\boldsymbol{X}$ 物理坐标系，$[X \quad Y \quad Z]^T$

Y_i 出射辐射角度测量值，$W/(m^2 \cdot sr)$

$\boldsymbol{Z}$ 未知向量

希腊字母

α 光谱吸收率

β 消光系数，m^{-1}

ε_λ 单色发射率

φ 水平角，rad

γ 比热比

κ 吸收系数，m^{-1}

λ 光谱波长，μm

μ，ξ 方向余弦

η 方向余弦；光谱参数

θ 天顶角，rad

θ_i 散射方向

$\theta_{i'}$ 入射方向

ρ 密度，kg/m^3；反射系数

σ 斯蒂芬-玻尔兹曼常数，$5.67\times10^{-8}\ W/(m^2 \cdot K^4)$；测量数据标准偏差

δ Dirac-deta 函数

σ_s 散射系数，m^{-1}

τ 光学厚度

τ_s 以光学厚度表示的位置坐标

τ_λ 光谱光学厚度

τ_t	辐射能量透射率
Γ	扩散系数
ω	散射反照率
ψ	角度
ς	随机变量
Φ	光谱散射相函数
Ω	立体角，sr

上标

*	给定值
c	计算数据
exact	准确值
d	直接
i	间接
s	散射
k	迭代次数
m	测量数据

下标

a	吸收
b	黑体
B	蓝色
d	漫反射
E	辐射能
g	气体
I	辐射强度
m	介质
m	测量值
R	DRESOR 法计算结果；红色
G	绿色
s	镜反射
T	温度
w	壁面
η	光谱参数
λ	波长

第1章 绪　　论

1.1 研究背景

只要物体的温度高于绝对零度，物体内的微观粒子都会由于热运动而发射出不同波长的电磁波，这种现象被称作热辐射。从理论上讲，物体热辐射的电磁波长可以包括整个波谱，即波长从零到无穷大。在讨论包括太阳辐射在内的辐射换热问题时，有实际意义的波长范围是 0.1～100μm，如图 1.1 所示[1]。

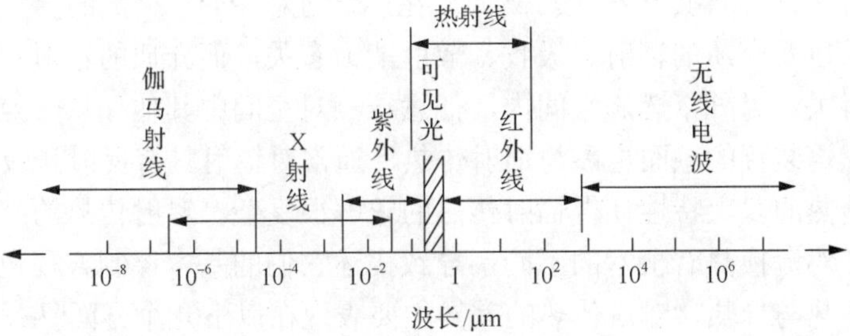

图 1.1　电磁波谱

物体在不断向外辐射热量的同时，也不断地吸收周围物体投射到它上面的热辐射，并把吸收的辐射重新转变成热能。物体间通过热辐射而交换热量的过程称为辐射传热。辐射传热是自然界三种基本热传递方式之一，它在工程应用中占有着很重要的地位。辐射传热是高温炉内最重要的传热方式，在电站煤粉炉内火焰和水冷壁间 95%以上的换热是通过辐射实现的[2]。同时，在燃烧设备中，设备的体积越大，辐射传热在总的传热中所占的比例越大[3]。

辐射传热研究涉及领域广泛，除了动力、机械制造、建筑等传统工业外，还进入了航空航天、军事、信息、生物工程等工业和技术部门。能源领域如燃煤电站锅炉、工业炉、气体透平燃烧室等传热分析计算，太阳能利用等。航天技术中，如航天飞行器热分析，卫星光学遥感器的杂光分析等；信息技术如军事目标红外线理论建模，红外信息的传输，用辐射反问题方法识别目标的几何形状、温度场等；材料工程领域如玻璃熔炉、半导体单晶炉、红外加热过程中的复合换热，纤维材料、多孔材料、微粒涂层内的复合换热以及用辐射反问题方法求热物理参数和热物性等。计算热辐射学和其他学科有着千丝万缕的交叉关系，较突出的是光学，其他还有电磁学、量子力学、大气科学、燃烧学、信息科学等。因此，深入研究辐射传热中的诸问题，能够帮助人们更加清楚地了解自然界，解决工程应用中的各种问题。

1.2 辐射传热的特征

热辐射传递涉及的研究内容包括表面辐射、粒子辐射、介质(气体、半透明物质或流体)辐射、耦合传热、辐射热物性、热辐射逆问题、微尺度辐射传热、瞬态辐射传热等[4-10]。按研究方法分类，可分为理论分析法、实验研究法、数值计算法。按物理本质分类，可分为热辐射特性参数和热辐射传递过程的研究。本书注重理论分析，借助数值计算，在吸收、发射、散射的参与性介质中研究稳态及瞬态辐射传热问题。

辐射传热过程有其特殊性。例如，在燃烧过程中[3]，火焰的热辐射与火焰中介质的温度以及介质的辐射、吸收、散射能力有关，而介质的辐射、散射能力与辐射波长有关。另外，燃烧空间内，任意一点对空间中其他任意一点都有辐射传热贡献，燃烧装置的壁面也参与辐射传热，通常对辐射具有反射和吸收作用。

辐射传热的以上特性使得辐射传热的求解很复杂。辐射传热的产生与传热机理与导热、对流换热有根本的不同，导致描述它们的基本控制方程也有很大的差异。辐射传热与导热、对流传热的差异主要表现在以下几个方面[6]：

(1)辐射传热中能量方程有两个——能量平衡方程和能量传递方程，而在导热和对流中，这两个方程是统一的，能量方程既是平衡方程也是传输方程。这样，在辐射传热求解中，除了和导热、对流一样有温度或热量的未知量外，还多一个待求量辐射强度。

(2)导热、对流传热是靠分子、原子微观运动或对流宏观运动来传输，因此，它们的控制方程中有扩散项或对流项，而辐射传热方程中没有扩散项或对流项。在导热、对流中连续方程、动量方程、能量方程及湍流动能方程均可用如式(1.1)所示的通用微分方程表示[6]。

$$\frac{\partial(\rho H)}{\partial t}+\nabla\cdot(\rho \boldsymbol{U} H)=\nabla\cdot(\Gamma \nabla H)+S_H \tag{1.1}$$

式中，ρ 为密度；$\boldsymbol{U}$ 为速度矢量；H 为待求变量；Γ 为变量 H 的扩散系数；S_H 为变量 H 的源项。通用微分方程中的四项分别为非稳态项、对流项、扩散项和源项。但是，通用微分方程不能表示热辐射传输的控制方程。

(3)导热、对流只与相邻控制体发生能量传输，而辐射传热无需任何介质，可在真空中传输。在通常情况下，导热、对流发生在很小的范围内，即分子发生碰撞的平均自由程 10^{-10}m 附近，其能量平衡关系可以在无限小的体积内应用。而辐射在传递过程中，由于光子的平均自由程范围很大，从 10^{-10}m(例如金属内部的吸收)到 10^{10}m，甚至更大(例如太阳光到达地球)，因此，不仅要研究相距很近的物体间辐射换热，有时还要研究很远的物体之间的辐射换热。

(4) 导热、对流传热有非稳态项，而在辐射传热中由于光子的传播速度非常快，绝大多数工程问题可忽略非稳态项。热辐射在介质中的传播速度为

$$c = \frac{c_0}{n} \tag{1.2}$$

式中，c_0 为真空中的光速，$c_0 = 2.998\times10^8$m/s；n 为介质的折射率，真空的折射率 $n\equiv1$，大多数气体的折射率非常接近于 1。

(5) 辐射传热中介质的辐射能力与温度的四次方有关。

普朗克定律给出了黑体发射光谱的变化规律，真空中普朗克定律表达式如下[1]：

$$E_{b\lambda} = \frac{c_1\lambda^{-5}}{\exp[c_2/(\lambda T)]-1} \tag{1.3}$$

式中，$E_{b\lambda}$ 为黑体的光谱辐射力，W/(m^2·μm)；λ 为光谱波长，μm；T 为绝对温度，K；$c_1 = 3.741832\times10^8$W·μm^4/m^2，为第一辐射常数；$c_2 = 1.4388\times10^4$μm·K，为第二辐射常数。

将普朗克定律表达式进行全波长积分即可得斯蒂芬-玻耳兹曼定律，它指出黑体辐射力与其绝对温度的四次方成正比，俗称四次方定律。因此，辐射换热在高温时显得更重要，其表达式为[1]

$$E_b = \sigma T^4 \tag{1.4}$$

式中，E_b 为黑体的辐射力，W/m^2；$\sigma = 5.6703\times10^{-8}$W/(m^2·K^4)，为黑体辐射常数，又称斯蒂芬-玻耳兹曼常数。

由于辐射传热与导热、对流传热的以上几个方面的差异，以往在导热、对流换热数值计算中发展起来的一系列行之有效的方法大部分都不适用于辐射传热的数值计算，所以辐射传热必须发展自己的数值计算方法。在辐射传热问题分析和实际应用领域中，辐射强度的计算和辐射传递方程的求解是关键。辐射传递方程求解方法的重要性可从两个方面来说明。

首先，在获得辐射传递方程求解结果，得到空间各点的辐射强度沿空间方向的分布后，可以获得任何与辐射传递和辐射传热相关的物理量。以一维灰性系统为例，当获得辐射强度 $I(\tau,\mu)$ 后，可计算出投入辐射[4]：

$$G(\tau)=2\pi\int_{-1}^{1}I(\tau,\mu)\mathrm{d}\mu \tag{1.5}$$

式中，$\mu=\cos\theta$，为方向余弦。还可计算出辐射热流[4]

$$q(\tau)=2\pi\int_{-1}^{+1}I(\tau,\mu)\mu\mathrm{d}\mu \tag{1.6}$$

及热源[4]

$$\dot{Q}(\tau)=\beta\frac{\mathrm{d}q(\tau)}{\mathrm{d}\tau} \tag{1.7}$$

这对于辐射传热分析无疑是很有意义的。

其次，获得辐射强度沿空间位置及方向分布的需求存在于辐射传热的许多理论和实际应用领域。例如，在辐射传递逆问题研究中[11-21]，通常都是利用边界辐射强度在不同方向上的分布求解辐射特性参数[22,23]、辐射源项[24-26]，或者两者同时求解[27,28]。对于大尺寸的燃烧系统[29,30]，如煤粉燃烧炉和大型加热设备中，有效的温度分布监测方法能够通过对火焰辐射图像处理来获得[31-37]，这是一类特殊的辐射逆问题。辐射传递方程的有效求解不但是对辐射传递理论的贡献，而且能够促进各个领域中辐射传递和换热问题的分析。

基于辐射成像的炉内燃烧可视化监测技术是以炉内燃烧介质的辐射传热原理为基础，辐射图像和从炉膛获得的辐射强度沿空间方向的分布有非常密切的关系。事实上，炉膛辐射成像装置获取的火焰辐射图像是成像探测点辐射强度在空间不同方向(即不同像素的视角方向)上分布的反映[38,39]。从理论上，建立辐射图像信息和炉内温度分布的定量关系(取决于炉内辐射参数分布和成像装置的特性)需要一种有效的、能够高精度地分辨出不同方向上辐射强度的辐射传递方程求解方法。

1.3 常用的辐射传递方程求解方法

辐射传递方程(radiative transfer equation，RTE)实质上是空间体积微元内、某一传播方向上的一束射线的能量平衡方程式。对于参与性弥散介质，在辐射能平衡中需要考虑三种作用：吸收、发射和散射。辐射传递方程可以写成如下的通用形式[4-7]：

$$\frac{\mathrm{d}I_{\lambda}(\boldsymbol{r},\hat{\boldsymbol{s}})}{\mathrm{d}s}=-(\kappa_{\lambda}+\sigma_{\mathrm{s},\lambda})I_{\lambda}(\boldsymbol{r},\hat{\boldsymbol{s}})+n^{2}\kappa_{\lambda}I_{\mathrm{b},\lambda}(\boldsymbol{r},\hat{\boldsymbol{s}})+\frac{\sigma_{\mathrm{s},\lambda}}{4\pi}\int_{4\pi}I_{\lambda}(\boldsymbol{r},\hat{\boldsymbol{s}})\varPhi_{\lambda}(\hat{\boldsymbol{s}}_{\mathrm{i}},\hat{\boldsymbol{s}})\mathrm{d}\varOmega \tag{1.8}$$

式中，$I_\lambda(\boldsymbol{r},\hat{\boldsymbol{s}})$为光谱辐射强度，它是空间位置$\boldsymbol{r}$和方向$\hat{\boldsymbol{s}}$的函数；$s$为射线传播的距离；$I_{\mathrm{b},\lambda}(\boldsymbol{r},\hat{\boldsymbol{s}})$为在介质温度下的光谱黑体辐射强度；$n$为介质的折射率；$\kappa_\lambda$和$\sigma_{\mathrm{s},\lambda}$分别为介质的吸收和散射系数；$\Phi_\lambda(\hat{\boldsymbol{s}}_\mathrm{i},\hat{\boldsymbol{s}})$为从入射方向$\hat{\boldsymbol{s}}_\mathrm{i}$到出射方向$\hat{\boldsymbol{s}}$的散射相函数，表示光谱方向散射强度与整个空间平均的光谱方向散射强度之比，其定义式为[4]

$$\Phi_\lambda(\hat{\boldsymbol{s}}_\mathrm{i},\hat{\boldsymbol{s}})=\frac{I'_\lambda(\hat{\boldsymbol{s}}_\mathrm{i},\hat{\boldsymbol{s}})}{\frac{1}{4\pi}\int_{4\pi}I'_\lambda(\hat{\boldsymbol{s}}_\mathrm{i},\hat{\boldsymbol{s}})\mathrm{d}\Omega'}=\frac{I'_\lambda(\hat{\boldsymbol{s}}_\mathrm{i},\hat{\boldsymbol{s}})}{\frac{1}{4\pi}I_\lambda} \tag{1.9}$$

相函数描述散射能量在空间方向上的分布，对整个空间积分等于4π，即[4]

$$\frac{1}{4\pi}\int_{4\pi}\Phi_\lambda(\hat{\boldsymbol{s}}_\mathrm{i},\hat{\boldsymbol{s}})\mathrm{d}\Omega'=1 \tag{1.10}$$

式(1.10)称为相函数的归一化条件。相函数一般与散射体的尺寸、形状、辐射特性等有关，是一个比较复杂的函数。

式(1.8)中，左边的项代表沿射线方向上单位行程内辐射强度的变化，右边第一项代表因介质的吸收、散射而造成的辐射强度衰减，右边第二项代表因介质的发射而在该方向产生的辐射强度增强，右边第三项则用于计入其他方向的辐射能被散射入该方向而对辐射强度的贡献，通常又称为内向散射项。

求解给定几何形状的受限空间的辐射传递方程时，必须给定辐射在空间边界上的传输特征，从而据此确定边界上的辐射强度分布。在边界上，辐射强度包括两个部分：①边界表面的发射；②边界对投射到其上的辐射的反射，而投射到边界上的辐射来自于空间中所有的微元体和微元面。在数学上，任何表面的边界条件的通用形式为[4]

$$I_{\mathrm{w},\lambda}(0,\hat{\boldsymbol{s}})=\varepsilon_\lambda I_{\mathrm{b},\lambda}(0,\hat{\boldsymbol{s}})+\int_{\boldsymbol{n}\cdot\hat{\boldsymbol{s}}<0}\rho(\hat{\boldsymbol{s}}_\mathrm{i},\hat{\boldsymbol{s}})I_\lambda(0,\hat{\boldsymbol{s}})\left|\boldsymbol{n}\cdot\hat{\boldsymbol{s}}\right|\mathrm{d}\Omega' \tag{1.11}$$

式中，ε_λ为边界表面的单色发射率；$\rho(\hat{\boldsymbol{s}}_\mathrm{i},\hat{\boldsymbol{s}})$为边界表面对$\hat{\boldsymbol{s}}_\mathrm{i}$方向入射的辐射在$\hat{\boldsymbol{s}}$方向反射的比率。在很多实际问题中，如炉内传热计算，通常将壁面近似为漫发射和漫反射边界。

辐射传递方程要对波长、方向及路径积分，为含有七个变量(时间、辐射波长、三个空间坐标、两个方向坐标)的积分—微分方程，因此，该方程本身不能采用与流体力学和化学反应问题相一致的数值方法很好地求解，其中最主要的困难来自于内向散射项$\int_{4\pi}I_\lambda(\boldsymbol{r},\hat{\boldsymbol{s}})\Phi_\lambda(\hat{\boldsymbol{s}}_\mathrm{i},\hat{\boldsymbol{s}})\mathrm{d}\Omega$，这一项为积分形式，各种辐射计算方法基本上是围绕该积分项的处理而进行的。

由于辐射传递方程本身及介质辐射特性的复杂性，求解辐射传递方程的方法往往需要作不同程度的近似，近似方法有很多种，粗略的可分为两大类：一类是物理近似，如忽略某些物理行为，即忽略吸收，或者散射，或者发射等，又如取某些极限情况，光学薄、光学厚极限等；另一类是利用数学近似的方法，如不同的离散方法，在方向分布或空间分布上作一定的近似，或用不同的近似函数的逼近方法等。这些近似能使辐射传递方程得到不同程度地简化[40,41]。

辐射传热计算经过近百年的发展，已涌现出了多种计算方法，它们都有其各自的特点，适合于不同的计算条件。对热辐射传递问题而言，即使是在无弥散介质的情况下，也仅存在非常少的精确解。大部分情况下，只能通过数值方法求得近似解。

目前，计算辐射传热问题常采用的方法有[4-6,36,42]：热流法、区域法、离散坐标法、离散传递法、有限体积法、有限元法、射线踪迹－节点分析法、球形谐波法及 MCM 法等。下面对这些常用方法做简单介绍。

1. **热流法**(heat flux method，HFM)

辐射强度是空间位置、辐射传播方向和辐射波长的函数。通常，辐射的方向性是辐射问题复杂化的关键因素之一。将辐射强度在某一立体角范围内简化成均匀的或具有某一简单的分布特性，辐射传递方程求解的复杂性将大为减小。Schuster-Schwarzschild 近似法就是基于这种思想发展起来的，它将微元体界面上复杂的半球空间热辐射简化成垂直于此界面的均匀强度或热流，使复杂的积分微分方程可简化为一些耦合的线性微分方程，然后用通用的输运方程求解方法求解[43,44]。所假定的辐射强度均匀的空间立体角数目不同，可得到各种不同的热通量法，如双通量、四通量或六通量方法。

2. **区域法**(zone method，ZM)

这个方法首先由 Hottel 和 Cohen[45]在研究具有不变的吸收系数的灰性吸收、发射、无散射气体时发展起来的，文献[46]将其扩展到处理具有各向异性散射、变吸收系数的非灰性介质。国内也有一些学者利用这一方法做辐射传热研究，例如聂宇宏等[47]用宽带及其修正模型模拟非灰介质的辐射特性，并将它用于区域法模型，计算了非灰气体介质中表面与表面之间的辐射直接交换面积。

该方法实质上是计算表面间辐射交换的净辐射法的一种扩展。在 ZM 法中，为了确定在一个吸收、发射、各向异性散射介质中的辐射传热率，将整个封闭腔分为数目有限的等温体积和面区域，并假定每一区域的温度和辐射物性均匀一致，然后计算每两个区域之间的直接辐射交换，最后得到每个区域的净辐射热流。区域法对无散射的辐射问题有比较好的计算精度，但它需要计算并储存大量的交换面积参数。对于尺寸较大的燃烧室，为了完成任何有实际意义的解，需要大量的计算时间和内存。正是由于这个原因，对于需联立流动和燃烧的辐射传热计算问题来说，不推荐这种方法。由于区域法只能得到辐射交换的结果，不能直接给出辐射强度在空间方向上分布，因此不适于处理辐射成像图像信息。

3. **离散坐标法**(discrete ordinate method，DOM)

DOM 法首先是由 Chandrasekhar[48]在研究恒星和大气辐射问题时提出，并被 Lathrp[49]用于中子传输计算中。Love 等[50]最早将其引入到一维平板辐射传热问题的求解中，后来又被应用到多维辐射传热问题中。国外 Fiveland[51-53]，Lemonnier[54]和 Chai[55]等大量学者对 DOM 法在辐射传热计算中的应用进行了研究。国内也有学者用 DOM 做了大量的研究，例如刘林华等在文献[56]中详细介绍了 DOM 法；贺志宏等[57]用适体坐标系下 DOM 法求再入目标辐射场；董士奎等[58]用 DOM 法模拟研究高超声速再入体可见、红外辐射特性；李本文[59]、魏小林、徐通模[60]等还用一些改进的 DOM 法研究有关辐射传热问题。

DOM 法基于对辐射强度的方向变化进行离散，将辐射传递方程中的内向散射项用数值积分近似代替，通过求解覆盖整个 4π 立体角的一套离散方向上的辐射传递方程而得到问题的解。坐标离散和的辐射传递方向为[56]

$$\xi_{\mathrm{i}}\frac{\partial I_{\mathrm{i}}}{\partial x}+\eta_{\mathrm{i}}\frac{\partial I_{\mathrm{i}}}{\partial y}+\mu_{\mathrm{i}}\frac{\partial I_{\mathrm{i}}}{\partial z}=-\beta I_{\mathrm{i}}+\kappa I_{\mathrm{b}}+\frac{\omega}{4\pi}\sum_{j=1}^{N}w_j\Phi_{ij}I_j \tag{1.12}$$

式中，η_{i}、μ_{i}、ξ_{i} 为方向余弦；w_j 为权值；β 为衰减系数；I_{i}、I_j 为未知待求的辐射强度；I_{b} 为已知温度介质的黑体辐射强度。通过求解上述离散方程，并将其进行适当的数值积分，即可得各微元体和微元面的辐射换热量。

DOM 法的主要优点是[6]：①将辐射传递方程转化为微分方程表达式便于同一般输运方程耦合求解；②对计算机的性能要求较低；③可以方便地处理各向异性问题。因此，DOM 法在含散射性介质的流动、燃烧、传热的数值模拟中应用较多。但 DOM 法本身仍有许多问题需要进一步研究，如离散方向的选取及其相应权值的选取或构造；为了保持辐射传递方程坐标旋转的不变性，避免方向偏置，其积分格式要满足一定的要求；假散射和散射效应；离散阶数较低时，计算误差较大等。

DOM 法假定在空间一定立体角内辐射强度均匀即不随方向变化，因此辐射传播方程大为简化，复杂的积分微分方程简化为一些耦合的线性微分方程，这些微分方程的因变量则是平均的辐射强度或称辐射热流。在该方法中，各微元的空间角划分是固定的，且不随空间位置的改变而改变。简单而言，DOM 法所计算的方程是直接将辐射传递方程在角度上离散得到的。若方程是以辐射强度按角度的积分，即热流的形式给出来的，则相应的方法称作热通量法。

DOM 法在角度划分中通常是根据高斯积分原则选取射线方向，对于三维系统，整个空间角度被划分为 $N(N+2)$ 个子域，其中，N 为积分所要达到的阶数，这种离散坐标模型通常称作 S_N 模型。离散坐标法一般很难提高辐射强度在空间方向上的分辨率，因为增加一个空间离散方向，相当于在求解系统空间内增加一组离散方程，方程的个数相当于空间位置离散的个数，这样会使整个迭代求解计算量飞速增加。显然，可行的离散方法不可能采用很高的方向分辨率，通常采用 S_8 模型，整个空间角度被分为 80 个子域，相当于对于一个空间离散点需要求出 80 个离散方向的辐射强度分布，对计算量而言较大，但对于随空间方向连续变化的辐射强度而言，方向离散精度却不高。

李宏顺等[61-63]提出了一种新型的带无穷小加权离散坐标格式(DOS+ISW)，这一格式的构造非常简单：向一现有的离散坐标求积系列中，直接添加任意个新的离散方向，并将这些新方向的加权取得极其微小(例如 1.0×10^{-200})，这些新添加的离散方向和原有的离散坐标系列一起，组成了一个新的离散坐标系列。

4. **离散传递法**(discrete transfer method，DTM)

DTM 法最先由英国伦敦帝国理工学院和 Lookwood 等提出。对无散射的辐射问题，能束穿过内部网格时辐射强度的变化可由下式求得[44]：

$$I_{n+1}=I_n\mathrm{e}^{-\kappa\,\mathrm{d}s}+\frac{\sigma T^4}{\pi}(1-\mathrm{e}^{-\kappa\,\mathrm{d}s}) \tag{1.13}$$

式中，ds 为厚度。通过累加所有进出某内部体元的特征射线辐射强度的变化量，即可得到该体元所获得的净辐射热量。离散传递法把体积微元周围的热辐射均匀地分配在每个空间角内，每份辐射能沿一个空间角的中心线形成一个能束，各辐射能沿能束线向外发射，沿程逐渐被周围的介质所吸收。

DTM 法的主要假设是用单一的辐射射线代替从辐射表面沿某个立体角的所有辐射效应。用 DTM 法作辐射换热的计算，不必直接计算多重积分，只要离散能束数尽量取得多些，效果就接近空间多重积分运算。但是为了计算更加精确而把能束数取得很大时，其运算量也就十分可观了。该方法的计算精度主要由所跟踪射线的数目及计算网格密度决定。

5. **有限体积法**(finite volume method，FVM)

Raithby 和 Chui[64,65]首先提出求解辐射传递方程的 FVM 法，并用于笛卡儿坐标系和柱坐标系。此后，又有研究者用该方法处理各种热辐射传输[67-70]和耦合换热[71]等问题，并将其发展到用于任意曲线坐标系[72]。该方法是将计算域离散为不重叠的控制体积，每个控制体积包含一个位于控制体内部的节点；将 4π 空间离散为不重叠的控制立体角。该方法的基本思想是对于每个特定的立体角辐射能量守恒。有限体积法和离散坐标法有很多相似之处，如：空间角度离散；选用某种空间差分格式，将控制体表面的辐射强度与控制体中心的辐射强度关联起来；用数值积分近似散射积分项；可采用和流体计算协调的网格。同时，有限体积法可采用非结构化网格计算，因此对不规则边界适应性强，能处理各向异性散射，在进行计算时，不存在离散坐标法中角微分项处理上的困难。因此，该方法是求解复杂几何形体及多场耦合条件下辐射传递的有力工具。

6. **有限元法**(finite element method，FEM)

FEM 法是在变分法理论基础上，吸收了有限差分法的基本思想而发展起来的，其本质都是用较简单的问题代替复杂问题后，再进行求解，即把计算区域划分成一组离散的体元，然后通过对控制方程积分得出离散方程。该方法的最大特点是对不规则几何区域的适应性好。有限元法作为一种十分有效的求解数学物理问题的手段，以前由于其运算量大，网格非结构化等方面的处理缺陷，在提高精度的情况下，对计算速度和存储量要求极大。现在，随着计算方法、计算机硬件及有限元网格划分前后处理软件的蓬勃发展，以上所遇到的困难都得到了充分解决，这使得 FEM 法应用于辐射换热的前景更加广阔。FEM 法应用于辐射传热问题主要开始于 20 世纪 70 年代才有所发展，Reddy 和 Murty(1978)[73]首先使用有限元法计算辐射问题。1983 年，Nice[74]提出了一个针对一维导热－辐射耦合换热问题的有限元公式，并对使用 Galerkin 法求解辐射传递方程积分项作了详细的论述。Nice 还比较了有限元法和 Hottel 区域法的相似之处，他认为 Hottel 区域法是“事实上是对控制积分方程的有限单元近似”。

7. **射线踪迹-节点分析法**(ray tracing nodal analytical method，RTNAM)

射线踪迹-节点分析法简称“射线踪迹法”(ray tracing method，RTM)，该方法首先由谈和平等[75]提出，该方法具有以下一些显著的优点：仅对空间位置离散，对空间立体角不离散而采用直接积分，从而避免了离散辐射传递方向带来的误差。该方法计算精度高，适合处理各种边界条件、各向异性散射及耦合换热问题[76,77]。它的计算过程为[6]：用 RTNAM 法推导所有节点的非散射性介质的辐射传递系数，根据散射能量再分配原理计算散射性介质的辐射传递系数，然后通过节点分析，计算各控制体的热辐射源项和表面辐射热流，进而计算温度场和辐射热流密度。

8. **球形谐波法**(spheric harmonics method，P_N)

球形谐波法通过将辐射传递方程转化为一组偏微分方程，提供了一种获得任意高阶精度的近似解的方法。这个方法首先由 Jeans[78]在其关于星际辐射传递的工作中提出，其基本原理是将介质中位于 $\boldsymbol{r}$ 处的辐射强度场 $I(\boldsymbol{r},\ \hat{\boldsymbol{s}})$ 的标量函数表示成二维通用傅里叶级数展开式的形式[79]，即

$$I(\boldsymbol{r},\hat{\boldsymbol{s}})=\sum_{l=0}^{\infty}\sum_{m=-l}^{l}\boldsymbol{I}_l^m(\boldsymbol{r})\boldsymbol{Y}_l^m(\hat{\boldsymbol{s}}) \tag{1.14}$$

式中，$\boldsymbol{I}_l^m(\boldsymbol{r})$ 为与位置相关的系数；$\boldsymbol{Y}_l^m(\hat{\boldsymbol{s}})$ 为球形谐波函数，在球坐标系中满足拉普拉斯方程。

P_N 法的最大优点就是将辐射传递方程转化为相对简单的偏微分方程。在 P_N 法的早期发展过程中,主要针对一维平行平板系统[80]，文献[81]给出了三维直角坐标系下的详细推导，文献[82]扩展到一般坐标系统。其缺点是，低阶近似通常仅仅在光学厚的情形下才较精确，更高阶近似处理的精度提高很缓慢，但数学处理的复杂性却迅速增加。P_N 法中采用的将辐射强度随空间位置和方向的变化进行变量分离的处理方法，以及将其随方向的变化限于数学处理的可行性而采用较低阶次的勒让德多项式的近似处理，对于光学薄的介质，由于辐射强度在空间方向上的变化梯度很大，就会出现较大的计算误差。因此，虽然 P_N 法能够给出辐射强度随方向的连续变化，但因其截断误差的影响，计算精度却受到了限制。关于 P_N 法的边界条件，Mark[83,84]和 Marshak[85]在一维平行平板系统中中子传输问题的研究中提出了两种不同的边界条件。

9. **蒙特卡洛法**(Monte Carlo method，MCM)

很多数学问题可以通过统计方法求解，任意一个采用合适的统计抽样的方法求解数学问题的方法通常都称作 MCM 法，MCM 法并不特指某一个具体的算法。MCM 法的名称和系统性的发展可以追溯到 1944 年[86]。这种方法是由早期试图研究核武器潜在行为的专家提出的，当时的分析方法不足以提供核武器精确的行为预测。通过直接模拟单个中子的行为，在得到大量中子的行为后就能预测核武器行为。

该方法首次应用到热辐射问题研究中是在 20 世纪 60 年代[87-90]。热辐射问题特别适合于采用 MCM 法求解，因为能量以离散的份额(光子束)在一段相对长的距离上、在与物质相互作用之前沿直线传播。采用 MCM 求解热辐射传递问题的步骤通常包含从其发射点开始，追踪一批具有统计意义的抽样光子束到其被吸收结束。MCM 的两个显著优点，其一是适应性强，可以处理各种复杂问题，如多维复杂几何形状、各向异性散射、各向异性发射等；其二是在处理复杂问题时，MCM 模拟计算的复杂程度大体上随问题的复杂性成比例增加；而其他方法处理复杂问题时，其复杂程度大体上随问题的复杂性成几何平方增加。当问题超过一

定的复杂度后，MCM 法更合适。问题是，还没有办法确定这样一个转折点。MCM 法的缺点是，作为统计方法，不得不面临统计误差，就像实验测量中遇到的无法避免的误差一样，其计算结果总在精确值附近波动，随着模拟抽样光束数量的增加逐渐接近精确解。近年来，随着计算机的发展和计算方法的改进，目前，模拟一个工程实际问题，单个面元和体元的随机抽样光束数已经可以达到几百万和几亿束，因此，对于一般的工程问题，统计误差完全可以忽略。

10. READ 法(radiation energy absorption distributions，READ)

文献[95]提出的基于 MCM 法的 READ 法(辐射能量吸收分布)不仅简化了 MCM 法计算辐射传热问题的计算工作量，而且经过周怀春等的努力，已经推广应用到辐射成像的计算中[95-97]。一般的 MCM 法在计算辐射传递问题时，每条能束的能量随发射单元的总辐射能而变化。当系统内的温度分布未知，或者需要在迭代计算中不断获得逼近真值的结果时，每条能束的能量处于变化之中，这样辐射传递计算的收敛过程会进一步延长。但在 READ 法中，READ 数仅取决于系统的几何结构、辐射特性参数的分布，与系统的温度分布无关。只要系统的几何结构和辐射特性参数的分布不变，READ 数的分布就不需要反复重新计算。这是 READ 法计算辐射传热问题的最大优势，特别是辐射传热与导热或者对流换热问题耦合时，系统的温度分布往往需要迭代求解，而系统的热物性参数在一定条件下可近似被认为不变[91]。

基于 MCM 法的辐射传热问题求解方法，通常首先得到的是参与换热的各个单元之间的辐射传热量，比如，READ 法中，首先得到各个单元之间相互吸收对方发射的总能量的比率，这样的结果便于建立系统内各个单元的能量平衡方程，可满足大部分热辐射问题的分析需要。需要特别强调的是，在求解辐射传热问题时，MCM(包括 READ 法)能束追踪过程受到辐射传递方程的约束，但它并不得到辐射强度在空间以及方向上的分布结果。MCM 可以综合考虑辐射传递过程中所有重要的影响而不需要近似，结果精确性由计算时间和统计误差的综合因素决定。因此，MCM 能够提供物体不同部分之间的辐射换热信息。但是直到目前，尽管 MCM 具有前面提及的优势和越来越大的应用价值，一直以来，人们并没有思考利用它来获得辐射强度在空间方向上分布的可能性。换句话说，能够给出具有方向分辨能力的辐射强度本不属于 MCM 法的优点。具有许多优势的 MCM 还没有被应用在求解辐射强度在空间具有较高方向分辨率的分布和辐射传递方程的求解中，造成的局面是：一方面，还没有有效的方法求解辐射强度在空间具有较高方向分辨率的分布；另一方面，具有许多优势的 MCM 的潜力还没有被挖掘出来。在采用 MCM 法求解辐射强度在空间具有较高方向分辨率的分布方面，本书进行了探索研究。很明显，这对于提高 MCM 的求解能力具有重要的意义，为复杂辐射传递问题求解增添了新的途径。

关于辐射换热中的 MCM 方法的研究很多，国外学者 Howell(1968 年)、Haji-Sheikh(1988 年)、Brewster(1992 年)、Siegel 和 Howell(1992 年)、Modest(1993 年)、Walters 和 Buckius(1994 年)以及 Howell 和 Mengüç(1998 年)等的工作提供了详细的研究结果。1995 年，文献[91]给出了 MCM 法应用于辐射传热问题的详尽综述，并且认为，如果进行足够的抽样分析，该方法能够给出精确的结果，因此常常用来检验其他方法得到的结果。因为计算机的速度正快速提高，MCM 已经被证明适合于大规模并行计算，但 DTM 等其他方法却加速缓慢和效率较低。

文献[91]的结论是，因为 MCM 适合于准确处理光谱特性、非均相介质、各向异散射、复杂的几何形状以及辐射传递中的一切重要的因素，它正逐渐显示了作为处理热辐射传递问题的主导选择的潜力。

除了以上介绍的几种求解辐射传递方程的主要方法外，还有扩散近似法[6]，辐射元法(radiation element method，REM²)[92]，SK_N法[93]以及一些综合方法，例如 Baek[94]鉴于 HFM、FVM、DOM 等由于空间角度的离散而产生射线效应，将 FVM 与 MCM 相结合，求解了边界热源的吸收、各向同性散射介质内的辐射传递。这些方法都有各自的特点，适用于不同的假设和计算条件。

从以上求解辐射传递方程数值方法的介绍可以看出，它们基本上可划分为两类，一类是计算辐射传热的结果而不直接关心辐射强度在空间方向分布的方法，如 ZM 法和 MCM 法；另一类是计算辐射强度在空间方向分布的方法，如离散坐标法和球形谐波法。但是即使 DOM 法、FVM 法、DTM 法、P_N法能够获得高空间方向分辨率的辐射强度计算结果，在实时应用辐射成像方法重建炉膛燃烧温度分布时，一般不可能有充分的时间迭代求解辐射传递方程，以寻找满足辐射成像信息的炉膛燃烧温度分布。因此，基于这些求解辐射传递方程的方法很难应用到燃烧工况的实时可视化监测系统中。

1.4 本 书 安 排

本书研究一种新的基于 MCM 法求解辐射传递方程的方法——DRESOR 法，该方法和 READ 法的主要区别是：READ 法中在用 MCM 法进行能束跟踪过程中，只记录各个单元之间相互吸收对方发射的总能量的比率，只能计算得到辐射热流，不能计算辐射强度方向分布。而 DRESOR 法中在用 MCM 法进行能束跟踪过程中，通过记录各个单元之间(包括与壁面的作用)相互散射或者反射的各单元发射的总能量的比率，能够从温度和辐射特性分布已知的、充满发射、吸收、散射特性介质的多维复杂空间中有效计算任意空间点的具有较高方向分辨率的辐射强度。同时，该方法可克服目前求解辐射传递方程的主要方法的一些局限，如以空间方向离散处理为基础的离散坐标法、离散传输法等对空间辐射强度计算的方向分辨率较低，P_N 法由于展开级数的截断误差产生的对光学厚度较薄的对象的计算精度较低，而 MCM 法及 READ 法还没有被用于直接求解辐射强度在空间方向上的分布等。本书的研究进一步提高 MCM 法求解辐射传递问题的能力，特别是辐射强度在空间方向上的求解水平，推动辐射传递问题研究发展。本书具体的内容安排如下。

(1) 第 1 章给出热辐射的研究背景及 DRESOR 法的提出背景，指出辐射传热的典型特征，特别是辐射传热与导热及对流的不同，接着给出一些求解辐射传热的典型数值方法的简单介绍，最后给出本书的具体安排。

(2) 第 2 章给出 DRESOR 法求解辐射传递方程的详细推导过程，说明 DRESOR 数的性质和其计算方法，并在具有漫反射和镜面反射非透明边界的各向同性/异性散射平行平板系统中用 DRESOR 法求解辐射传递问题，验证该方法的有效性和准确性，建立采用基于 MCM 法的 DRESOR 法求解辐射传递方程的基本原理和方法。

(3) 第 3 章将 DRESOR 法用于处理梯度折射率介质辐射传热问题。在一维线性梯度折射率及一维周期性梯度折射率介质中拓展 DRESOR 法的应用，并探讨耦合 BRDF 壁面的梯度折射率介质辐射传热问题。

(4) 第 4 章介绍迭代 DRESOR 法，指出迭代 DRESOR 法的突出优点，并用迭代 DRESOR 法求解不同边界条件的辐射传热问题。

(5) 第 5 章介绍 DRESOR 法研究瞬态辐射问题。首先，给出瞬态 DRESOR 数的计算方法，然后用 DRESOR 法求解瞬态辐射传递问题，验证 DRESOR 法处理瞬态问题的有效性和准确性，并阐明用 DRESOR 法处理瞬态辐射问题的优势。

(6) 第 6 章用 DRESOR 法研究平行光入射问题。用 DRESOR 法给出在平行平板系统内任意位置探测器在任意角度范围内接收到的辐射能。通过相关文献中的数据和用 MCM 法，在不同散射系数下纯散射介质的能量平衡来验证 DRESOR 法的准确性。

(7) 第 7 章介绍 DRESOR 法处理二维辐射传递问题。在二维各向同性/异性散射介质中，用 DRESOR 法给出二维矩形系统边界处的高方向分辨率的辐射强度分布。

(8) 第 8 章介绍三维 DRESOR 法求解辐射传热问题。在三维不同计算条件下，验证 DRESOR 法处理三维辐射传递问题的有效性，并给出 DRESOR 法求解的方向辐射强度计算结果，讨论 DRESOR 法在计算方向辐射强度时的计算效率。

(9) 第 9 章介绍柱坐标下 DRESOR 法求解辐射传热问题。给出柱坐标系中不同计算条件下的计算结果，并与有关文献计算结果进行比较验证，说明 DRESOR 法处理柱坐标问题的有效性。然后介绍耦合 BRDF 的柱坐标下 DRESOR 法求解问题。

(10) 第 10 章介绍解方程的 DRESOR 法(ES-DRESOR 法)。首先介绍 ES-DRESOR 法的求解原理，然后分别针对一维透明壁面及漫灰壁面和三维方形辐射系统讨论 ES-DRESOR 法的求解结果和计算效率。

(11) 第 11 章将 DRESOR 法应用于辐射成像模型计算。建立辐射图像与炉内温度分布间的关系式，结合二维及三维温度场重建算法，在工业炉中进行炉内二维/三维温度检测模拟及试验研究。

参考文献

[1] 杨世铭, 陶文铨. 传热学[M]. 第 4 版. 北京: 高等教育出版社, 2006.

[2] 郑楚光. 弥散介质的光学特性及辐射传热[M]. 武汉: 华中理工大学出版社, 1996.

[3] 范维澄, 万跃鹏. 流动及燃烧的模型与计算[M]. 合肥: 中国科学技术大学出版社, 1992.

[4] Modest M F. Radiative Heat Transfer[M]. 3rd Edition. San Diego: Academic Press, 2013.

[5] Siegel R, Howell J R. Thermal Radiation Heat Transfer[M]. 6th Edition. New York: Taylor & Francis, 2015.

[6] 谈和平, 夏新林, 刘林华, 等. 红外辐射特性与传输的数值计算:计算热辐射学[M]. 哈尔滨: 哈尔滨工业大学出版社, 2006.

[7] 余其铮. 辐射换热原理[M]. 哈尔滨: 哈尔滨工业大学出版社, 2000.

[8] 卞伯绘. 辐射传热的分析与计算[M]. 北京: 清华大学出版社, 1988.

[9] 西格尔 R, 豪厄尔 J R. 热辐射传热[M]. 曹玉璋, 译. 北京: 科学出版社, 1990.

[10] 刘林华. 梯度折射率介质内热辐射传递的数值模拟[M]. 北京: 科学出版社, 2006.

[11] McCormick N J. Inverse radiative transfer problems: A review[J]. Nuclear Science and Engineering, 1992, 112(3): 185-198.

[12] Ou N R, Wu C Y. Simultaneous estimation of extinction coefficient distribution, scattering albedo and phase function of a two-dimensional medium[J]. International Journal of Heat and Mass Transfer, 2002, 45(23): 4663-4674.

[13] Neto A J S, Özişik M N. An inverse problem of simultaneous estimation of radiation phase function, albedo and optical thickness[J]. Journal of Quantitative Spectroscopy and Radiative Transfer, 1995, 53(4): 397-409.

[14] Li H Y, Yang C Y. A genetic algorithm for inverse radiation problems[J]. International Journal of Heat and Mass Transfer, 1997, 40(7): 1545-1549.

[15] Siewert C E. Inverse solutions to radiative-transfer problems with partially transparent boundaries and diffuse reflection[J]. Journal of Quantitative Spectroscopy and Radiative Transfer, 2002, 72(4): 299-313.

[16] Mengüç M P, Manickavasagam S. Inverse radiation problem in axisymmetric cylindrical scattering media[J]. Journal of Thermophysics and Heat Transfer, 1993, 7(3): 479-486.

[17] Li H Y. Estimation of the temperature profile in a cylindrical medium by inverse analysis[J]. Journal of Quantitative Spectroscopy and Radiative Transfer, 1994, 52(6): 755-764.

[18] Bokar J C. The estimation of spatially varying albedo and optical thickness in a radiating slab using artificial neural networks[J]. International Communications in Heat and Mass Transfer, 1999, 26(3): 359-367.

[19] Holloway J P, Shannon S, Sepke S M, et al. A reconstruction algorithm for a spatially resolved plasma optical emission spectroscopy sensor[J]. Journal of Quantitative Spectroscopy and Radiative Transfer, 2001, 68(1): 101-115.

[20] Liu L H, Tan H P, Yu Q Z. Inverse radiation problem of sources and emissivities in one-dimensional semitransparent media[J]. International Journal of Heat and Mass Transfer, 2001, 44(1): 63-72.

[21] 张昊春, 谈和平, 甄夬. 一维辐射系统吸收系数的反问题[J]. 工程热物理学报, 2004, 25(2): 293-295.

[22] Ai Y, Zhou H C. Simulation on simultaneous estimation of non-uniform temperature and soot volume fraction distributions in axisymmetric sooting flames[J]. Journal of Quantitative Spectroscopy and Radiative Transfer, 2005, 91(1): 11-26.

[23] Li H Y. A two-dimensional cylindrical inverse source problem in radiative transfer[J]. Journal of Quantitative Spectroscopy and Radiative Transfer, 2001, 69(4): 403-414.

[24] Kudo K, Kuroda A, Eid A, et al. Solution of the inverse radiative load problem using the singular value decomposition technique[J]. JSME International Journal Series B Fluids and Thermal Engineering, 1996, 39(4): 808-814.

[25] 盛锋. 基于辐射成像逆问题求解的温度场重建方法研究[D]. 武汉: 华中理工大学, 2000.

[26] 韩曙东. 大型燃煤锅炉炉膛温度场重建逆问题研究[D]. 武汉: 华中科技大学, 2002.

[27] Liu L H. Simultaneous identification of temperature profile and absorption coefficient in one-dimensional semitransparent medium by inverse radiation analysis[J]. International Communications in Heat and Mass Transfer, 2000, 27(5): 635-643.

[28] Zhou H C, Hou Y B, Chen D L, et al. An inverse radiative transfer problem of simultaneously estimating profiles of temperature and radiative parameters from boundary intensity and temperature measurements[J]. Journal of Quantitative Spectroscopy and Radiative Transfer, 2002, 74(5): 605-620.

[29] 刘伟, 周怀春, 杨昆, 等. 辐射介质传热[M]. 北京: 中国电力出版社, 2009.

[30] 柳朝晖, 邢华伟, 周英彪, 等. 煤粉炉内弥散介质辐射特性传热的综合模拟[J]. 工程热物理学报, 1999, 20(3): 383-387.

[31] 王补宣, 李天铎, 吴占松. 图象处理技术用于发光火焰温度分布测量的研究[J]. 工程热物理学报, 1989, 10(4): 446-448.

[32] 王飞, 薛飞. 运用彩色 CCD 测量火焰温度场的试验研究及误差分析[J]. 热能动力工程, 1998(2): 81-84.

[33] 薛飞, 李晓东, 倪明江, 等. 基于面阵 CCD 的火焰温度场测量方法研究[J]. 中国电机工程学报, 1999(1): 30-41.

[34] 卫成业, 王飞. 运用彩色 CCD 测量火焰温度场的校正算法[J]. 中国电机工程学报, 2000, 20(1): 70-72.

[35] 严建华, 马增益, 王飞, 等. 运用代数迭代技术由火焰图像重建三维温度场[J]. 燃烧科学与技术, 2000, 6(3): 258-261.

[36] 周怀春. 炉内火焰可视化检测原理与技术[M]. 北京: 科学出版社, 2005.

[37] 娄春. 煤粉炉内三维温度场及颗粒辐射特性重建[D]. 武汉: 华中科技大学, 2007.

[38] 周怀春, 娄新生, 肖教芳, 等. 炉膛火焰温度场图象处理试验研究[J]. 中国电机工程学报, 1995(5): 295-300.

[39] 周怀春, 娄新生, 尹鹤龄, 等. 单色火焰图象处理技术在锅炉燃烧监控中的应用研究[J]. 电力系统自动化, 1996(10): 18-22.

[40] 秦裕琨. 炉内传热[M]. 第 2 版. 北京: 机械工业出版社, 1981.

[41] 斯帕罗 E M, 塞斯 R D. 辐射传递[M]. 顾传保，张学学，译. 北京: 高等教育出版社, 1982.

[42] 刘林华. 炉膛传热计算方法的发展状况[J]. 动力工程, 2000, 20(1): 523-527.

[43] 王应时, 范维澄, 周力行, 等. 燃烧过程数值模拟[M]. 北京: 科学出版社, 1986.

[44] 范维澄, 陈义良, 洪茂玲. 计算燃烧学[M]. 合肥: 安徽科学技术出版社, 1987.

[45] Hottel H C, Cohen E S. Radiant heat exchange in a gas - filled enclosure: Allowance for nonuniformity of gas temperature[J]. AIChE Journal, 1958, 4(1): 3-14.

[46] Hottel H C, Sarofim A F. Radiative Transfer[M]. 6th Edition. New York: McGraw-Hill, 2013.

[47] 聂宇宏, 陈海耿, 杨泽宽. 非灰介质中辐射直接交换面积的计算[J]. 工程热物理学报, 1997, 17(3): 202-206.

[48] Chandrasekhar S. Radiative Transfer[M]. New York: Courier Corporation, 1960.

[49] Lathrop K D. Use of discrete-ordinates methods for solution of photon transport problems[J]. Nuclear Science and Engineering, 1966, 24(4): 381-388.

[50] Love T J, Grosh R J. Radiative heat transfer in absorbing, emitting, and scattering media[J]. Journal of Heat Transfer, 1965, 87(2): 161-166.

[51] Fiveland W A. Discrete-ordinates solutions of the radiative transport equation for rectangular enclosures[J]. Journal of Heat Transfer, 1984, 106(4): 699-706.

[52] Fiveland W A. Discrete ordinate methods for radiative heat transfer in isotropically and anisotropically scattering media[J]. Journal of Heat Transfer, 1987, 109(3): 809-812.

[53] Fiveland W A. The selection of discrete ordinate quadrature sets for anisotropic scattering[J]. Fundamentals of Radiation Heat Transfer, 1991, 160: 89-96.

[54] Lemonnier D, Le Dez V. Discrete ordinates solution of radiative transfer across a slab with variable refractive index[J]. Journal of Quantitative Spectroscopy and Radiative Transfer, 2002, 73(2-5): 195-204.

[55] Chai J C, Lee H S, Patankar S V. Improved treatment of scattering using the discrete ordinates method[J]. Journal of Heat Transfer, 1994, 116(1): 260-263.

[56] 刘林华, 余其铮, 阮立明, 等. 求解辐射传递方程的离散坐标法[J]. 计算物理, 1998, 15(3): 83-89.

[57] 贺志宏, 谈和平, 董士奎. 用贴体坐标系下离散坐标法求解再入目标辐射场[J]. 目标与环境特性研究, 2001, (1): 33-42.

[58] 董士奎, 谈和平, 贺志宏, 等. 高超声速再入体可见、红外辐射特性数值模拟[J]. 红外与毫米波学报, 2002, 21(3).

[59] 李本文, 姚强, 曹欣玉, 等. 一种新的辐射换热离散坐标算法[J]. 化工学报, 1998, 49(3): 288-293.

[60] 魏小林, 徐通模, 惠世恩. 用改进的离散坐标法计算炉内三维辐射传热[J]. 燃烧科学与技术, 2000, 6(2):140-145.

[61] 李宏顺, 周怀春, 陆继东, 等. 用离散坐标法计算炉膛火焰辐射能成像[J]. 工程热物理学报, 2003, 24(5): 843-845.

[62] 李宏顺, 周怀春, 陆继东, 等. 炉膛辐射换热计算的一种改进的离散传递法[J]. 中国电机工程学报, 2003, 23(4): 162-166.

[63] Li H S, Flamant G, Lu J D. An alternative discrete ordinate scheme for collimated irradiation problems[J]. International Communications in Heat and Mass Transfer, 2003, 30(1): 61-70.

[64] Raithby G D, Chui E H. A finite-volume method for predicting a radiant heat transfer in enclosures with participating media[J]. Journal of Heat Transfer, 1990, 112(2): 415-423.

[65] Chui E H, Raithby G D. Implicit solution scheme to improve convergence rate in radiative transfer problems[J]. Numerical Heat Transfer, Part B Fundamentals, 1992, 22(3): 251-272.

[66] Chui E H, Raithby G D, Hughes P M J. Prediction of radiative transfer in cylindrical enclosures with the finite volume method[J]. Journal of Thermophysics and Heat transfer, 1992, 6(4): 605-611.

[67] Kim M Y, Baek S W. Analysis of radiative transfer in cylindrical enclosures using the finite volume method[J]. Journal of Thermophysics and Heat Transfer, 1997, 11(2): 246-252.

[68] Hao J B, Ruan L M, Tan H P. Effect of anisotropic scattering on radiative heat transfer in two-dimensional rectangular media[J]. Journal of Quantitative Spectroscopy and Radiative Transfer, 2003, 78(2): 151-161.

[69] 阮立明, 郝金波, 谈和平. 散射相函数对一维介质内辐射传递的影响规律[J]. 计算物理, 2002, 19(6): 517-520.

[70] 贺志宏, 刘林华. 炉内辐射换热过程的有限体积法[J]. 动力工程学报, 1999, 19(4): 265-268.

[71] 郝金波, 阮立明, 谈和平, 等. 有限体积法求散射性介质辐射传递及耦合换热[J]. 哈尔滨工业大学学报, 2002, 34(2).

[72] Chai J C, Parthasarathy G, Lee H O S, et al. Finite volume radiative heat transfer procedure for irregular geometries[J]. Journal of Thermophysics and Heat Transfer, 1995, 9(3): 410-415.

[73] Reddy J N, Murty V D. Finite-element solution of integral equations arising in radiative heat transfer and laminar boundary-layer theory[J]. Numerical Heat Transfer, Part B: Fundamentals, 1978, 1(3): 389-401.

[74] Nice M L. Application of finite elements to heat transfer in a participating medium[J]. Numerical Properties and Methodologies in Heat transfer, 1983: 62-71.

[75] Ping T H, Lallemand M. Transient radiative—conductive heat transfer in flat glasses submitted to temperature, flux and mixed boundary conditions[J]. International Journal of Heat and Mass Transfer, 1989, 32(5): 795-810.

[76] Tan H P, Yi H L, Zhang H C, et al. Coupled radiation–conduction heat transfer in an anisotropically scattering slab with mixed boundaries[J]. Journal of Quantitative Spectroscopy and Radiative Transfer, 2004, 83(3-4): 667-698.

[77] 罗剑锋. 镜漫反射下多层吸收散射性介质内的瞬态耦合换热[D]. 哈尔滨: 哈尔滨工业大学, 2002.

[78] Jeans J H. The equations of radiative transfer of Energy[J]. Monthly Notices of the Royal Astronomical Society, 1917, 78(1): 28-36.

[79] Kourganoff V. Basic Methods in Transfer Problems[M]. New York: Dover Publications, 1963.

[80] Krook M. On the Solution of the Equation of Transfer[M]. New York: Academic Press, 1964.

[81] Cheng P. Dynamics of a radiating gas with application to flow over a wavy wall[J]. AIAA Journal, 1966, 4(2): 238-245.

[82] Ou S C S, Liou K N. Generalization of the spherical harmonic method to radiative transfer in multi-dimensional space[J]. Journal of Quantitative Spectroscopy and Radiative Transfer, 1982, 28(4): 271-288.

[83] Mark C. The spherical harmonics method, part I, Technical Report MT 92[J], National Research Council of Canada, 1944.

[84] Mark C. The spherical harmonics method, part II, Technical Report MT 97[J]. National Research Council of Canada, 1945.

[85] Marshak R E. Note on the spherical harmonic method as applied to the Milne problem for a sphere[J]. Physical Review, 1947, 71(7): 443.

[86] Hammersley J. Monte Carlo Methods[M]. New York: Springer Science & Business Media, 2013.

[87] Fleck J A. The calculation of nonlinear radiation transport by a Monte Carlo method: statistical physics[R]. Methods in Computational Physics, 1961, 1: 43-65.

[88] Howell J R. Application of Monte Carlo to Heat Transfer Problems[M].New York: Academic Press, 1968.

[89] Howell J R, Perlmutter M. Monte Carlo solution of thermal transfer through radiant media between gray walls[J]. Journal of Heat Transfer, 1964, 86(1): 116-122.

[90] Howell J R. The Monte Carlo method in radiative heat transfer[J]. Journal of Heat Transfer, 1998, 120(3): 547-560.

[91] Cho Y I, Taniguchi H, Yang W J, et al. Radiative Heat Transfer by the Monte Carlo Method[M]. San Diego: Academic Press, 1995.

[92] Maruyama S, Aihara T. Radiation heat transfer of arbitrary three–dimensional absorbing, emitting and scattering media and specular and diffuse surfaces[J]. Journal of Heat Transfer, 1997, 119(1): 129-136.

[93] Altaç Z, Tekkalmaz M. The SKN approximation for solving radiation transport problems in absorbing, emitting, and scattering rectangular geometries[J]. Journal of Quantitative Spectroscopy and Radiative Transfer, 2002, 73(2-5): 219-230.

[94] Baek S W, Kang S J. The combined Monte-Carlo and finite-volume method for radiation in a two-dimensional irregular geometry[J]. International Journal of Heat and Mass Transfer, 2000, 43(13): 2337-2344.

[95] Zhou H C, Han S D, Sheng F, et al. Visualization of three-dimensional temperature distributions in a large-scale furnace via regularized reconstruction from radiative energy images: numerical studies[J]. Journal of Quantitative Spectroscopy and Radiative Transfer, 2002, 72(4): 361-383.

[96] Zhou H C, Sheng F, Han S D, et al. A fast algorithm for calculation of radiative energy distributions received by pinhole image-formation process from 2D rectangular enclosures[J]. Numerical Heat Transfer. Part A: Applications, 2000, 38(7): 757-773.

[97] Zhou H C, Sheng F, Han S D, et al. Reconstruction of temperature distribution in a 2-D absorbing-emitting system from radiant energy images[J]. JSME International Journal Series B Fluids and Thermal Engineering, 2000, 43(1): 104-109.

第 2 章　DRESOR 法求解辐射传递方程基本理论

周怀春等[1]曾研究了通过针孔成像装置获得辐射能分布的计算方法。这一工作中，成像像素接收到的总能量被分成两部分：直接和间接部分。直接部分能通过成像的有效角系数概念计算。间接部分由于颗粒介质的散射作用或者壁面的反射作用而形成。对这种计算方法寻求验证的努力直接导致了一种新的计算辐射强度方法，即 DRESOR 法。DRESOR 法的主要是应用 MCM 法计算了介质和壁面的发射被介质散射和壁面反射的能量分布，从而能够以较高的空间方向分辨率计算封闭腔内任一点的辐射强度随空间方向的变化。本章将系统介绍求解辐射传递方程的 DRESOR 法的推导过程，以及 DRESOR 数的计算方法，并在具有不同边界条件下的介质发射、吸收和各向同性/异性散射灰性平行平板系统中，对 DRESOR 法进行计算验证。

2.1　辐射传递方程的一般积分形式解

辐射传输方程描述了热辐射在介质中传输时，能量的发射、吸收、散射和透射的相互关系，是一个在射线方向上的能量平衡方程。在发射、吸收和各向异性散射介质中的辐射传递方程为[2-5]

$$\hat{\boldsymbol{s}}\cdot\nabla I_\eta(\boldsymbol{r},\hat{\boldsymbol{s}})=\kappa_\eta I_{\mathrm{b}\eta}(\boldsymbol{r},\hat{\boldsymbol{s}})-\beta_\eta I_\eta(\boldsymbol{r},\hat{\boldsymbol{s}})+\frac{\sigma_{\mathrm{s}\eta}}{4\pi}\int_{4\pi}I_\eta(\boldsymbol{r},\hat{\boldsymbol{s}}_{\mathrm{i}})\Phi_\eta(\hat{\boldsymbol{s}}_{\mathrm{i}},\hat{\boldsymbol{s}})\,\mathrm{d}\Omega_{\mathrm{i}} \tag{2.1}$$

式中，η 表示光谱参数，介质辐射的选择性要比固体表面显著，因此物性及能量参数大多用光谱表示。

式(2.1)中，左边的项表示沿射线方向上单位行程内辐射强度的变化；右边第一项表示因介质的发射而在该方向产生的辐射强度增强；右边第二项表示因介质的吸收、散射而造成的辐射强度衰减；右边第三项则用于计算其他方向的辐射能被散射入该方向而对辐射强度的贡献，通常又称为内向散射。

式(2.1)的积分形式为[2]

$$I_\eta(\boldsymbol{r},\hat{\boldsymbol{s}})=I_{\mathrm{w}\eta}(\boldsymbol{r}_{\mathrm{w}},\hat{\boldsymbol{s}})\exp\left(-\int_0^s\beta_\eta\,\mathrm{d}s''\right)+\int_0^s S_\eta(\boldsymbol{r}',\hat{\boldsymbol{s}})\exp\left(-\int_0^{s'}\beta_\eta\,\mathrm{d}s''\right)\beta_\eta\,\mathrm{d}s' \tag{2.2}$$

式中，$s=|\boldsymbol{r}-\boldsymbol{r}_{\mathrm{w}}|$，$s'=|\boldsymbol{r}-\boldsymbol{r}'|$，并且积分方向被转换为沿着 s'' 方向(从点 $\boldsymbol{r}$ 指向壁

面），如图 2.1 所示。源函数 $S_\eta(\boldsymbol{r}',\hat{\boldsymbol{s}})$ 为[2]

$$S_\eta(\boldsymbol{r}',\hat{\boldsymbol{s}})=(1-\omega_\eta)I_{\mathrm{b}\eta}(\boldsymbol{r}')+\frac{\omega_\eta}{4\pi}\int_{4\pi}I_\eta(\boldsymbol{r}',\hat{\boldsymbol{s}}_\mathrm{i})\Phi_\eta(\hat{\boldsymbol{s}}_\mathrm{i},\hat{\boldsymbol{s}})\,\mathrm{d}\Omega_\mathrm{i} \tag{2.3}$$

式中，ω_η 为散射反照率。

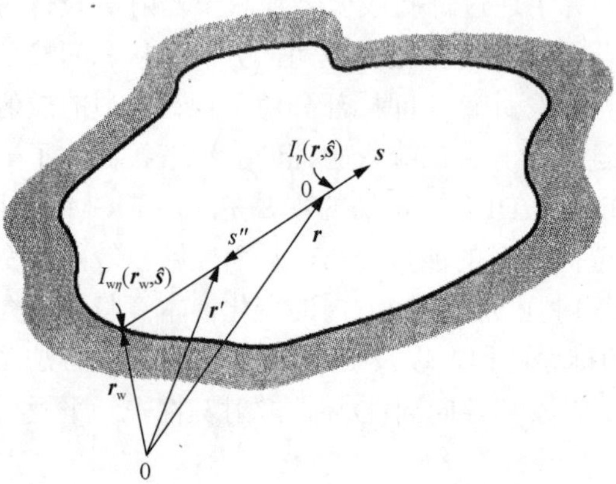

图 2.1　推导辐射传递方程的积分形式的封闭腔[2]

由式(2.3)可知，要获得辐射强度 $I_\eta(\boldsymbol{r}',\hat{\boldsymbol{s}})$ 的求解结果，必须计算辐射源函数 $S_\eta(\boldsymbol{r}',\hat{\boldsymbol{s}})$ 的空间积分，而辐射源函数 $S_\eta(\boldsymbol{r}',\hat{\boldsymbol{s}})$ 又是辐射强度 $I_\eta(\boldsymbol{r}',\hat{\boldsymbol{s}}_\mathrm{i})$ 的方向积分函数。这种耦合关系决定了辐射传递方程求解的困难性。

在一般情况下，对任意不透明壁面，边界条件为[2]

$$I_{\mathrm{w}\eta}(\boldsymbol{r}_\mathrm{w},\hat{\boldsymbol{s}})=\varepsilon(\boldsymbol{r}_\mathrm{w})I_{\mathrm{b}\eta}(\boldsymbol{r}_\mathrm{w})+\int_{\hat{\boldsymbol{n}}\cdot\hat{\boldsymbol{s}}'<0}\rho(\boldsymbol{r}_\mathrm{w},\hat{\boldsymbol{s}}',\hat{\boldsymbol{s}})I_\eta(\boldsymbol{r}_\mathrm{w},\hat{\boldsymbol{s}}')\left|\hat{\boldsymbol{n}}\cdot\hat{\boldsymbol{s}}'\right|\mathrm{d}\Omega' \tag{2.4}$$

式(2.3)和式(2.4)在结构上相似，都是一个关于 $I_{\mathrm{b}\eta}$ 的项加上 I_η 的积分项。实际上，散射和反射的处理在物理意义上相似，他们一个作用在介质中，一个在边界附近产生影响。

从式(2.2)～式(2.4)的物理意义上来分析，由于热辐射传输沿程衰减，局部区域 $\boldsymbol{r}$ 的辐射能不仅取决于当地的物性和温度，还与远场的物性、温度有关，这就是传递方程中带有指数衰减项的原因。

2.2　DRESOR 法求解辐射传递方程的推导

基于在通过针孔成像装置获得辐射能分布的计算方法中的思想[1]，在 DRESOR 法中，也将求解的辐射强度分为两部分：

$$I_R(\boldsymbol{r},\hat{\boldsymbol{s}})=I_{R,1}(\boldsymbol{r},\hat{\boldsymbol{s}})+I_{R,2}(\boldsymbol{r},\hat{\boldsymbol{s}}) \tag{2.5}$$

式中，$I_{R,1}(\boldsymbol{r},\hat{\boldsymbol{s}})$ 为总辐射强度 $I_R(\boldsymbol{r},\hat{\boldsymbol{s}})$ 的直接部分，它来自于整个辐射传递系统在传播路径上经过介质吸收、散射后剩余的辐射；$I_{R,2}(\boldsymbol{r},\hat{\boldsymbol{s}})$ 为总辐射强度 $I_R(\boldsymbol{r},\hat{\boldsymbol{s}})$ 的间接部分，它来自整个辐射传递系统在传播路径上经过介质散射和壁面反射后的间接部分。

直接辐射强度 $I_{R,1}(\boldsymbol{r},\hat{\boldsymbol{s}})$ 可以定义为

$$I_{R,1}(\boldsymbol{r},\hat{\boldsymbol{s}})=Q_{\mathrm{e}}(\boldsymbol{r}_{\mathrm{w}})R_{\mathrm{d}}^{\mathrm{d}}(\boldsymbol{r}_{\mathrm{w}},\boldsymbol{r},\hat{\boldsymbol{s}})+\int_0^s Q_{\mathrm{e}}(\boldsymbol{r}')R_{\mathrm{d}}^{\mathrm{d}}(\boldsymbol{r}',\boldsymbol{r},\hat{\boldsymbol{s}})\,\mathrm{d}s' \tag{2.6}$$

直接辐射强度的贡献来自两部分：

一部分是由于壁面的辐射而产生的直接贡献部分，用 $R_{\mathrm{d}}^{\mathrm{d}}(\boldsymbol{r}_{\mathrm{w}},\boldsymbol{r},\hat{\boldsymbol{s}})$ 表示。$R_{\mathrm{d}}^{\mathrm{d}}(\boldsymbol{r}_{\mathrm{w}},\boldsymbol{r},\hat{\boldsymbol{s}})$ 表示，在以 $\hat{\boldsymbol{s}}$ 方向为中心线的单位立体角内，从以 $\boldsymbol{r}_{\mathrm{w}}$ 点为中心的单位面积内辐射的能量直接投射到以点 $\boldsymbol{r}$ 为中心单位面积或单位体积内的能量份额，此处“直接”是指这部分的发射经过吸收、散射后的剩余部分，单位为 sr^{-1}。

另一部分是由于介质单元的发射而产生的直接贡献部分，用 $R_{\mathrm{d}}^{\mathrm{d}}(\boldsymbol{r}',\boldsymbol{r},\hat{\boldsymbol{s}})$ 表示。$R_{\mathrm{d}}^{\mathrm{d}}(\boldsymbol{r}',\boldsymbol{r},\hat{\boldsymbol{s}})$ 表示，在以 $\hat{\boldsymbol{s}}$ 方向为中心线的单位立体角内，从以 $\boldsymbol{r}'$点为中心的单位体积直接投射到以点 $\boldsymbol{r}$ 为中心单位面积或单位体积内的能量份额，单位为 sr^{-1}。

间接辐射强度 $I_{R,2}(\boldsymbol{r},\hat{\boldsymbol{s}})$ 可以表示为

$$\begin{aligned}I_{R,2}(\boldsymbol{r},\hat{\boldsymbol{s}})=&\int_W Q_{\mathrm{e}}(\boldsymbol{r}_{\mathrm{w}})R_{\mathrm{d}}^{\mathrm{s}}(\boldsymbol{r}_{\mathrm{w}},\boldsymbol{r}'_{\mathrm{w}},\hat{\boldsymbol{s}})R_{\mathrm{d}}^{\mathrm{d}}(\boldsymbol{r}'_{\mathrm{w}},\boldsymbol{r},\hat{\boldsymbol{s}})\,\mathrm{d}A\\&+\int_V Q_{\mathrm{e}}(\boldsymbol{r}')R_{\mathrm{d}}^{\mathrm{s}}(\boldsymbol{r}',\boldsymbol{r}''_{\mathrm{w}},\hat{\boldsymbol{s}})R_{\mathrm{d}}^{\mathrm{d}}(\boldsymbol{r}''_{\mathrm{w}},\boldsymbol{r},\hat{\boldsymbol{s}})\,\mathrm{d}V\\&+\int_0^s\int_W Q_{\mathrm{e}}(\boldsymbol{r}_{\mathrm{w}})R_{\mathrm{d}}^{\mathrm{s}}(\boldsymbol{r}_{\mathrm{w}},\boldsymbol{r}'',\hat{\boldsymbol{s}})R_{\mathrm{d}}^{\mathrm{d}}(\boldsymbol{r}'',\boldsymbol{r},\hat{\boldsymbol{s}})\,\mathrm{d}A\,\mathrm{d}s'\\&+\int_0^s\int_V Q_{\mathrm{e}}(\boldsymbol{r}')R_{\mathrm{d}}^{\mathrm{s}}(\boldsymbol{r}',\boldsymbol{r}''',\hat{\boldsymbol{s}})R_{\mathrm{d}}^{\mathrm{d}}(\boldsymbol{r}''',\boldsymbol{r},\hat{\boldsymbol{s}})\,\mathrm{d}V\,\mathrm{d}s''\end{aligned} \tag{2.7}$$

式中，A 为单位表面积；V 为空间区域体积；W 为壁面。

间接辐射强度的贡献来自于四部分：

第一部分来自整个壁面(通过对整个表面 W 积分)的发射经过壁面 $\boldsymbol{r}'_{\mathrm{w}}$ 处单位面积的反射在沿着 $\hat{\boldsymbol{s}}$ 方向的单位立体角内到达计算点 $\boldsymbol{r}$ 处的间接贡献部分，用 $\int_W Q_{\mathrm{e}}(\boldsymbol{r}_{\mathrm{w}})R_{\mathrm{d}}^{\mathrm{s}}(\boldsymbol{r}_{\mathrm{w}},\boldsymbol{r}'_{\mathrm{w}},\hat{\boldsymbol{s}})R_{\mathrm{d}}^{\mathrm{d}}(\boldsymbol{r}'_{\mathrm{w}},\boldsymbol{r},\hat{\boldsymbol{s}})\,\mathrm{d}A$ 表示。$R_{\mathrm{d}}^{\mathrm{s}}(\boldsymbol{r}_{\mathrm{w}},\boldsymbol{r}'_{\mathrm{w}},\hat{\boldsymbol{s}})$ 表示壁面 $\boldsymbol{r}_{\mathrm{w}}$ 处单位面积单元发射的能量在沿着 $\hat{\boldsymbol{s}}$ 方向的单位立体角内被壁面处 $\boldsymbol{r}'_{\mathrm{w}}$ 单位面积单元反射的能量份额。

第二部分来自整个介质区域(通过对整个体积区域 V 积分)的发射经过壁面 $\boldsymbol{r}''_{\mathrm{w}}$ 处单位面积的反射在沿着 $\hat{\boldsymbol{s}}$ 方向的单位立体角内到达计算点 $\boldsymbol{r}$ 处的间接贡献部分，用 $\int_V Q_{\mathrm{e}}(\boldsymbol{r}')R_{\mathrm{d}}^{\mathrm{s}}(\boldsymbol{r}',\boldsymbol{r}''_{\mathrm{w}},\hat{\boldsymbol{s}})R_{\mathrm{d}}^{\mathrm{d}}(\boldsymbol{r}''_{\mathrm{w}},\boldsymbol{r},\hat{\boldsymbol{s}})\mathrm{d}V$ 表示。$R_{\mathrm{d}}^{\mathrm{s}}(\boldsymbol{r}',\boldsymbol{r}''_{\mathrm{w}},\hat{\boldsymbol{s}})$ 表示介质区域 $\boldsymbol{r}'$ 处单位体积单元发射的能量在沿着 $\hat{\boldsymbol{s}}$ 方向的单位立体角内被壁面 $\boldsymbol{r}''_{\mathrm{w}}$ 处单位面积单元反射的能量份额。

第三部分来自整个壁面的发射经过介质 $\boldsymbol{r}''$ 处单位体积单元散射在沿着 $\hat{\boldsymbol{s}}$ 方向的单位立体角内到达计算点 $\boldsymbol{r}$ 的间接贡献部分，用 $\int_0^s\int_W Q_{\mathrm{e}}(\boldsymbol{r}_{\mathrm{w}})R_{\mathrm{d}}^{\mathrm{s}}(\boldsymbol{r}_{\mathrm{w}},\boldsymbol{r}'',\hat{\boldsymbol{s}})\times R_{\mathrm{d}}^{\mathrm{d}}(\boldsymbol{r}'',\boldsymbol{r},\hat{\boldsymbol{s}})\mathrm{d}A\mathrm{d}s'$ 表示。$R_{\mathrm{d}}^{\mathrm{s}}(\boldsymbol{r}_{\mathrm{w}},\boldsymbol{r}'',\hat{\boldsymbol{s}})$ 表示壁面 $\boldsymbol{r}_w$ 处单位面积单元发射的能量在沿着 $\hat{\boldsymbol{s}}$ 方向的单位立体角内被介质区域 $\boldsymbol{r}''$ 处单位体积单元散射的能量份额。

第四部分来自整个介质区域的发射经过介质 $\boldsymbol{r}'''$ 处单位体积单元散射在沿着 $\hat{\boldsymbol{s}}$ 方向的单位立体角内到达的计算点 $\boldsymbol{r}$ 处的间接贡献部分，用 $\int_0^s\int_V Q_{\mathrm{e}}(\boldsymbol{r}')R_{\mathrm{d}}^{\mathrm{s}}(\boldsymbol{r}',\boldsymbol{r}''',\hat{\boldsymbol{s}})\times R_{\mathrm{d}}^{\mathrm{d}}(\boldsymbol{r}''',\boldsymbol{r},\hat{\boldsymbol{s}})\mathrm{d}V\mathrm{d}s''$ 表示。$R_{\mathrm{d}}^{\mathrm{s}}(\boldsymbol{r}',\boldsymbol{r}''',\hat{\boldsymbol{s}})$ 表示介质区域 $\boldsymbol{r}'$ 处单位体积单元发射的能量在沿着 $\hat{\boldsymbol{s}}$ 方向的单位立体角内被介质区域 $\boldsymbol{r}'''$ 处单位体积单元散射的能量份额。

这些 $R_{\mathrm{d}}^{\mathrm{s}}$ 数定义的思想来源于READ数的概念[6]，但他们的意义已经被引申了。首先，$R_{\mathrm{d}}^{\mathrm{s}}$ 数不再表示吸收能量的份额，而是用来定量辐射传递过程中被介质散射的份额分布，被定义为 DRESOR 数。DRESOR 数表示被介质散射或者被壁面反射的能量份额分布。为了叙述方便和符号统一，把类似 $R_{\mathrm{d}}^{\mathrm{d}}(\boldsymbol{r}_{\mathrm{w}},\boldsymbol{r},\hat{\boldsymbol{s}})$、$R_{\mathrm{d}}^{\mathrm{d}}(\boldsymbol{r}',\boldsymbol{r},\hat{\boldsymbol{s}})$ 的 $R_{\mathrm{d}}^{\mathrm{d}}$ 数称为直接 DRESOR 数。

将式(2.6)和式(2.7)代入式(2.5)得辐射强度的求解公式：

$$
\begin{aligned}
I_R(\boldsymbol{r},\hat{\boldsymbol{s}}) = & Q_{\mathrm{e}}(\boldsymbol{r}_{\mathrm{w}})R_{\mathrm{d}}^{\mathrm{d}}(\boldsymbol{r}_{\mathrm{w}},\boldsymbol{r},\hat{\boldsymbol{s}}) \\
& +\int_0^s Q_{\mathrm{e}}(\boldsymbol{r}')R_{\mathrm{d}}^{\mathrm{d}}(\boldsymbol{r}',\boldsymbol{r},\hat{\boldsymbol{s}})\mathrm{d}s' \\
& +\int_W Q_{\mathrm{e}}(\boldsymbol{r}_{\mathrm{w}})R_{\mathrm{d}}^{\mathrm{s}}(\boldsymbol{r}_{\mathrm{w}},\boldsymbol{r}'_{\mathrm{w}},\hat{\boldsymbol{s}})R_{\mathrm{d}}^{\mathrm{d}}(\boldsymbol{r}'_{\mathrm{w}},\boldsymbol{r},\hat{\boldsymbol{s}})\mathrm{d}A \\
& +\int_V Q_{\mathrm{e}}(\boldsymbol{r}')R_{\mathrm{d}}^{\mathrm{s}}(\boldsymbol{r}',\boldsymbol{r}''_{\mathrm{w}},\hat{\boldsymbol{s}})R_{\mathrm{d}}^{\mathrm{d}}(\boldsymbol{r}''_{\mathrm{w}},\boldsymbol{r},\hat{\boldsymbol{s}})\mathrm{d}V \\
& +\int_0^s\int_W Q_{\mathrm{e}}(\boldsymbol{r}_{\mathrm{w}})R_{\mathrm{d}}^{\mathrm{s}}(\boldsymbol{r}_{\mathrm{w}},\boldsymbol{r}'',\hat{\boldsymbol{s}})R_{\mathrm{d}}^{\mathrm{d}}(\boldsymbol{r}'',\boldsymbol{r},\hat{\boldsymbol{s}})\mathrm{d}A\mathrm{d}s' \\
& +\int_0^s\int_V Q_{\mathrm{e}}(\boldsymbol{r}')R_{\mathrm{d}}^{\mathrm{s}}(\boldsymbol{r}',\boldsymbol{r}''',\hat{\boldsymbol{s}})R_{\mathrm{d}}^{\mathrm{d}}(\boldsymbol{r}''',\boldsymbol{r},\hat{\boldsymbol{s}})\mathrm{d}V\mathrm{d}s''
\end{aligned}
\tag{2.8}
$$

基于上述思想，引入 DRESOR 数后，将源函数改写为

$$
\begin{aligned}
S_\eta(\boldsymbol{r}',\hat{\boldsymbol{s}}) &= (1-\omega_\eta)I_{\mathrm{b}\eta}(\boldsymbol{r}') + \frac{\omega_\eta}{4\pi}\int_{4\pi} I_\eta(\boldsymbol{r}',\hat{\boldsymbol{s}}_{\mathrm{i}})\varPhi_\eta(\hat{\boldsymbol{s}}_{\mathrm{i}},\hat{\boldsymbol{s}})\,\mathrm{d}\varOmega_{\mathrm{i}} \\
&= \frac{1}{4\pi\beta_\eta}\left[4\pi(1-\omega_\eta)\beta_\eta I_{\mathrm{b}\eta}(\boldsymbol{r}') + \beta_\eta\omega_\eta\int_{4\pi} I_\eta(\boldsymbol{r}',\hat{\boldsymbol{s}}_{\mathrm{i}})\varPhi_\eta(\hat{\boldsymbol{s}}_{\mathrm{i}},\hat{\boldsymbol{s}})\,\mathrm{d}\varOmega_{\mathrm{i}}\right] \\
&= \frac{1}{4\pi\beta_\eta}\left[4\pi(1-\omega_\eta)\beta_\eta I_{\mathrm{b}\eta}(\boldsymbol{r}') + \sigma_{s\eta}\int_{4\pi} I_\eta(\boldsymbol{r}',\hat{\boldsymbol{s}}_{\mathrm{i}})\varPhi_\eta(\hat{\boldsymbol{s}}_{\mathrm{i}},\hat{\boldsymbol{s}})\,\mathrm{d}\varOmega_{\mathrm{i}}\right] \\
&= \frac{1}{4\pi\beta_\eta}\Big\{4\pi(1-\omega_\eta)\beta_\eta I_{\mathrm{b}\eta}(\boldsymbol{r}') + \int_W R_{\mathrm{d}}^{\mathrm{s}}(\boldsymbol{r}'_{\mathrm{w}},\boldsymbol{r}',\hat{\boldsymbol{s}})\left[\pi\varepsilon(\boldsymbol{r}'_{\mathrm{w}})I_{\mathrm{b}\eta}(\boldsymbol{r}'_{\mathrm{w}})\right]\mathrm{d}A \\
&\quad + \int_V R_{\mathrm{d}}^{\mathrm{s}}(\boldsymbol{r}'',\boldsymbol{r}',\hat{\boldsymbol{s}})\left[4\pi\beta_\eta(1-\omega_\eta)I_{\mathrm{b}\eta}(\boldsymbol{r}'')\right]\mathrm{d}V\Big\}
\end{aligned} \tag{2.9}
$$

这里引入 DRESOR 数，将源函数中对局部辐射强度进行方向积分得到介质散射能量的计算部分，用全场的初始发射能量(包括壁面和气体区域的辐射)的积分来代替。

同理边界条件式(2.4)被改写为

$$
\begin{aligned}
I_{\mathrm{w}\eta}(\boldsymbol{r}_{\mathrm{w}},\hat{\boldsymbol{s}}) &= \varepsilon(\boldsymbol{r}_{\mathrm{w}})I_{\mathrm{b}\eta}(\boldsymbol{r}_{\mathrm{w}}) + \int_{\hat{\boldsymbol{n}}\cdot\hat{\boldsymbol{s}}'<0}\rho(\boldsymbol{r}_{\mathrm{w}},\hat{\boldsymbol{s}}',\hat{\boldsymbol{s}})I_\eta(\boldsymbol{r}_{\mathrm{w}},\hat{\boldsymbol{s}}')\left|\hat{\boldsymbol{n}}\cdot\hat{\boldsymbol{s}}'\right|\mathrm{d}\varOmega' \\
&= \frac{1}{\pi}\Big\{\pi\varepsilon(\boldsymbol{r}_{\mathrm{w}})I_{\mathrm{b}\eta}(\boldsymbol{r}_{\mathrm{w}}) + \pi\int_{\hat{\boldsymbol{n}}\cdot\hat{\boldsymbol{s}}'<0}\rho(\boldsymbol{r}_{\mathrm{w}},\hat{\boldsymbol{s}}',\hat{\boldsymbol{s}})I_\eta(\boldsymbol{r}_{\mathrm{w}},\hat{\boldsymbol{s}}')\left|\hat{\boldsymbol{n}}\cdot\hat{\boldsymbol{s}}'\right|\mathrm{d}\varOmega'\Big\} \\
&= \frac{1}{\pi}\Big\{\pi\varepsilon(\boldsymbol{r}_{\mathrm{w}})I_{\mathrm{b}\eta}(\boldsymbol{r}_{\mathrm{w}}) + \int_W R_{\mathrm{d}}^{\mathrm{s}}(\boldsymbol{r}'_{\mathrm{w}},\boldsymbol{r}_{\mathrm{w}},\hat{\boldsymbol{s}})\left[\pi\varepsilon(\boldsymbol{r}'_{\mathrm{w}})I_{\mathrm{b}\eta}(\boldsymbol{r}'_{\mathrm{w}})\right]\mathrm{d}A \\
&\quad + \int_V R_{\mathrm{d}}^{\mathrm{s}}(\boldsymbol{r}'',\boldsymbol{r}_{\mathrm{w}},\hat{\boldsymbol{s}})\left[4\pi\beta_\eta(1-\omega_\eta)I_{\mathrm{b}\eta}(\boldsymbol{r}'')\right]\mathrm{d}V\Big\}
\end{aligned} \tag{2.10}
$$

这里引入 DRESOR 数，将边界条件中对局部辐射强度进行方向积分得到壁面反射能量的计算部分，用全场的初始发射能量(包括壁面和气体区域的辐射)的积分来代替。

将式(2.9)和式(2.10)代入式(2.2)，可得 DRESOR 法求解辐射传递方程的公式如下：

$$
\begin{aligned}
I_\eta(\boldsymbol{r},\hat{\boldsymbol{s}}) &= \frac{1}{\pi}[\pi\varepsilon(\boldsymbol{r}_{\mathrm{w}})I_{\mathrm{b}\eta}(\boldsymbol{r}_{\mathrm{w}})]\exp\left(-\int_0^s\beta_\eta\,\mathrm{d}s'\right) \\
&\quad + \frac{1}{4\pi}\int_0^s[4\pi\beta_\eta(1-\omega_\eta)I_{\mathrm{b}\eta}(\boldsymbol{r}')]\exp\left(-\int_0^{s'}\beta_\eta\,\mathrm{d}s''\right)\mathrm{d}s' \\
&\quad + \frac{1}{\pi}\int_W[\pi\varepsilon(\boldsymbol{r}_{\mathrm{w}})I_{\mathrm{b}\eta}(\boldsymbol{r}_{\mathrm{w}})]R_{\mathrm{d}}^{\mathrm{s}}(\boldsymbol{r}_{\mathrm{w}},\boldsymbol{r}'_{\mathrm{w}},\hat{\boldsymbol{s}})\,\mathrm{d}A\exp\left(-\int_0^s\beta_\eta\,\mathrm{d}s'\right)
\end{aligned}
$$

$$
\begin{aligned}
&+\frac{1}{\pi}\int_V [4\pi\beta_\eta(1-\omega_\eta)I_{b\eta}(\boldsymbol{r}')]R_d^s(\boldsymbol{r}',\boldsymbol{r}_w'',\hat{\boldsymbol{s}})\,\mathrm{d}V\exp\left(-\int_0^s \beta_\eta\,\mathrm{d}s'\right)\\
&+\frac{1}{4\pi}\int_0^s\int_W [\pi\varepsilon(\boldsymbol{r}_w)I_{b\eta}(\boldsymbol{r}_w)]R_d^s(\boldsymbol{r}_w,\boldsymbol{r}'',\hat{\boldsymbol{s}})\,\mathrm{d}A\exp\left(-\int_0^{s'} \beta_\eta \mathrm{d}s''\right)\mathrm{d}s'\\
&+\frac{1}{4\pi}\int_0^s\int_V [4\pi\beta_\eta(1-\omega_\eta)I_{b\eta}(\boldsymbol{r}')]R_d^s(\boldsymbol{r}',\boldsymbol{r}''',\hat{\boldsymbol{s}})\,\mathrm{d}V\exp\left(-\int_0^{s'} \beta_\eta\,\mathrm{d}s''\right)\mathrm{d}s'
\end{aligned}
\tag{2.11}
$$

式(2.8)和式(2.11)各部分应分别相等，物理意义相同，则有

$$
Q_{e\eta}(\boldsymbol{r}_w)R_d^d(\boldsymbol{r}_w,\boldsymbol{r},\hat{\boldsymbol{s}})=\frac{1}{\pi}[\pi\varepsilon(\boldsymbol{r}_w)I_{b\eta}(\boldsymbol{r}_w)]\exp\left(-\int_0^s \beta_\eta\,\mathrm{d}s'\right) \tag{2.12}
$$

$$
\int_0^s Q_{e\eta}(\boldsymbol{r}')R_d^d(\boldsymbol{r}',\boldsymbol{r},\hat{\boldsymbol{s}})\,\mathrm{d}s'=\frac{1}{4\pi}\int_0^s [4\pi\beta_\eta(1-\omega_\eta)I_{b\eta}(\boldsymbol{r}')]\exp\left(-\int_0^{s'} \beta_\eta\,\mathrm{d}s''\right)\mathrm{d}s' \tag{2.13}
$$

$$
\begin{aligned}
&\int_W Q_{e\eta}(\boldsymbol{r}_w)R_d^s(\boldsymbol{r}_w,\boldsymbol{r}_w',\hat{\boldsymbol{s}})R_d^d(\boldsymbol{r}_w',\boldsymbol{r},\hat{\boldsymbol{s}})\,\mathrm{d}A\\
&=\frac{1}{\pi}\int_W [\pi\varepsilon(\boldsymbol{r}_w)I_{b\eta}(\boldsymbol{r}_w)]R_d^s(\boldsymbol{r}_w,\boldsymbol{r}_w',\hat{\boldsymbol{s}})\,\mathrm{d}A\exp\left(-\int_0^s \beta_\eta\,\mathrm{d}s'\right)
\end{aligned}
\tag{2.14}
$$

$$
\begin{aligned}
&\int_V Q_{e\eta}(\boldsymbol{r}')R_d^s(\boldsymbol{r}',\boldsymbol{r}_w'',\hat{\boldsymbol{s}})R_d^d(\boldsymbol{r}_w'',\boldsymbol{r},\hat{\boldsymbol{s}})\,\mathrm{d}V\\
&=\frac{1}{\pi}\int_V [4\pi\beta_\eta(1-\omega_\eta)I_{b\eta}(\boldsymbol{r}')]R_d^s(\boldsymbol{r}',\boldsymbol{r}_w'',\hat{\boldsymbol{s}})\,\mathrm{d}V\exp\left(-\int_0^s \beta_\eta\,\mathrm{d}s'\right)
\end{aligned}
\tag{2.15}
$$

$$
\begin{aligned}
&\int_0^s\int_W [Q_{e\eta}(\boldsymbol{r}_w)R_d^s(\boldsymbol{r}_w,\boldsymbol{r}'',\hat{\boldsymbol{s}})]R_d^d(\boldsymbol{r}'',\boldsymbol{r},\hat{\boldsymbol{s}})\,\mathrm{d}A\,\mathrm{d}s'\\
&=\frac{1}{4\pi}\int_0^s\int_W [\pi\varepsilon(\boldsymbol{r}_w)I_{b\eta}(\boldsymbol{r}_w)]R_d^s(\boldsymbol{r}_w,\boldsymbol{r}'',\hat{\boldsymbol{s}})\,\mathrm{d}A\exp\left(-\int_0^{s'} \beta_\eta\,\mathrm{d}s''\right)\mathrm{d}s'
\end{aligned}
\tag{2.16}
$$

$$
\begin{aligned}
&\int_0^s\int_V Q_{e\eta}(\boldsymbol{r}')R_d^s(\boldsymbol{r}',\boldsymbol{r}''',\hat{\boldsymbol{s}})R_d^d(\boldsymbol{r}''',\boldsymbol{r},\hat{\boldsymbol{s}})\,\mathrm{d}V\,\mathrm{d}s'\\
&=\frac{1}{4\pi}\int_0^s\int_V [4\pi\beta_\eta(1-\omega_\eta)I_{b\eta}(\boldsymbol{r}')]R_d^s(\boldsymbol{r}',\boldsymbol{r}''',\hat{\boldsymbol{s}})\,\mathrm{d}V\exp\left(-\int_0^{s'} \beta_\eta\,\mathrm{d}s''\right)\mathrm{d}s'
\end{aligned}
\tag{2.17}
$$

根据直接 DRESOR 数定义，直接 DRESOR 数可以用如下表达式表示：

$$
R_d^d(\boldsymbol{r}_w,\boldsymbol{r},\hat{\boldsymbol{s}})=\frac{1}{\pi}\exp\left(-\int_0^s \beta_\eta\,\mathrm{d}s'\right),\quad \mathrm{sr}^{-1} \tag{2.18}
$$

$$
R_d^d(\boldsymbol{r}',\boldsymbol{r},\hat{\boldsymbol{s}})=\frac{1}{4\pi}\exp\left(-\int_0^s \beta_\eta\,\mathrm{d}s'\right),\quad \mathrm{sr}^{-1} \tag{2.19}
$$

其中，定义没有自身吸收的等温单位体积的单色发射能量为[1,5]

$$Q_{e\eta}(\boldsymbol{r}') = 4\pi\beta_\eta(1-\omega_\eta)I_{b\eta}(\boldsymbol{r}') \tag{2.20}$$

定义等温单位面积的单色发射能量为[1,5]

$$Q_{e\eta}(\boldsymbol{r}_w) = \varepsilon(\boldsymbol{r}_w)\pi I_{b\eta}(\boldsymbol{r}_w) \tag{2.21}$$

从公式(2.11)、式(2.20)、式(2.21)中可以看出，对于在不同边界条件下具有发射、吸收和散射的介质中，只要给定 $\kappa(\boldsymbol{r})$、$\sigma_s(\boldsymbol{r})$、$\varepsilon(\boldsymbol{r})$、$\Phi_\eta(\hat{\boldsymbol{s}}_i,\hat{\boldsymbol{s}})$ 和 $\rho(\boldsymbol{r}_w,\hat{\boldsymbol{s}}',\hat{\boldsymbol{s}})$，一旦所有的包括类似 $R_d^s(\boldsymbol{r}_w,\boldsymbol{r}_w',\hat{\boldsymbol{s}})$、$R_d^s(\boldsymbol{r}_w,\boldsymbol{r}',\hat{\boldsymbol{s}})$、$R_d^s(\boldsymbol{r},\boldsymbol{r}_w,\hat{\boldsymbol{s}})$ 和 $R_d^s(\boldsymbol{r},\boldsymbol{r}',\hat{\boldsymbol{s}})$ 的 DRESOR 数已知，则 $I_\eta(\boldsymbol{r},\hat{\mathbf{s}})$ 在系统内任意点 $\boldsymbol{r}$ 处辐射强度分布，能够被表示为一个关于介质温度 $T(\boldsymbol{r}')$ 分布或介质黑体辐射强度 $I_{b\eta}(\boldsymbol{r}')$ 分布以及壁面温度 $T(\boldsymbol{r}_w)$ 或壁面黑体辐射强度 $I_{b\eta}(\boldsymbol{r}_w')$ 分布的函数。

2.3　DRESOR 数性质及计算方法

2.3.1　DRESOR 数性质

DRESOR 数 $R_d^s(\tau_s',\tau_s,\hat{\boldsymbol{s}})$，表示在以 $\hat{\boldsymbol{s}}$ 为中心线的单位立体角内，从以 τ_s' 点为中心的体积单元 $\boldsymbol{r}$ 或面积单元 $\boldsymbol{r}_w$ 发射的能量被以 τ_s 点为中心的单位体积 $\boldsymbol{r}'$ 内散射的能量份额与 4π 的乘积，或单位面积单元 $\boldsymbol{r}_w'$ 内散射的能量份额与 π 的乘积。用 4π 或 π 相乘的目的，是把单位立体角内的散射扩展到整个 4π 或半球空间立体角内，因为，散射后的能量被当作直接从该体积单元在整个 4π 或半球空间立体角发射出去的能量进行计算的。

$$\begin{cases} R_d^s(\boldsymbol{r},\boldsymbol{r}',\hat{\boldsymbol{s}}) = \lim\limits_{\Delta V,\Delta V',\Delta\Omega\to 0}\dfrac{Q''}{Q_e\Delta V\Delta V'(\Delta\Omega/4\pi)}, & \mathrm{m}^{-3} \\ R_d^s(\boldsymbol{r}_w,\boldsymbol{r}',\hat{\boldsymbol{s}}) = \lim\limits_{\Delta A,\Delta V',\Delta\Omega\to 0}\dfrac{Q''}{Q_e\Delta A\Delta V'(\Delta\Omega/4\pi)}, & \mathrm{m}^{-3} \\ R_d^s(\boldsymbol{r},\boldsymbol{r}_w,\hat{\boldsymbol{s}}) = \lim\limits_{\Delta V,\Delta A',\Delta\Omega\to 0}\dfrac{Q''}{Q_e\Delta V\Delta A'(\Delta\Omega/\pi)}, & \mathrm{m}^{-2} \\ R_d^s(\boldsymbol{r}_w,\boldsymbol{r}_w',\hat{\boldsymbol{s}}) = \lim\limits_{\Delta A,\Delta A',\Delta\Omega\to 0}\dfrac{Q''}{Q_e\Delta A\Delta A'(\Delta\Omega/\pi)}, & \mathrm{m}^{-2} \end{cases} \tag{2.22}$$

式中，$Q_e\Delta V$ 和 $Q_e\Delta A$ 为发射的总能量；Q'' 为在以 $\hat{\boldsymbol{s}}$ 为中心线的立体角 $\Delta\Omega$ 内被以 τ_s' 点为中心的微小体积元 $\Delta V'$ 或面积单元散射 A' 的能量份额。

一般地，DRESOR 数表达成函数形式 $R_d^s(i_0,j_0,k_0,i_l,j_m,k_n,\theta,\varphi)$，表示从单元

(i_0,j_0,k_0) 发射的总能量在 (θ,φ) 方向被单元 (i_l,j_m,k_n) 散射的能量份额。这里先介绍各向同性散射情况下 DRESOR 数的计算方法，各向异性散射情况下 DRESOR 数的计算方法在后文中再详细介绍。各向同性散射情况下，$R_{\rm d}^{\rm s}(i_0,j_0,k_0,i_l,j_m,k_n,\theta,\varphi)$ 则退化为 $R_{\rm d}^{\rm s}(i_0,j_0,k_0,i_l,j_m,k_n)$。为统一起见，$(i_l,j_m,k_n)$ 中包含 (i_0,j_0,k_0)，即被发射单元自身吸收的部分。很显然[6]

$$\sum_l\sum_m\sum_n R_{\rm d}^{\rm s}(i_0,j_0,k_0,i_l,j_m,k_n)=1.0 \tag{2.23}$$

即一个单元发射的总能量在传递过程中最终被所有单元(包括其自身)所散射。式(2.23)是 DRESOR 数的一个重要性质。

在利用 MCM 法计算 DRESOR 数时，首先将一个单元 (i_0,j_0,k_0) 发射的总能量分解为很多能束，能束数为 N_0，一般取值十万以上。设每条能束的初始能量 E_0 为 1.0。当这条能束的追踪过程结束后，假设被单元 (i_l,j_m,k_n) 散射的能量为 E_1，则

$$R_{\rm d}^{\rm s}(i_0,j_0,k_0,i_l,j_m,k_n)=E_1/E_0 \tag{2.24}$$

这里，DRESOR 数是定义在所有的发射和接收单元之间，对所有 n 个单元而言，DRESOR 数的个数是 n^2。

一般地 MCM 法在计算辐射传递问题时，每条能束的能量随发射单元的总辐射能而变化。当系统内的温度分布未知、或者需要在迭代计算中不断获得逼近真值的结果时，每条能束的能量处于变化之中，这样，辐射传递计算的收敛过程会进一步延长。但在 DRESOR 法中，DRESOR 数仅仅取决于系统的几何结构、辐射特性参数的分布，与系统的温度分布无关。只要系统的几何结构和辐射特性参数的分布不变，DRESOR 数的分布就不需要反复重新计算，这是 DRESOR 数计算辐射传热问题的一项优势。特别是辐射传热与导热或者对流换热问题耦合时，系统的温度分布往往需要迭代求解，而系统的热物性参数在一定条件下可近似被认为不变[6,7]。

在炉膛三维温度场实时可视化系统中，监测系统无法实时计算复杂的炉内辐射换热过程。这时，采用 DRESOR 数计算辐射传热以在线获取变化中的温度分布是有利的选择。

2.3.2　各向同性散射介质中 DRESOR 数的计算

1. 体积微元能束发射方向的确定

体积微元向四周发射能束时，可以认为在各个方向上是机会均等的，每个微

小体元以发射点为中心向四周球面方向均匀发射。如图 2.2 所示，采用球坐标系 (r,θ,φ) 时，球坐标系中微元的体积表示为[8]

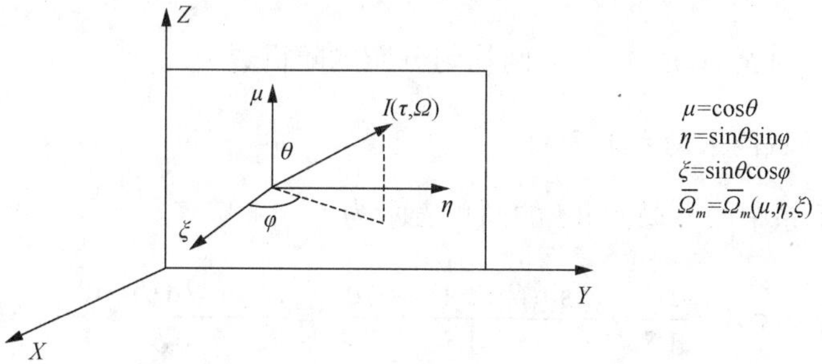

图 2.2　Cartesian 与直角坐标系之间的关系

$$\mathrm{d}V=(r\sin\theta\,\mathrm{d}\varphi)(r\,\mathrm{d}\theta)\,\mathrm{d}r=r^2\sin\theta\,\mathrm{d}\theta\,\mathrm{d}\varphi\,\mathrm{d}r \tag{2.25}$$

所以，体积单元 V 对 ΔV 的辐射能量为

$$\begin{aligned}Q_{V\to\Delta V}&=\Delta V\int_V Q_V\frac{\kappa\mathrm{e}^{-\kappa r}}{4\pi r^2}r^2\sin\theta\,\mathrm{d}\varphi\,\mathrm{d}\theta\,\mathrm{d}r\\&=\Delta V\int_V Q_V(\kappa\mathrm{e}^{-\kappa r}\,\mathrm{d}r)\left(\frac{\sin\theta}{2}\mathrm{d}\theta\right)\left(\frac{\mathrm{d}\varphi}{2\pi}\right)\end{aligned} \tag{2.26}$$

根据概率密度和联合概率密度的定义，上式可以表示为

$$Q_{V\to\Delta V}=\Delta V\int_V Q_V P(r,\kappa)P_1(\theta)P_2(\varphi)\,\mathrm{d}\theta\,\mathrm{d}\varphi\,\mathrm{d}r \tag{2.27}$$

式中，Q_V 为体积单元 V 总的辐射能量；$P(r,\kappa)$ 为与衰减有关的概率密度函数；$P(\theta)$ 为与方向角 θ 有关的概率密度函数；$P(\varphi)$ 为与方向角 φ 有关的概率密度函数。则与方向角 θ 有关的方向概率分布为

$$R_\theta=\int_0^\theta P_1(\theta)\mathrm{d}\theta=\int_0^\theta\frac{\sin\theta}{2}\mathrm{d}\theta=\frac{1}{2}-\frac{\cos\theta}{2} \tag{2.28}$$

同理可得

$$R_\varphi=\int_0^\varphi P_2(\varphi)\,\mathrm{d}\varphi=\int_0^\varphi\frac{\mathrm{d}\varphi}{2\pi}=\frac{\varphi}{2\pi} \tag{2.29}$$

因此有

$$\theta = \arccos(1 - 2R_\theta) \tag{2.30}$$

$$\varphi = 2\pi R_\varphi \tag{2.31}$$

这里，R_θ和 R_φ 都是 0～1 之间均匀分布的随机数。

2. 面积区域能束的发射方向

在球坐标系中面元微元 dA 的面积表示为

$$\mathrm{d}A = \frac{\mathrm{d}V}{\mathrm{d}\delta} = \frac{(r\sin\theta\,\mathrm{d}\varphi)(r\,\mathrm{d}\theta)\,\mathrm{d}r}{\mathrm{d}\delta} = \frac{r^2\sin\theta\,\mathrm{d}\theta\,\mathrm{d}\varphi\,\mathrm{d}r}{\mathrm{d}\delta} \tag{2.32}$$

式中，dδ 为微台的高度。面元 A 向空间体积区域 ΔV 所辐射的辐射能量为

$$\begin{aligned} Q_{A\to\Delta V} &= \Delta V\int_A \frac{Q_A}{\mathrm{d}\delta}\frac{\kappa \mathrm{e}^{-\kappa r}}{\pi r^2}\cos\theta(r^2\sin\theta\,\mathrm{d}\varphi\,\mathrm{d}\theta\,\mathrm{d}r) \\ &= \Delta V\int_V \frac{Q_A}{\mathrm{d}\delta}(\kappa \mathrm{e}^{-\kappa r}\,\mathrm{d}r)(2\sin\theta\cos\theta\,\mathrm{d}\theta)\left(\frac{\mathrm{d}\varphi}{2\pi}\right) \end{aligned} \tag{2.33}$$

类似于体积区域，可以得到面积区域内能束与两个方向角 θ 和 φ 对应的概率密度函数：

$$\begin{cases} P_1(\theta) = 2\sin\theta\cos\theta \\ P_2(\varphi) = \dfrac{1}{2\pi} \end{cases} \tag{2.34}$$

所以

$$\begin{cases} R_\theta = \displaystyle\int_0^\theta 2\sin\theta\cos\theta\,\mathrm{d}\theta = \sin^2\theta = 1-\cos^2\theta \\ R_\varphi = \displaystyle\int_0^\varphi \frac{\mathrm{d}_\varphi}{2\pi} = \frac{\varphi}{2\pi} \end{cases} \tag{2.35}$$

因此，有

$$\begin{cases} \varphi = 2\pi R_\varphi \\ \theta = \arccos\sqrt{1-R_\theta} \end{cases} \tag{2.36}$$

同样，R_θ和 R_φ 为 0～1 之间均匀分布的随机数。

3. 能束发射位置的确定

能束在整个体积区域内均匀发射，如图 2.2 所示，在直角坐标系下，坐标(x,y,z)周围体积微元 dV 发射能束的概率为

$$P(x,y,z)=\frac{\mathrm{d}V}{V}=\frac{\mathrm{d}x\,\mathrm{d}y\,\mathrm{d}z}{(x_1-x_0)(y_1-y_0)(z_1-z_0)} \tag{2.37}$$

式中，x_1、x_0、y_1、y_0、z_1、z_0、分别为 X、Y、Z 3 个坐标的最大和最小值；$P(x,y,z)$为包含 3 个独立变量的联合概率密度函数，可以表示为 3 个独立概率密度函数之积：

$$P(x,y,z)=\frac{\mathrm{d}x}{(x_1-x_0)}\frac{\mathrm{d}y}{(y_1-y_0)}\frac{\mathrm{d}z}{(z_1-z_0)}=P_1(x)P_2(y)P_3(z) \tag{2.38}$$

则

$$\begin{cases}R_x=\int_{x_0}^{x}\frac{\mathrm{d}x}{(x_1-x_0)}=\frac{x-x_0}{x_1-x_0}\\R_y=\int_{y_0}^{y}\frac{\mathrm{d}y}{(y_1-y_0)}=\frac{y-y_0}{y_1-y_0}\\R_z=\int_{z_0}^{z}\frac{\mathrm{d}z}{(z_1-z_0)}=\frac{z-z_0}{z_1-z_0}\end{cases} \tag{2.39}$$

发射点坐标为

$$\begin{cases}x=x_0+R_x(x_1-x_0)\\y=y_0+R_y(y_1-y_0)\\z=z_0+R_z(z_1-z_0)\end{cases} \tag{2.40}$$

式中，R_x、R_y、R_z 为 0～1 之间均匀分布的随机数。

4. 能束的追踪

通过对随机数的选取确定能束的发射位置和发射方向以后，就可以对该能束在介质中包括吸收、散射和壁面反射的全过程进行能束追踪。根据 DRESOR 数计算的需要，能束传递路径及其能量衰减的处理采用路径长度(path-length)法[9]。

路径长度法认为，能束在穿过介质和壁面反射时的吸收过程中，能束的能量不断衰减，能束与介质及壁面的作用为弹性碰撞。不失一般性，考虑介质具有吸收和散射特性，吸收系数和散射系数分别为 κ、σ_s。能束发射后，可能的无量纲吸收距离 R_a 和散射距 R_s 通过下式计算：

$$R_a = -\ln(1.0 - R_1)；\quad R_s = -\ln(1.0 - R_2) \tag{2.41}$$

式中，R_1 和 R_2 是在[0,1]间均匀分布的随机数。吸收和散射距离 D_a 和 D_s 通过下式确定

$$D_a = R_a / \kappa(\tau_s)；\quad D_s = R_s / \sigma_s(\tau_s) \tag{2.42}$$

式中，τ 为光学厚度。如果 $D_a < D_s$，能束将会传递 D_a 距离，并且沿同一方向继续前进，但是传递的距离将再次计算。在能束前进 D_a 距离后，如果这次传递在一单元 τ_s 内，能束携带的能量由于吸收被减少，这是路径长度法的处理方法，即

$$E_0 = E_0 \cdot \exp[-D_a \cdot \kappa(\tau_s)] \tag{2.43}$$

能束能量被吸收的部分为

$$E_0 \cdot \{1 - \exp[-D_a \cdot \kappa(\tau_s)]\} \tag{2.44}$$

设能束发射的起始单元为 (i_0, j_0, k_0)，经过的单元为 (i_l, j_m, k_n)，则 DRESOR 数的更新增量计算式为

$$\Delta R_d^s(i_0, j_0, k_0, i_l, j_m, k_n) = C_0 \frac{E_0}{N_0} \exp[-D_a \cdot \sigma_s(\tau_s)] \tag{2.45}$$

C_0 是一个形状补偿系数，当被散射单元是体积单元或面积单元时，其表达式分别为

$$C_0 = \begin{cases} 1/\Delta V(i_l, j_m, k_n), & \mathrm{m}^{-3} \\ 1/\Delta A(i_l, j_m), & \mathrm{m}^{-2} \end{cases} \tag{2.46}$$

进行补偿的原因是，为提高计算精度，当计算单元的体积 $\Delta V(i_l, j_m, k_n)$ 或面积单元 $\Delta A(i_l, j_m)$ 取值越来越小时，能束经过该单元的几率越来越小，在其中被散射的能量份额也越来越少，因此，需要将所计算的散射能量份额折算到单位体积或者单位面积条件下。

如果能束穿过具有不同的辐射特性参数 κ 和 σ_s 的多个单元，那么对于他们需要逐一计算。对于第一个单元，假设通过它的传递距离是 D_r，被这个单元吸收的能量份额通过式(2.44)计算得到，散射的能量份额通过式(2.45)，其中传递距离通过式(2.41)和式(2.42)计算，只是传递距离和辐射参数要被更新。

如果 $D_s \leqslant D_a$，能束将会传递 D_s 距离，然后继续沿着一个由散射相函数决定的新方向传递。传递 D_s 距离的计算和上面介绍的类似，除了在式(2.43)、式(2.44)、式(2.45)中的 D_a 应该被 D_s 替换，并且

$$D_s' = D_s - D_r \tag{2.47}$$

在 MCM 法的碰撞法[6]计算方法中，考虑能束到达壁面后的计算时，能束是被吸收还是反射取决于壁面发射率 ε。用随机舍选法计算，即取一个 0 到 1 之间的随机数 R_ε，如果满足

$$R_\varepsilon \leqslant \varepsilon \tag{2.48}$$

则到达壁面的能束被该面元吸收，能束追踪过程结束。反之，能束被反射。反射时，能束的能量值、能束追踪过程以面元为起点重新开始，但是吸收距离应当从原来的距离中减掉从发射单元到被反射单元的距离的剩余长度，即

$$D_a' = D_a - D_r \tag{2.49}$$

在 MCM 法的路径长度计算法中，与能束在空间介质中被吸收和散射的处理类似，如果能束抵达壁面，能量的一部分被吸收，其能量值减小；依据壁面的反射性质，一部分能量被反射出来重新进入空间区域中传播。

跟踪过程一直重复，直到能束携带的能量 E_0 被减少到某一极限小值 ξ，例如 $\xi = 10^{-5}$。从一个单元发射的所有 N_0 个能束的跟踪计算结束后，就能够得到这个单元对所有单元的 DRESOR 数。当所有的单元均被作为发射单元计算后，所有的 DRESOR 数就得到了。整个计算过程如图 2.3 所示。这里，$R_d^s(\tau_s', \tau_s, \hat{s})$ 更新增量的计算与能束的传播过程同步进行：只要能束传播一定距离，就必须利用式(2.45)计算散射份额的分布，无论计算此次能束传播是用散射距离还是吸收距离。当随机产生的吸收距离和同样随机产生的散射距离[式(2.41)、式(2.42)]相互比较后，其结果仅仅对能束在下一次继续传播时是否必须因散射而改变方向起作用：如果吸收距离大于散射距离，下一次继续传播不改变方向；否则，下一次传播必须改变方向。除此以外，能束因吸收而减弱的计算[式(2.43)、式(2.44)]和能束沿程散射的份额计算[式(2.45)]是完全一样的。

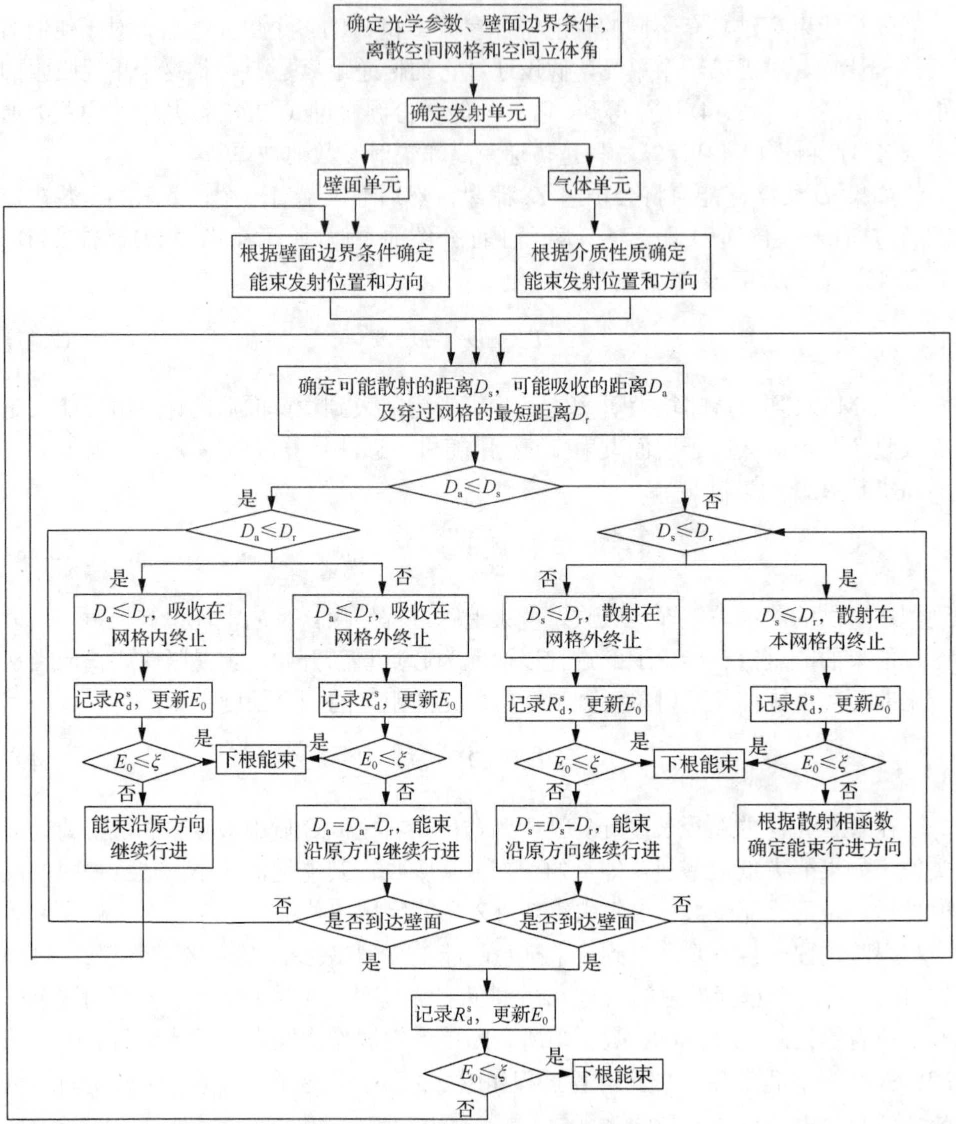

图 2.3　用 MCM 法计算 DRESOR 数的流程示意图

2.3.3　各向异性散射介质中 DRESOR 数的计算

由于要计算介质内不同位置和不同方向上的 DRESOR 数，所以在用 MCM 法计算 DRESOR 数时，首先要把介质区域和 4π 空间立体角分成不同的离散单元。如图 2.4 所示，介质的厚度为 L，光学厚度为 $\tau_L=(\kappa+\sigma_s)L$。介质被均匀离散成 N 个单元，用 j 记录，其中，$j=1,2,\cdots,N$。第 τ_s' 个光学厚度坐标为 $\tau_j=(j-0.5)\tau_L/N$。辐射强度计算点的光学厚度坐标为 $\tau_{j0}=j_0\cdot\tau_L/N, j_0=1,2,\cdots,N$。天顶角 θ 在 $[0,\pi]$ 范围被均匀化成 M 部分，$\theta_i=(i-0.5)\pi/M, i=1,2,\cdots,M$。DRESOR 数记录形式为 $R_{\mathrm{d}}^{\mathrm{s}}(j',j,i)$，辐射强度的角分布记录形式为 $I(j_0,i)$。

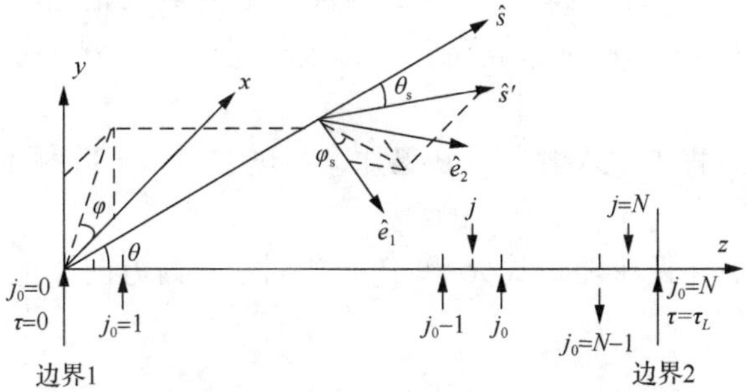

图 2.4　平行平板中各向异性散射几何示意图

单位体积单元发射的总辐射能被分成 N_0 能束，每根能束的初始能量 $E_0=1.0$，每个能束的跟踪过程基于路径法[6]。能束在介质中的行进处理，例如，能束发射方向和位置的随机决定，能量 E_0 由于吸收而产生的衰减，以及传输方向由于散射而发生改变等，前文都有详细描述。所有的 DRESOR 数初始值设为零，DRESOR 数计算式为

$$R_{\mathrm{d,new}}^{\mathrm{s}}(j',j,i)=R_{\mathrm{d,old}}^{\mathrm{s}}(j',j,i)+\Delta R_{\mathrm{d}}^{\mathrm{s}}(j',j,i) \tag{2.50}$$

迭代值 $\Delta R_{\mathrm{d}}^{\mathrm{s}}(j',j,i)$ 的计算式为

$$\Delta R_{\mathrm{d}}^{\mathrm{s}}(j',j,i)=C_0\frac{E_0}{N_0}\exp\left[-s\cdot\sigma_{\mathrm{s}}(j)\right]\cdot\Phi(\theta_{\mathrm{i'}},\theta_{\mathrm{i}}) \tag{2.51}$$

式中，s 是能束行进的距离，$\Phi(\theta_{\mathrm{i'}},\theta_{\mathrm{i}})$ 是散射相函数，其中，$\theta_{\mathrm{i'}}$ 表示入射方向，θ_{i} 为散射方向。

在本书考虑的一维平行平板介质中，形状因子 C_0 计算式为

$$C_0=\frac{1}{L/N} \tag{2.52}$$

需要说明的是，对于所有 M 个散射方向计算是相同的，因此，M 可以任意取值，例如取为 10、100，甚至 1000，它决定了该方法的方向求解精度。还需要特别指出的是，$\Delta R_{\mathrm{d}}^{\mathrm{s}}(j',j,i)$ 在 M 个“可能的”散射方向上要用式(2.51)计算 M 次，式(2.51)计算散射份额的分布时，采用的是对所有在 4π 立体角内的离散方向 $\hat{s}$ 进行循环赋值计算，但是，实际上每条能束在一次散射过程只选择一个

散射方向继续传播。也就是说，这里计算的是能束在所有可能的散射方向的散射份额，而不仅仅是在其实际发生的一个散射方向上的散射份额。4π 立体角可以被离散成成千上万个离散方向，各个方向上可能的散射份额计算只需重复执行式(2.51)的计算即可，也就是计算量与离散方向数成正比，而不是呈几何级数增长。这是用 DRESOR 法求解辐射传递方程能得到高方向分辨率辐射强度的优势所在。

在能束跟踪过程中，入射方向 $\theta_{i'}$已知，行进方向由于散射而发生改变的计算方法描述如下。

首先，通过产生两个随机数 R_θ 和 R_φ，相对于入射方向计量的散射角 θ_s 和 φ_s 计算式如下[2]：

$$\begin{cases} R_\theta = \left[\int_0^{\theta_s} \Phi'(\theta)\sin\theta\,\mathrm{d}\theta\right] \Big/ \left[\int_0^{\pi} \Phi'(\theta)\sin\theta\,\mathrm{d}\theta\right] \\ R_\varphi = \varphi_s / 2\pi \end{cases} \tag{2.53}$$

θ_s 和 φ_s 得到后，如图 2.4 所示，散射方向的天顶角 θ_i 和水平角 φ_i 计算式如下：

$$\begin{cases} \theta_i = \arccos\left[\sin\theta_s \sin\theta_{i'} \cos\varphi_s + \cos\theta_{i'} \cos\theta_s\right] \\ \varphi_i = \arccos\left[\cos\theta_s - \cos\theta_i \cos\theta_{i'})/(\sin\theta_i \sin\theta_{i'})\right] + \varphi_{i'} \end{cases} \tag{2.54}$$

对于本章考虑的平行平板介质，只有天顶角是必需的，为了简化计算，水平角 φ 被赋值为零。

在能束跟踪过程中，不管能束沿直线行进还是由于散射而改变方向，每个单元的 DRESOR 数都必须按式(2.50)和式(2.51)迭代计算。能束剩余能量由于吸收而减少，其计算式如下：

$$E_{0,\mathrm{new}} = E_{0,\mathrm{old}} \cdot \exp[-s \cdot \kappa(j)] \tag{2.55}$$

能束的跟踪直到能束的剩余能量变得足够小而中止。

散射相函数用截断勒让德多项式函数近似模拟表示为[2]

$$\Phi(\theta_{i'}, \theta_i) = 1 + \sum_{m=1}^{M} A_m P_m(\cos\theta_{i'}) P_m(\cos\theta_i) \tag{2.56}$$

或者

$$\Phi(\theta_s) = 1 + \sum_{m=1}^{M} A_m P_m(\cos\theta_s) \tag{2.57}$$

式中，$\theta_s = |\theta_i - \theta_{i'}|$为入射角与散射角之间的夹角；$A_m$为散射相函数系数；$P_m$为勒让德多项式；$m$为勒让德多项式阶数；$M$为勒让德多项式总阶数。

通过 MCM 法计算 $R_d^s(j',j,i)$ 的过程中，为了使统计误差控制在一个相对较低的水平，在计算精度和计算时间上有一个合理的平衡。

2.4 DRESOR法计算一维灰性各向同性散射介质中辐射传递

2.4.1 计算算例介绍

图 2.5 所示的一维灰性介质中，取均匀的温度 T、吸收系数 κ 和各向同性散射系数 σ_s，这里考虑了两端具有相同温度和辐射特性的非透明灰性边界。考虑了两种边界，一种具有灰性发射和吸收(ε)、漫反射(ρ)特性，另一种除镜面反射特性外，其余与前者相同。计算了三种工况，如表 2.1 所示。

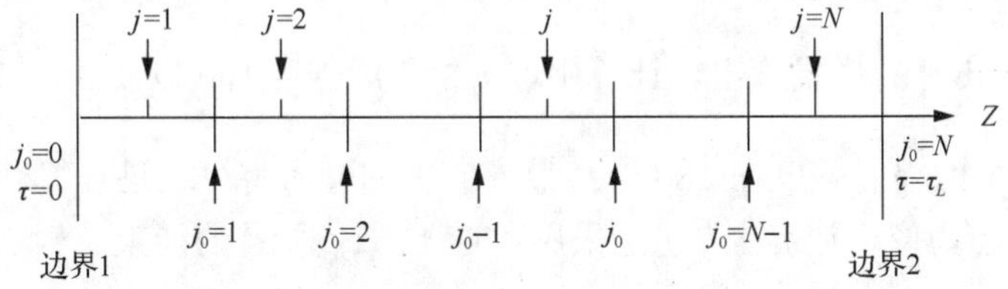

图 2.5　平行平板介质的离散坐标示意图

表 2.1　三种计算条件下的温度和辐射特性参数

工况	边界			介质		
	T_w/K	ρ	ε	T/K	κ/m^{-1}	σ_s/m^{-1}
1	1	0.5	0.5	1000	0.5	0.5
2	1000	0.5	0.5	1	0.5	0.5
3	1000	0.5	0.5	1000	0.5	0.5

三种工况具有相同的辐射特性，但温度条件不同：工况 1 具有冷的壁面(温度 1K)和热的介质(温度 1000K)；工况 2 具有热的壁面(温度 1000K)和冷的介质(温度 1K)；工况 3 具有热的壁面(温度 1000K)和介质(温度 1000K)。很明显，工况 3 的热发射源是工况 1 和 2 的热发射源的累加。

由表 2.1 所给条件可知，需把辐射强度表示成介质和壁面温度函数的求解形式，则式(2.11)可改写为

$$
\begin{aligned}
I(\tau,\hat{\boldsymbol{s}}) &= \frac{1}{\pi}[\varepsilon\sigma T^4(\tau_{\mathrm{w}})]\exp\left(-\int_0^s \beta\,\mathrm{d}s'\right) \\
&\quad + \frac{1}{4\pi}\int_0^s [4\kappa\sigma T^4(\tau)]\exp\left(-\int_0^s \beta\,\mathrm{d}s''\right)\mathrm{d}s' \\
&\quad + \frac{1}{\pi}\int_W [\varepsilon\sigma T^4(\tau_{\mathrm{w}})]\,\mathrm{d}A R_{\mathrm{d}}^{\mathrm{s}}(\tau_{\mathrm{w}},\tau'_{\mathrm{w}},\hat{\boldsymbol{s}})\exp\left(-\int_0^s \beta\,\mathrm{d}s'\right) \\
&\quad + \frac{1}{\pi}\int_V [4\kappa\sigma T^4(\tau')]\,\mathrm{d}V R_{\mathrm{d}}^{\mathrm{s}}(\tau',\tau'_{\mathrm{w}},\hat{\boldsymbol{s}})\exp\left(-\int_0^s \beta\,\mathrm{d}s'\right) \\
&\quad + \frac{1}{4\pi}\int_0^s\int_W [\varepsilon\sigma T^4(\tau_{\mathrm{w}})]\,\mathrm{d}A R_{\mathrm{d}}^{\mathrm{s}}(\tau_{\mathrm{w}},\tau',\hat{\boldsymbol{s}})\exp\left(-\int_0^s \beta\,\mathrm{d}s''\right)\mathrm{d}s' \\
&\quad + \frac{1}{4\pi}\int_0^s\int_V [4\kappa\sigma T^4(\tau')]\,\mathrm{d}V R_{\mathrm{d}}^{\mathrm{s}}(\tau',\tau'',\hat{\boldsymbol{s}})\exp\left(-\int_0^s \beta\,\mathrm{d}s''\right)\mathrm{d}s'
\end{aligned}
\tag{2.58}
$$

空间介质的离散方法与图 2.5 所示，辐射强度将以二维数组 $R_{\mathrm{d}}^{\mathrm{d}}(\boldsymbol{r}_{\mathrm{w}},\boldsymbol{r},\hat{\boldsymbol{s}})=\frac{1}{\pi}\exp\left[-\int_0^s \beta_\eta \mathrm{d}s'\right]$ 的形式给出。计算中取 $\tau_L=10$、$N=100$ 以及 $M=180$，意味着在 101 个点上的辐射强度在 180 个离散方向上的分布将可通过计算获得，其中，第 0、101 个点为位于边界上的点。采用 MCM 法计算 $R_{\mathrm{d}}^{\mathrm{s}}$ 的能束总数 N_0 取十万根。

2.4.2　计算结果分析

首先，计算 $R_{\mathrm{d}}^{\mathrm{s}}(\tau',\tau)$，然后可得到 $I_R(j_0,i)$。因为仅考虑各向同性散射，$R_{\mathrm{d}}^{\mathrm{s}}(\tau',\tau,\mu)$ 变为 $R_{\mathrm{d}}^{\mathrm{s}}(\tau',\tau)$。图 2.6(a)和(b)分别显示了工况 1 下不同壁面反射率 ρ，以及不同介质吸收系数 κ 对 $R_{\mathrm{d}}^{\mathrm{s}}(25,j_0)$ 的影响。其中 $\kappa+\sigma_{\mathrm{s}}=1.0$，图 2.5(b)中 $\rho=0.5$。由图中可见，当壁面的反射率提高，或者介质的吸收系数减小时，更多的能量能被两边的壁面所反射，介质区域和壁面的 $R_{\mathrm{d}}^{\mathrm{s}}$ 均增加。

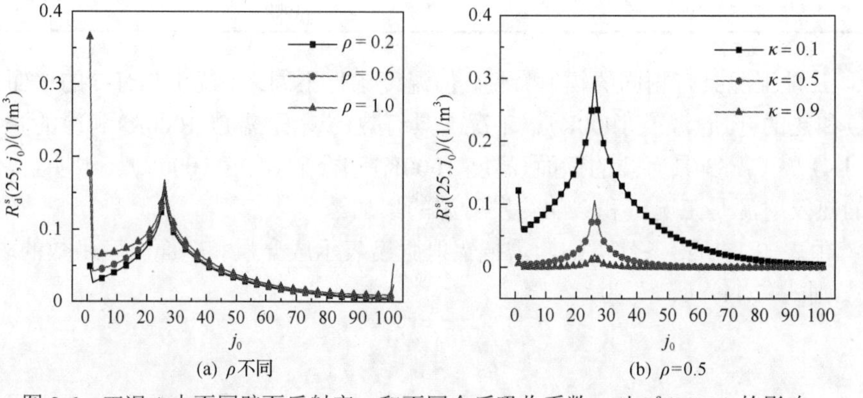

(a) ρ不同　　(b) ρ=0.5

图 2.6　工况 1 中不同壁面反射率 ρ 和不同介质吸收系数 κ 对 $R_{\mathrm{d}}^{\mathrm{s}}(25,j_0)$ 的影响

图 2.7 显示了工况 1 下漫反射壁面和镜面反射壁面条件下，辐射强度计算值 $I_R(j_0,i)$ 和检验值 $I(j_0,i)$ 的比较。$I_R(j_0,i)$ 的检验方法如下：将 $I_R(j_0,i)$ 代入式(2.4)的右边得到 $I_{\mathrm{w}}(\tau_{\mathrm{w}},\hat{s})$，以及代入式(2.3)的右边以得到 $S(\tau',\hat{s})$，最后 $I_{\mathrm{w}}(\tau_{\mathrm{w}},\hat{s})$ 和 $S(\tau',\hat{s})$ 代入式(2.2)的右边可得到 $I(j_0,i)$。由图中可见，它们之间没有明显的差别，误差小于 1%，说明：①采用 DRESOR 法计算辐射强度和求解辐射传递方程，可以得到高精度的结果；②漫反射和镜面反射在计算条件下对辐射传递过程的影响几乎没有差别。

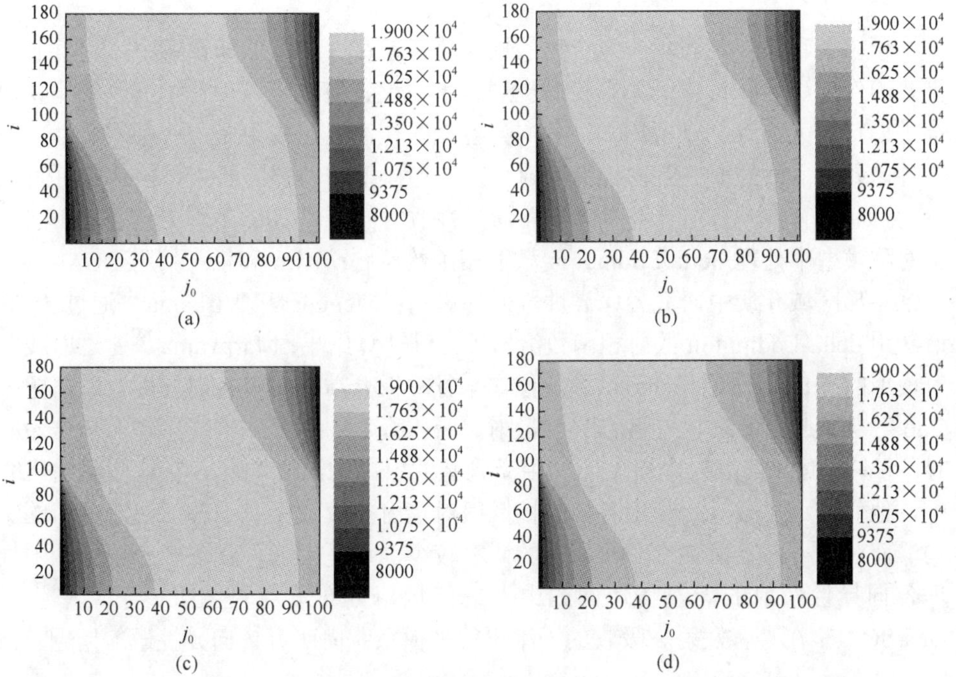

图 2.7　工况 1 中辐射强度计算值和检验值比较

(a)和(b)示漫反射壁面的结果，(c)和(d)显示镜面反射壁面的结果；(a)和(c)是 $I_R(j_0,i)$，(b)和(d)是 $I(j_0,i)$

通过使用 DRESOR 法，壁面的边界条件对辐射传递的影响已经耦合到 RTE 的求解过程中。表 2.2 给出三种工况下辐射强度在右边界上的检验计算结果。检验的方法是直接将辐射强度的计算结果代入到边界条件式(2.4)的两边，看边界条件是否成立。检验结果证明，相对误差小于 1%，表明在计算过程中边界条件自动获得满足。DRESOR 法自动满足边界条件的特性对于辐射传递问题求解无疑是非常重要的，因为其他 RTE 求解方法，包括 P_N 法、DOM 法以及 SK_N 法等[10]，对于边界条件的处理是整个求解过程中的重要环节。当边界条件更加复杂时，DRESOR 法的这种特性就能更显示其良好的适应性。

表 2.2 三种工况下辐射强度在右边界上的检验

工况	1	2	3
式(2.4)左边	8306.64	9734.81	18041.5
式(2.4)右边	8296.20	9743.97	18040.2
相对误差/%	0.125	0.094	0.007

2.5 DRESOR法计算一维灰性各向异性散射介质中辐射传递

颗粒云和燃烧气固颗粒混合物的辐射热传递在许多领域和设备中，起着非常重要的作用，这些设备例如煤粉燃烧炉、水泥炉、流化床、工业炉、以铝化物作推进燃料的火箭等。众所周知，各向异性散射在高温系统中是一个基本特性，而在各向异性散射介质中各向异性散射辐射传递模型的求解需要大量的计算时间。

目前，有许多方法计算复杂的各向异性散射问题。Chui 等[11]通过 FVM 法在轴对称模型中处理 delta-Eddington 散射相函数问题；Kim 和 Lee[12]用 DOM 法在二维矩形区域介质中研究各向异性散射的影响；Mengüç 和 Viskanta[13]通过 P_3 球谐法用 delta-Eddington 散射相函数给出了三维计算结果；Maruyama[14]通过射线发射模型的 REM^2 法用 delta 函数近似在平行平板介质中研究各向异性散射问题；Guo 等[15]通过 MCM 法在各向异性散射、吸收介质中研究二维瞬态辐射热传递；Tan[16]在各向异性散射介质中研究由激光脉冲引起的温度响应。在这些问题研究中，他们绝大多数只是给出各向异性散射对辐射热流或无量纲辐射热流分布的影响，而对高方向辐射强度分布影响的研究较少，这是因为，在许多应用领域中处理各向异性散射的能量传递问题中考虑能量角分布信息更困难。下文中将用 DRESOR 法在具有发射、吸收的一维平行平板系统内研究各向异性散射问题。

2.5.1 结果验证

1. 计算条件

本章中考虑了 3 个工况，它们的计算条件分别如表 2.3。

表 2.3 3 种工况下温度和辐射特性分布

工况	边界 1		边界 2		介质	
	$T_{w,1}$/K	ε	$T_{w,2}$/K	ε	T/K	ω
1	1000	1.0	0	1.0	0	1
2	0	<1.0	0	<1.0	1000	<1.0
3	0	1.0	0	1.0	1000	<1.0

在工况 1 中，两边界是 $\varepsilon = 1.0$ 的黑体壁面，其中，边界 1 为热壁面 $T_{w,1} = 1000\mathrm{K}$，边界 2 为冷壁面 $T_{w,2} = 0\mathrm{K}$，介质为温度 $T = 0\mathrm{K}$，散射率 $\omega = 1$ 的纯散射介质。工况 1 被用来研究边界发射的辐射能在各向异性散射介质中的传递。在工况 2 中，两边界是具有不同发射率的冷壁面 $T_{w,1} = T_{w,2} = 0\mathrm{K}$，介质温度 T=1000K，具有不同散射率。工况 2 被用来研究各向异性散射介质中介质发射的辐射能与壁面的交互影响。在工况 3 中，两边界都是冷黑壁面 $T_{w,1} = T_{w,2} = 0\mathrm{K}$，$\varepsilon = 1.0$，介质温度为 $T = 1000\mathrm{K}$。工况 3 被用来研究介质各向异性散射对辐射传递的影响。在所有工况中，网格离散数 N=100，方向离散数 M=180，能束数 $N_0 = 100000$。

本书中用 6 个勒让德多项式来模拟各向异性散射相函数[17,18]。它们的系数分别如表 2.4 所示，它们分别是一阶后向散射、一阶前向散射、各向同性散射、二阶后向散射、五阶后向散射、八阶前向散射。6 种散射相函数对应的散射非对称因子 g 也分别列在表 2.4 中，散射非对称因子 g 表示散射能量分布的方向性，该因子定义为散射余弦的平均值，表示介质前、后半球散射份额的相对比率，其定义式如下[4]。

表 2.4　六种散射相函数的勒让德多项式系数

系数	一阶后向	一阶前向	各向同性	二阶后向	五阶后向	八阶前向
A_0	1.0	1.0	1.0	1.0	1.0	1.0
A_1	–1.0	1.0		–1.2	–0.56524	2.00917
A_2				0.5	0.29783	1.56339
A_3					0.08571	0.67407
A_4					0.01003	0.22215
A_5					0.00063	0.04725
A_6						0.00671
A_7						0.0069
A_8						0.00005
g	–0.3333	0.3333	0.0000	–0.4000	–0.1884	0.6697

$$g = \overline{\cos\theta_s} = \frac{1}{4\pi}\int_{4\pi} \Phi(\theta_s)\cos\theta_s \mathrm{d}\Omega \tag{2.59}$$

在本研究中，介质的散射是周向对称的，即散射相函数与水平角无关。此时[6]

$$g = \overline{\cos\theta_s} = \frac{1}{2}\int_0^{\pi} \Phi(\theta_s)\cos\theta_s \sin\theta_s \mathrm{d}\theta_s \tag{2.60}$$

g 的取值范围[–1,1]，当 $g = 0$ 时表示前后对称，即各向同性散射；$g>0$ 表示前半球散射占优，g 越大表示前半球散射的比例越大，即前向散射能力越强；

$g<0$ 表示后半球散射占优，g 越小表示后半球散射的比例越大，即后向散射能力越强。

表 2.4 中的三个后向散射相函数的散射非对称因子都小于 0，二阶后向散射相函数的散射非对称因子最小，五阶后向次之，一阶后向最大；各向同性散射相函数的散射非对称因子等于 0；两个前向散射相函数的散射非对称因子都大于 0，八阶前向散射相函数的散射非对称因子大于一阶前向散射相函数的散射非对称因子。除各向同性散射相函数外的五种相函数 $\Phi(\theta_s)$ 随 θ_s 的分布如图 2.8 所示，从图中可以看出，各散射相函数随 θ_s 的分布情况与散射非对称因子的正负及大小情况一致。

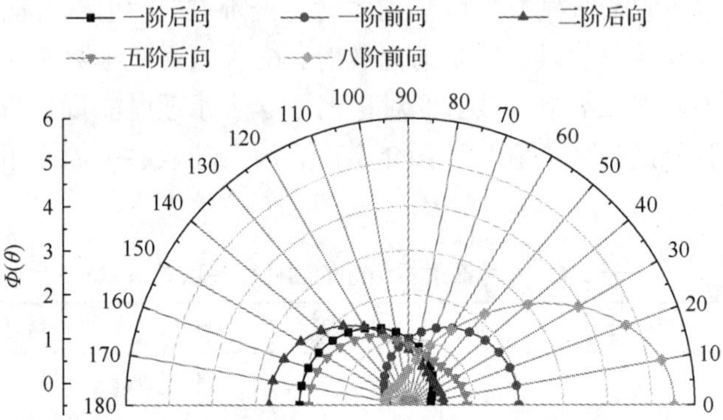

图 2.8　五种各向异性散射相函数空间分布图

2. 与文献比较验证

用 DRESOR 法计算工况 1 的结果与 Busbridge 等[19]的精确解和 Maruyama[20]用 REM^2 计算的近似解进行比较。边界 2 无量纲的反射热流定义式为

$$\tilde{q}^{r} = 1 - q^{r} / (\sigma T_1^4) \tag{2.61}$$

式中，q^r 是边界 2 的辐射热流。类似与公式(2.57)中定义的相函数

$$\Phi(\mu) = 1 + A_1 \mu \tag{2.62}$$

并且，A_1 可取 1.0、0.5、0、−0.5、−1.0 等值，其中，$\mu = \cos\theta_s$，θ_s 表示入射角和散射角之间的夹角。光学厚度 τ_L 从 1.0 到 10.0 变化。计算结果如表 2.5 所示。从表 2.5 中可以看到，DRESOR 法计算的结果与精确解和近似解都吻合得很好，显示了 DRESOR 法有很高的计算精度。

表 2.5　边界 2 表面上的无量纲反射热流 $\tilde{q}^{\mathrm{r}}$

τ_L	$A_1=0.5$					
	Exact[19]	REM2[20]	MCM	FVM[17]	DRESOR	
1	0.3577	0.35553	0.35764	0.35883	0.35762	0.02%
2	0.5154	0.51459	0.51533	0.51528	0.51355	0.36%
3	0.6102		0.61027	0.61028	0.60968	0.09%
4	0.6738		0.67442	0.67395	0.67667	0.43%
5	0.7195	0.71948	0.71922	0.71982	0.71937	0.02%
6	0.7540		0.75402	0.75397	0.75391	0.01%
7	0.7810		0.78121	0.78102	0.78075	0.03%
8	0.8026		0.80303	0.80264	0.8013	0.16%
9	0.8203		0.82038	0.82030	0.82002	0.03%
10	0.8351	0.83498	0.83537	0.83507	0.83577	0.08%
τ_L	$A_1=1.0$					
	Exact[19]	REM2[20]	MCM	FVM[17]	DRESOR	
1	0.4055	0.40465	0.40562	0.40465	0.4046	0.22%
2	0.5678	0.56749	0.56772	0.56704	0.56611	0.30%
3	0.6599		0.65984	0.65925	0.65809	0.27%
4	0.7195		0.71957	0.71919	0.71892	0.08%
5	0.7614	0.76130	0.76131	0.76130	0.76088	0.07%
6	0.7923		0.79214	0.79197	0.79389	0.20%
7	0.8162		0.81611	0.81602	0.81547	0.09%
8	0.8351		0.83564	0.83500	0.83525	0.02%
9	0.8505		0.85062	0.85035	0.8499	0.07%
10	0.8633	0.86310	0.86330	0.86325	0.86326	0.0%

3. 代入原 RTE 验证

用 DRESOR 法计算工况 2 和工况 3 的算例时，同样利用辐射传递方程进行了验证，它与一般文献中通常使用的比较辐射热流和无量纲的辐射热流的验证方法不同。严格地来说，检验辐射热流不能说明所求辐射强度是辐射传递方程的正确解，因为辐射热流是辐射强度在 4π 空间立体角的积分。这种验证方法是检验通过 DRESOR 法计算得到的 $I_R(j_0,i)$ 是否满足式(2.2)中的辐射传递积分方程。这就意味着，DRESOR 法计算得到的辐射强度 $I_R(j_0,i)$ 将会被代入式(2.2)的右边，通过式(2.2)的积分方程可以得到 $I(j_0,i)$。如果 $I(j_0,i)$ 和 $I_R(j_0,i)$ 在任意位置的任意方向上相等，那么 $I_R(j_0,i)$ 就是 RTE 的正确解，否则，$I_R(j_0,i)$ 不是辐射传递方程的解。$I_R(j_0,i)$ 和 $I(j_0,i)$ 之间相对误差的计算式为

$$e(j_0,i)=\frac{\left|I_R(j_0,i)-I(j_0,i)\right|}{I(j_0,i)} \tag{2.63}$$

用 DRESOR 法计算工况 2 的算例条件为：$\tau_L=1.0$、$\rho=0.5$、$\omega=0.5$，一阶后向散射。计算得到的辐射强度和相对误差结果如图 2.9 所示。从图 2.9(b)中可以看出，除了边界 2 附近一些点在 90°附近的计算相对误差接近 4%外，绝大部分误差小于 2.0%，甚至更低，说明了计算结果的可靠性。

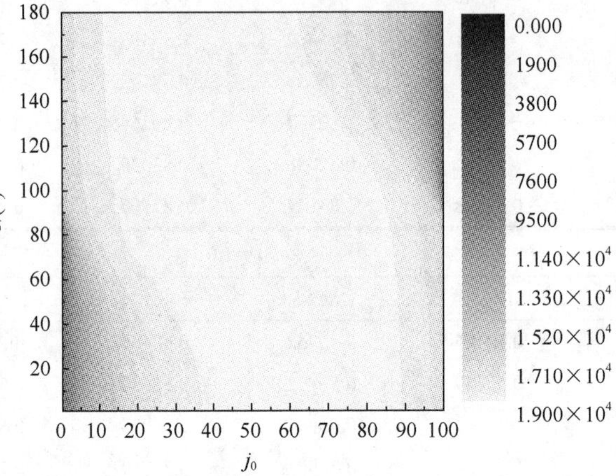

(a) 辐射强度分布

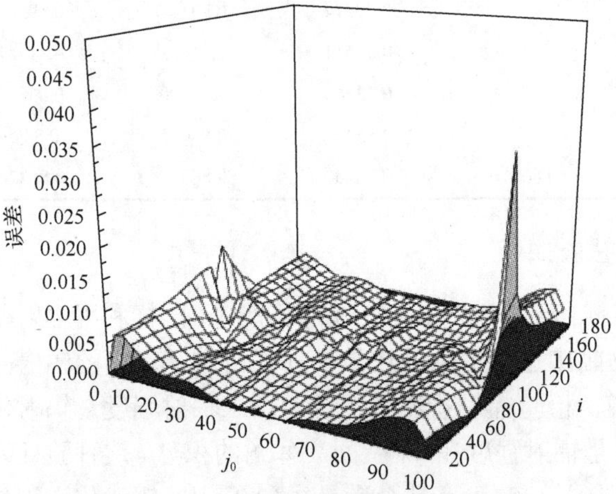

(b) 相对误差分布

图 2.9　工况 2 的计算结果

用 DRESOR 法计算工况 3 的三种算例条件分别为：①$\tau_L=0.1$，$\omega=0.75$，各向同性散射；②$\tau_L=1.0$，$\omega=0.25$，一阶前向散射；③$\tau_L=10.0$，$\omega=0.5$，一

阶后向散射。从它们中计算得到的辐射强度和相对误差结果分别如图 2.10～图 2.12 所示。从图中可以看出，在绝大部分位置的所有方向上，DRESOR 法计算得到的 $I_R(j_0,i)$ 与验证计算得到的 $I(j_0,i)$ 之间的相对误差，都小于 1%，证明了 DRESOR 法求解结果的正确性，并且从图中还可以看出随着光学厚度的增加，介质内辐射强度值增强。

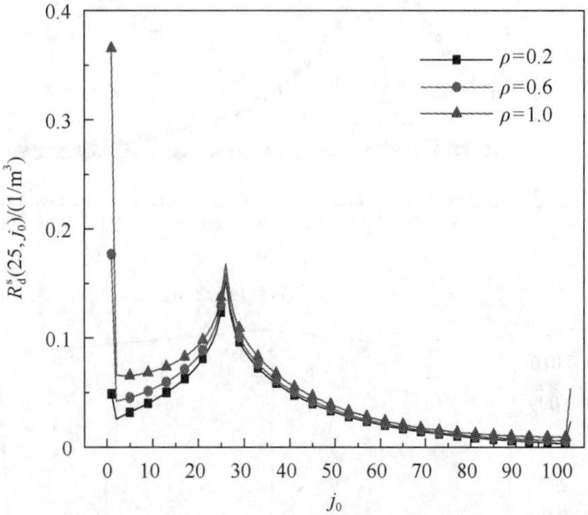

(a) 辐射强度分布

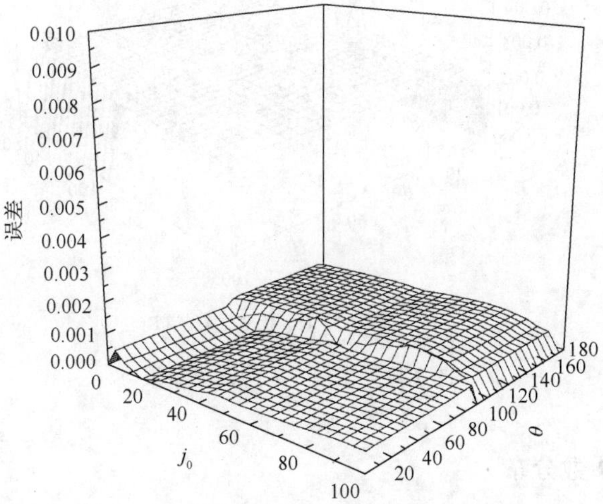

(b) 相对误差分布

图 2.10　工况 3-1 的计算结果

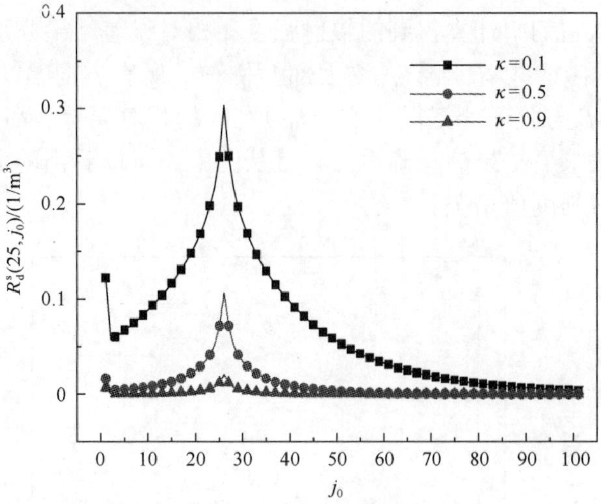

(a) 辐射强度分布

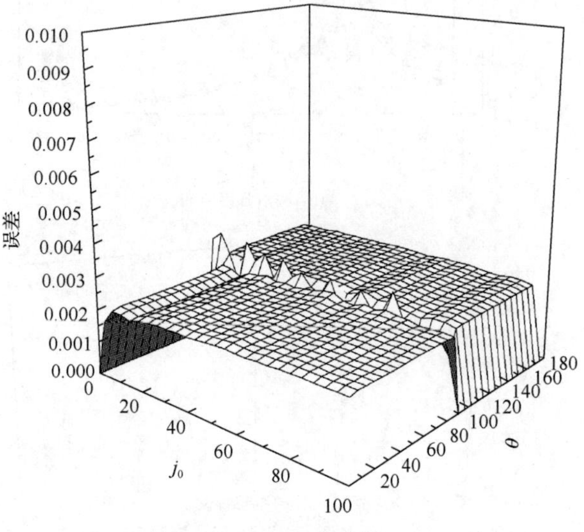

(b) 相对误差分布

图 2.11 工况 3-2 的计算结果

2.5.2 DRESOR 数分布

DRESOR 数在 DRESOR 法中起着非常重要的作用，它由介质的几何尺寸和辐射特性决定，而与介质的温度分布无关。对不同计算条件下的 DRESOR 数的计算结果显示如下。

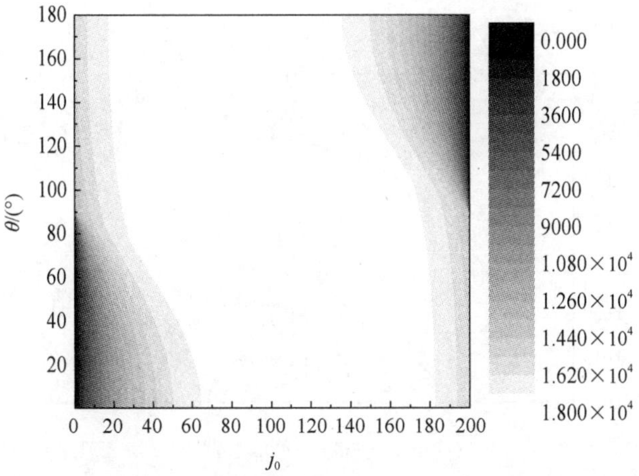

(a) 辐射强度分布

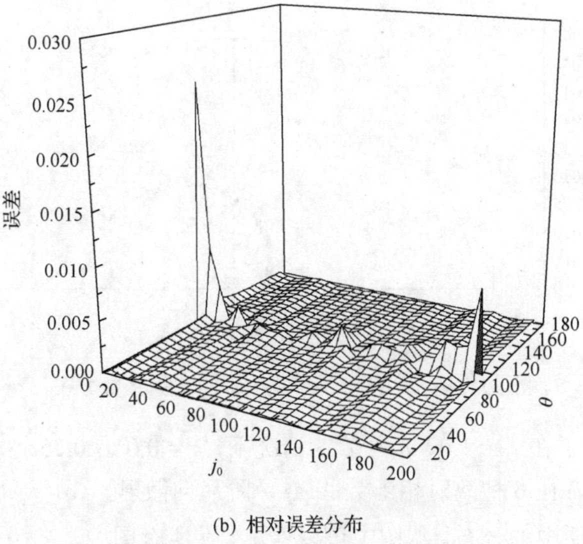

(b) 相对误差分布

图 2.12　工况 3-3 的计算结果

在工况 2 中，当 $\rho = 0.75$、$\omega = 0.5$ 时，第 25 个网格介质单元对边界 1 的 DRESOR 数如图 2.13(a)所示，漫反射壁面使得反射的能量均匀分布在各天顶角内。由于前向散射使更多的能量到达边界，所以更多的能量被壁面反射，所以前向散射介质中的 DRESOR 数最大；各向同性散射其次；后向散射最小。当 $\rho = 0.75$、$\omega = 0.5$ 时，第 25 个网格介质单元对第 1 个网格介质单元的 DRESOR 数如图 2.13(b)所示。在前向散射介质中，第 25 个网格介质单元在第 1 个网格介质单元的右侧，更多的能量从第 1 个网格介质单元的右侧到左侧，因此，$\theta > 90°$ 范围内的 DRESOR 值大于 $\theta \leqslant 90°$ 范围内的 DRESOR 值。在后向散射介质中，DRESOR 数的分布趋势与前向散射介质中相反。

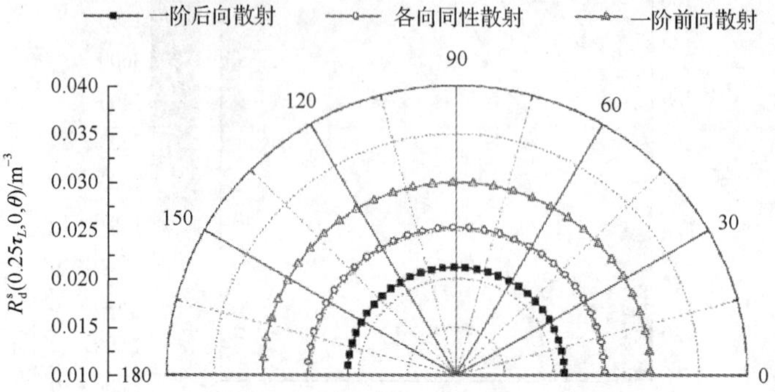

(a) 第25个网格介质单元对边界1

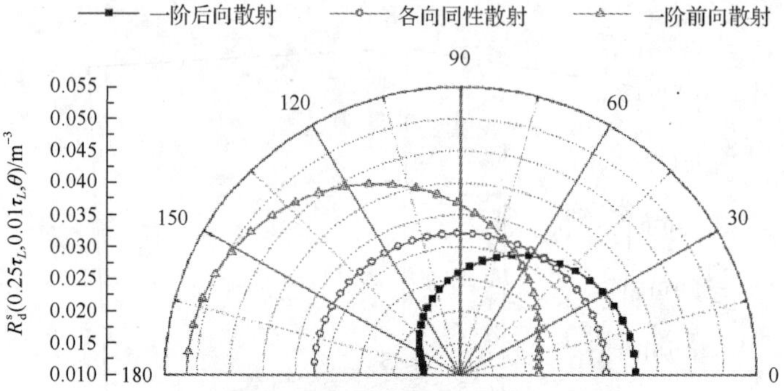

(b) 第25个网格介质单元对第1个网格介质单元

图 2.13　当 $\rho = 0.75$、$\omega = 0.5$ 时 DRESOR 数分布

图 2.14 显示了在 $\tau_L = 1.0$、$\omega = 0.75$ 情况下，$\tau = 0.01\tau_L,0.25\tau_L,0.5\tau_L,0.75\tau_L,1.0\tau_L$ 时，$R_d^s(0.5\tau_L,\tau,\theta)$ 在 6 种散射相函数：(a)一阶后向散射、(b)一阶前向散射、(c)各向同性散射介质中的分布。从图中可以看出，在所有图中，$R_d^s(0.5\tau_L,0.5\tau_L,\theta)$ 的 5 条曲线值都是最大，这是由于介质发射的能量还没有被它自身大量的吸收，所以被自身散射的能量份额最大。随着发射点与被散射点之间的距离的增加，DRESOR 值越来越小。

各向异性散射对 DRESOR 数的影响可以从图 2.14(a)、(b)和(c)之间的对比看出来。在相同的散射率和光学厚度下，$R_d^s(0.5\tau_L,0.5\tau_L,\theta)$ 在图 2.14(a)中一阶后向散射情况下显示的值是 2.607m^{-3}，比图 2.14(b)中一阶前向散射情况下显示的 2.380m^{-3} 和图 2.14(c)中各向同性散射情况下显示的 2.541m^{-3} 都要大，这是由不同介质散射特性对辐射传递的影响决定。当 $\tau = 0.01\tau_L,0.25\tau_L,0.5\tau_L,0.75\tau_L,1.0\tau_L$ 时，$R_d^s(0.5\tau_L,\tau,\theta)$ 随 θ 变化的趋势也由于不同的散射相函数而不同。从图 2.14(c)中可以看出，在各向同性散射介质中 DRESOR 数的分布与天顶角的变化无关。在图 2.14(a)一阶后向散射介质中，$R_{\mathrm{d}}^{\mathrm{s}}(0.5\tau_L,0.75\tau_L,\theta)$ 和 $R_{\mathrm{d}}^{\mathrm{s}}(0.5\tau_L,1.0\tau_L,\theta)$ 在[90°,180°]范围内的值比[0°,90°]范围内的大。相反地，在图 2.14(b)一阶前向散射介质中，$R_{\mathrm{d}}^{\mathrm{s}}(0.5\tau_L,\tau,\theta)$ 在不同位置对不同方向的分布揭示了介质前向散射的特性。

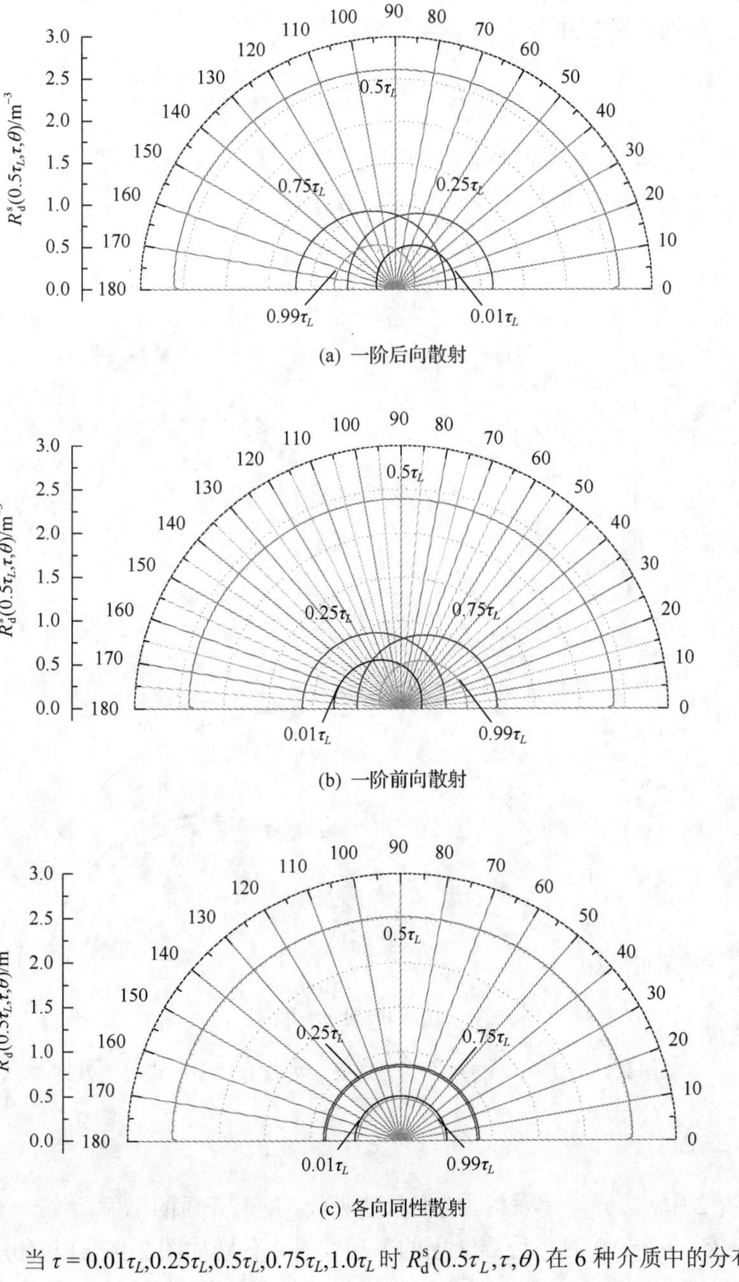

(a) 一阶后向散射

(b) 一阶前向散射

(c) 各向同性散射

图 2.14　当 $\tau=0.01\tau_L,0.25\tau_L,0.5\tau_L,0.75\tau_L,1.0\tau_L$ 时 $R_{\mathrm{d}}^{\mathrm{s}}(0.5\tau_L,\tau,\theta)$ 在 6 种介质中的分布

2.5.3　辐射强度分布

1. 工况 1

由于本工况中边界温度为 $T_0 = 1000$ K，同温度下黑体辐射强度为 $\sigma T_0^{\ 4}/\pi$，则定义介质的表观发射率为

$$\varepsilon(j_0,i) = I(j_0,i)/(\sigma T_0^{\ 4}/\pi) \tag{2.64}$$

图 2.15 揭示了不同各向异性散射之间的差异。各向异性散射在纯散介质中对介质发射率的影响可以通过这些结果反映出来。

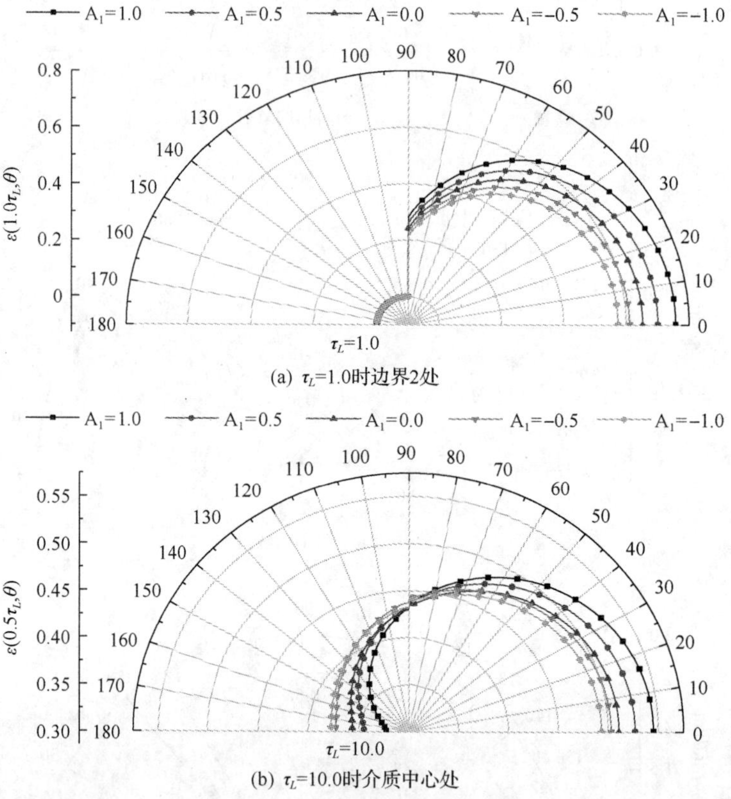

图 2.15　工况 1 中 τ_L 不同时边界 2 处及介质中心点处的发射率

2. 工况 2

工况 2 中，边界没有发射，它们只能吸收、反射介质的辐射。当 $\rho = 0.5$、$\omega = 0.5$ 和 $\rho = 0.25$、$\omega = 0.9$ 时，边界 2 上的表观发射率分别如图 2.16(a) 和 (b) 所示。图中

显示出的规律和工况 1 中得出的结论一样，前向散射使得更多的能量达到边界。但是，当介质的散射率减少，壁面反射率增加时，更少的能量从介质内发射达到边界。从图 2.16(a)和(b)的对比中可以看出，高散射率使各向异性的差异更明显。

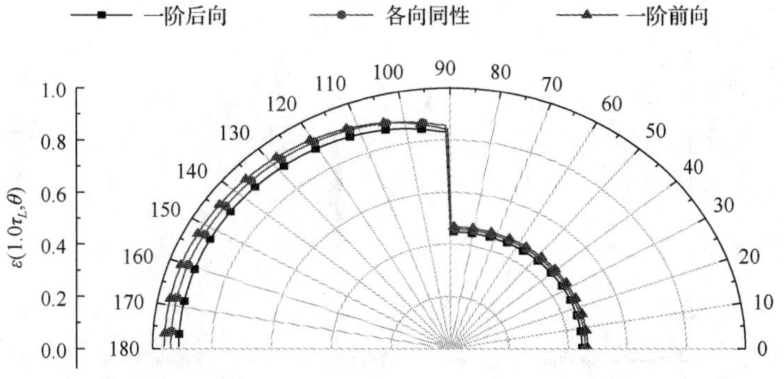

(a)

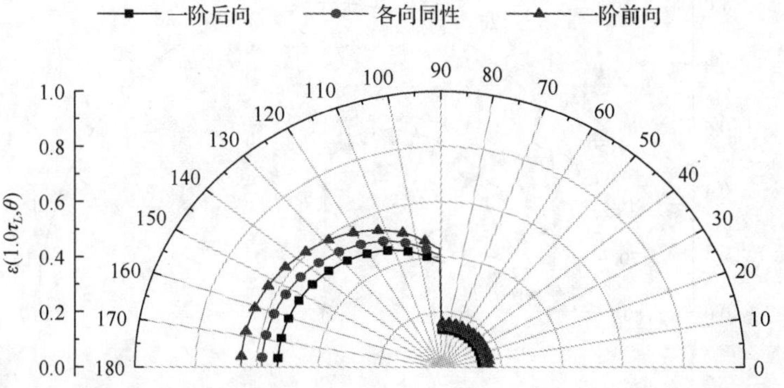

(b)

图 2.16　当(a) $\rho = 0.5$，$\omega = 0.5$ 和(b) $\rho = 0.25$，$\omega = 0.9$ 时，边界 2 处表观发射率

3. 工况 3

当 $\omega = 0.75$，τ_L 为 0.1 和 10.0 时，边界 1 处表观发射率分别显示在图 2.17(a)和(b)中，从图 2.17(a)中可以看出，当光学厚度比较小时，例如 $\tau_L = 0.1$，散射相函数对辐射强度影响很小。从图中还可以发现，90°附近发射率有最大值接近 0.3，(100°,180°)范围内发射率小于发射率最大值的一半 0.15。当 τ_L = 10.0 时，如图 2.17(b)所示，散射相函数对发射率有明显的影响作用，从图中可以看出，θ 在[90°,180°]范围内，在前向散射介质中有最大发射率，各向同性介质中次之，后向散射介质中最小。对于后向散射介质，能束总是在介质内部前后振荡传递，导致更多的能量被吸收，更少的能量到达边界。图 2.17(b)中大部分发射率值在(0.4,0.6)范围内，显然小于对应的黑体的辐射强度。

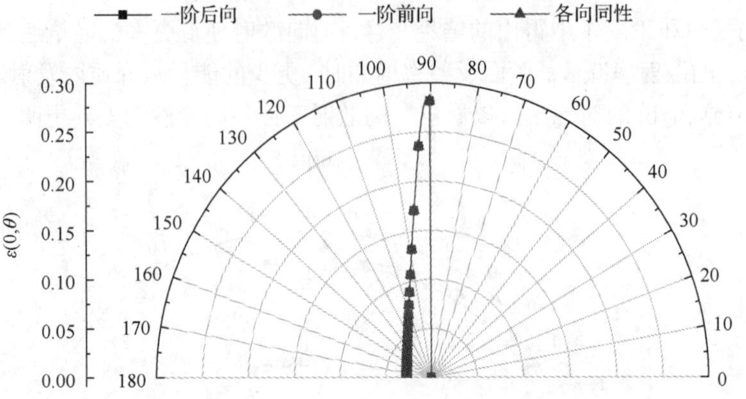

(a)

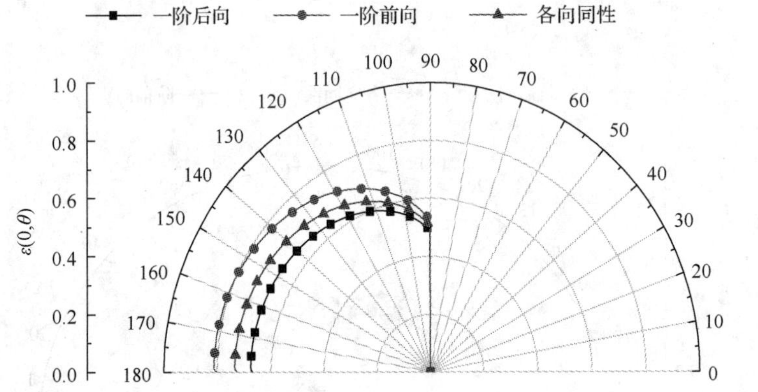

(b)

图 2.17　当 $\omega = 0.75$，(a) $\tau_L = 0.1$，(b) $\tau_L = 10.0$ 时，边界 1 处表观发射率

前向和后向散射介质中，不同散射因子大小对边界发射率的影响也被研究。图 2.18(a) 中显示了当 $\omega = 0.75$ 和 $\tau_L = 10.0$ 时，边界 1 处发射率 $\varepsilon(0,\theta)$ 在一阶后向、二阶后向、五阶后向以及各向同性散射介质中的分布。从图中可以看出，表 2.4 定义的有最大后向散射因子中，二阶后向散射介质中的边界发射率最小。各向同性散射介质中的边界发射率大于后向散射介质中的边界发射率，这是因为，各向同性散射介质有最小的后向反射能力。

图 2.18(b) 中显示了当 $\omega = 0.75$ 和 $\tau_L = 10.0$ 时，边界 1 处发射率 $\varepsilon(0,\theta)$ 在一阶前向、八阶前向以及各向同性散射介质中的分布。从图中可以看出，表 2.4 定义的有最大前向散射因子中，八阶前向散射介质中的边界发射率最大。各向同性散射介质中的边界发射率小于前向散射介质中的边界发射率，这是因为，各向同性散射介质有最小的前向反射能力。

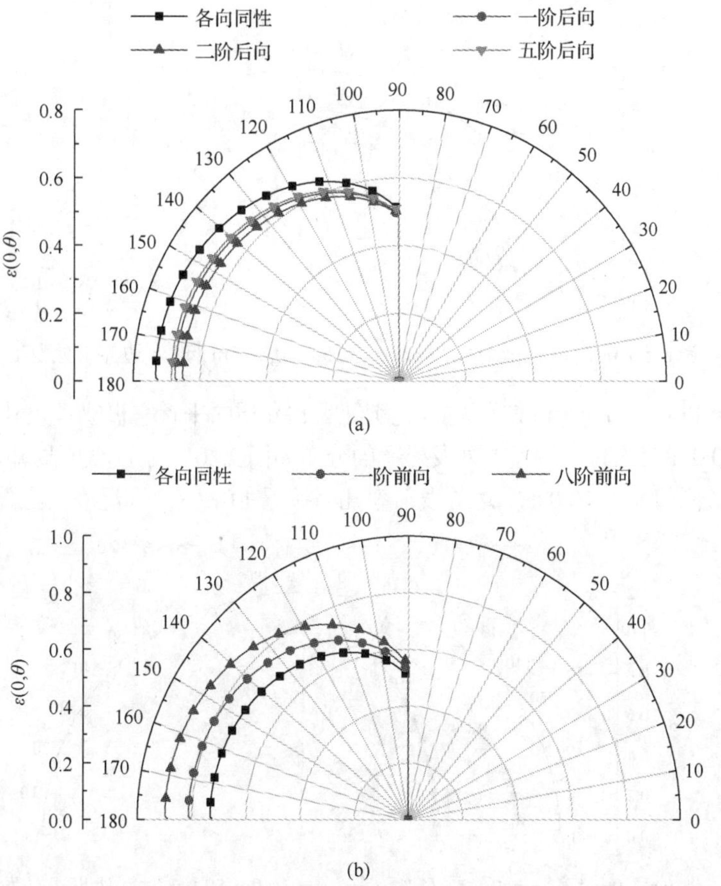

图 2.18　当 $\omega = 0.75$，$\tau_L = 10.0$ 时，边界 1 处发射率 $\varepsilon(0,\theta)$ 分布：(a)一阶后向、二阶后向、五阶后向和各向同性散射介质；(b)一阶前向、八阶前向和各向同性散射介质

在工况 3 中，有一个有趣的现象，当光学厚度增大时，例如大于 10.0，介质如有散射，边界发射率将不可能接近 1.0。在一个固定物理尺寸 $L = 10.0\text{m}$ 的一阶前向散射平行平板介质中，当 $\kappa = 1.0\text{m}^{-1}$ 恒定，介质散射系数 $\sigma_s = 0$、0.25、0.50、0.75m^{-1} 变化时，边界 1 处发射率的分布如图 2.19 所示。从图中可以看出，当 σ_s 增加时，边界发射率减小。尽管，当 σ_s 增加时，意味着那些没有被介质吸收的能量更多的在介质内被散射，被散射的能量将会在介质内传递更远的距离直到它离开介质，在它们传递过程中更多的能量将会被介质吸收，从而使得更少的能量能够达到边界。因此，介质散射系数增加虽然并不能直接改变能量的大小，但是更强的散射使得能量有更多机会被介质吸收，它间接的改变了能量的大小。

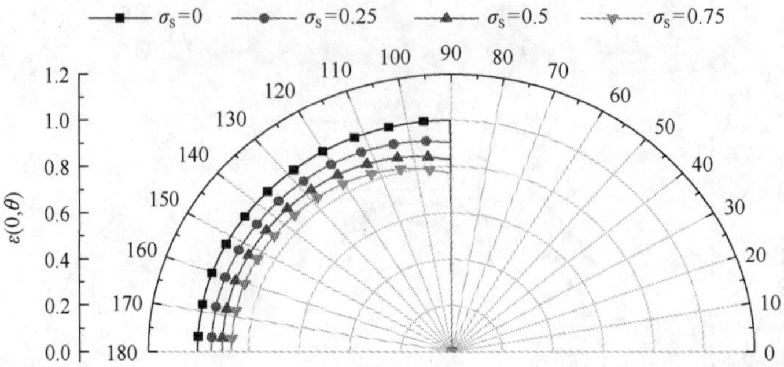

图 2.19　当 $\kappa = 1.0\text{m}^{-1}$ 时，散射系数 $\sigma_s = 0,0.25,0.50,0.75\text{m}^{-1}$ 时，边界 1 处发射率的分布

当 $\kappa = 1.0\text{m}^{-1}$ 和 $\sigma_s = 0\text{m}^{-1}$ 恒定，充满纯吸收介质的平行平板物理尺寸 $L = 1.0\text{m}$、10.0m、50.0m 变化时，边界 1 处发射率的分布如图 2.20 所示。众所周知，当光学厚度足够大，例如大于 10.0 时，边界发射率几乎接近 1.0，等于同温度下黑体的发射率。

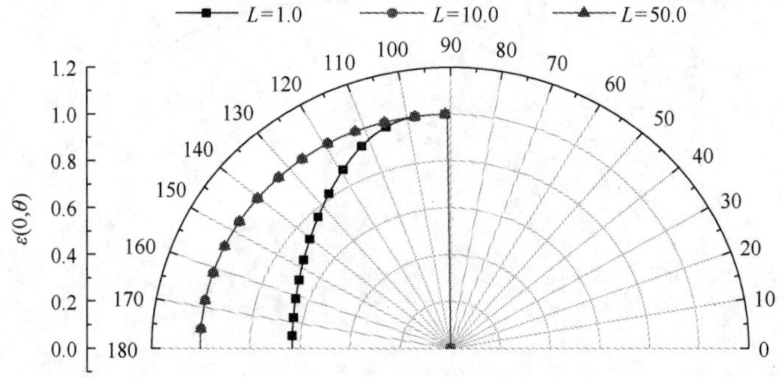

图 2.20　当 $\kappa = 1.0\text{m}^{-1}$ 和 $\sigma_s = 0\text{m}^{-1}$ 恒定，$L = 1.0\text{m},10.0\text{m},50.0\text{m}$ 时，边界 1 处发射率分布

但是一个有趣的现象出现在图 2.21 中，图中显示在与图 2.20 其他条件相同的情况下，在 $\sigma_s = 0.75$ 的前向散射介质中，当光学厚度足够大时，边界处辐射强度和发射率不再变化，但是它不能达到同温度下黑体的发射率。介质中的散射使得即使光学厚度趋于无限大，边界处辐射强度仍不能达到同温度下黑体的辐射强度。

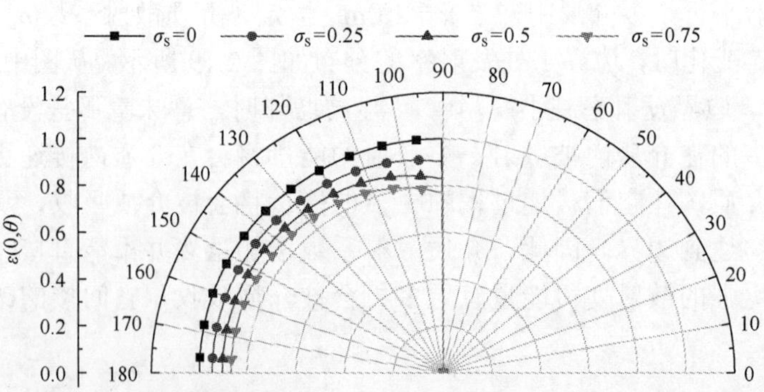

图 2.21　当 $\kappa = 1.0\text{m}^{-1}$ 和 $\sigma_s = 0.75\text{m}^{-1}$，$L = 1.0\text{m},10.0\text{m},50.0\text{m}$ 时，边界发射率分布

最后，需要说明的是，虽然，用 DRESOR 法能给出辐射强度的高方向分辨率求解结果，但是本方法同样很容易从辐射强度中推导出一般文献中经常用到的其他所有相关的物理量，例如辐射热流 $q(j_0)$、入射辐射 $G(j_0)$ 以及热源 $\dot{Q}(j_0)$ 等。平行平板介质中，上述 3 个量的推导公式如下[2]：

$$q(j_0)=2\pi\int_0^{\pi} I(j_0,\theta)\cos\theta\sin\theta\,\mathrm{d}\theta \tag{2.65}$$

$$G(j_0)=2\pi\int_0^{\pi} I(j_0,\theta)\sin\theta\,\mathrm{d}\theta \tag{2.66}$$

$$\dot{Q}(j_0)=\kappa\left[4\pi I_{\mathrm{b}}(j_0)-G(j_0)\right] \tag{2.67}$$

当 $\omega=0.75$、$\tau_L=10.0$ 时，在两种前向散射以及各向同性散射介质中，它们典型的计算结果分别显示在图 2.22 中。从图 2.22(a)中可以看出，更强的前向散射使得辐射热流更大，因为它提高了介质辐射传递的能力，所以前向散射更有利于

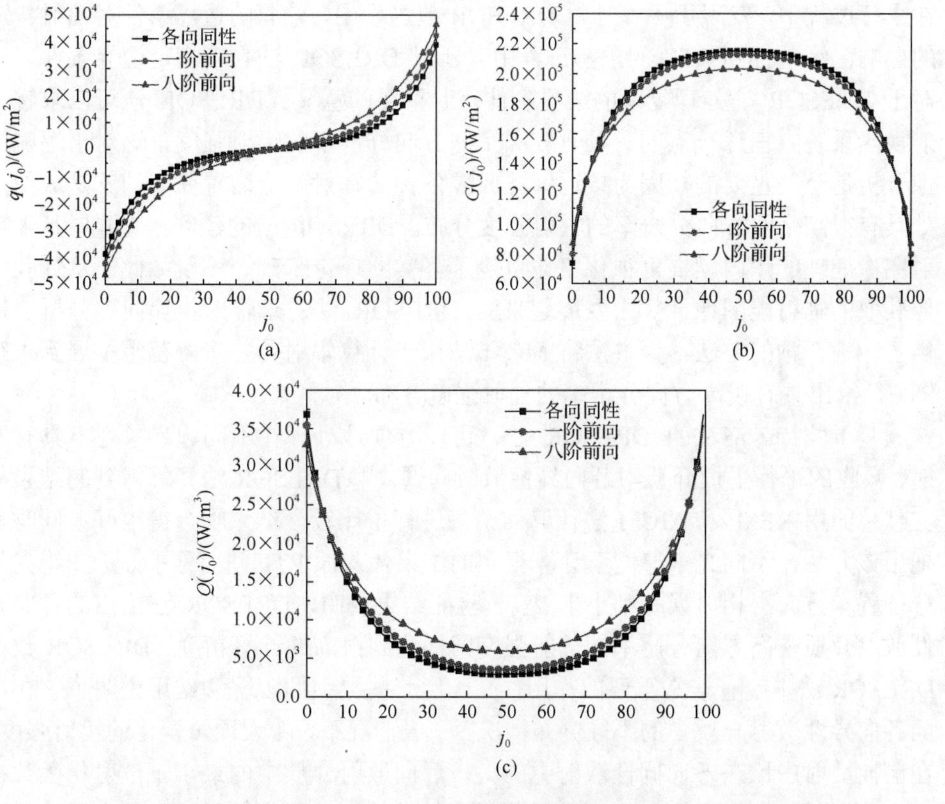

图 2.22　当 $\omega=0.75$ 和 $\tau_L=10.0$ 时，在两种前向散射以及各向同性散射介质中(a)辐射热流 $q(j_0)$、(b)入射辐射 $G(j_0)$ 以及(c)热源 $\dot{Q}(j_0)$ 分布

辐射能量穿过介质。在图 2.22(b) 3 种介质的比较中，投入辐射在八阶前向散射介质中的值最小，这是因为，在八阶前向散射介质中，有如图 2.18(b) 中所示的最大的边界辐射强度和如图 2.22(a) 中所示的辐射热流，因此，最多的能量从边界离开介质。热源的分布显示在图 2.22(c) 中，由于假设介质均匀的温度 T=1000K 的分布，这意味着介质的发射能力是一定的，对如图 2.22(a) 所示的靠近两边界有大的辐射热流的区域，或者在具有更小的前向散射因子的介质中，需要提供更多的能量以保持能量的平衡和固定的温度，这导致了更大的热源。

2.6 本章小结

本章详细推导了 DRESOR 法求解辐射传递方程的过程，说明了 DRESOR 数的性质，建立了 DRESOR 法求解辐射传递方程的基本理论和方法，给出了基于 MCM 法计算 DRESOR 数的方法。并在具有各种不同边界条件下的一维灰性平行平板系统中，用 DRESOR 法求解了 RTE，并利用 RTE 对求解结果进行了验证。在求解过程中，发现由于在计算 DRESOR 数过程中，壁面的边界条件对辐射传递的影响已经耦合到 RTE 的求解过程中，所以 DRESOR 法自动满足边界条件，这对于 DRESOR 法处理复杂的边界条件有着重要的意义。DRESOR 法可以求解辐射换热系统中任意一点的、具有较高空间方向分辨率的辐射强度，这对于辐射成像分析是至关重要的，因为接近针孔成像条件的辐射成像装置获取的就是成像点处具有很高空间方向分辨率的辐射强度分布。DRESOR 法的建立，为开展基于辐射图像处理的炉内燃烧可视化工作奠定了坚实的理论基础。不仅如此，从针孔成像获取的辐射能图像计算中发展起来的 DRESOR 法对于辐射传递问题分析也提供了一种新颖的方法。该方法将 MCM 法用于计算辐射传热量的范围扩展到求解 RTE，给出具有较高方向分辨率的辐射强度分布。

基于蒙特卡洛法的 DRESOR 法，可以方便地处理在不同边界条件下具有发射、吸收的平行平板介质中各向异性散射问题。用 DRESOR 法计算得到的结果与文献中的用 REM^2 和 MCM 法计算的结果进行了比较，结果吻合得很好；同时也把用该方法在不同光学厚度下计算得到的结果代入原 RTE 进行了验证，在绝大部分位置和方向上相对误差都小于 2%。验证结果说明，DRESOR 法给出的各向异性散射介质中高方向分辨率的辐射强度同样达到很高的计算精度。DRESOR 数在 DRESOR 法中起着非常重要的作用，文中用一些典型的工况和结果说明了它在不同各向异性散射介质中的不同分布情况。一般情况下，随天顶角变化的辐射强度，在前向散射中比在各向同性散射中的大，后向散射介质中的最小。散射相函数在光学薄介质，例如 τ_L=0.1 中影响不明显；具有最大的后向散射因子的介质边界辐射强度最小；介质的散射并不是不能改变介质中能量的大小，实际上，更强的散射使得能量有更多的机会被介质吸收，从而间接地改变了能量的大小；同时，一个有趣的现象被发现：即使是光学厚度趋于无限大，散射介质中的散射特性使得边界辐射强度不能达到同温度下黑体的辐射强度值。最后，需要说明的是，虽然本书的主要目的是用 DRESOR 法给出辐射强度的高方向分辨率求解结果，但是本方法同样很容易从辐射强度中推导出一般文献中经常用到的其他所有相关的物理量，例如辐射热流、入射辐射以及热源等。

参 考 文 献

[1] 周怀春. 炉内火焰可视化检测原理与技术[M]. 北京：科学出版社, 2005.

[2] Modest M F. Radiative Heat Transfer[M]. 3rd Edition. San Diego: Academic Press, 2013.

[3] Siegel R, Howell J R. Thermal Radiation Heat Transfer[M]. 6th Edition. New York: Taylor & Francis, 2015.

[4] 谈和平, 夏新林, 刘林华, 等.红外辐射特性与传输的数值计算-计算热辐射学[M]. 哈尔滨：哈尔滨工业大学出版社, 2006.

[5] 余其铮. 辐射换热原理[M]. 哈尔滨：哈尔滨工业大学出版社, 2000.

[6] Cho Y I, Taniguchi H, Yang W J, et al. Radiative Heat Transfer by the Monte Carlo Method[M]. San Diego: Academic Press, 1995.

[7] Kudo K, Kuroda A, Eid A, et al. Solution of the inverse radiative load problem using the singular value decomposition technique[J]. JSME International Journal Series B Fluids and Thermal Engineering, 1996, 39(4): 808-814.

[8] Howell J R, Perlmutter M. The calculation of nonlinear radiation transport by a Monte Carlo method: statistical physics[J]. Method Comput Phys, 1961, 1: 43-65.

[9] Howell J R . Application of Monte Carlo to heat transfer problems[J]. Advances in Heat Transfer, 1969, 5: 1-54.

[10] Fiveland W A. Discrete ordinate methods for radiative heat transfer in isotropically and anisotropically scattering media[J]. Journal of Heat Transfer, 1987, 109(3): 809-812.

[11] Chui E H, Raithby G D, Hughes P M J. Prediction of radiative transfer in cylindrical enclosures with the finite volume method[J]. Journal of Thermophysics and Heat transfer, 1992, 6(4): 605-611.

[12] Kim T K, Lee H. Effect of anisotropic scattering on radiative heat transfer in two-dimensional rectangular enclosures[J]. International Journal of Heat and Mass Transfer, 1988, 31(8): 1711-1721.

[13] Mengüç M P, Viskanta R. Radiative transfer in three-dimensional rectangular enclosures containing inhomogeneous, anisotropically scattering media[J]. Journal of Quantitative Spectroscopy and Radiative Transfer, 1985, 33(6): 533-549.

[14] Maruyama S. Radiative heat transfer in anisotropic scattering media with specular boundary subjected to collimated irradiation[J]. International Journal of Heat and Mass Transfer, 1998, 41(18): 2847-2856.

[15] Guo Z, Kumar S, San K C. Multidimensional Monte Carlo simulation of short-pulse laser transport in scattering media[J]. Journal of Thermophysics and Heat Transfer, 2000, 14(4): 504-511.

[16] Tan H P, Yi H L. Temperature response in participating media with anisotropic scattering caused by pulsed lasers[J]. Journal of Quantitative Spectroscopy and Radiative Transfer, 2004, 87(2): 175-192.

[17] Hao J B, Ruan L M, Tan H P. Effect of anisotropic scattering on radiative heat transfer in two-dimensional rectangular media[J]. Journal of Quantitative Spectroscopy and Radiative Transfer, 2003, 78(2): 151-161.

[18] Ruan L M, Hao J B, Tan H P. The effect of anisotropic scattering on the radiative heat transfer in one-dimensional media[J]. Chinese Journal of Computational Physics, 2002, 19(6): 517-520.

[19] Busbridge I W, Orchard S E. Reflection and transmission of light by a thick atmosphere according to a phase function: $1+x\cos\theta$[J]. The Astrophysical Journal, 1967, 149: 655-664.

[20] Trivedi A, Basu S, Mitra K. Temporal analysis of reflected optical signals for short pulse laser interaction with nonhomogeneous tissue phantoms[J]. Journal of Quantitative Spectroscopy and Radiative Transfer, 2005, 93(1-3): 337-348.

第 3 章　DRESOR 法求解梯度折射率介质辐射传递问题

随着梯度折射率材料的出现，以及梯度折射率效应的应用，梯度折射率介质内的辐射传输正在成为辐射换热领域的研究热点。但是，由于介质的折射率随着空间方位而变化，辐射能束在其中的传递轨迹为曲线而非均匀折射率介质中的直线，能束追踪极为不便，这就给梯度折射率介质中的辐射传递求解带来诸多困难。

目前，针对梯度折射率介质中辐射传递问题求解的方法中存在着一些求解困难，比如：对散射问题的求解，特别是对各向异性散射的处理；难于处理复杂边界条件以及难适用于多维几何结构；得到的辐射强度信息有限等。因此，将 DRESOR 法推广和延伸到梯度折射率介质中的辐射传递问题将具有较强的实际意义和价值。

本章以梯度折射率介质中辐射传递问题作为研究对象，详细介绍 DRESOR 法求解的基本原理以及 DRESOR 求解中的核心量 DRESOR 数的计算和更新过程。随后，将分别一维周期性以及耦合 BRDF 表面梯度折射率介质内使用 DRESOR 法开展相关辐射分析。

3.1　梯度折射率介质内 DRESOR 法介绍

吸收、发射和散射的梯度折射率介质内辐射传递方程可以表述为[1]

$$n^2\frac{\mathrm{d}}{\mathrm{d}s}\left[\frac{I(\boldsymbol{r},\hat{\boldsymbol{s}})}{n^2}\right]=n^2\kappa I_{\mathrm{b}}(\boldsymbol{r},\hat{\boldsymbol{s}})-\beta I(\boldsymbol{r},\hat{\boldsymbol{s}})+\frac{\sigma_{\mathrm{s}}}{4\pi}\int_{4\pi}I(\boldsymbol{r},\hat{\boldsymbol{s}}_{\mathrm{i}})\Phi(\hat{\boldsymbol{s}},\hat{\boldsymbol{s}}_{\mathrm{i}})\mathrm{d}\Omega_i \tag{3.1}$$

式中，n 表示介质的折射率，其积分形式可以写为[2, 3]

$$\frac{I(\boldsymbol{r},\boldsymbol{s})}{n^2}=\frac{I_{r_{\mathrm{w}}}(\boldsymbol{r}_{\mathrm{w}},\hat{\boldsymbol{s}}_{\mathrm{w}})}{n_{r_{\mathrm{w}}}^2}\exp\left(-\int_{s_{\mathrm{w}}}^{s}\beta\,\mathrm{d}s''\right)+\int_{s_{\mathrm{w}}}^{s}S(\boldsymbol{r}',\hat{\boldsymbol{s}})\exp\left(-\int_{s''}^{s}\beta\,\mathrm{d}s'''\right)\beta\,\mathrm{d}s'' \tag{3.2}$$

式中，$S(\boldsymbol{r}',\hat{\boldsymbol{s}})$ 为源函数，其表达式为

$$S(\boldsymbol{r}',\hat{\boldsymbol{s}})=(1-\omega)I_{\mathrm{b}}(\boldsymbol{r}')+\frac{\omega}{4\pi}\int_{4\pi}\frac{1}{n_{r'}^2}I(\boldsymbol{r}',\hat{\boldsymbol{s}}_{\mathrm{i}})\Phi(\hat{\boldsymbol{s}}_{\mathrm{i}},\hat{\boldsymbol{s}})\mathrm{d}\Omega_i \tag{3.3}$$

引入 DRESOR 法对源函数进行进一步改写，可以得到

$$
\begin{aligned}
S(\boldsymbol{r}',\hat{\boldsymbol{s}}) &= (1-\omega)I_{\mathrm{b}}(\boldsymbol{r}') + \frac{\omega}{4\pi}\int_{4\pi}\frac{1}{n_{\boldsymbol{r}'}^2}I(\boldsymbol{r}',\hat{\boldsymbol{s}}_{\mathrm{i}})\Phi(\hat{\boldsymbol{s}}_{\mathrm{i}},\hat{\boldsymbol{s}})\,\mathrm{d}\Omega_{\mathrm{i}} \\
&= \frac{1}{4\pi\beta}\left[4\pi(1-\omega)\beta I_{\mathrm{b}}(\boldsymbol{r}') + \beta\omega\int_{4\pi}\frac{1}{n_{\boldsymbol{r}'}^2}I(\boldsymbol{r}',\hat{\boldsymbol{s}}_{\mathrm{i}})\Phi(\boldsymbol{s}_{\mathrm{i}},\boldsymbol{s})\,\mathrm{d}\Omega_{\mathrm{i}}\right] \\
&= \frac{1}{4\pi\beta}[Q_{\mathrm{e}}(\boldsymbol{r}') + f_1(\boldsymbol{r}',\hat{\boldsymbol{s}})]
\end{aligned} \tag{3.4}
$$

其中

$$
Q_{\mathrm{e}}(\boldsymbol{r}') = 4\pi\beta(1-\omega)I_{\mathrm{b}}(\boldsymbol{r}') \tag{3.5}
$$

$$
f_1(\boldsymbol{r}',\hat{\boldsymbol{s}}) = \beta\omega\int_{4\pi}\frac{1}{n_{\boldsymbol{r}'}^2}I(\boldsymbol{r}',\hat{\boldsymbol{s}}_{\mathrm{i}})\Phi(\hat{\boldsymbol{s}}_{\mathrm{i}},\hat{\boldsymbol{s}})\,\mathrm{d}\Omega_{\mathrm{i}} \tag{3.6}
$$

这里，I_{b} 被定义为黑体辐射强度，也即

$$
I_{\mathrm{b}} = \sigma T^4 / \pi \tag{3.7}
$$

定义在点 $\boldsymbol{r}'$ 周围的单位体元介质向 $\hat{\boldsymbol{s}}$ 方向自身发射的能量 $Q_{\mathrm{e}}(\boldsymbol{r}')$ 为直接贡献，而定义其他单位体元或面元发射的被点 $\boldsymbol{r}'$ 周围的单位体元介质散射到 $\hat{\boldsymbol{s}}$ 方向的能量 $f_1(\boldsymbol{r}',\boldsymbol{s})$ 为间接贡献。

相应的边界条件为[2]

$$
I_{\mathrm{w}}(\boldsymbol{r}_{\mathrm{w}},\hat{\boldsymbol{s}}) = n_{\boldsymbol{r}_{\mathrm{w}}}^2\varepsilon(\boldsymbol{r}_{\mathrm{w}})I_{\mathrm{b}}(\boldsymbol{r}_{\mathrm{w}}) + \frac{1}{\pi}\int_{\hat{n}\cdot\hat{s}'<0}\rho''(\boldsymbol{r}_{\mathrm{w}},\hat{\boldsymbol{s}}',\hat{\boldsymbol{s}})I(\boldsymbol{r}_{\mathrm{w}},\hat{\boldsymbol{s}}')\left|n\cdot\hat{\boldsymbol{s}}'\right|\mathrm{d}\Omega' \tag{3.8}
$$

同样地，可以将其写为

$$
I_{\mathrm{w}}(\boldsymbol{r}_{\mathrm{w}},\hat{\boldsymbol{s}}) = \frac{n_{\boldsymbol{r}_{\mathrm{w}}}^2}{\pi}[Q_{\mathrm{e}}(\boldsymbol{r}_{\mathrm{w}}) + f_2(\boldsymbol{r}_{\mathrm{w}},\hat{\boldsymbol{s}})] \tag{3.9}
$$

这里，

$$
Q_{\mathrm{e}}(\boldsymbol{r}_{\mathrm{w}}) = \pi\varepsilon(\boldsymbol{r}_{\mathrm{w}})I_{\mathrm{b}}(\boldsymbol{r}_{\mathrm{w}}) \tag{3.10}
$$

$$
f_2(\boldsymbol{r}_{\mathrm{w}},\hat{\boldsymbol{s}}) = \int_{\hat{\boldsymbol{n}}\cdot\hat{\boldsymbol{s}}'<0}\frac{1}{n_{\boldsymbol{r}_{\mathrm{w}}}^2}\rho''(\boldsymbol{r}_{\mathrm{w}},\hat{\boldsymbol{s}}',\hat{\boldsymbol{s}})I(\boldsymbol{r}_{\mathrm{w}},\hat{\boldsymbol{s}}')\left|n\cdot\hat{\boldsymbol{s}}'\right|\mathrm{d}\Omega' \tag{3.11}
$$

定义在点 $\boldsymbol{r}_{\mathrm{w}}$ 附近的单位面元向 $\hat{\boldsymbol{s}}$ 方向自身发射的能量 $Q_{\mathrm{e}}(\boldsymbol{r}_{\mathrm{w}})$ 为直接贡献，而定义由其他单位面元或体元发射的，被点 $\boldsymbol{r}_{\mathrm{w}}$ 附近单位面元散射到 $\hat{\boldsymbol{s}}$ 方向的能量 $f_2(\boldsymbol{r}_{\mathrm{w}},\boldsymbol{s})$ 为间接贡献。

将式(3.4)和式(3.8)代入式(3.2)，可以得到

$$\begin{aligned}\frac{I(\boldsymbol{r},\hat{\boldsymbol{s}})}{n^2}=&\frac{1}{n_{\boldsymbol{r}_\text{w}}^2}\left\{\frac{n_{\boldsymbol{r}_\text{w}}^2}{\pi}[Q_\text{e}(\boldsymbol{r}_\text{w})+f_2(\boldsymbol{r}_\text{w},\hat{\boldsymbol{s}})]\right\}\exp\left(-\int_0^s\beta\,\mathrm{d}s''\right)\\&+\int_0^s\frac{1}{4\pi\beta}[Q_\text{e}(\boldsymbol{r}')+f_1(\boldsymbol{r}',\hat{\boldsymbol{s}})]\exp\left(-\int_{s'}^s\beta\mathrm{d}s''\right)\beta\,\mathrm{d}s'\end{aligned}\tag{3.12}$$

引入 DRESOR 数，对壁面和介质单元的间接贡献进行处理，则

$$\begin{aligned}f_1(\boldsymbol{r}',\hat{\boldsymbol{s}})=&\int_W\frac{1}{n_{\boldsymbol{r}'}^2}R_\text{d}^\text{s}(\boldsymbol{r}_\text{w}',\boldsymbol{r}',\hat{\boldsymbol{s}})[\pi\varepsilon(\boldsymbol{r}_\text{w}')n_{\boldsymbol{r}_\text{w}'}^2I_\text{b}(\boldsymbol{r}_\text{w}')]\mathrm{d}A'\\&+\int_V\frac{1}{n_{\boldsymbol{r}'}^2}R_\text{d}^\text{s}(\boldsymbol{r}'',\boldsymbol{r}',\hat{\boldsymbol{s}})[4\pi\beta(1-\omega)n_{\boldsymbol{r}''}^2I_\text{b}(\boldsymbol{r}'')]\mathrm{d}V''\end{aligned}\tag{3.13}$$

$$\begin{aligned}f_2(\boldsymbol{r}_\text{w},\hat{\boldsymbol{s}})=&\int_W\frac{1}{n_{\boldsymbol{r}_\text{w}}^2}R_\text{d}^\text{s}(\boldsymbol{r}_\text{w}',\boldsymbol{r}_\text{w},\hat{\boldsymbol{s}})[\pi\varepsilon(\boldsymbol{r}_\text{w}')n_{\boldsymbol{r}_\text{w}'}^2I_\text{b}(\boldsymbol{r}_\text{w}')]\mathrm{d}A'\\&+\int_V\frac{1}{n_{\boldsymbol{r}_\text{w}}^2}R_\text{d}^\text{s}(\boldsymbol{r}'',\boldsymbol{r}_\text{w},\hat{\boldsymbol{s}})[4\pi\beta(1-\omega)n_{\boldsymbol{r}''}^2I_\text{b}(\boldsymbol{r}'')]\mathrm{d}V''\end{aligned}\tag{3.14}$$

将式(3.13)和式(3.14)代入式(3.12)，可以得到 DRESOR 法计算辐射强度的表达式：

$$\begin{aligned}\frac{I(\boldsymbol{r},\hat{\boldsymbol{s}})}{n_{\boldsymbol{r}}^2}=&\frac{1}{n_{\boldsymbol{r}_\text{w}}^2}\left(\frac{n_{\boldsymbol{r}_\text{w}}^2}{\pi}\right)\left\{[\pi\varepsilon(\boldsymbol{r}_\text{w})I_\text{b}(\boldsymbol{r}_\text{w})]+\int_W\frac{1}{n_{\boldsymbol{r}_\text{w}}^2}R_\text{d}^\text{s}(\boldsymbol{r}_\text{w}',\boldsymbol{r}_\text{w},\hat{\boldsymbol{s}})[\pi\varepsilon(\boldsymbol{r}_\text{w}')n_{\boldsymbol{r}_\text{w}'}^2I_\text{b}(\boldsymbol{r}_\text{w}')]\mathrm{d}A'\right.\\&\left.+\int_V\frac{1}{n_{\boldsymbol{r}_\text{w}}^2}R_\text{d}^\text{s}(\boldsymbol{r}'',\boldsymbol{r}_\text{w},\hat{\boldsymbol{s}})[4\pi\beta(1-\omega)n_{\boldsymbol{r}''}^2I_\text{b}(\boldsymbol{r}'')]\mathrm{d}V''\right\}\exp\left(-\int_0^s\beta\,\mathrm{d}s''\right)\\&+\int_0^s\frac{1}{4\pi\beta}\left\{4\pi\beta(1-\omega)I_\text{b}(\boldsymbol{r}')+\int_W\frac{1}{n_{\boldsymbol{r}'}^2}R_\text{d}^\text{s}(\boldsymbol{r}_\text{w}',\boldsymbol{r}',\hat{\boldsymbol{s}})[\pi\varepsilon(\boldsymbol{r}_\text{w}')n_{\boldsymbol{r}_\text{w}'}^2I_\text{b}(\boldsymbol{r}_\text{w}')]\mathrm{d}A'\right.\\&\left.+\int_V\frac{1}{n_{\boldsymbol{r}'}^2}R_\text{d}^\text{s}(\boldsymbol{r}'',\boldsymbol{r}',\hat{\boldsymbol{s}})[4\pi\beta(1-\omega)n_{\boldsymbol{r}''}^2I_\text{b}(\boldsymbol{r}'')]\mathrm{d}V''\right\}\exp\left(-\int_{s'}^s\beta\,\mathrm{d}s''\right)\beta\,\mathrm{d}s'\end{aligned}\tag{3.15}$$

DRESOR 数在 DRESOR 法求解过程中至关重要，一旦我们确定了介质各项辐射特性参数，得到所有介质单元的 DRESOR 数之后，就可以方便地求解该辐射传递方程。值得注意的是，由于光线的弯曲传递，上式指数项中积分路径需要单独求解，后文将对此进行展开讨论。

3.1.1　能束追踪及 DRESOR 数的计算

梯度折射率介质内，能束的追踪过程以及 DRESOR 数的计算不同之处在于：对能束的追踪过程中，若 $D_\text{a}<D_\text{s}$，能束按 D_a 传递，此时又分为两种情况：$D_\text{a}<$

D_r和$D_a > D_r$。对于前者，计算方式与第二章中叙述类似；而对于后者，能束穿过该网格，但是由于折射率的存在需要特别注意。这里只对穿过该网格内的部分进行处理，对于该网格，传递距离变为D_r，从而进行 DRESOR 数的记录和更新。之后，能束将按照 Snell 定律[4]确定的新方位重新行进。若$D_a > D_s$，能束按D_s传递，同样要分为两种情况：$D_s < D_r$和$D_s > D_r$。与上一种情况类似，对于前者，按照传递D_s距离进行 DRESOR 数更新，然后继续能束跟踪过程；对于后者按照传递D_r距离进行更新，然后根据折射定律重新确定传递方位。

梯度折射率介质内基于能束追踪的 DRESOR 数计算流程图如图 3.1 所示。对

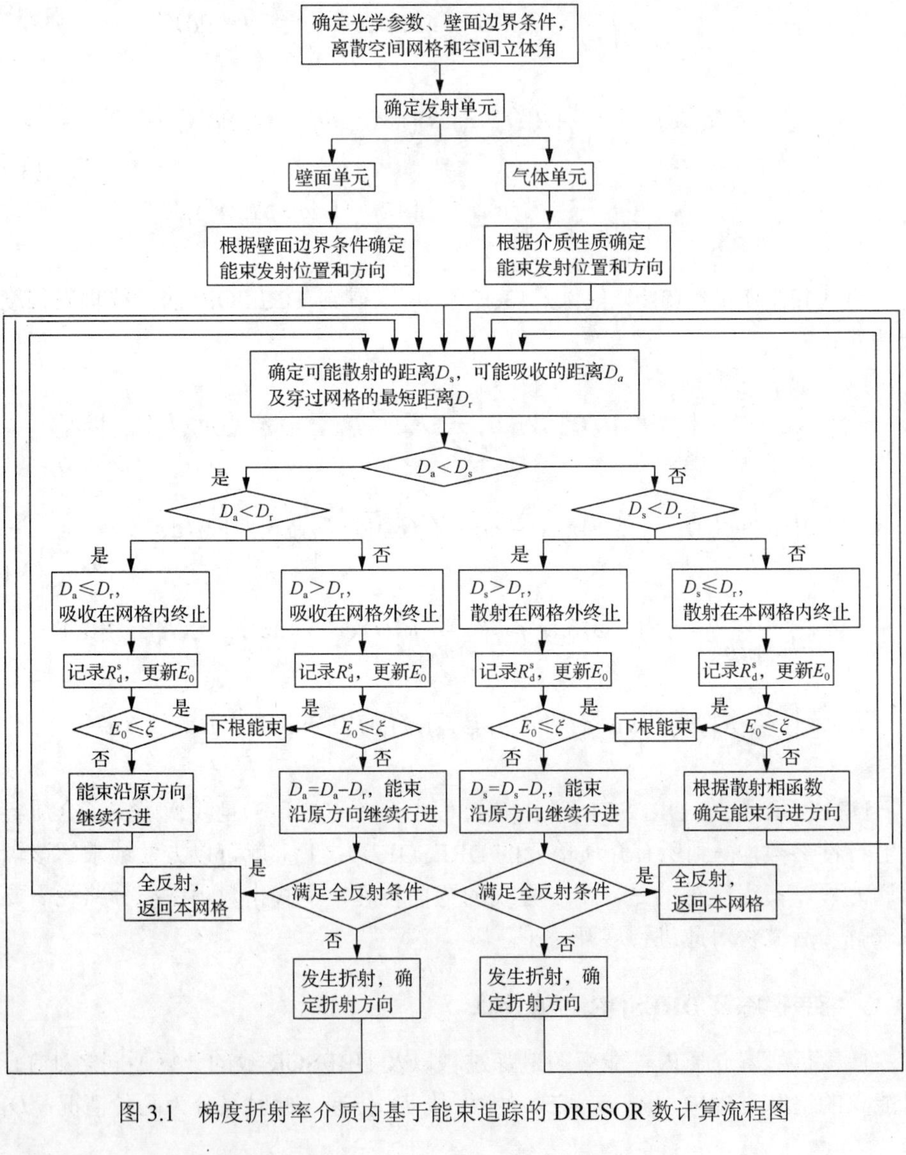

图 3.1　梯度折射率介质内基于能束追踪的 DRESOR 数计算流程图

于梯度折射率介质而言，每当能束从一个单元传递到下一个单元，单元之间折射率的变化会导致传递方向按照确定的方向重新传递，有时甚至会发生全反射，导致传递方向的完全改变。

从 DRESOR 数的计算过程可以看出，它表征的是介质和边界的辐射特性关系，与介质和边界的温度等并无关系，因此在辐射传递计算过程中只需计算一次即可。

如图 3.2 所示，为各向同性介质内散射反照率 $\omega=0.3$、光学厚度 $\tau=1.0$，并且两侧壁面为黑体条件下，4 种不同的介质折射率分布时，第 50 个(中间)和 95 个(靠近右侧)介质单元发出的能量被所有网格单元散射的能量份额，即 DRESOR 数分布。可以看出，对每个介质单元的发射而言，传递的距离越远，由于其他介质的散射和吸收作用，衰减就越剧烈，被其他介质单元散射的能量就越少，所以距离越近，DRESOR 数越大；而折射率的存在直接导致传递路径的延长，衰减增强，因此折射率梯度越大，每个介质单元被自身以及相邻的介质单元散射的份额较大，被较远的介质单元散射的越弱。

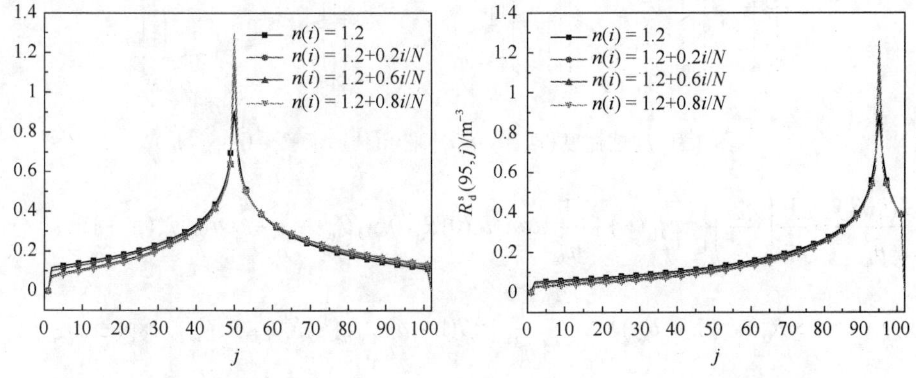

(a) $R_d^s(50,j)$　　(b) $R_d^s(95,j)$

图 3.2　$\omega=0.3$、$\tau=1.0$ 且 $\varepsilon_0=\varepsilon_L=1.0$ 时 DRESOR 数分布

3.1.2　DRESOR 法求解线性梯度折射率介质辐射传递

考察一个 $n_{N+1}>n_0$ 的一维半透明吸收、发射和散射灰体介质，介质厚度为 x_L。系统被离散成 N 个网格，每个网格空间被离散成 M 个方向，每个网格的物理长度则为$\Delta x=x_L/N$。网格中心作为计算节点，两侧壁面分别作为第 0 和第 N+1 个网格，两壁面发射率分别为 ε_0 和 ε_{N+1}，并且温度分别保持为 T_0 和 T_{N+1}。介质的吸收和散射系数 κ 和 σ_s 均为常量，消光系数为 $\beta=\kappa+\sigma_s$。介质的折射率线性变化，并且离散以后每个网格内的折射率 $n(i)$ 可以看作是定值，不同的网格之间折射率不同，这样就使得能束在网格内传递实现了局部线性化，便于计算能束的传递轨迹。当网

格离散到一定程度时，这种局部线性化近似是一种十分有效的处理手段。

如图 3.3 所示，为一种线性梯度折射率介质内几条典型的弯曲路径示意图。其中，能束 1 和 2 由左侧壁面发射，经过弯曲传递后分别到达计算网格 i_1 的正方向，能束 4、5 和 6 由右侧壁面发射，经过弯曲传递后分别到达计算网格 i_1 的负方向，而由右侧壁面发射的能束 3 首先在 i_3 网格发生全反射后改变方向达到计算网格的 i_1 正方向。考察第 i_1 个网格 θ_1 方向上的辐射强度，通过对式(3.15)进行离散可以得到

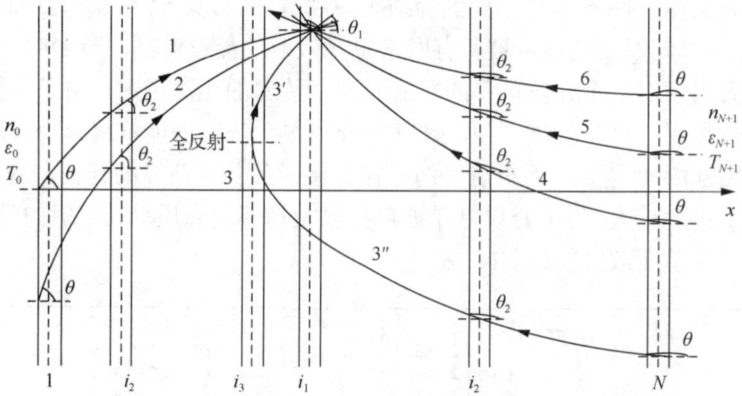

图 3.3　线性梯度折射率介质中能束传递示意图($n_{N+1}>n_0$)

$$
\begin{aligned}
\frac{I(i_1,\theta_1)}{n_{i_1}^2}=&\frac{1}{n_{\mathrm{w}}^2}\left(\frac{n_{\mathrm{w}}^2}{\pi}\right)\left\{\pi\varepsilon I_{\mathrm{b}}(w)+\frac{1}{n_{\mathrm{w}}^2}\pi\varepsilon n_0^2 I_{\mathrm{b}}(0)R_{\mathrm{d}}^s(0,w,\theta_{\mathrm{w}})+\frac{1}{n_{\mathrm{w}}^2}\pi\varepsilon n_{N+1}^2 I_{\mathrm{b}}(N+1)\right.\\
&\left.\times R_{\mathrm{d}}^{\mathrm{s}}(N+1,w,\theta_{\mathrm{w}})+\Delta x\sum_{i_3=1}^{N}\frac{1}{n_{\mathrm{w}}^2}4\pi\beta(1-\omega)n_{i_3}^2 I_{\mathrm{b}}(i_3)R_{\mathrm{d}}^{\mathrm{s}}(i_3,w,\theta_w)\right\}\exp(-\tau_{\mathrm{w}\to i_1})\\
&+\frac{1}{4\pi\beta}\sum_{i_2}^{\text{沿路径}}\left\{4\pi\beta(1-\omega)I_{\mathrm{b}}(i_2)+\frac{1}{n_{i_2}^2}\pi\varepsilon n_0^2 I_{\mathrm{b}}(0)R_{\mathrm{d}}^{\mathrm{s}}(0,i_2,\theta_2)+\frac{1}{n_{i_2}^2}\pi\varepsilon n_{N+1}^2 I_{\mathrm{b}}(N+1)\right.\\
&\left.\times R_{\mathrm{d}}^{\mathrm{s}}(N+1,i_2,\theta_2)+\Delta x\sum_{i_4=1}^{N}\frac{1}{n_{i_2}^2}4\pi\beta(1-\omega)n_{i_4}^2 I_{\mathrm{b}}(i_4)R_{\mathrm{d}}^{\mathrm{s}}(i_4,i_2,\theta_{i_2})\right\}[\exp(-\tau_{i_2\to i_1})\\
&-\exp(-\tau_{i_2-1\to i_1})]
\end{aligned}
\tag{3.16}
$$

以 θ_1 正方向为例，又可以分为两种情况。

(1)若 $n(0)\geqslant n(i_1)\sin(\theta_1)$，则 0 和 i_1 网格之间无全反射，能束从第 0 个网格向 i_1 传递，对应图 3.3 中弯曲路径 1 和 2，则

$$\frac{I(i_1,\theta_1)}{n_{i_1}^2}=\frac{1}{n_0^2}\left(\frac{n_0^2}{\pi}\right)\left\{\pi\varepsilon I_b(0)+\frac{1}{n_0^2}\pi\varepsilon n_0^2 I_b(0)R_d^s(0,0,\theta_0)+\frac{1}{n_0^2}\pi\varepsilon n_{N+1}^2 I_b(N+1)\right.$$
$$\left.\times R_d^s(N+1,0,\theta_0)+\Delta x\sum_{i_3=1}^{N}\frac{1}{n_0^2}4\pi\beta(1-\omega)n_{i_3}^2 I_b(i_3)R_d^s(i_1,0,\theta_0)\right\}\exp(-\tau_{0\to i_1})$$
$$+\frac{1}{4\pi\beta}\sum_{i_2=1}^{i_1}\left\{4\pi\beta(1-\omega)I_b(i_2)+\frac{1}{n_{i_2}^2}\pi\varepsilon n_0^2 I_b(0)R_d^s(0,i_2,\theta_2)+\frac{1}{n_{i_2}^2}\pi\varepsilon n_{N+1}^2 I_b(N+1)\right.$$
$$\left.R_d^s(N+1,i_2,\theta_2)+\Delta x\sum_{i_4=1}^{N}\frac{1}{n_{i_2}^2}4\pi\beta(1-\omega)n_{i_4}^2 I_b(i_4)R_d^s(i_4,i_2,\theta_2)\right\}[\exp(-\tau_{i_2\to i_1})-\exp(-\tau_{i_2-1\to i_1})]$$
$$(3.17)$$

(2) 若 $n(0)<n(i_1)\sin(\theta_1)$，则 0 和 i_1 网格之间存在全反射点 i_3，能束从第 N+1 个网格经 i_3 全反射后向 i_1 传递，对应图 3.3 中弯曲路径 3，则

$$\frac{I(i_1,\theta_1)}{n_{i_1}^2}=\frac{1}{n_{N+1}^2}\left(\frac{n_{N+1}^2}{\pi}\right)\left[\pi\varepsilon I_b(N+1)+\frac{1}{n_{N+1}^2}\pi\varepsilon n_0^2 I_b(0)R_d^s(0,N+1,\theta_{N+1})+\frac{1}{n_{N+1}^2}\pi\varepsilon n_{N+1}^2 I_b(N+1)\right.$$
$$\left.\times R_d^s(N+1,N+1,\theta_{N+1})+\Delta x\sum_{i_3=1}^{N}\frac{1}{n_{N+1}^2}4\pi\beta(1-\omega)n_{i_3}^2 I_b(i_3)R_d^s(i_3,N+1,\theta_{N+1})\right]\exp(-\tau_{N+1\to i_1})$$
$$+\frac{1}{4\pi\beta}\sum_{i_2=i_3}^{N}\left[4\pi\beta(1-\omega)I_b(i_2)+\frac{1}{n_{i_2}^2}\pi\varepsilon n_0^2 I_b(0)R_d^s(0,i_2,\theta_2)+\frac{1}{n_{i_2}^2}\pi\varepsilon n_{N+1}^2 I_b(N+1)\right.$$
$$\left.\times R_d^s(N+1,i_2,\theta_2)+\Delta x\sum_{i_4=1}^{N}\frac{1}{n_{i_2}^2}4\pi\beta(1-\omega)n_{i_4}^2 I_b(i_4)R_d^s(i_4,i_2,\theta_2)\right][|\exp(-\tau_{i_2-1\to i_1})-\exp(-\tau_{i_2\to i_1})|]$$
$$(3.18)$$

在离散后的辐射强度计算公式中，可以看到，除了需要计算 DRESOR 数之外，还需要求解能束传递过程中两个网格之间的光学厚度 τ。

对于图 3.3 中的弯曲路径 1 和 2，能束传递的路径上包括了第 0 和第 i_1 网格之间的所有网格，则任意光学厚度 $\tau_{i_2\to i_1}$ 可以通过下式计算得到

$$\tau_{i_2\to i_1}=\sum_{i_4=i_2+1}^{i_1}\frac{\Delta x}{\cos[\arcsin(n(i_1)/n(i_4)\sin\theta_1)]}\beta \tag{3.19}$$

类似地，对弯曲路径 4、5 和 6，能束传递的路径包括了第 i_1 和 N+1 网格之间的所有网格，则任意光学厚度 $\tau_{i_2\to i_1}$ 可以通过下式计算得到

$$\tau_{i_2 \to i_1} = \sum_{i_4 = i_1 + 1}^{i_2} \frac{\Delta x}{\cos[\arcsin(n(i_1)/n(i_4)\sin\theta_1)]}\beta \tag{3.20}$$

对于全反射的能束路径 3，能束路径可以分为两个部分：全反射之后的部分 3′和全反射之前的部分 3″。对路径 3′，光学厚度 $\tau_{i_2 \to i_1}$ 可以由式(3.19)计算得到；而对路径 3″，光学厚度 $\tau_{i_2 \to i_1}$ 也由两部分组成，可以写为

$$\tau_{i_2 \to i_1} = \sum_{i_4 = i_3}^{i_1} \frac{\Delta x}{\cos\left(\arcsin\left(\dfrac{n(i_1)}{n(i_4)}\sin\theta_1\right)\right)}\beta + \sum_{i_5 = i_3}^{i_2} \frac{\Delta x}{\cos\left(\arcsin\left(\dfrac{n(i_1)}{n(i_5)}\sin\theta_1\right)\right)}\beta \tag{3.21}$$

计算得到能束传递的光学厚度，并通过之前案描述的能束追踪过程得到了 DRESOR 数之后，代入式(3.16)就可以计算得到每个网格在所有方向上的辐射强度。随后，可以很容易地求解出每个网格的热流以及入射辐射：

$$q(i) = \sum_{\theta_i = 0}^{\pi} 2\pi I(i,\theta_i)\sin\theta_i\cos\theta_i\Delta\theta \tag{3.22}$$

$$G(i) = \sum_{\theta_i = 0}^{\pi} 2\pi I(i,\theta_i)\sin\theta_i\Delta\theta \tag{3.23}$$

在稳态辐射传递过程中，辐射平衡时介质的温度及热流等分布更能反映梯度折射率以及其他辐射特性的影响。因此，当介质内的辐射达到平衡时，介质的辐射热源满足[5]：

$$\dot{Q}(i) = \kappa[4\pi I_b(i) - G(i)] = 0 \tag{3.24}$$

由此，可以得到辐射平衡时介质的温度分布为

$$T(i) = \left[\frac{1}{4n_i^2\sigma}G(i)\right]^{1/4} \tag{3.25}$$

计算过程中，一般只知道壁面的温度而介质的初始温度分布未知，因而，在初始计算时需要预先给定一个温度分布 $T^{(1)}(i)$，每进行一次计算可以得到一个温度分布，然后，将该温度作为新的初始温度，代入计算过程中重新计算得到新的温度。比较第 n 次迭代后的温度分布 $T^{(n+1)}(i)$ 与前一次迭代的温度分布 $T^{(n)}(i)$ 之间的最大误差$\Delta T_{\max}$，通过判定是否小于一个定值来作为迭代终止条件：

$$\Delta T_{\max} = \max_{i=1,n}\left\{\left|T^{(n+1)}(i) - T^{(n)}(i)\right|\right\} < 0.05 \tag{3.26}$$

若得到的结果满足上式，则可认为迭代结果已经收敛，所得到的温度分布即为辐射平衡时介质的温度分布。

3.1.3　黑体壁面的线性梯度折射率介质内辐射传递分析

本节中我们考察壁面为黑体时介质的线性梯度折射率对辐射传递的影响。在整个计算过程中，两侧壁面均为发射率 $\varepsilon_0=\varepsilon_{N+1}=1.0$ 的黑体，并且温度分别维持在 T_0 = 1000K 和 T_{N+1} = 1500K。空间介质离散网格数取 N=100，每个网格的空间方向离散数取 M=180。

1. 吸收、发射但无散射介质

在本算例中，介质为纯的发射和吸收介质，散射反照率 ω=0。介质的光学厚度假设为 $\tau=\kappa L$=1.0。分别考察 3 种不同的折射率分布对辐射平衡时介质内辐射传递的影响，3 种工况下介质特性参数见表 3.1。

表 3.1　无散射介质计算工况的介质特性参数介绍

工况	介质折射率	介质其他特性
算例 1	$n(i)=1.0$	
算例 2	$n(i)=1.2+0.6(i/N)$	ω=0.0，τ=1.0
算例 3	$n(i)=1.8-0.6(i/N)$	

当散射反照率为零，由于壁面为黑体，则介质的所有散射以及壁面的反射均为零，使得所有的 DRESOR 数均为零，因而不需要进行 DRESOR 数的计算，式(3.15)可以直接化简为

$$\frac{I(\boldsymbol{r},\hat{\boldsymbol{s}})}{n_{\boldsymbol{r}}^2}=[\varepsilon(\boldsymbol{r}_{\mathrm{w}})I_{\mathrm{b}}(\boldsymbol{r}_{\mathrm{w}})]\exp\left(-\int_0^s\beta\mathrm{d}s''\right)+\int_0^s[(1-\omega)I_{\mathrm{b}}(\boldsymbol{r}')]\exp\left(-\int_{s'}^s\beta\,\mathrm{d}s''\right)\beta\,\mathrm{d}s' \quad (3.27)$$

此时 DRESOR 法的计算过程得到了大大简化。

计算得到辐射平衡时介质的温度分布和热流分布如图 3.4 和图 3.5 所示。图中将 DRESOR 法得到的结果分别与 Liu[6]使用离散弯曲路径追踪法得到的结果，Sun 和 Li[7]利用切比雪夫配置点谱方法得到的结果，以及黄勇[8]提出的耦合弯曲路径和伪光源叠加法得到的结果进行了对比。可以看出，它们之间相互吻合得很好，说明 DRESOR 法可以很精确地求解稳态梯度折射率介质内的辐射传递问题。为了进一步说明 DRESOR 计算结果的准确性，图 3.6(a)中给出了相同条件下介质折射率为 $n(i)$ = 1.2+0.6(i/N)时，DRESOR 法的计算结果与弯曲路径追踪法得到的精确解的对比。图 3.6(b)中给出了两者的绝对误差最大值低于 1.7K，而相对误差小颗粒于 0.12%，充分说明了 DRESOR 法求解线性梯度折射率介质中辐射传递的精确性。

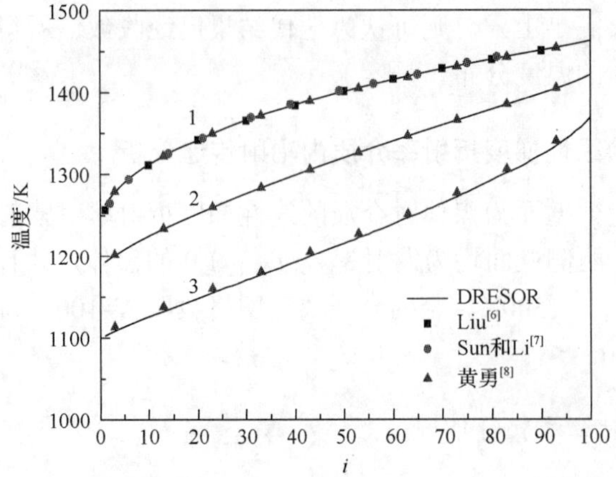

图 3.4　$\kappa L=1.0$ 时纯发射、吸收介质内辐射平衡时的温度分布

曲线 1：$n(i)=1.2+0.6(i/N)$，曲线 2：$n=1.0$，曲线 3：$n(i)=1.8-0.6(i/N)$

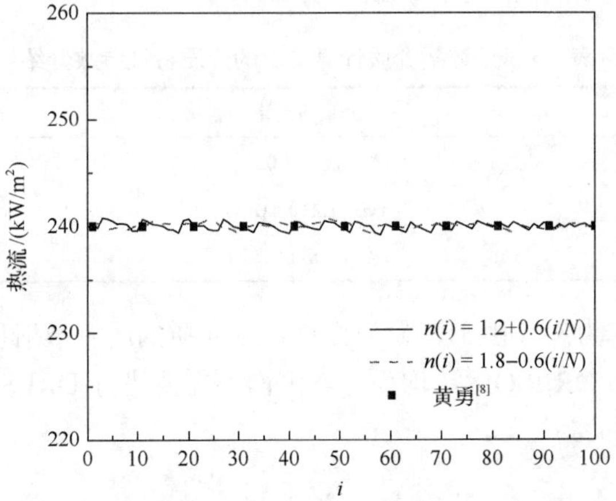

图 3.5　$\kappa L=1.0$ 时纯发射、吸收介质内辐射平衡时的热流分布

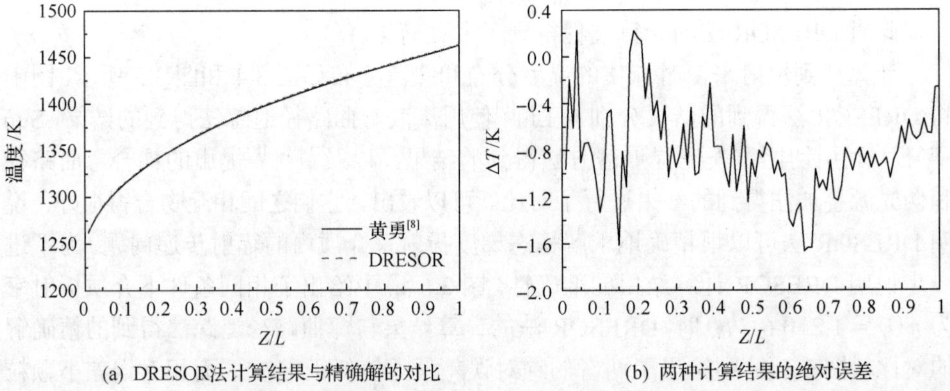

(a) DRESOR法计算结果与精确解的对比　　(b) 两种计算结果的绝对误差

图 3.6　纯发射、吸收介质内辐射平衡，$\kappa L=1.0$、$n(i)=1.2+0.6(i/N)$

与此同时，由图 3.4 可以看出，介质内梯度折射率的存在会对辐射平衡时介质的温度分布产生非常大的影响，因而，在实际的热分析中，简单地忽略梯度折射率影响的做法可能会带来很大的误差甚至错误的结果。此外，还可以发现：若梯度折射率的变化方向或者趋势与两侧的壁温分布一致，如图 3.4 中曲线 1，则这种梯度折射率会使得介质内温度整体上升；而若梯度折射率变化方向或者趋势与两侧的壁温分布相反，如图 3.4 中曲线 3，则这种梯度折射率会降低介质的整体温度分布。而通过图 3.5 可以发现，其他条件相同时，梯度折射率并不会对辐射平衡时介质内的热流产生影响。这是因为，对无散射介质而言，梯度折射的存在只是改变了能束的传递轨迹，而不会对能束的能量变化产生影响。

2. 吸收、发射和各向同性散射介质

在本算例中，考察各向同性散射介质的辐射特性参数对介质辐射传递的影响，各工况具体情况如表 3.2 所示。首先计算算例 1 至算例 3 中 3 种不同折射率分布对介质内辐射传递的影响。DRESOR 法得到的辐射平衡时介质的温度分布如图 3.7 所示。

表 3.2　各向同性散射介质计算工况的介质特性参数

工况	介质折射率	介质散射反照率	介质其他特性
算例 1	$n(i)=1.0$	$\omega=0.3$	
算例 2	$n(i)=1.2+0.6(i/N)$	$\omega=0.3$	
算例 3	$n(i)=1.8-0.6(i/N)$	$\omega=0.3$	
算例 4	$n(i)=1.2+0.6(i/N)$	$\omega=0.0$	$\tau=1.0$
算例 5	$n(i)=1.2+0.6(i/N)$	$\omega=0.5$	
算例 6	$n(i)=1.2+0.6(i/N)$	$\omega=0.7$	
算例 7	$n(i)=1.2+0.2(i/N)$	$\omega=0.3$	

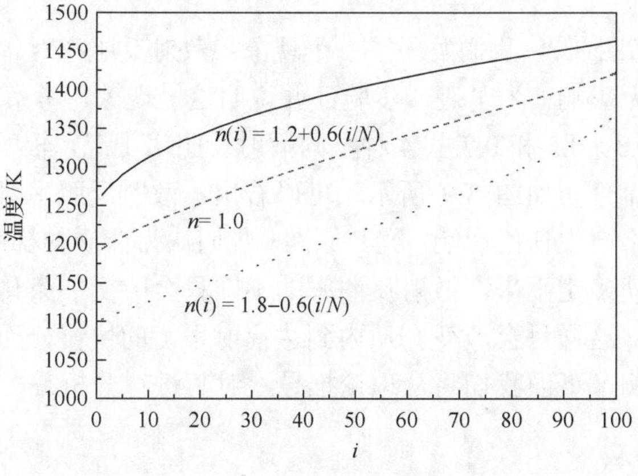

图 3.7　$\omega = 0.3$、$\beta L = 1.0$ 时各向同性散射介质内辐射平衡时的温度分布

可以看出，无论介质的散射反照率如何变化，梯度折射率的存在均会对介质内的温度场产生强烈的影响。为了更好地解释梯度折射率不同而导致的辐射平衡时温度的巨大变化，图 3.8 中给出了 3 种梯度折射率条件下高温侧发射的一条典型能束的传递路径。可以看出，梯度折射率 $n(i)=1.0$ 相应的能束传递路径短于梯度折射率 $n(i)=1.2+0.6(i/N)$ 相应的能束传递路径，但是长于梯度折射率 $n(i)=1.8-0.6(i/N)$ 相应的传递路径。而能束在介质内传递的距离越长，被介质吸收的能量就越大，对介质的影响也就越大，因此高温侧对梯度折射率 $n(i)=1.2+0.6(i/N)$ 的介质影响较大，相应的介质的温度也越高。反之，低温侧发射的能束传递长度为 $n(i)=1.0$ 相应的能束传递路径长于梯度折射率 $n(i)=1.2+0.6(i/N)$ 相应的能束传递路径，但是短于梯度折射率 $n(i)=1.8-0.6(i/N)$ 相应的传递路径。低温侧对折射率 $n(i)=1.8-0.6(i/N)$ 的介质影响更大一些。因此，辐射平衡时，$n(i)=1.0$ 对应的介质温度分布介于 $n(i)=1.2+0.6(i/N)$ 对应的介质温度和 $n(i)=1.8-0.6(i/N)$ 对应的介质温度之间。

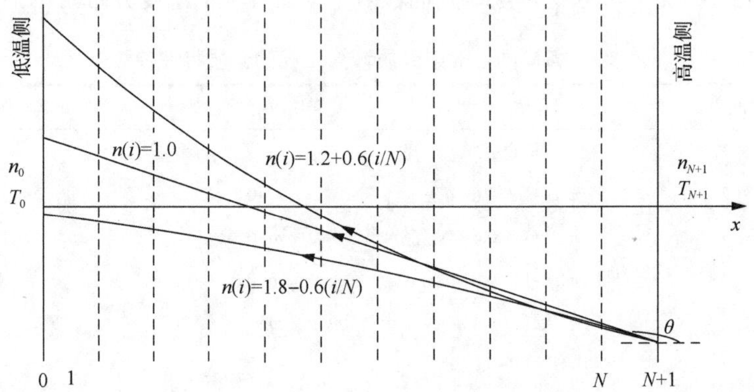

图 3.8 高温侧壁面发射的一条能束在 3 种不同梯度折射率介质中的传递路径

对比图 3.4 和图 3.7，我们发现了一个现象：散射反照率对辐射平衡时介质的温度分布似乎并无影响。为了进一步验证并说明这一现象，考察算例 2、算例 4-6 对应的 $\omega=0.0$、0.3、0.5 和 0.7 共 4 种不同散射反照率工况。辐射平衡时，得到介质内的温度和热流分布如图 3.9 所示，可以看出：散射反照率对辐射平衡时介质内的温度和热流不产生任何影响。究其原因，我们认为介质的梯度折射率一定时，能束的传递轨迹就确定下来，散射反照率的不同只会改变能束传递过程中被介质吸收的能量份额，这样只会改变介质内到达辐射平衡的快慢，而对其辐射平衡的最终状态则无影响。下面我们将从理论推导上对其进行分析。

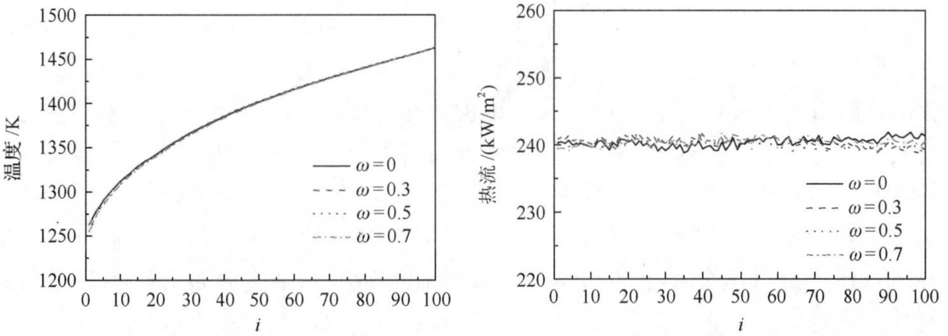

(a) 不同散射反照率条件下介质的温度分布　　(b) 不同散射反照率条件下介质的热流分布

图 3.9　吸收、发射和各向同性散射介质，其中 $\beta L = 1.0$、$n(i) = 1.2+0.6(i/N)$

辐射平衡时，由式(3.24)得到入射辐射 $G(\tau)=4\pi I_{\mathrm{b}}(\tau)$。对于各向同性散射介质，散射相函数 $\Phi \equiv 1.0$。根据入射辐射的定义，一维条件下源函数可以改写为[5]

$$S(\tau) = (1-\omega)I_{\mathrm{b}}(\tau) + \frac{\omega}{4\pi}G(\tau) = I_{\mathrm{b}}(\tau) \tag{3.28}$$

上式与散射反照率无关。此外，在各向同性散射介质中，光学厚度 $\tau = \int_0^z \beta \,\mathrm{d}z$ 是基于消光系数而非吸收系数。将这些量代入辐射强度和辐射热流的公式，可以得到

$$\frac{I(\boldsymbol{r},\hat{\boldsymbol{s}})}{n^2} = \frac{I_{r_{\mathrm{w}}}(\boldsymbol{r}_{\mathrm{W}},\hat{\boldsymbol{s}})}{n_{r_{\mathrm{w}}}^2}\exp\left(-\int_0^s \beta \,\mathrm{d}s''\right) + \int_0^s I_{\mathrm{b}}(\boldsymbol{r}')\exp\left(-\int_{s'}^s \beta \,\mathrm{d}s''\right)\beta \,\mathrm{d}s' \tag{3.29}$$

$$q(\tau) = 2\pi\int_{-1}^1 I(\tau,\mu)\mu \,\mathrm{d}\mu \tag{3.30}$$

从这些公式可以看出，介质的辐射热流只与介质和壁面处的折射率、介质与壁面的黑体辐射强度、光学厚度以及消光系数有关，与散射反照率无关。因此，各向同性散射介质的散射反照率对辐射平衡时介质的辐射传递并无影响这一现象，可以通过一般方程的理论推导得以验证。

下面将探讨梯度折射率对辐射平衡时介质辐射强度分布的影响。考察算例 1～3 和算例 7 对应的 4 种折射率分布：$n = 1.0$、$n(i)=1.2+0.2(i/N)$、$n(i)=1.2+0.6(i/N)$ 和 $n(i)=1.8-0.6(i/N)$。辐射平衡时，介质空间的辐射强度分布如图 3.10 所示。对比图 3.10(a)和(b)可以看出，当不存在折射率梯度时，辐射强度的分布是连续的，并且中心两侧正负方向上完全对称，只是大小受壁温的影响而不同。一旦出现折射率梯度，这种平衡将被打破，并且在一些区域将会出现波动，这也

是我们在图 3.10(b)、(c)和(d)中将网格离散数由 100 增大到 1000 的原因。同时，可以发现，整个介质空间的辐射强度得到了增强。对比图 3.10(a)、(b)和(c)可以看出，随着折射率梯度的正向增大，这种波动加剧，并且整个空间的强度也随之增大，这是由于，折射率梯度的增大使得高温侧发射的能束传递的行程增大，而低温侧发射能束传递的行程减小，使得高温侧对介质的影响增强而低温侧对介质的影响减弱。对比图 3.10(c)和(d)，可以很容易地发现：如果介质温度分布方向与梯度折射率分布方向相反，那么折射率梯度对强度分布的影响将更加剧烈且无规则。

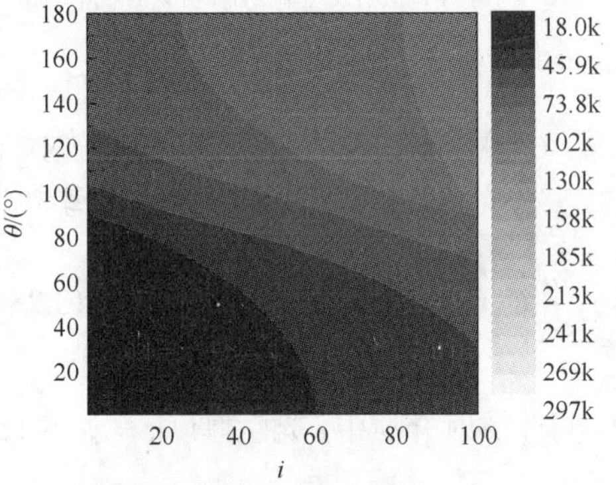

(a) n=1.0

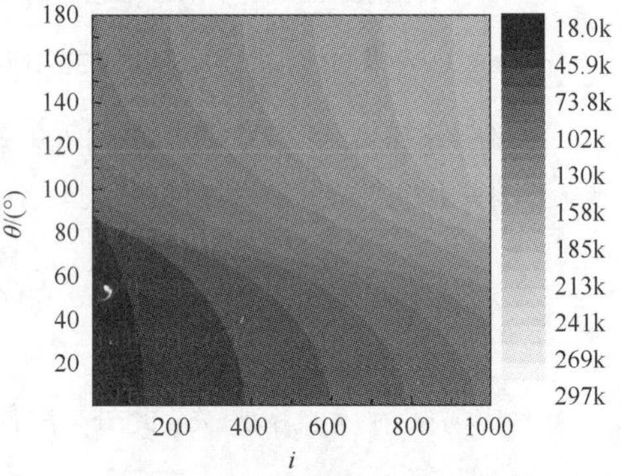

(b) $n(i)$=1.2+0.2(i/N)

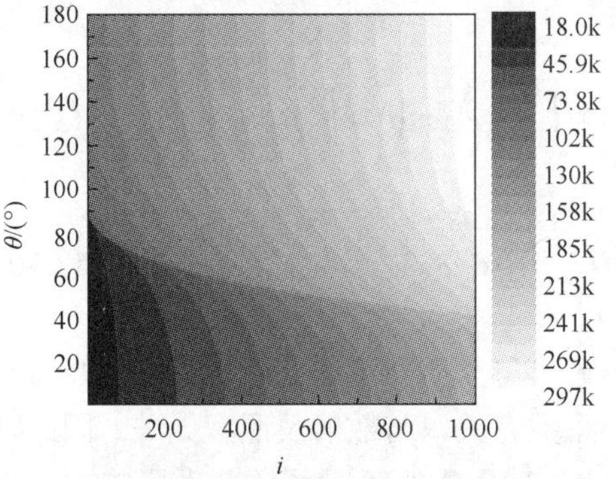

(c) $n(i)$=1.2+0.6(i/N)

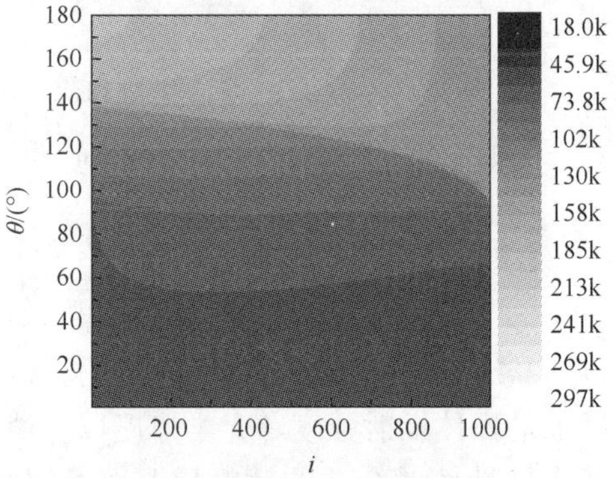

(d) $n(i)$=1.8−0.6(i/N)

图 3.10 梯度折射率对辐射平衡时介质辐射强度的影响，其中 $\omega = 0.3$、$\beta L = 1.0$

为了对图 3.10 有一个更清晰的认识，我们将距离左边界 x/L=0.04 位置处在所有空间方向上的辐射强度单独置于图 3.11 中。可以很直观地看到，随着梯度折射率从 $n = 1.0$ 变化到 $n(i) = 1.2+0.2(i/N)$，再到 $n(i) = 1.2+0.6(i/N)$，所有方向上的辐射强度均显著增大；而波动区域从无，到出现在 69°～90°范围，然后到 57°～90°范围，在这些范围内将会出现导致波动产生的全反射现象。然而，当介质的折

射率从 $n(i)=1.2+0.6(i/N)$ 变化到 $n(i)=1.8-0.6(i/N)$，所有方向上的辐射强度完全改变，并且这两种条件下的辐射强度出现了某种程度上的对称。这是由于这两种梯度折射率条件下光学路径的对称性产生的直接结果。

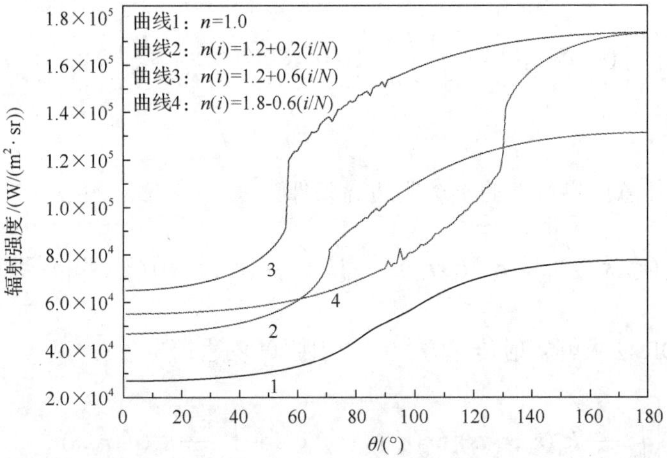

图 3.11　距离左边界 x/L=0.04 位置处所有方向上的强度分布，其中 $\omega = 0.3$、$\beta L = 1.0$

3.2　一维周期性梯度折射率介质辐射传递的 DRESOR 法求解

3.2.1　DRESOR 法求解周期性梯度折射率介质辐射传递

线性变化梯度折射率介质作为一种简单的折射率变化形式，在实际条件下具有很大的局限性并且很难得到满足。特别是随着材料学的深入发展，所研究的半透明介质的特性更为复杂。这其中，伴随着多层薄膜和材料的发展，周期性变化的梯度折射率介质逐渐引起了人们的注意。

Abdallah 和 Le Dez[9,10]发展的弯曲光线追踪法可以针对一些简单的特殊折射率分布，得到辐射传递的解析解，但是该方法无法处理非线性变化的梯度折射率情况。而 Liu[6,11]提出的蒙特卡洛离散弯曲光线追踪法无法处理非全反射条件下界面处的反射。

本节将 DRESOR 法应用到复杂非线性梯度折射率介质的辐射传递分析过程中，通过对介质进行分层并对每层进行定折射率假设，使得能束在每一个子层实现直线传递，给出了详细的能束路径求解，通过确定适当的离散子层以及方向数消除局部线性化可能带来的误差，得到辐射平衡时介质的温度、热流以及辐射强度分布。探讨各种不同的辐射特性参数对辐射传递的影响。

梯度折射率介质内辐射传递方程的积分形式可以表述为[2,3]

$$\frac{I(\boldsymbol{r},\hat{\mathbf{s}})}{n^2}=\frac{I_{\boldsymbol{r}_\mathrm{w}}(\boldsymbol{r}_\mathrm{w},\hat{\mathbf{s}}_\mathrm{w})}{n_{\boldsymbol{r}_\mathrm{w}}^2}\exp\left(-\int_{s_\mathrm{w}}^{s}\beta\,\mathrm{d}s''\right)$$
$$+\int_{s_\mathrm{w}}^{s}\left[(1-\omega)I_\mathrm{b}(\boldsymbol{r}')+\frac{\omega}{4\pi}\int_{4\pi}\frac{1}{n_{\boldsymbol{r}'}^2}I(\boldsymbol{r}',\hat{\mathbf{s}}_\mathrm{i})\Phi(\hat{\mathbf{s}}_\mathrm{i},\hat{\mathbf{s}})\,\mathrm{d}\Omega_\mathrm{i}\right]\exp\left(-\int_{s''}^{s}\beta\,\mathrm{d}s'''\right)\beta\,\mathrm{d}s'' \tag{3.31}$$

相应的任意边界特性的不透明边界条件为[2]

$$I_\mathrm{w}(\boldsymbol{r}_\mathrm{w},\hat{\mathbf{s}})=n_{\boldsymbol{r}_\mathrm{w}}^2\,\varepsilon(\boldsymbol{r}_\mathrm{w})I_\mathrm{b}(\boldsymbol{r}_\mathrm{w})+\frac{1}{\pi}\int_{n\cdot\hat{\mathbf{s}}'<0}\rho''(\boldsymbol{r}_\mathrm{w},\hat{\mathbf{s}}',\hat{\mathbf{s}})I(\boldsymbol{r}_\mathrm{w},\hat{\mathbf{s}}')\left|n\cdot\hat{\mathbf{s}}'\right|\mathrm{d}\Omega' \tag{3.32}$$

DRESOR 法求解辐射传递方程的辐射强度表达式为

$$\frac{I(\boldsymbol{r},\hat{\mathbf{s}})}{n_{\boldsymbol{r}}^2}=\left\{\int_W\frac{n_{\boldsymbol{r}'_\mathrm{w}}^2}{n_{\boldsymbol{r}_\mathrm{w}}^2}R_\mathrm{d}^\mathrm{s}(\boldsymbol{r}'_\mathrm{w},\boldsymbol{r}_\mathrm{w},\hat{\mathbf{s}})[\pi\varepsilon(\boldsymbol{r}'_\mathrm{w})I_\mathrm{b}(\boldsymbol{r}'_\mathrm{w})]\,\mathrm{d}A'+\int_V\frac{n_{\boldsymbol{r}''}^2}{n_{\boldsymbol{r}_\mathrm{w}}^2}R_\mathrm{d}^\mathrm{s}(\boldsymbol{r}'',\boldsymbol{r}_w,\hat{\mathbf{s}})\right.$$
$$\left.\cdot[4\pi\beta(1-\omega)I_\mathrm{b}(\boldsymbol{r}'')]\,\mathrm{d}V''+[\pi\varepsilon(\boldsymbol{r}_\mathrm{w})I_\mathrm{b}(\boldsymbol{r}_\mathrm{w})]\right\}\cdot\frac{1}{n_{\boldsymbol{r}_\mathrm{w}}^2}\left(\frac{n_{\boldsymbol{r}_\mathrm{w}}^2}{\pi}\right)\exp\left(-\int_0^s\beta\,\mathrm{d}s''\right)$$
$$+\int_0^s\frac{1}{4\pi\beta}\left\{4\pi\beta(1-\omega)I_\mathrm{b}(\boldsymbol{r}')+\int_W\frac{1}{n_{\boldsymbol{r}'}^2}R_\mathrm{d}^\mathrm{s}(\boldsymbol{r}'_\mathrm{w},\boldsymbol{r}',\hat{\mathbf{s}})[\pi\varepsilon(\boldsymbol{r}'_\mathrm{w})n_{\boldsymbol{r}'_\mathrm{w}}^2I_\mathrm{b}(\boldsymbol{r}'_\mathrm{w})]\,\mathrm{d}A'\right.$$
$$\left.+\int_V\frac{1}{n_{\boldsymbol{r}'}^2}R_\mathrm{d}^\mathrm{s}(\boldsymbol{r}'',\boldsymbol{r}',\hat{\mathbf{s}})[4\pi\beta(1-\omega)n_{\boldsymbol{r}''}^2I_\mathrm{b}(\boldsymbol{r}'')]\,\mathrm{d}V''\right\}\exp\left(-\int_{s'}^{s}\beta\,\mathrm{d}s''\right)\beta\,\mathrm{d}s' \tag{3.33}$$

以正弦变化的梯度折射率作为研究对象，介质的折射率表示为

$$n(x)=n_1+(n_2-n_1)\sin(\pi x/L)\quad(0\leqslant x\leqslant L) \tag{3.34}$$

考察图 3.12 所示的一个一维半透明吸收、发射和散射平板在两种正弦梯度折射率介质条件下能束的传递路径和物理模型。平板物理厚度为 x_L，平板介质被离散成 N 个网格，每个网格离散成 M 个方向。每个网格的物理长度则为$\Delta x=x_L/N$。介质的吸收和散射系数 κ 和 σ_s 均为常量，消光系数即为 $\beta=\kappa+\sigma_\mathrm{s}$。介质的折射率正弦变化，但离散以后每个网格内的折射率 $n(i)$ 假设为定值，不同的网格之间折射率不同。网格中心作为计算节点，两侧壁面分别作为第 0 和第 N+1 个网格。两侧壁面发射率分别为 ε_0 和 ε_{N+1} 并且温度分别保持为 T_0 和 T_{N+1}。

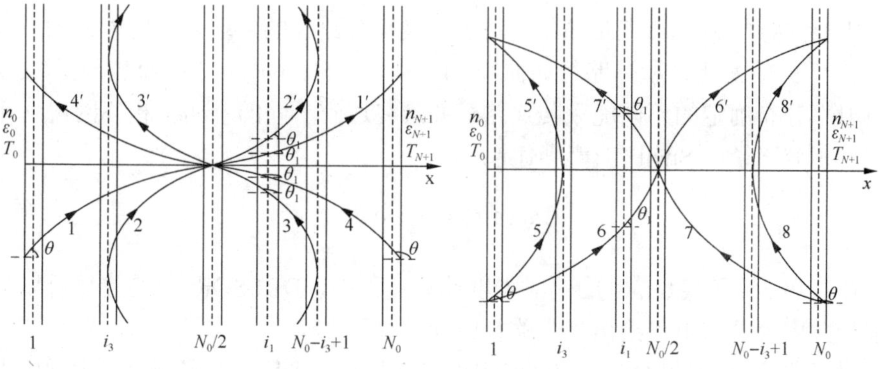

(a) $n_2>n_1$的正弦模型　　(b) $n_2<n_1$的正弦模型

图 3.12　物理模型和能束追踪示意图

在研究具体对象时，对式(3.33)进行离散，就可以得到任意网格 i_1 在 θ_1 方向上的辐射强度 $I(i_1,\theta_1)$。在图 3.12 中，对不同的 θ_1 方向，需要沿不同的弯曲路径进行积分。对图 3.12(a)中的能束路径 22′和 33′，能束在传递过程中将会在网格 i_3 处发生全反射，而由于对称性必然存在另一个全反射点 $N-i_3+1$。因此，能束将在这两个全反射网格之间往复传递，直到能束的能量被介质完全吸收和散射。这种情况下辐射强度的离散求解公式为

$$\frac{I(i_1,\theta_1)}{n_{i_1}^2}=\frac{1}{4\pi\beta}\sum_{i_2=i_3}^{N-i_3+1}\left\{4\pi\beta(1-\omega)I_{\mathrm{b}}(i_2)+\frac{1}{n_{i_2}^2}\pi\varepsilon n_0^2 I_{\mathrm{b}}(0)R_{\mathrm{d}}^{\mathrm{s}}(0,i_2,\theta_2)+\frac{1}{n_{i_2}^2}\pi\varepsilon n_{N+1}^2 I_{\mathrm{b}}(N+1)\right.$$
$$\left.\times R_{\mathrm{d}}^{\mathrm{s}}(N+1,i_2,\theta_2)+\Delta x\sum_{i_4=1}^{N}\frac{1}{n_{i_2}^2}4\pi\beta(1-\omega)n_{i_4}^2 I_{\mathrm{b}}(i_4)R_{\mathrm{d}}^{\mathrm{s}}(i_4,i_2,\theta_2)\right\}[|\exp(-\tau_{i_2-1\to i_1})-\exp(-\tau_{i_2\to i_1})|]$$

(3.35)

而对图 3.12 中的其他能束传递路径，不管是否出现全反射，能束最终都将到达壁面。因此，相应的辐射强度的离散求解公式为

$$\frac{I(i_1,\theta_1)}{n_{i_1}^2}=\frac{1}{n_{\mathrm{w}}^2}\left(\frac{n_{\mathrm{w}}^2}{\pi}\right)\left\{\pi\varepsilon I_{\mathrm{b}}(w)+\frac{1}{n_{\mathrm{w}}^2}\pi\varepsilon n_0^2 I_{\mathrm{b}}(0)R_{\mathrm{d}}^{\mathrm{s}}(0,w,\theta_{\mathrm{w}})+\frac{1}{n_{\mathrm{w}}^2}\pi\varepsilon n_{N+1}^2 I_{\mathrm{b}}(N+1)\right.$$
$$\left.\times R_{\mathrm{d}}^{\mathrm{s}}(N+1,w,\theta_{\mathrm{w}})+\Delta x\sum_{i_3=1}^{N}\frac{1}{n_{\mathrm{w}}^2}4\pi\beta(1-\omega)n_{i_3}^2 I_{\mathrm{b}}(i_3)R_{\mathrm{d}}^{\mathrm{s}}(i_3,w,\theta_{\mathrm{w}})\right\}\exp(-\tau_{\mathrm{w}\to i_1})$$
$$+\frac{1}{4\pi\beta}\sum_{i_2}^{\text{沿路径}}\left\{4\pi\beta(1-\omega)I_{\mathrm{b}}(i_2)+\frac{1}{n_{i_2}^2}\pi\varepsilon n_0^2 I_{\mathrm{b}}(0)R_{\mathrm{d}}^{\mathrm{s}}(0,i_2,\theta_2)+\frac{1}{n_{i_2}^2}\pi\varepsilon n_{N+1}^2 I_{\mathrm{b}}(N+1)\right.$$
$$\left.\times R_{\mathrm{d}}^{\mathrm{s}}(N+1,i_2,\theta_2)+\Delta x\sum_{i_4=1}^{N}\frac{1}{n_{i_2}^2}4\pi\beta(1-\omega)n_{i_4}^2 I_{\mathrm{b}}(i_4)R_{\mathrm{d}}^{\mathrm{s}}(i_4,i_2,\theta_2)\right\}[|\exp(-\tau_{i_2\to i_1})-\exp(-\tau_{i_2-1\to i_1})|]$$

(3.36)

需要注意的是，n_w 表示系统的边界以及积分路径的末端，其因能束的不同而异。随着 θ_1 的变化，积分路径如曲线 11′、44′、55′、66′、77′和 88′，表示根据介质折射率分布确定的不同能束传递路径并最终达到不同的壁面。相邻网格 i 和 j 之间的积分路径由 Snell 定律[10]确定：

$$n_i \sin\theta_i = n_j \sin\theta_j \tag{3.37}$$

在式(3.35)和式(3.36)的辐射强度计算过程中，DRESOR 数的计算可以参照之前相关内容。这里仅给出光学路径的计算过程。

对弯曲路径 11′和 66′，式(3.36)中的 n_w 为 n_0，并且，其右侧第二大项中沿积分路径的 i_2 包含从第 1 到第 i_1 个网格之间的所有网格，其光学厚度 $\tau_{i2\to i1}$ 可以由下式计算：

$$\tau_{i_2\to i_1} = \sum_{i_4=i_2+1}^{i_1} \frac{\Delta x}{\cos[\arcsin(n(i_1)/n(i_4)\sin\theta_1)]}\beta \tag{3.38}$$

类似地，对弯曲路径 44′和 77′，式(3.36)中的 n_w 为 n_{N+1}，并且，其右侧第二大项中沿积分路径的 i_2 包含从第 i_1 到第 N+1 个网格之间的所有网格。

对弯曲路径 55′和 88′，能束传递过程中出现了一个全反射。以积分路径 55′为例，式(3.36)中的 n_w 为 n_0。积分路径由两部分组成：全反射之后的 5′和全反射之前的 5。对于路径 5′，该部分光学路径 $\tau_{i_2\to i_1}$ 可以通过式(3.38)计算得出。对路径 5，光学路径 $\tau_{i_2\to i_1}$ 又有两部分组成，其计算公式为

$$\tau_{i_2\to i_1} = \sum_{i_4=i_3}^{i_1} \frac{\Delta x}{\cos\left(\arcsin\left(\frac{n(i_1)}{n(i_4)}\sin\theta_1\right)\right)}\beta + \sum_{i_5=i_3}^{i_2} \frac{\Delta x}{\cos\left(\arcsin\left(\frac{n(i_1)}{n(i_5)}\sin\theta_1\right)\right)}\beta \tag{3.39}$$

对弯曲路径 22′和 33′，出现了两次全反射。以 22′为例，介于 i_3 与 $N-i_3+1$ 之间的任意网格 i_2 将会对计算网格 i_1 重复产生贡献。假设网格 i_2 朝向计算网格 i_1 发射的单位能量在经过 k 个周期以后变为一个极小值(10^{-6})，则光学路径 $\tau_{i_2\to i_1}$ 可以写为

若 $i_3 < i_2 \leqslant i_1$，i_2 正向发射，则

$$\tau_{i_2\to i_1} = \sum_{i_4=i_2+1}^{i_1} \frac{\Delta x}{\cos\left(\arcsin\left(\frac{n(i_1)}{n(i_4)}\sin\theta_1\right)\right)}\beta + i\cdot \sum_{i_5=i_3}^{N-i_3+1} \frac{2\Delta x}{\cos\left(\arcsin\left(\frac{n(i_1)}{n(i_5)}\sin\theta_1\right)\right)}\beta, i=0,\cdots,k \tag{3.40}$$

若 $i_3 < i_2 \leqslant i_1$，i_2 负向发射，则

$$\tau_{i_2 \to i_1} = \sum_{i_4=i_3}^{i_1} \frac{\Delta x}{\cos\left(\arcsin\left(\frac{n(i_1)}{n(i_4)}\sin\theta_1\right)\right)}\beta + \sum_{i_5=i_3}^{i_2} \frac{\Delta x}{\cos\left(\arcsin\left(\frac{n(i_1)}{n(i_5)}\sin\theta_1\right)\right)}\beta + i \cdot \sum_{i_6=i_3}^{N-i_3+1} \frac{2\Delta x}{\cos\left(\arcsin\left(\frac{n(i_1)}{n(i_6)}\sin\theta_1\right)\right)}\beta, \quad i=0,\cdots,k \tag{3.41}$$

若 $i_1 < i_2 < N-i_3+1$，i_2 正向发射，则

$$\tau_{i_2 \to i_1} = \sum_{i_4=i_3}^{i_1} \frac{\Delta x}{\cos\left(\arcsin\left(\frac{n(i_1)}{n(i_4)}\sin\theta_1\right)\right)}\beta + \sum_{i_5=i_3}^{i_2} \frac{\Delta x}{\cos\left(\arcsin\left(\frac{n(i_1)}{n(i_5)}\sin\theta_1\right)\right)}\beta + \sum_{i_6=i_2+1}^{N-i_3+1} \frac{2\Delta x}{\cos\left(\arcsin\left(\frac{n(i_1)}{n(i_6)}\sin\theta_1\right)\right)}\beta + i \cdot \sum_{i_7=i_3}^{N-i_3+1} \frac{2\Delta x}{\cos\left(\arcsin\left(\frac{n(i_1)}{n(i_7)}\sin\theta_1\right)\right)}\beta, \quad i=0,\cdots,k \tag{3.42}$$

若 $i_1 < i_2 < N-i_3+1$，i_2 负向发射，其光学路径 $\tau_{i_2 \to i_1}$ 可以由式(3.41)计算得到。

与对流或导热相比，考察辐射平衡时介质的特性分布更能体现介质梯度折射率的影响。因此，在得到介质辐射强度之后，通过一个迭代过程就可以得到辐射平衡时介质的热流、入射辐射和温度。

3.2.2　周期性梯度折射率介质内辐射传递分析

考察一个一维介质内的辐射传递过程，如图 3.13 所示。介质的边界为温度不同的漫射灰体。已知介质的散射反照率 ω、非线性梯度折射率 n 以及光学厚度 τ。在本节算例中，介质的边界温度分别保持在 $T_0 = 1000\text{K}$ 和 $T_{N+1} = 1500\text{K}$。

在该算例中，介质的光学厚度为 $\tau = \beta L = 1.0$、折射率为 $n(x) = 1.8 - 0.6\sin(\pi x/L)$，考察两种线性散射相函数 $\Phi = 1 + b\mu\mu'$, $(b=1,-1)$ 条件下对介质内辐射传递的影响，设计工况如表 3.3 所示。

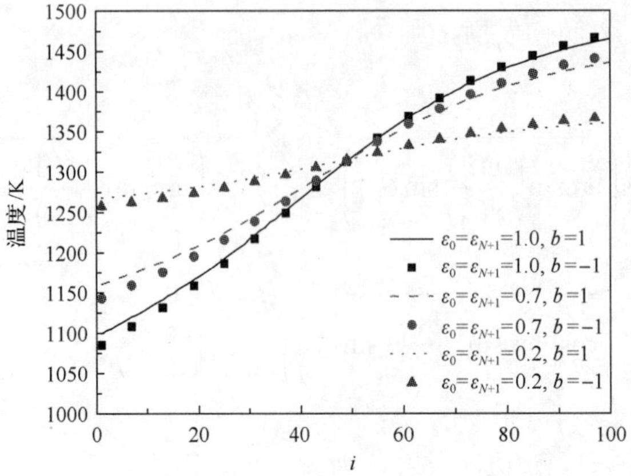

图 3.13 ω=0.7 以及 $n(x)=1.8-0.6\sin(\pi x/L)$ 条件下辐射平衡时介质的温度场

表 3.3 各向异性散射条件下计算工况的介质及壁面特性介绍

工况	介质折射率	介质散射相函数	介质散射反照率	壁面特性
算例 1	$n(x)=1.8-0.6\sin(\pi x/L)$	$\Phi=1+\mu\mu'$	$\omega=0.7$	$\varepsilon_0=\varepsilon_{N+1}=1.0$
算例 2		$\Phi=1-\mu\mu'$	$\omega=0.7$	$\varepsilon_0=\varepsilon_{N+1}=1.0$
算例 3		$\Phi=1+\mu\mu'$	$\omega=0.7$	$\varepsilon_0=\varepsilon_{N+1}=0.7$
算例 4		$\Phi=1-\mu\mu'$	$\omega=0.7$	$\varepsilon_0=\varepsilon_{N+1}=0.7$
算例 5		$\Phi=1+\mu\mu'$	$\omega=0.7$	$\varepsilon_0=\varepsilon_{N+1}=0.2$
算例 6		$\Phi=1-\mu\mu'$	$\omega=0.7$	$\varepsilon_0=\varepsilon_{N+1}=0.2$
算例 7		$\Phi=1+\mu\mu'$	$\omega=0.5$	$\varepsilon_0=\varepsilon_{N+1}=0.7$
算例 8		$\Phi=1-\mu\mu'$	$\omega=0.5$	$\varepsilon_0=\varepsilon_{N+1}=0.7$
算例 9		$\Phi=1+\mu\mu'$	$\omega=0.2$	$\varepsilon_0=\varepsilon_{N+1}=0.7$
算例 10		$\Phi=1-\mu\mu'$	$\omega=0.2$	$\varepsilon_0=\varepsilon_{N+1}=0.7$

图 3.13 和 3.14 显示了算例 1～6 工况下 3 种不同壁面发射率时散射相函数对介质温度和热流的影响。这里，散射反照率 ω =0.7。可以看出：随着壁面发射率的降低，两侧发射的能量均减弱，介质吸收和散射的能量也相应减少。因此，辐射平衡时热流降低，并且两种散射相函数系数对应的热流绝对差值也相应减小，如图 3.14 所示。换而言之，两壁面对介质的热效应逐渐减弱。当然，这也使得介质两端的温度差减小、曲线变得更平。

值得注意的是：虽然，如图 3.13 所示，各向异性散射相函数对温度分布的影响弱于壁面发射率的影响，但是这种影响也不应忽略。与前向散射 b=1 相比，后向散射 b= –1 会增大负方向上的辐射强度，根据式(3.30)，其会减小辐射平衡时的辐射热流。然而，后向散射 b= –1 一定程度上增大了传递距离，这意味着，两壁面对介质的热效应要强于前向散射 b=1。因此，在相同条件下，后向散射 b= –1 对应的热流小于前向散射 b=1，而对应的温差却高于前向散射 b=1。

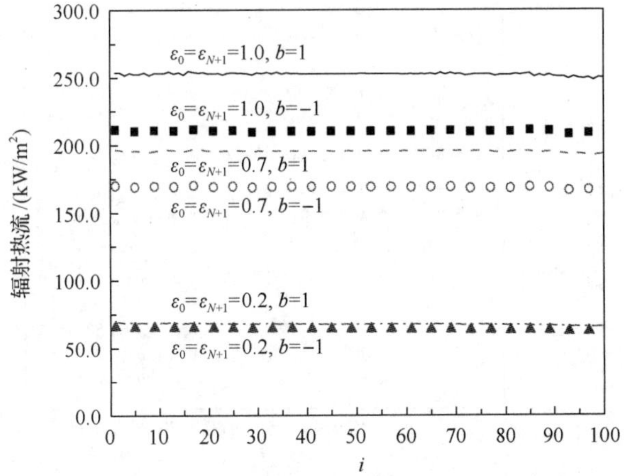

图 3.14　ω =0.7 以及 $n(x)$=1.8－0.6sin($\pi x/L$)条件下辐射平衡时介质的辐射热流

考察算例 3～4 以及算例 7～10 对应的各向异性散射反照率对辐射平衡的影响，计算结果如图 3.15 和 3.16 所示。这里，壁面发射率为 $\varepsilon_0=\varepsilon_{N+1}$=0.7，考察了 ω = 0.7、ω =0.5 和 ω =0.2 3 种情况。可以看出，各向异性散射反照率的影响较弱。随着反照率的减小，介质的吸收能力相应增大。对于前向散射 b=1，随着散射反照率从 0.7 减小到 0.5、再到 0.2，辐射强度降低，热流亦是如此。然而，由于介质吸收能力的增强，介质两端的温差增大。对于后向散射 b=−1，散射反照率的减小会降低负向的强度，这使得热流增大。而与此同时，后向散射的增强效应要强于前向散射，使得介质两端温差增大。此外，随着散射反照率的降低，各向异性散射的影响也相应减弱，如图 3.15 所示前向和后向散射之间的差别越来越小。

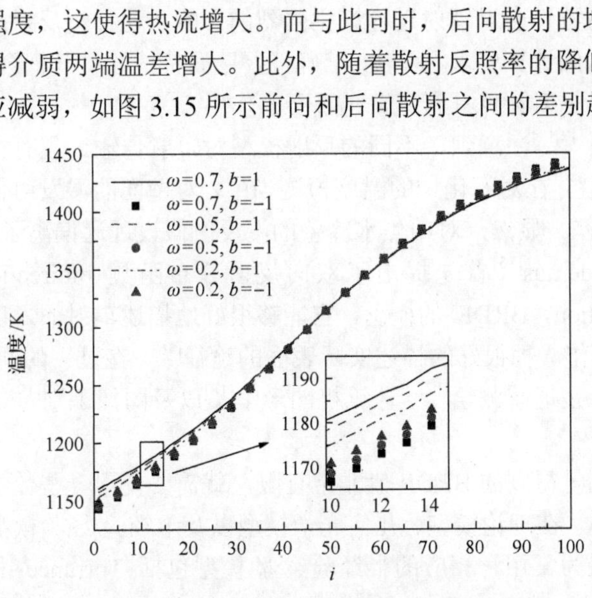

图 3.15　$\varepsilon_0=\varepsilon_{N+1}$ = 0.7 以及 $n(x)$=1.8－0.6sin($\pi x/L$)条件下辐射平衡时介质的温度分布

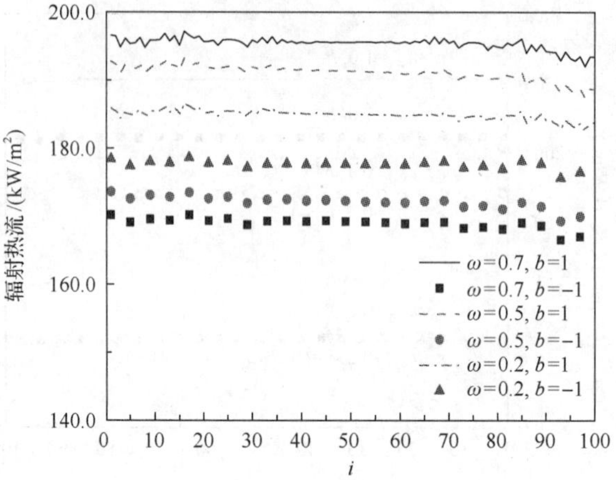

图 3.16 $\varepsilon_0=\varepsilon_{N+1}=0.7$ 以及 $n(x)=1.8-0.6\sin(\pi x/L)$ 条件下辐射平衡时介质的热流分布

3.3 耦合 BRDF 表面的梯度折射率介质辐射传递问题

3.3.1 BRDF 模型简介

壁面的辐射特性与其材料、表面温度以及粗糙度有很大关系，非常复杂。在辐射传输分析中，均将壁面作为漫反射体或镜反射体处理。但是根据之前的分析发现：壁面辐射特性会对辐射过程产生强烈的影响，这种漫反射或镜反射的假设可能无法满足精确计算要求，所以，准确把握壁面特性并将其耦合到辐射分析中，对于更准确的热辐射计算具有越来越重要的作用。

一些研究者[12,13]注意到，不同的反射模型对辐射传输过程有很重要的影响；Burnell 等[14]发现，在对石化炉的温度检测当中，对壁面的漫发射假设会造成高达 100℃的温度偏差。显然，对结焦水冷壁的漫反射假设远远偏离了它的实际状况。1970 年，Nicodemus[15]首先提出了双向反射分布函数(bidirectional reflectance distribution function，BRDF)的概念，它能够很好地描述辐射的入射与出射之间的关系，因而被用作一种很好的描述实际表面的途径[16]。在过去的几十年中，BRDF 测量和研究已经在遥感测绘[17]、计算机图形学[18]以及图像识别[19]等领域得到了广泛应用。

由于试验测量得到的 BRDF 值非常有限，就需要使用一些数学模型，以得到更多的有用信息。在理论模型、几何光学模型以及半经验/经验模型这三种模型当中，最后一种最为常用。相应的半经验/经验模型包括 Torrance 和 Sparrow[20]、Minnaert[21]、Phong[22]、Thomas 等[23]以及 Renhorn 和 Boreman[24]等提出的模型。半经验/经验模型无法实现通用，一种模型一般只能模拟特定的 BRDF 表面，但是它无疑是一种简单且具有发展前景的方法。

然而，迄今为止，很少有将更接近实际表面的 BRDF 表面引入辐射传输分析之中的尝试。能够提供高方向分辨率辐射强度信息的 DRESOR 法和 RMC 法比较适合求解这类问题，因此，本节将使用一种 BRDF 模型模拟实际表面，并采用遗传算法求解该模型的参数，然后将其耦合到梯度折射率介质内的辐射分析之中，探讨实际表面可能对辐射传输过程产生的影响。

双向反射分布函数 BRDF 用于定量描述表面对入射辐射的反射特性分布。其定义为反射辐射与入射辐射之比，可以表示为[15]

$$f_{\mathrm{r}}\left(\theta_{\mathrm{i}},\varphi_{\mathrm{i}},\theta_{\mathrm{r}},\varphi_{\mathrm{r}}\right)=\frac{I_{\mathrm{r}}\left(\theta_{\mathrm{i}},\varphi_{\mathrm{i}},\theta_{\mathrm{r}},\varphi_{\mathrm{r}}\right)}{I_{\mathrm{i}}\left(\theta_{\mathrm{i}},\varphi_{\mathrm{i}}\right)\cos\theta_{\mathrm{i}}\mathrm{d}\omega_{\mathrm{i}}} \tag{3.43}$$

如图 3.17 所示，$(\theta_{\mathrm{i}},\varphi_{\mathrm{i}})$和$(\theta_{\mathrm{r}},\varphi_{\mathrm{r}})$分别表示入射和反射方向，$I_{\mathrm{i}}$ 为入射辐射，$I_{\mathrm{i}}\cos\theta_{\mathrm{i}}\mathrm{d}\omega_{\mathrm{i}}$ 表示入射辐射力(单位投影面积上的能量)，关于入射和反射方向函数的 I_{r} 则为反射辐射。为简化分析这里忽略了辐射波长。

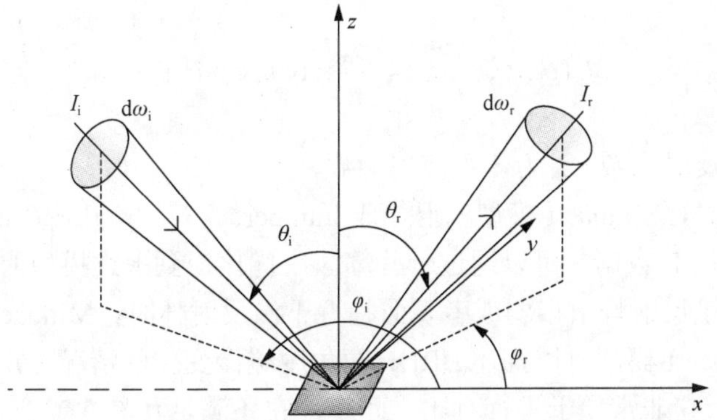

图 3.17　BRDF 定义示意图

实际物体表面应满足互易性和能量守恒定律，且广泛应用于光学研究中。其中，互易性原理就是互换入射与反射方向后其物体表面的 BRDF 分布一致，其定义式为

$$f_{\mathrm{r}}(\hat{\boldsymbol{s}}_{\mathrm{i}},\hat{\boldsymbol{s}}_{\mathrm{r}})=f_{\mathrm{r}}(\hat{\boldsymbol{s}}_{\mathrm{r}},\hat{\boldsymbol{s}}_{\mathrm{i}}) \tag{3.44}$$

式中，$\hat{\boldsymbol{s}}_{\mathrm{i}}$ 为入射方向$(\theta_{\mathrm{i}},\varphi_{\mathrm{i}})$；$\hat{\boldsymbol{s}}_{\mathrm{r}}$ 为反射方向$(\theta_{\mathrm{r}},\varphi_{\mathrm{r}})$。

能量守恒定律是指入射光从某一方向入射，其方向-半球反射率不超过 1，可表述为

$$\int_{2\pi} f_r \cdot \cos\theta_r \, \mathrm{d}\Omega_r \leqslant 1 \tag{3.45}$$

BRDF 表面的方向-半球反射率可以通过对物体表面半球的 BRDF 值进行半球积分得到，其表达式为

$$\rho'(\boldsymbol{r},\theta_i,\varphi_i) = \int_{2\pi} f_r(\theta_i,\varphi_i,\theta_r,\varphi_r)\cos\theta_r \, \mathrm{d}\Omega_r \tag{3.46}$$

其方向-半球吸收率、发射率为

$$\alpha'(\boldsymbol{r},\theta_i,\varphi_i) = 1-\rho'(\boldsymbol{r},\theta_i,\varphi_i) = \varepsilon'(\boldsymbol{r},\pi-\theta_i,\pi+\varphi_i) \tag{3.47}$$

实验采集 BRDF 数据主要是已知入射辐射信号强度，在每一个固定的入射方向上，探测其在各个反射方向上的反射信号强度而得到。但是，很难获得足够多的方向信息，因此需要引入数学模型进行建模求解。这里介绍几种实际中比较常用的 BRDF 模型。

1) Minnaert 模型[25]

$$f_r(\theta_i,\varphi_i,\theta_r,\varphi_r) = \frac{\rho_0}{\pi}(\cos\theta_i\cos\theta_r)^{k-1} \tag{3.48}$$

式中，ρ_0 为漫反射系数；k 为一个模型参数。

当 $k = 1$ 时，Minnaert 模型就退化成 Lambert 定律：$f_r(\theta_i,\varphi_i,\theta_r,\varphi_r)=\rho_0/\pi$。一旦我们得到了 BRDF 数据，可以通过一些算法来优化得到上述模型的参数。在一些特定条件下，镜反射峰值很弱或者表面趋近于漫反射体时，Minnaert 模型非常适用。由于 Minnaert 模型可以描述 BRDF 随角度缓慢变化的情况，并且可以转化成 Lambert 定律，它非常便于进行对比。此外，它还满足互易性定理。

2) Phong 模型[26]

$$f_r(\theta_i,\varphi_i,\theta_r,\varphi_r) = \frac{\rho_d}{\pi} + \rho_s C_a \cos^{\alpha}\theta \tag{3.49}$$

式中，ρ 为反射系数，其下标 d 和 s 分别代表漫反射和镜反射；θ 为入射能束与反射能束的夹角；C_a 为归一化因子。

3) Torrance 和 Sparrow 模型[27]

$$f_r(\theta_i,\varphi_i,\theta_r,\varphi_r) = gR(2\beta,\boldsymbol{n})\frac{G(\theta_i,\varphi_i,\theta_r,\varphi_r)}{\cos\theta_r}\exp(-c^2\alpha^2) + \frac{\rho_0}{\pi}\cos\theta_i \tag{3.50}$$

式中，指数项 $\exp(-c^2\alpha^2)$ 为描述表面粗糙度的特征函数；$R(2\beta,\boldsymbol{n})$ 为 Fresnel 反射

函数；$G(\theta_i,\varphi_i,\theta_r,\varphi_r)$ 为遮蔽函数。

该模型由镜反射和漫反射两个部分组成，能够很好地预测实际物体表面 BRDF 的分布。一般来讲，实际表面介于漫反射体和镜反射体之间，包含漫反射分量和镜反射分量的模型更恰当一些。

4) Ward 模型[28]

$$f_r(\theta_i,\varphi_i,\theta_r,\varphi_r)=\frac{\rho_0}{\pi}+\rho_s\frac{C_{max}}{4\pi m^2}\frac{\exp(-\tan^2\theta)}{\sqrt{\cos\theta_i\cos\theta_r}} \tag{3.51}$$

式中，C_{max} 为归一化因子的最大值；m 指表面均方根斜率。该 BRDF 模型能够很好地描述各向异性表面的 BRDF 分布规律。

5) 五参数模型[29]

$$f_r(\theta_i,\varphi_i,\theta_r,\varphi_r)=\frac{k_b k_r^2\cos\alpha}{1+(k_r^2-1)\cos\alpha}\exp[b(1-\cos\gamma)^a]\frac{G(\theta_i,\theta_r,\varphi_r)}{\cos\theta_i\cos\theta_r}+\frac{k_d}{\cos\theta_i} \tag{3.52}$$

式中，a、b、k_b、k_r、k_d 为待定参数，可以通过实验数据拟合求得，α、γ 为 θ_i、θ_r、φ_r 的函数，函数表达式如下：

$$\cos^2\gamma=\frac{\cos\theta_i\cos\theta_r+\sin\theta_i\sin\theta_r\cos\varphi_r+1}{2} \tag{3.53}$$

$$\cos\alpha=\frac{\cos\theta_i+\cos\theta_r}{2\cos\gamma} \tag{3.54}$$

$G(\theta_i,\varphi_i,\varphi_r)$ 是遮蔽函数，表达式如下：

$$G(\theta_i,\theta_r,\varphi_r)=\frac{1+\dfrac{\omega_p\left|\tan\theta_p^i\tan\theta_p^r\right|}{1+\sigma_r\tan\gamma_p}}{(1+\omega_p\tan^2\theta_p^i)(1+\omega_p\tan^2\theta_p^r)} \tag{3.55}$$

$$\omega_p(\alpha)=\sigma_p\left(1+\frac{u_p\sin\alpha}{\sin\alpha+v_p\cos\alpha}\right) \tag{3.56}$$

式中，σ_r、σ_p、u_p、v_p 是经验值，可通过实验获取。

$$\tan\theta_p^i=\tan\theta_i\frac{\sin\theta_i+\sin\theta_r\cos\varphi_r}{2\sin\alpha\cos\gamma} \tag{3.57}$$

$$\tan\theta_p^r=\tan\theta_r\frac{\sin\theta_r+\sin\theta_i\cos\varphi_r}{2\sin\alpha\cos\gamma} \tag{3.58}$$

$$\tan\gamma_{\mathrm{p}} = \frac{\left|\cos\theta_{\mathrm{i}} - \cos\gamma\right|}{2\sin\alpha\cos\gamma} \tag{3.59}$$

但此模型不符合互易性和能量守恒定律，而且式(3.52)存在 $\frac{1}{\cos\theta_{\mathrm{i}}\cos\theta_{\mathrm{r}}}$，使得模型镜反射分量在数据拟合时比较困难。

6) 六参数模型[30]

$$\begin{aligned} f_{\mathrm{r}}(\theta_{\mathrm{i}},\varphi_{\mathrm{i}},\theta_{\mathrm{r}},\varphi_{\mathrm{r}}) = & \frac{k_{\mathrm{b}}}{\pi\ln 2}\frac{k_{\mathrm{r}}^2\cos\alpha}{1+(k_{\mathrm{r}}^2-1)\cos\alpha}\exp[1-|b|(1-\cos\gamma)^a] \\ & \times\ln(1+\cos\theta_{\mathrm{i}}\cos\theta_r)+\frac{k_{\mathrm{d}}}{\pi}(\cos\theta_{\mathrm{i}}\cos\theta_{\mathrm{r}})^c \end{aligned} \tag{3.60}$$

式中，a、b、c、k_{b}、k_{r}、k_{d} 为待定参数。六参数模型是通过五参数模型优化得来，该模型不但满足互易性、能量守恒定律，而且能够很好地用实验数据拟合。

7) 七参数 BRDF 模型[31]

$$\mathrm{BRDF} = \mathrm{BRDF}_{\mathrm{r-surface}} + \mathrm{BRDF}_{\mathrm{r-bulk}} + \mathrm{BRDF}_{\mathrm{r-retro}} \tag{3.61}$$

$$f_{\mathrm{r-surface}}(\theta_{\mathrm{i}},\varphi_{\mathrm{i}},\theta_{\mathrm{r}},\varphi_{\mathrm{r}}) = \frac{k_{\mathrm{b}}k_{\mathrm{r}}^2\cos\alpha}{1+(k_{\mathrm{r}}^2-1)\cos\alpha}\exp[b(1-\cos\gamma)^a]\frac{G(\theta_{\mathrm{i}},\theta_{\mathrm{r}},\varphi_{\mathrm{r}})}{\cos\theta_{\mathrm{i}}\cos\theta_{\mathrm{r}}} + \frac{k_{\mathrm{d}}}{\cos\theta_{\mathrm{i}}} \tag{3.62}$$

$$f_{\mathrm{r-bulk}}(\theta_{\mathrm{i}},\varphi_{\mathrm{i}},\theta_{\mathrm{r}},\varphi_{\mathrm{r}}) = \frac{N}{(\xi-\xi_0)^2+\eta^2+\frac{1}{4}\sqrt{1-{\xi_0}^2}+\rho_1^2\cdot\sqrt{1-\xi^2-\eta^2}} \tag{3.63}$$

$$f_{\mathrm{r-retro}}(\theta_{\mathrm{i}},\varphi_{\mathrm{i}},\theta_{\mathrm{r}},\varphi_{\mathrm{r}}) = \frac{N}{(\xi-\xi_0)^2+\eta^2+\frac{1}{4}\sqrt{1-{\xi_0}^2}+\rho_2^2\cdot\sqrt{1-\xi^2-\eta^2}} \tag{3.64}$$

式中，k_{b}、k_{r}、k_{d}、a、b、ρ_1、ρ_2 为待定参数，可以通过实验数据拟合求得；ξ 为方向余弦。该模型考虑了表面的内部散射和后向散射。

此外，还有很多描述不同材料表面的 BRDF 模型。由于壁面的反射作用对系统的辐射分析十分重要，很有必要将 BRDF 模型引入辐射传热计算，从而对实际工况进行更为精确的辐射传热分析。

3.3.2 耦合 BRDF 壁面梯度折射率介质辐射传递求解

1. BRDF 模型的参数求解

Holland[32]首先提出了遗传算法(genetic algorithm，GA)的概念，它是一种基于达尔文自然选择的随机搜索技术，它模仿生物体在自然中的遗传和进化机理，反复将选择算子、交叉算子、变异算子等作用于种群，最终得到问题的最优解。在 Holland 的理论中，遗传算法隐含的计算了比种群数量更多的样本而并没有增大计算时间。遗传算法具有很好的鲁棒性和极强的搜索能力[33]，适用于解决复杂问题和非线性问题。本节将采用此算法对 Minnaert 模型的参数进行优化求解。

遗传算法的详细计算步骤包括[34, 35]：

(1) 编码：它是连接问题与算法的桥梁，首先选择合适的编码方式，Holland 遗传算法采用二进制编码将问题的参变量编码成对应的字串，然后连接成一定长度的串。

(2) 初始种群：随机生成解空间的 N 个初始个体作为初始种群，遗传算法将从这个种群出发，模拟进化过程。

(3) 适应度计算：一般根据目标函数定义适应度函数，用以反映个体对问题适应能力的强弱。

(4) 选择：按照一定的选择算子在这一种群中选择个体到下一代种群，适应度越强的个体被选择的概率越大。

(5) 交叉：此处通过使用交叉算子来实现，用以产生新的个体。

(6) 变异：这里使用变异算子实现，它能够改变算法的局部搜索能力并维持种群多样性。

(7) 更新种群：由上一代种群产生完整的新一代种群。

(8) 终止：反复进行步骤 (1) ～ (7) 直至收敛，得到最优解。

遗传算法收敛的评价函数为

$$E(x)=\frac{\sum_{\theta_\mathrm{i}}\sum_{\theta_\mathrm{r}} g_1(\theta_\mathrm{i})g_2(\theta_\mathrm{r})[f_\mathrm{r}(\theta_\mathrm{i},\varphi_\mathrm{i},\theta_\mathrm{r},\varphi_\mathrm{r})\cos\theta_\mathrm{r}-f_\mathrm{r}^0(\theta_\mathrm{i},\varphi_\mathrm{i},\theta_\mathrm{r},\varphi_\mathrm{r})\cos\theta_\mathrm{r}]^2}{\sum_{\theta_\mathrm{i}}\sum_{\theta_\mathrm{r}} g_1(\theta_i)g_2(\theta_\mathrm{r})[f_\mathrm{r}^0(\theta_\mathrm{i},\varphi_\mathrm{i},\theta_\mathrm{r},\varphi_\mathrm{r})\cos\theta_\mathrm{r}]^2} \tag{3.65}$$

式中，x 为模型参数的列向量；$f_\mathrm{r}(\theta_\mathrm{i},\varphi_\mathrm{i},\theta_\mathrm{r},\varphi_\mathrm{r})$ 和 $f_\mathrm{r}^0(\theta_\mathrm{i},\varphi_\mathrm{i},\theta_\mathrm{r},\varphi_\mathrm{r})$ 分别为计算和试验值；$g_1(\theta_\mathrm{i})$ 和 $g_2(\theta_\mathrm{i})$ 为调整误差的加权函数。

经过一个迭代过程就可以得到优化后的模型参数。考察漫射入射，则方向半球反射率可以由下式得到

$$\rho'(\boldsymbol{r},\theta_\mathrm{i},\varphi_\mathrm{i})=\int_{2\pi} f_\mathrm{r}(\theta_\mathrm{i},\varphi_\mathrm{i},\theta_\mathrm{r},\varphi_\mathrm{r})\cos\theta_\mathrm{r}\,\mathrm{d}\Omega_\mathrm{r} \tag{3.66}$$

基于基尔霍夫定律，相应的方向。半球吸收率和发射率为

$$\alpha'(\boldsymbol{r},\theta_\mathrm{i},\varphi_\mathrm{i})=1-\rho'(\boldsymbol{r},\theta_\mathrm{i},\varphi_\mathrm{i})=\varepsilon'(\boldsymbol{r},\pi-\theta_\mathrm{i},\pi+\varphi_\mathrm{i}) \tag{3.67}$$

2. DRESOR 法求解梯度折射率介质耦合 BRDF 表面的辐射传递

考察如图 3.18 所示的含 BRDF 表面的一维梯度折射率介质。将辐射传递系统离散为 N 个网格，每个网格的[0,π]方向上的离散为 M 个方向。左右两侧壁面分别为第 0 和第 N+1 个网格。如图所示，考察第 i 个网格在 θ 方向上的强度，则

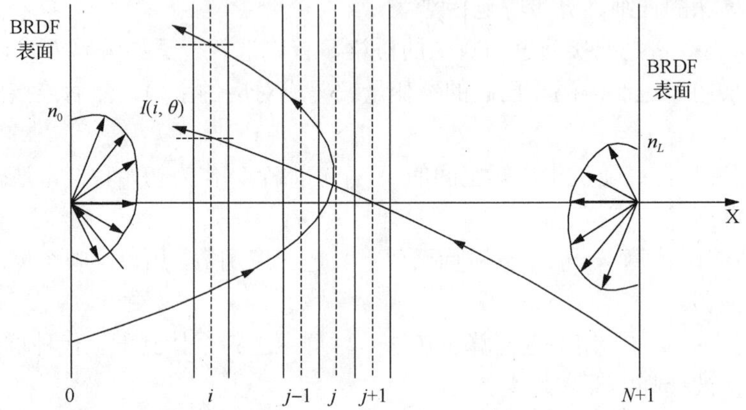

图 3.18 耦合 BRDF 表面的梯度折射率介质内 DRESOR 法求解模型（$n_{N+1}<n_0$）

$$\frac{I(i,\theta)}{n_i^2}=\frac{1}{n_w^2}\left(\frac{n_w^2}{\pi}\right)\left[\pi\varepsilon'(w,\theta')I_b(w)+\frac{1}{n_w^2}\pi\varepsilon(0)n_0^2I_b(0)R_d^s(0,w,\theta')+\frac{1}{n_w^2}\pi\varepsilon(L)n_L^2\right.$$
$$\left.\cdot I_b(L)R_d^s(L,w,\theta')+\Delta x\sum_{i=1}^{N}\frac{1}{n_w^2}4\pi\beta(1-\omega)n_i^2I_b(i)R_d^s(i,w,\theta')\right]\exp(-\tau_{w\to i})$$
$$+\frac{1}{4\pi\beta}\sum_{i_1}^{\text{沿路径}}\left[4\pi\beta(1-\omega)I_b(i_1)+\frac{1}{n_{i_1}^2}\pi\varepsilon(0)n_0^2I_b(0)R_d^s(0,i_1,\theta_{i_1})+\frac{1}{n_{i_1}^2}\pi\varepsilon(L)n_L^2I_b(L)\right.$$
$$\left.\cdot R_d^s(L,i_1,\theta_{i_1})+\Delta x\sum_{i=1}^{N}\frac{1}{n_{i_1}^2}4\pi\beta(1-\omega)n_i^2I_b(i)R_d^s(i,i_1,\theta_{i_1})\right]\left[\left|\exp(-\tau_{i_1\to i})-\exp(-\tau_{i_1-1\to i})\right|\right] \tag{3.68}$$

式中，τ 为光学厚度；ω 为散射反照率；$\Delta x=x_L/N$ 为每个网格的物理长度。

基于 Snell 定律和费马定理确定的弯曲能束传递路径，不难求出，能束传递的光学路径长度 τ。DRESOR 数的计算是基于路径长度法的能束追踪过程，前文中给出了详细的计算过程，这里不再赘述。但是，由于引入了 BRDF 表面，在计算过程中需要进行一些特殊的处理。

首先，确定 BRDF 表面上能束发射方向。与漫反射壁面不同，BRDF 表面上的随机发射方向为[5]

$$R_{\theta}=\frac{\int_{0}^{\theta}\varepsilon'(\boldsymbol{r})\cos\theta\sin\theta\,\mathrm{d}\theta}{\int_{0}^{\pi/2}\varepsilon'(\boldsymbol{r})\cos\theta\sin\theta\,\mathrm{d}\theta} \tag{3.69a}$$

$$R_{\varphi}=\frac{1}{\pi}\int_{0}^{\varphi}\int_{0}^{\pi/2}\frac{\varepsilon'(\boldsymbol{r})}{\varepsilon(\boldsymbol{r})}\cos\theta\sin\theta\,\mathrm{d}\theta\,\mathrm{d}\varphi \tag{3.69b}$$

式中，R_θ 和 R_φ 均为 0～1 之间的随机数。需要使用二分法计算式(3.69a)以得到 θ。

其次，修正被 BRDF 表面反射后能束方向，由 BRDF 表面以及随机数可以确定能束的反射方向为

$$R_{\theta_{\mathrm{r}}}=\frac{\int_{0}^{\theta_{\mathrm{r}}}f_{\mathrm{r}}(\theta_{\mathrm{i}},\varphi_{\mathrm{i}},\theta_{\mathrm{r}},\varphi_{\mathrm{r}})\cos\theta_{\mathrm{r}}\sin\theta_{\mathrm{r}}\,\mathrm{d}\theta_{\mathrm{r}}}{\int_{0}^{\pi/2}f_{\mathrm{r}}(\theta_{\mathrm{i}},\varphi_{\mathrm{i}},\theta_{\mathrm{r}},\varphi_{\mathrm{r}})\cos\theta_{\mathrm{r}}\sin\theta_{\mathrm{r}}\,\mathrm{d}\theta_{\mathrm{r}}} \tag{3.70a}$$

$$R_{\varphi_{\mathrm{r}}}=\frac{1}{\rho'(r)}\int_{0}^{\varphi_{\mathrm{r}}}\int_{0}^{\pi/2}f_{\mathrm{r}}(\theta_{\mathrm{i}},\varphi_{\mathrm{i}},\theta_{\mathrm{r}},\varphi_{\mathrm{r}})\cos\theta_{\mathrm{r}}\sin\theta_{\mathrm{r}}\,\mathrm{d}\theta_{\mathrm{r}}\,\mathrm{d}\varphi_{\mathrm{r}} \tag{3.70b}$$

最后一项改变是被 BRDF 表面反射后的 DRESOR 数以及能量的更新。基于 DRESOR 数的定义，在进行一些几何推导之后，DRESOR 数和能量的更新公式为

$$\Delta R_{\mathrm{d}}^{\mathrm{s}}(\boldsymbol{r},\boldsymbol{r}_{\mathrm{w}},\hat{\boldsymbol{s}})=C_0\frac{E_0}{N_0}\pi f_{\mathrm{r}}(\theta_{\mathrm{i}},\varphi_{\mathrm{i}},\theta_{\mathrm{r}},\varphi_{\mathrm{r}}) \tag{3.71a}$$

$$\Delta E_0=[1-\alpha_{\mathrm{r}}'(\theta_{\mathrm{i}},\varphi_{\mathrm{i}})]E_0 \tag{3.71b}$$

式中，C_0 为补偿系数；E_0 为能束的初始能量；N_0 为跟踪的总能束数。

3. RMC 法求解梯度折射率介质耦合 BRDF 表面的辐射传递

逆蒙特卡洛(reverse Monte Carlo，RMC)法作为一种追踪能束方向与 MCM 法相反的方法，它采用从计算点出发，逆向追踪能束，具有更直接并且避免耗费大量无效能束的优点，在计算有限个目标单元时比 MCM 法更有效。

假设 I_1 和 I_2 为辐射传递方程的两个不同解，则

$$\hat{\boldsymbol{s}}\cdot\nabla I_j(\boldsymbol{r},\hat{\boldsymbol{s}})=S_j(\boldsymbol{r},\hat{\boldsymbol{s}})-\beta(\boldsymbol{r})I_j(\boldsymbol{r},\hat{\boldsymbol{s}})+\frac{\sigma_{\mathrm{s}}}{4\pi}\int_{4\pi}I_j(\boldsymbol{r},\hat{\boldsymbol{s}}')\Phi(\boldsymbol{r},\hat{\boldsymbol{s}}',\hat{\boldsymbol{s}})\,\mathrm{d}\Omega_i,\quad j=1,2 \tag{3.72}$$

相应的边界条件为

$$I_j(\boldsymbol{r}_{\mathrm{w}},\hat{\boldsymbol{s}})=I_{\mathrm{w}}(\boldsymbol{r}_{\mathrm{w}},\hat{\boldsymbol{s}}),\quad j=1,2 \tag{3.73}$$

进行数学处理后可以得到能量传递过程中的互易性定理[36]为

$$
\begin{aligned}
&\int_A\int_{\boldsymbol{n}\cdot s>0}[I_{\mathrm{w}2}(\boldsymbol{r}_{\mathrm{w}},\hat{\boldsymbol{s}})I_1(\boldsymbol{r}_{\mathrm{w}},-\hat{\boldsymbol{s}})-I_{\mathrm{w}1}(\boldsymbol{r}_{\mathrm{w}},\hat{\boldsymbol{s}})I_2(\boldsymbol{r}_{\mathrm{w}},-\hat{\boldsymbol{s}})]\boldsymbol{n}\cdot\hat{\mathbf{s}}\,\mathrm{d}\Omega_{\mathrm{i}}\,\mathrm{d}A\\
&=\int_V\int_{4\pi}[I_2(\boldsymbol{r},-\hat{\boldsymbol{s}})S_1(\boldsymbol{r},\hat{\mathbf{s}})-I_1(\boldsymbol{r},\hat{\mathbf{s}})S_2(\boldsymbol{r},-\hat{\boldsymbol{s}})]\,\mathrm{d}\Omega_{\mathrm{i}}\,\mathrm{d}V
\end{aligned}
\tag{3.74}
$$

依据互易性定理，RMC 法可以用一个方向的相反方向上的辐射强度，计算该方向上的辐射强度。RMC 法求解梯度折射率介质内的辐射强度的积分形式为

$$
\begin{aligned}
\frac{I(\boldsymbol{r},-\hat{\boldsymbol{s}})}{n_r^2}&=\varepsilon(\boldsymbol{r}_{\mathrm{w}},-\hat{\boldsymbol{s}}')I_{\mathrm{b}}(\boldsymbol{r}_{\mathrm{w}})\exp\left(-\int_0^l\kappa\,\mathrm{d}l'\right)\\
&+\int_0^l\kappa I_{\mathrm{b}}(\boldsymbol{r}')\exp\left(-\int_0^{l'}\kappa\,\mathrm{d}l''\right)\mathrm{d}l'
\end{aligned}
\tag{3.75}
$$

考察如图 3.19 所示的含 BRDF 表面的一维梯度折射率介质。将辐射传递系统离散为 N 个网格，每个网格的$[0,\pi]$方向上离散为 M 个方向，左右两侧壁面分别为第 0 和第 N+1 个网格。如图所示，考察第 i 个网格在 θ 方向上的辐射强度，可以得到

$$
\begin{aligned}
\frac{I(i,-\theta)}{n_i^2}&=\varepsilon'(0,-\theta')I_{\mathrm{b}}(0)\exp(-\tau_{0\to i})+\varepsilon'(L,-\theta'')I_{\mathrm{b}}(L)\exp(-\tau_{L\to i})\\
&+\sum_{i_1}^{\text{沿路径}}I_{\mathrm{b}}(\boldsymbol{r}')[|\exp(-\tau_{i_1\to i})-\exp(-\tau_{i_1-1\to i})|]
\end{aligned}
\tag{3.76}
$$

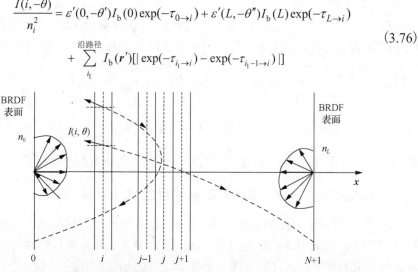

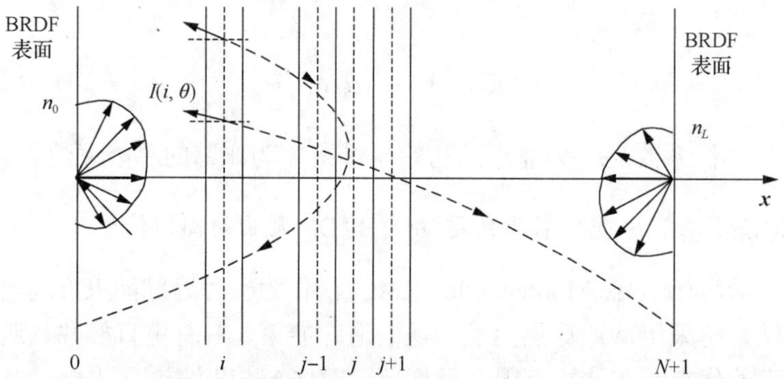

图 3.19　耦合 BRDF 表面的梯度折射率介质内 RMC 法求解模型($n_{N+1}<n_0$)

RMC 法的路径追踪过程可参见 Liu[37]的研究。

3.3.3　BRDF 表面对辐射传递的影响分析

1. 水泥板的 Minnaert 模型参数确定

选择一块水泥板作为 BRDF 表面，实验部分数据来自 Zhang 等[38]。在遗传算

法的计算过程中，种群数量、交叉概率、变异概率以及进化代数分别取 800、0.6、0.05 和 100。遗传算法得到的 Minnaer 模型参数为 ρ_0=0.4393 和 k=1.1160。

图 3.20 给出了 0°和 15°入射条件下 BRDF 的实验数据与模拟结果的对比。虽然使用了样条差分后局部误差有所增大，但是整体误差得到了控制。遗传算法的评估函数 E=0.11%，误差在可以接受的范围。相应地，与 Minnaert 模型具有相同漫反射系数的 Lambert 模型为 $f_r(\theta_i,\varphi_i,\theta_r,\varphi_r)$=0.4393/π。

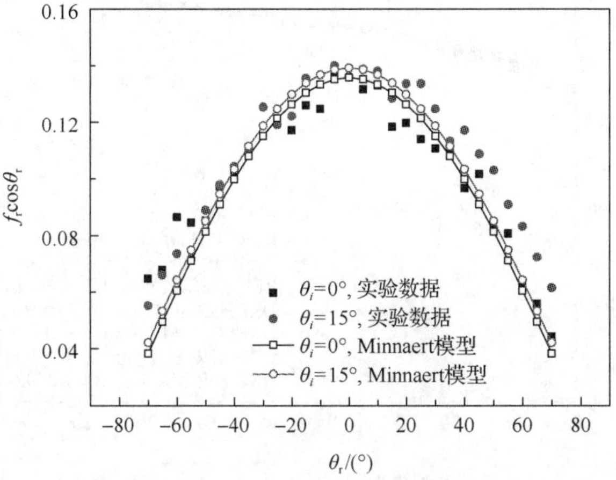

图 3.20　0°和 15°入射条件下 BRDF 的实验数据与模拟结果

2. 梯度折射率介质条件下 BRDF 表面与漫反射表面的比较

下面用 DRESOR 法和 RMC 法探讨不同梯度折射率介质分布条件下，BRDF 表面对辐射传输过程的影响，计算工况列于表 3.4 中。

表 3.4　计算工况说明

工况	介质折射率	壁面特性	介质其他特性	壁面其他特性
算例 1	$n(x)$=1.2+0.6(x/L)/ $n(x)$=1.8-0.6(x/L)/ $n(x)$=1.2+0.6sin($\pi x/L$)/ $n(x)$=1.8-0.6sin($\pi x/L$)	BRDF 壁面/ 漫反射壁面	各向同性散射 ω=0.5, τ=1.0	T_0=1000K, T_{N+1}=1500K
算例 2	$n(x)$=1.2+0.6(x/L)/ $n(x)$=1.8-0.6(x/L)/ $n(x)$=1.2+0.6sin($\pi x/L$)/ $n(x)$=1.8-0.6sin($\pi x/L$)	BRDF 壁面/ 漫反射壁面	各向同性散射 ω=0.9, τ=1.0	T_0=1000K, T_{N+1}=1500K
算例 3	$n(x)$=1.2+0.6(x/L)/ $n(x)$=1.8-0.6(x/L)/ $n(x)$=1.2+0.6sin($\pi x/L$)/ $n(x)$=1.8-0.6sin($\pi x/L$)	BRDF 壁面/ 漫反射壁面	各向同性散射 ω=0.5, τ=0.1	T_0=1000K, T_{N+1}=1500K

首先，考察算例 1，用这两种方法考察 4 种梯度折射率条件下 BRDF 表面的影响。图 3.21(a)和(b)为 BRDF 表面和相应的漫反射表面对应的辐射平衡时介质的温度分布结果。DRESOR 法预测的结果与 RMC 法得到的结果吻合很好，相对误差在±0.2%以内，这两种方法的相互验证，证明了结果的准确性。

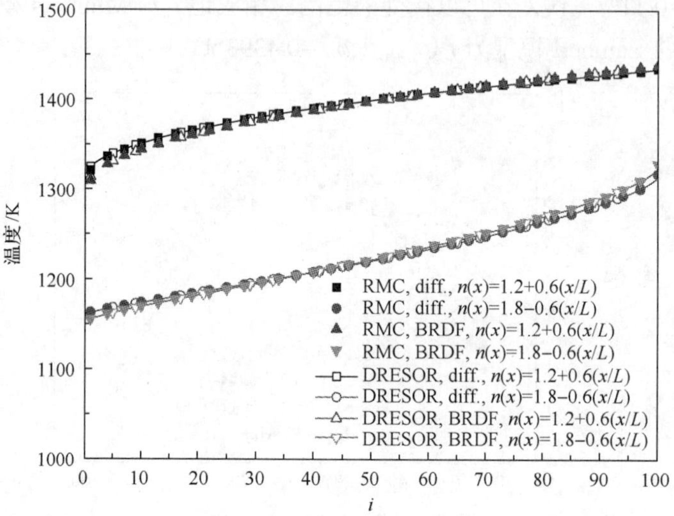

(a) 折射率为$n(x)=1.2+0.6(x/L)$和$n(x)=1.8-0.6(x/L)$

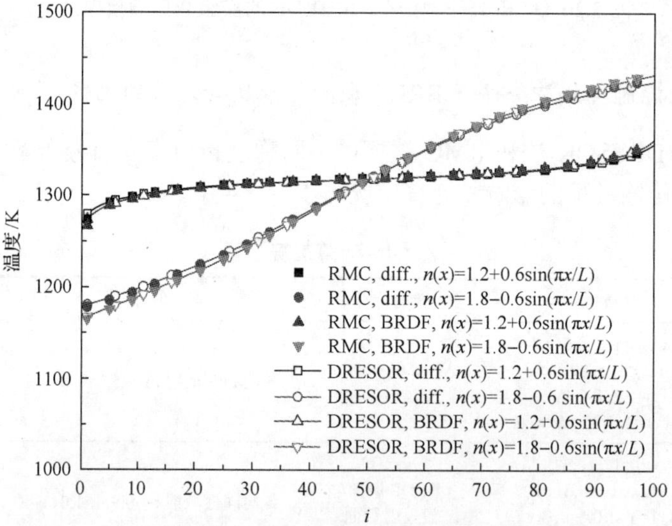

(b) 折射率为$n(x)=1.2+0.6\sin(\pi x/L)$和$n(x)=1.8-0.6\sin(\pi x/L)$

图 3.21　$\tau=1.0$, $\omega=0.5$ 条件下各向同性散射介质辐射平衡时温度分布

与相应的漫反射表面相比，BRDF 表面对温度分布有一定的影响：它降低了低温侧的介质温度而升高了高温侧的温度，导致介质两端的温差增大。这说明两

个 BRDF 表面对其相邻介质的影响要强于漫反射表面，并且越靠近表面，这种影响作用越大；BRDF 表面和漫反射表面之间最大的相对温差为±1.5%。4 种折射率分布条件下，$n(x)=1.2+0.6\sin(\pi x/L)$ 对应的 BRDF 表面与漫反射表面的温度差异最小，这是由于，该梯度折射率介质内能束可能在空间两个介质之间传播，而不会到达壁面，相对减小了壁面对介质的影响；其他折射率分布条件下这种差异变化不大。

图 3.22 给出了折射率分布为 $n(x) = 1.2+0.6(x/L)$ 条件下 BRDF 表面和漫反射表面对应的介质的辐射强度分布图。BRDF 的影响不是很明显，只是在两侧壁面附近位置可以观察到：低温侧（左侧）附近网格在 0°～90°方向上的辐射强度有所降低，而高温侧（右侧）附近网格在 90°～180°方向上的辐射强度有所增大。为了更清晰地说明这一现象，我们给出了折射率分布为 $n(x) = 1.2+0.6\sin(\pi x/L)$ 条件下两个网格的辐射强度分布 $I(1,\theta)$ 和 $I(100,\theta)$。如图 3.23 所示，相较于漫反射表面，温度较低的左侧 BRDF 表面会显著降低左侧网格正方向上的辐射强度；而温度较高的右侧 BRDF 表面则显著增大了右侧网格负方向上的辐射强度。随着角度逐渐靠近 90°，能束传递的距离变长，导致了 BRDF 的影响逐渐变弱，与漫反射表面的差别减小。

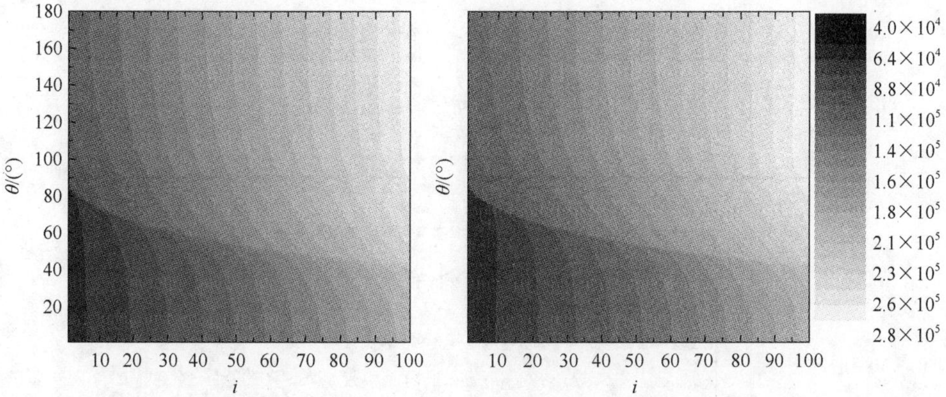

(a) 漫反射表面　　(b) BRDF表面

图 3.22　$n(x)=1.2+0.6(x/L)$ 条件下介质的辐射强度分布

然而，BRDF 表面对辐射平衡状态下的热流影响显著。如图 3.24 所示，在各种梯度折射率分布条件下，与漫反射表面相比，BRDF 表面使得热流产生了 4.8%～9.5%的增幅。这意味着，在实际传热分析过程中，漫反射假设可能对辐射热流的计算产生较大的误差甚至错误。

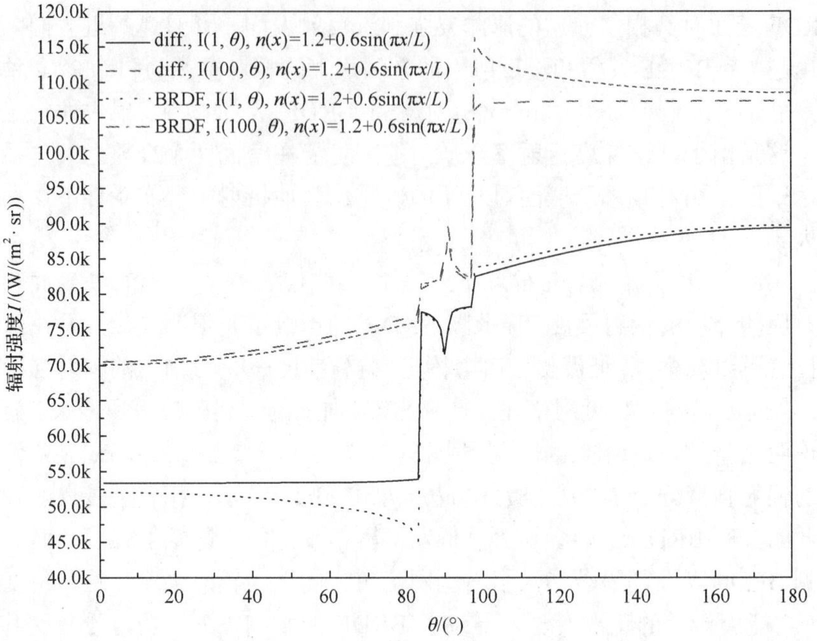

图 3.23 $n(x) = 1.2+0.6\sin(\pi x/L)$ 条件下两个网格的辐射强度分布 $I(1,\theta)$ 和 $I(100,\theta)$

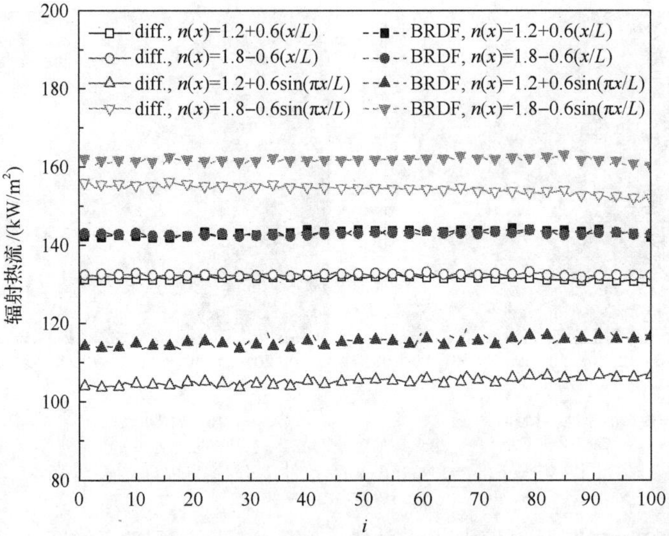

图 3.24 τ=1.0, ω=0.5 条件下各向同性散射介质辐射平衡时热流分布

随后，我们考察一个较大的各向同性散射反照率 ω =0.9 条件下 BRDF 表面与漫反射表面的结果对比。算例 2 条件下，辐射平衡时介质的温度和热流分布如图 3.25 和 3.26 所示。与漫反射表面相比，BRDF 表面产生的相对温差为±1.2%，

以及 3.5%～9.0%的热流增大。与算例 1 的结果相比，这说明随着各向同性散射反照率的增大，BRDF 的影响稍有减弱。我们知道，各向同性散射条件下，散射反照率的变化对漫反射表面对应介质内的辐射传输无影响。因此，散射反照率的变化在 BRDF 表面对应介质内还是产生影响，这就体现了实际表面对辐射传输影响的复杂性。

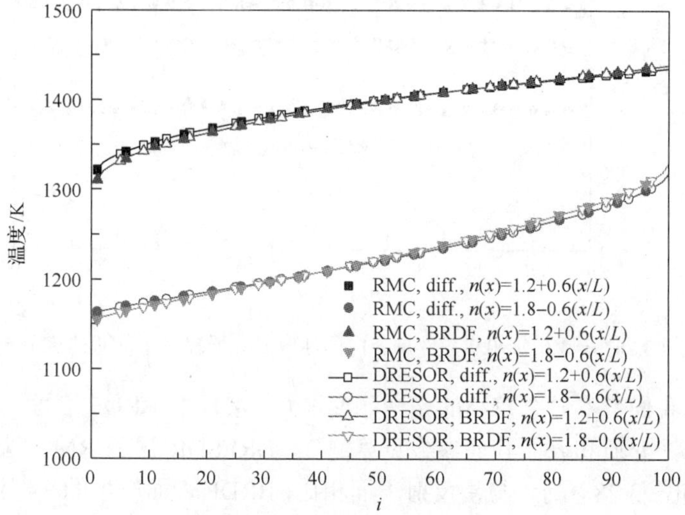

(a) 折射率为$n(x)=1.2+0.6(x/L)$和$n(x)=1.8-0.6(x/L)$

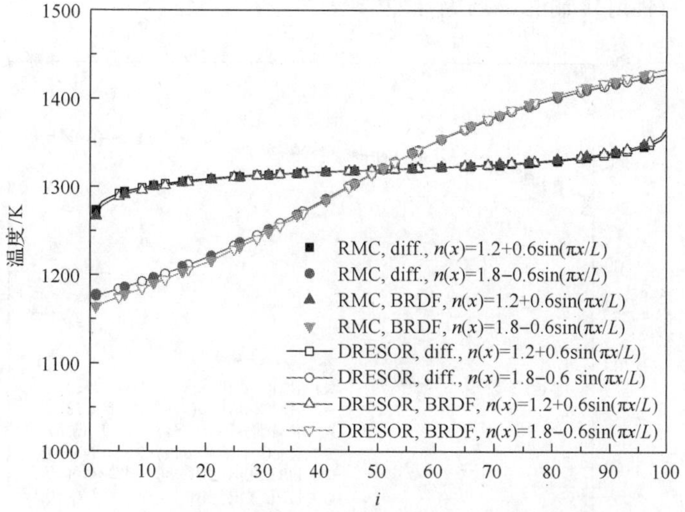

(b) 折射率为$n(x)=1.2+0.6\sin(\pi x/L)$和$n(x)=1.8-0.6\sin(\pi x/L)$

图 3.25　$\tau=1.0$, $\omega=0.9$ 条件下各向同性散射介质辐射平衡时温度分布

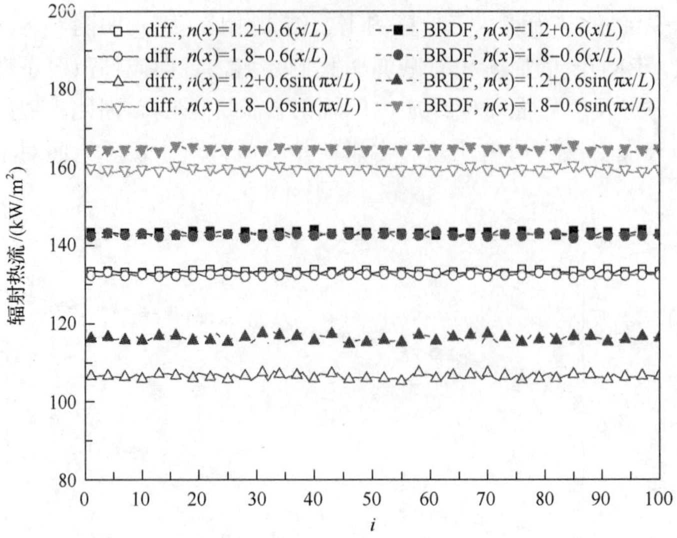

图 3.26　τ=1.0, ω=0.9 条件下各向同性散射介质辐射平衡时热流分布

最后，我们考察一个较小的光学厚度 τ=0.1 条件下 BRDF 表面与漫反射表面的结果对比，介质和表面其他参数见算例 3。DRESOR 法和 RMC 法预测的结果如图 3.27 和图 3.28 所示。与漫反射表面相比，BRDF 表面产生的相对温差为±2%，热流产生了 5.5%～12%的增大。对比算例 1 可以发现，在较小的光学厚度条件下，BRDF 表面对辐射传输的影响更强烈一些。

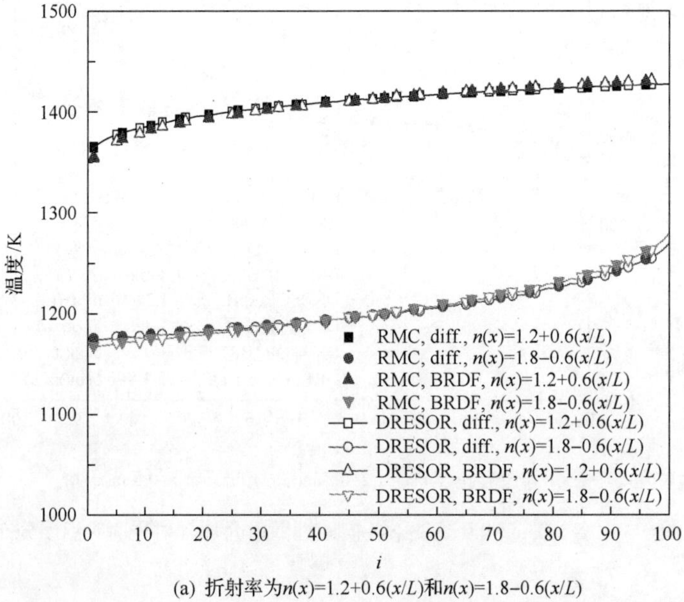

(a) 折射率为$n(x)$=1.2+0.6(x/L)和$n(x)$=1.8−0.6(x/L)

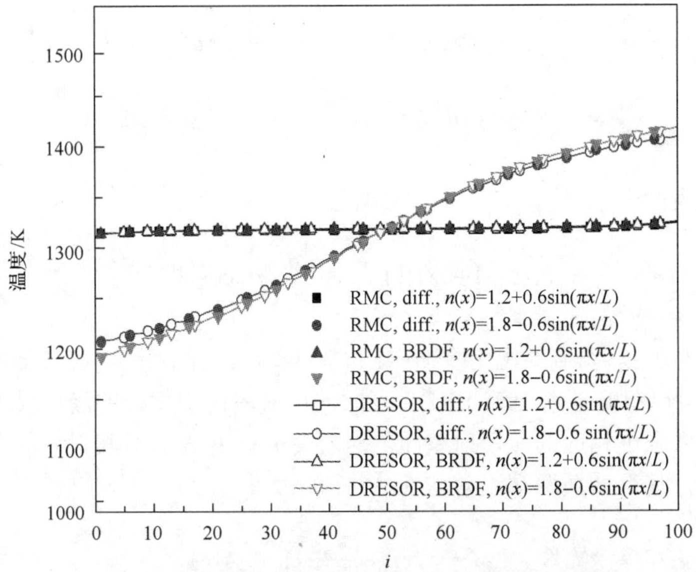

(b) 折射率为$n(x)=1.2+0.6\sin(\pi x/L)$和$n(x)=1.8-0.6\sin(\pi x/L)$

图 3.27　$\tau=0.1, \omega=0.5$ 条件下各向同性散射介质辐射平衡时温度分布

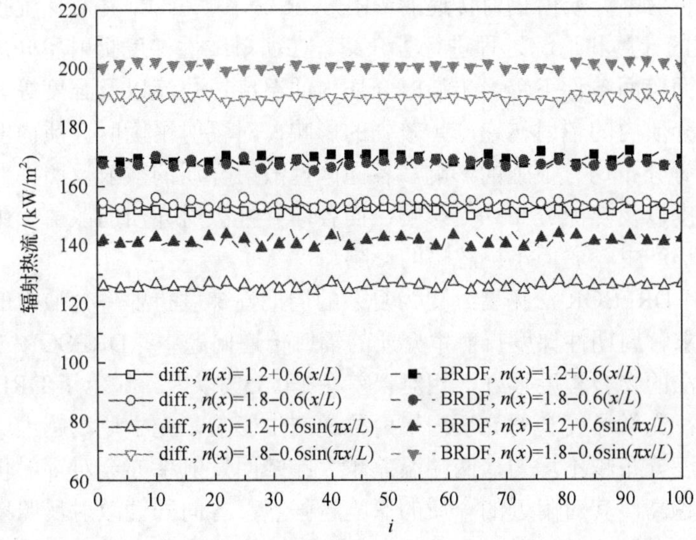

图 3.28　$\tau=0.1, \omega=0.5$ 条件下各向同性散射介质辐射平衡时热流分布

对于本例中水泥板表面的 Minnaert 模型，$f_r(\theta_i,\theta_r)=\rho_0(\cos\theta_i\cos\theta_r)^{k-1}/\pi$，基于灰性和基尔霍夫近似，可以得到某一方向 θ_i 上的半球方向反射率为

$$\begin{aligned}\rho'(\theta_{\rm i}) &= \int_{2\pi} f_{\rm r}(\theta_{\rm i},\theta_{\rm r})\cos\theta_{\rm r}\,{\rm d}\Omega_{\rm r} = \int_{2\pi}\frac{\rho_0}{\pi}\cos{\theta_{\rm i}}^{k-1}\cos{\theta_{\rm r}}^{k}\,{\rm d}\Omega_{\rm r} \\ &= \frac{2}{k+1}\rho_0\cos{\theta_{\rm i}}^{k-1}\end{aligned} \tag{3.77}$$

相应的表面半球发射率为

$$\varepsilon'(\theta_{\rm i})=1-\rho'(\theta_{\rm i})=1-\frac{2}{k+1}\rho_0\cos{\theta_{\rm i}}^{k-1} \tag{3.78}$$

代入遗传算法，得到的优化参数 k=1.116，可以发现，$\rho'(\theta_{\rm i})=0.945(\cos\theta_{\rm i})^{0.116}\rho_0<\rho_0$。因此，可以粗略地看出该 BRDF 表面的反射率弱于相应的漫反射表面，相应地，其发射要强于相应的漫反射表面，这就使 BRDF 表面对其附近的介质产生了更强的影响，使得介质两端温差增大、热流增大。

3.4 本 章 小 结

本章首先对梯度折射率介质内辐射传递的 DRESOR 法求解进行了详细推导，给出了梯度折射率介质内辐射传递的 DRESOR 法求解公式，并对梯度折射介质中 DRESOR 数的计算和追踪过程进行了介绍。在简单线性梯度折射率介质，分别计算了黑体壁面壁面条件下辐射平衡时介质内的温度、热流以及强度等分布。梯度折射率会对介质内的辐射传递产生较强的影响，对辐射平衡时介质内的温度、热流以及强度等分布均有很强的影响。各向同性散射介质的散射反照率对辐射平衡时介质的温度以及热流分布均无影响；而各向异性散射介质的散射相函数会对介质内辐射传递产生较弱但不可忽略的影响。

然后，将 DRESOR 法拓展到更为复杂的周期性梯度折射率介质内的辐射传热计算中。在求解周期性梯度折射率介质的辐射传递问题中，DRESOR 法预测的结果与其他算法的吻合程度很好，相对误差在±0.35%以内，显示了 DRESOR 法求解的准确性；光学厚度会对介质内辐射传递产生影响，光学厚度越大，辐射平衡时介质的温度分布越不均匀，两端温差越大；壁面发射率亦会对辐射传递产生影响，发射率越高，其对附近的介质的影响越强烈；各向同性散射反照率对辐射传递无影响而各向异性散射反照率和相函数对介质的温度分布影响较弱。

传统的辐射分析过程中进行的表面漫反射或镜反射假设虽然简化了计算但是给出的信息有限，无法完全表征一个实际表面的辐射特性。本章将更接近实际表面辐射特性的 BRDF 表面引入辐射传递问题之中，使用 Minnaert 模型模拟了一块水泥板的 BRDF 表面并用遗传算法优化得到了模型的参数，并将 DRESOR 法和 RMC 法拓展到一维耦合 BRDF 表面的梯度折射率介质内辐射传热分析求解中；分析了不同梯度折射率分布条件下辐射平衡时介质的温度分布和热流分布。两种方法得到结果吻合得很好，这说明了计算的准确性。此外，本章还探讨了不同光学厚度、不同散射反照率条件下 BRDF 表面的影响。与相应的漫反射表面相比，BRDF 表面条件下产生了±2%左右的相对温差，并且使得介质两端温差增大，同时使辐射热流产生 3.5%～12%的增大。这说明 BRDF 表面对介质内辐射传递过程的影响更强。在实际辐射分析中，忽略了这种影响将可能带来严重的误差甚至错误。此外，这种影响作用随着光学厚度的减小而得到增强，但是与各向同性散射反照率关系不大。

参考文献

[1] 刘林华. 梯度折射率介质内热辐射传递的数值模拟[M]. 北京：科学出版社, 2006.

[2] Fumeron S, Asllanaj F. On the foundations of thermal radiation inside refractive media[J]. Journal of Quantitative Spectroscopy and Radiative Transfer, 2009, 110(12): 1005-1012.

[3] Mihalas D, Mihalas B W. Foundations of Radiation Hydrodynamics[M]. New York: Courier Corporation, 2013.

[4] 乔亚天. 梯度折射率光学[M]. 北京：科学出版社, 1991.

[5] Modest M F. Radiative Heat Transfer[M]. 3rd Edition. San Diego: Academic Press, 2013.

[6] Liu L H. Discrete curved ray-tracing method for radiative transfer in an absorbing–emitting semitransparent slab with variable spatial refractive index[J]. Journal of Quantitative Spectroscopy and Radiative Transfer, 2004, 83(2): 223-228.

[7] Sun Y S, Li B W. Chebyshev collocation spectral method for one-dimensional radiative heat transfer in graded index media[J]. International Journal of Thermal Sciences, 2009, 48(4): 691-698.

[8] 黄勇. 梯度折射率半透明介质内热辐射传递研究[D]. 哈尔滨：哈尔滨工业大学, 2002.

[9] Abdallah P B, Le Dez V. Thermal emission of a semi-transparent slab with variable spatial refractive index[J]. Journal of Quantitative Spectroscopy and Radiative Transfer, 2000, 67(3): 185-198.

[10] Abdallah P B, Charette A, Le Dez V. Influence of a spatial variation of the thermo-optical constants on the radiative transfer inside an absorbing–emitting semi-transparent sphere[J]. Journal of Quantitative Spectroscopy and Radiative Transfer, 2001, 70(3): 341-365.

[11] Liu L H. Discrete curved ray-tracing method for radiative transfer in an absorbing–emitting semitransparent slab with variable spatial refractive index[J]. Journal of Quantitative Spectroscopy and Radiative Transfer, 2004, 83(2): 223-228.

[12] Lee H J, Chen Y B, Zhang Z M. Directional radiative properties of anisotropic rough silicon and gold surfaces[J]. International Journal of Heat and Mass Transfer, 2006, 49(23-24): 4482-4495.

[13] Yi H L, Tan H P, Lu Y P. Effect of reflecting modes on combined heat transfer within an anisotropic scattering slab[J]. Journal of Quantitative Spectroscopy and Radiative Transfer, 2005, 95(1): 1-20.

[14] Burnell J G, Nicholas J V, White D R. Scattering model for rough oxidized metal surfaces applicable to radiation thermometry of reformer furnaces[J]. Optical Engineering, 1995, 34(6): 1749-1756.

[15] Nicodemus F E. Reflectance nomenclature and directional reflectance and emissivity[J]. Applied Optics, 1970, 9(6): 1474-1475.

[16] Leroy M, Hautecoeur O. Anisotropy-corrected vegetation indexes derived from POLDER/ADEOS[J]. IEEE Transactions on Geoscience and Remote Sensing, 1999, 37(3): 1698-1708.

[17] Early E A, Barnes P Y, Johnson B C, et al. Bidirectional reflectance round-robin in support of the Earth observing system program[J]. Journal of Atmospheric and Oceanic Technology, 2000, 17(8): 1077-1091.

[18] Nayar S K, Ikeuchi K, Kanade T. Surface reflection: physical and geometrical perspectives[J]. IEEE Transactions on Pattern Analysis & Machine Intelligence, 1991 13(7): 611-634.

[19] Noe N, Peroche B. Hierarchical Reconstruction of BRDFs using Locally Supported Functions[J]. Computer Graphics Forum, 2000, 19(2): 173-184.

[20] Torrance K E, Sparrow E M. Theory for off-specular reflection from roughened surfaces[J]. Journal of the Optical Society of America, 1967, 57(9): 1105-1114.

[21] Minnaert M. The reciprocity principle in lunar photometry[J]. The Astrophysical Journal, 1941, 93(3): 403-410.

[22] Phong B T. Illumination for computer generated pictures[J]. Communications of the ACM, 1975, 18(6): 311-317.

[23] Thomas M E, Blodgett D W, Hahn D V. Analysis and representation of BSDF and BRDF measurements[C]//Optical Diagnostic Methods for Inorganic Materials III. International Society for Optics and Photonics, 2003, 5192: 158-168.

[24] Renhorn I G E, Boreman G D. Analytical fitting model for rough-surface BRDF[J]. Optics Express, 2008, 16(17): 12892-12898.

[25] Ward G J. Measuring and modeling anisotropic reflection[J]. Computer Graphics, 1992, 26(2): 265-272.

[26] 吴振森, 谢东辉, 谢品华, 等. 粗糙表面激光散射统计建模的遗传算法[J]. 光学学报, 2002, 22(8): 897-901.

[27] 杨玉峰, 吴振森, 曹运华. 一种实用型粗糙面六参数双向反射分布函数模型[J]. 光学学报, 2011, 32(2): 313-318.

[28] Bai L, Wu Z, Zou X, et al. Seven-parameter statistical model for BRDF in the UV band[J]. Optics Express, 2012, 20(11): 12085-12094.

[29] Holland J H. Adaptation in Natural and Artificial Systems: An Introductory Analysis with Applications to Biology, Control, and Artificial Intelligence[M]. Michigan: University of Michigan, 1975.

[30] 赵忠义. 温度对材料双向反射分布函数影响的理论及实验研究[D]. 哈尔滨: 哈尔滨工业大学, 2007.

[31] 周明, 孙树栋. 遗传算法原理及应用[M]. 北京: 国防工业出版社, 1999.

[32] Jones A, Rabelo L C, Sharawi A T. Survey of job shop scheduling techniques[M]//Wiley Encyclopedia of Electrical and Electronics Engineering, New York: John Wiley & Sons, Inc., 1999.

[33] Modest M F. Backward Monte Carlo simulations in radiative heat transfer[J]. Journal of heat transfer, 2003, 125(1): 57-62.

[34] Liu L H. Apparent emissivity of an absorbing-emitting-scattering semitransparent slab with variable spatial refractive index[J]. Heat and Mass Transfer, 2004, 40(11): 877-880.

[35] Zhang H, Wu Z, Cao Y, et al. Measurement and statistical modeling of BRDF of various samples[J]. Optica Applicata, 2010, 40(1): 197-208.

第 4 章　迭代 DRESOR 法

前面的介绍表明，DRESOR 法能够高效地计算得到高方向分辨率的辐射强度，通过与文献中的计算结果比较，以及把计算得到的辐射强度代入到积分形式的辐射传递方程进行检验，都表明 DRESOR 法计算结果具有较好的精度，能够满足实际应用的需要。但是，在一些研究领域，为了得到更为精确的计算结果，该方法往往受到蒙特卡洛方法特点限制，需要利用大量的能束跟踪来实现提高计算精度，这样就需要大量的计算时间。

迭代方法是一种有效的提高计算精度的方法，该方法在一些文献中得到了应用。Ozisik[1]通过将一维辐射传递方程进行变形，然后利用迭代方法进行求解。文献[2]中也用到了迭代方法，但是当散射系数较大时，结果难以收敛。Sutton 和 Ozisik[3]利用一阶球形谐波法计算得到初值，然后将得到的初值代入变形后的辐射传递方程进行迭代，提高了计算精度和稳定性，但是，文中主要针对的是无量纲的辐射热流计算结果，而且收敛准则是通过判断两次源项计算结果的误差，这种辐射强度积分量的收敛并不能保证辐射强度计算结果也已经收敛。

另外，在实际的应用过程中，不同反射特性表面对辐射传递过程具有不同的影响，对于一些应用领域的表面不能简单视为漫反射边界[4]，例如，飞行器燃烧室的陶瓷表面等，需要考虑不同的表面反射特性变化对辐射传递过程的影响。Machali[5,6]利用一种积分方法讨论了一维平行平板介质中不同壁面反射特性对辐射传递过程影响。Maruyama[7]利用辐射元法讨论了镜反射和漫反射边界情况，同时考虑了平行入射和漫入射的不同条件。对于一维平行平板各向异性纯散射介质，边界为发射、吸收和镜–漫反射情况，Machali[5]和 Tan 等[8]计算结果具有明显差异，需要有进一步的计算来说明这个问题。

4.1　迭代 DRESOR 法介绍

4.1.1　迭代 DRESOR 法计算过程

迭代 DRESOR 法的基本思想是，把 DRESOR 法计算得到的高方向分辨率的辐射强度作为辐射传递方程的初始解，代入到积分形式的辐射传递方程进行迭代计算，直到所有节点在所有方向上的辐射强度收敛误差小于某一特定值。DRESOR 法的计算方法在第 2 章中已经介绍，本章中不再赘述。

积分形式的辐射传递方程为

$$I(\boldsymbol{r},\hat{\boldsymbol{s}})=I_{\mathrm{w}}(\boldsymbol{r}_{\mathrm{w}},\hat{\boldsymbol{s}})\exp\left(-\int_0^s\beta\,\mathrm{d}s''\right)+\int_0^s S(\boldsymbol{r}',\hat{\boldsymbol{s}})\exp\left(-\int_0^{s'}\beta\,\mathrm{d}s''\right)\beta\,\mathrm{d}s' \tag{4.1}$$

其边界条件和源函数表达式别为

$$I_{\mathrm{w}}(\boldsymbol{r}_{\mathrm{w}},\hat{\boldsymbol{s}})=\varepsilon(\boldsymbol{r}_{\mathrm{w}})I_{\mathrm{b}}(\boldsymbol{r}_{\mathrm{w}})+\int_{\hat{\boldsymbol{n}}\cdot\hat{\boldsymbol{s}}'<0}\rho(\boldsymbol{r}_{\mathrm{w}},\hat{\boldsymbol{s}}',\hat{\boldsymbol{s}})I(\boldsymbol{r}_{\mathrm{w}},\hat{\boldsymbol{s}}')\left|\hat{\boldsymbol{n}}\cdot\hat{\boldsymbol{s}}'\right|\mathrm{d}\Omega' \tag{4.2}$$

$$S(\boldsymbol{r}',\hat{\boldsymbol{s}})=(1-\omega)I_{\mathrm{b}}(\boldsymbol{r}')+\frac{\omega}{4\pi}\int_{4\pi}I(\boldsymbol{r}',\hat{\boldsymbol{s}}_{\mathrm{i}})\Phi(\hat{\boldsymbol{s}}_{\mathrm{i}},\hat{\boldsymbol{s}})\,\mathrm{d}\Omega_{\mathrm{i}} \tag{4.3}$$

DRESOR 法计算得到的辐射强度结果用 $I^{(0)}(\boldsymbol{r},\hat{\boldsymbol{s}})$ 表示，将它分别代入到式(4.2)和式(4.3)中，可以得到更新的边界辐射强度和辐射源项，然后将更新的边界辐射强度和辐射源项代入到式(4.1)中，从而可以得到更新的辐射强度。

若 $I^{(n)}(\boldsymbol{r},\hat{\boldsymbol{s}})$ 是第 n 次迭代后得到的辐射强度计算结果，首先将其代入到式(4.2)和式(4.3)中，得到更新的边界辐射强度 $I_{\mathrm{w}}^{(n+1)}(\boldsymbol{r}_{\mathrm{w}},\hat{\boldsymbol{s}})$ 和辐射源项 $S^{(n+1)}(\boldsymbol{r},\hat{\boldsymbol{s}})$ 如下：

$$I_{\mathrm{w}}^{(n+1)}(\boldsymbol{r}_{\mathrm{w}},\hat{\boldsymbol{s}})=\varepsilon(\boldsymbol{r}_{\mathrm{w}})I_{\mathrm{b}}(\boldsymbol{r}_{\mathrm{w}})+\int_{\hat{\boldsymbol{n}}\cdot\hat{\boldsymbol{s}}'<0}\rho(\boldsymbol{r}_{\mathrm{w}},\hat{\boldsymbol{s}}',\hat{\boldsymbol{s}})I^{(n)}(\boldsymbol{r}_{\mathrm{w}},\hat{\boldsymbol{s}}')\left|\hat{\boldsymbol{n}}\cdot\hat{\boldsymbol{s}}'\right|\mathrm{d}\Omega' \tag{4.4}$$

$$S^{(n+1)}(\boldsymbol{r}',\hat{\boldsymbol{s}})=(1-\omega)I_{\mathrm{b}}(\boldsymbol{r}')+\frac{\omega}{4\pi}\int_{4\pi}I^{(n)}(\boldsymbol{r}',\hat{\boldsymbol{s}}_{\mathrm{i}})\Phi(\hat{\boldsymbol{s}}_{\mathrm{i}},\hat{\boldsymbol{s}})\,\mathrm{d}\Omega_{\mathrm{i}} \tag{4.5}$$

然后，把更新的辐射强度 $I_{\mathrm{w}}^{(n+1)}(\boldsymbol{r}_{\mathrm{w}},\hat{\boldsymbol{s}})$ 和辐射源 $S^{(n+1)}(\boldsymbol{r},\hat{\boldsymbol{s}})$ 代入到式(4.1)的右边，可以得到更新的辐射强度 $I^{(n+1)}(\boldsymbol{r},\hat{\boldsymbol{s}})$

$$\begin{aligned}I^{(n+1)}(\boldsymbol{r},\hat{\boldsymbol{s}})=&I_{\mathrm{w}}^{(n+1)}(\boldsymbol{r}_{\mathrm{w}},\hat{\boldsymbol{s}})\exp\left(-\int_0^s\beta\,\mathrm{d}s''\right)\\&+\int_0^s S^{(n+1)}(\boldsymbol{r}',\hat{\boldsymbol{s}})\exp\left(-\int_0^{s'}\beta\,\mathrm{d}s''\right)\beta\,\mathrm{d}s'\end{aligned} \tag{4.6}$$

通过判断两次的最大迭代误差 $E_{\max}$(如下式所示)是否小于某一特定值(例如 10^{-6})来确定迭代是否终止：

$$E_{\max}=\max_{\boldsymbol{r},\hat{\boldsymbol{s}}}\left\{\left|I^{(n+1)}(\boldsymbol{r},\hat{\boldsymbol{s}})-I^{(n)}(\boldsymbol{r},\hat{\boldsymbol{s}})\right|\Big/I^{(n)}(\boldsymbol{r},\hat{\boldsymbol{s}})\right\}<1.0\times10^{-6} \tag{4.7}$$

当式(4.7)中条件满足后，说明计算结果已经收敛。这时候得到的高方向分辨率的辐射强度结果误差小于 10^{-6}，可视为辐射传递方程的数值精确解。

4.1.2　镜反射边界处理

能束跟踪过程中，对于镜反射边界，投射能束被反射后只会在特定反射方向(反射角等于入射角)进行传播，而不是像漫反射那样，可能被反射在半球立体角的任意方向。同时，两种不同的反射特性表面，能束到达壁面被反射的能量记录方式也有不同，由于镜反射在半球方向内的反射能量分布不均一，需要记录反射能量在所有方向的反射分布，这决定了能束跟踪过程需要对镜反射边界进行特殊处理。

对于镜反射壁面，在计算被壁面反射的 DRESOR 数 $R_{\mathrm{d}}^{\mathrm{s}}(\boldsymbol{r},\boldsymbol{r}_{\mathrm{w}},\hat{\boldsymbol{s}}_{\mathrm{i}})$ 之前，先计算中间量 $R_{\mathrm{d}}^{\mathrm{i}}(\boldsymbol{r},\boldsymbol{r}_{\mathrm{w}},\hat{\boldsymbol{s}}_{\mathrm{i}})$，该量表示的是 $\boldsymbol{r}$ 处壁面单元或体积单元发出的能量，在从 $\hat{\boldsymbol{s}}_{\mathrm{i}}$ 离散立体角方向投射到 $\boldsymbol{r}_{\mathrm{w}}$ 处单位面积壁面单元的能量占 $\boldsymbol{r}$ 处壁面单元或体积单元发出的总能量的比例。在开始计算之前，赋值为零。假设跟踪的总能束数为 N_1，每个能束的初始能量 E_0=1.0，随着跟踪过程的进行能束所携带的能量逐渐减小，同时，中间量 $R_{\mathrm{d}}^{\mathrm{i}}(\boldsymbol{r},\boldsymbol{r}_{\mathrm{w}},\hat{\boldsymbol{s}}_{\mathrm{i}})$ 通过下式不断进行更新：

$$R_{\mathrm{d,new}}^{\mathrm{i}}(\boldsymbol{r},\boldsymbol{r}_{\mathrm{w}},\hat{\boldsymbol{s}}_{\mathrm{i}})=R_{\mathrm{d,old}}^{\mathrm{i}}(\boldsymbol{r},\boldsymbol{r}_{\mathrm{w}},\hat{\boldsymbol{s}}_{\mathrm{i}})+\frac{E_0(\hat{\boldsymbol{s}}_{\mathrm{i}})}{N_1} \tag{4.8}$$

式中，$E_0(\hat{\boldsymbol{s}}_{\mathrm{i}})$ 从 $\hat{\boldsymbol{s}}_{\mathrm{i}}$ 投射到壁面单元的能量所携带的剩余能量。当完成所有的能束跟踪后，可以得到所有壁面单元在所有投射方向上的中间量 $R_{\mathrm{d}}^{\mathrm{i}}(\boldsymbol{r},\boldsymbol{r}_{\mathrm{w}},\hat{\boldsymbol{s}}_{\mathrm{i}})$。对于镜面反射边界，DRESOR 数可以通过中间量 $R_{\mathrm{d}}^{\mathrm{i}}(\boldsymbol{r},\boldsymbol{r}_{\mathrm{w}},\hat{\boldsymbol{s}}_{\mathrm{i}})$ 计算：

$$R_{\mathrm{d}}^{\mathrm{s}}(\boldsymbol{r},\boldsymbol{r}_{\mathrm{w}},\hat{\boldsymbol{s}}_j)=\rho_{r_{\mathrm{w}}}^{\mathrm{s}}\cdot R_{\mathrm{d}}^{\mathrm{i}}(\boldsymbol{r},\boldsymbol{r}_{\mathrm{w}},\hat{\boldsymbol{s}}_{M_0-j+1})\cdot\pi/(\mathrm{d}\Omega\cdot\cos\theta_j) \tag{4.9}$$

式中，$\mathrm{d}\Omega$是 j 角度离散单元的立体角。由于本章中研究对象是一维平行平板系统，所以壁面单元被视为单位面积，而且角度离散也只是考虑辐射强度在极角方向上的变化。对于二维或者三维系统，上式需要作适当的变化。为了显示漫反射壁面 DRESOR 数计算的不同，下面给出利用中间量 $R_{\mathrm{d}}^{\mathrm{s}}(\boldsymbol{r},\boldsymbol{r}_{\mathrm{w}},\hat{\boldsymbol{s}}_j)$ 来计算漫反射边界壁面 DRESOR 数的表达式：

$$R_{\mathrm{d}}^{\mathrm{s}}(\boldsymbol{r},\boldsymbol{r}_{\mathrm{w}},\hat{\boldsymbol{s}}_j)=\sum_{i=1}^{M_0}\rho_{r_{\mathrm{w}}}^{\mathrm{d}}\cdot R_{\mathrm{d}}^{\mathrm{i}}(\boldsymbol{r},\boldsymbol{r}_{\mathrm{w}},\hat{\boldsymbol{s}}_{\mathrm{i}}) \tag{4.10}$$

4.2 迭代 DRESOR 法求解黑体边界问题

本节中讨论的算例如图 4.1 所示，边界为发射率ε=1.0 的黑体边界，两壁面的温度分别为 T_1=1000K 和 T_2=0；介质为纯散射介质，散射相函数 $\Phi(\theta)=1+\omega_1P_1(\cos\theta)+\omega_2P_2(\cos\theta)$。考虑 4 种不同的散射相函数($\Phi_0,\omega_1=0$，$\omega_2=0$；$\Phi_1,\omega_1=0$，$\omega_2=0.5$；$\Phi_2,\omega_1=1.0$，$\omega_2=0.5$；$\Phi_3,\omega_1=1.5$，$\omega_2=0.5$)，以及不同的光学厚度$\tau_0$下反射热流 $\tilde{q}=1-q(0)/(\sigma T_1^4)$ 的计算结果，通过与文献中[9,10]的精确解比较来验证迭代 DRESOR 法的精度。

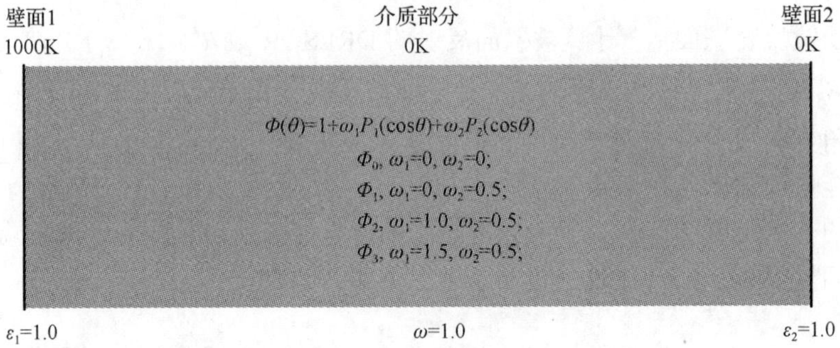

图 4.1 计算算例示意图

在计算过程中，介质被均匀离散为 N_0 个体积单元，[0, π]的角度空间均匀离散成 M_0 个角度单元。随着介质光学厚度的增加，为了保证数值计算的准确性，介质离散单元也要随着增加。

表 4.1 显示的是不同的光学厚度下 DRESOR 法和迭代 DRESOR 法计算时间比较。其中，DRESOR 法计算过程中采用的能束数为 100000。所有计算都是在 Pentium IV、主频为 3.0 GHz 的个人电脑上完成的。从表中看出，迭代 DRESOR 法与 DRESOR 法相比，增加的时间并不是很多，尤其是当光学厚度较小时候，增加的时间很少。随着光学厚度的增加，迭代的次数增加，计算时间也就迅速增加。图 4.2 表示的是散射相函数为Φ_1 时辐射强度最大误差 $E_{\max}$ 随着迭代次数的变化图。几次迭代以后，$E_{\max}$ 随着迭代次数基本是指数递减趋势。而在前几次的迭代过程中 $E_{\max}$ 随着迭代次数增加而减小的速度更加迅速。表 4.1 显示，光学厚度为 10.0 时，迭代 DRESOR 法中迭代部分(也就是计算时间增加部分)的计算时间为 3421s，差不多是同算例下 DRESOR 法计算时间(453s)的 7.5 倍。但是辐射强度的计算误差从原来的 1.0×10^{-2} 减小为 1.0×10^{-6}。如果辐射强度的计算精度要求的不是很高，例如，1.0×10^{-3} 是要求的计算误差，这样从图 4.2(b)可以看出，迭代次数只需要 12 次，迭代部分计算时间为 136s，要远小于 DRESOR 法本身

的计算时间。本节所讨论的算例都是针对的纯散射介质，当介质的散射率减小时，迭代的次数也会随之减小，从而由于迭代而增加的计算时间也会进一步大大缩短。

表 4.1　不同光学厚度下迭代 DRESOR 计算时间表(散射相函数 Φ_1)

τ_0	N_0	M_0	DRESOR 法计算 t/s	迭代 DRESOR 法	
				迭代次数	t/s
1	100	180	32	22	14
2	100	180	50	41	27
3	200	180	99	61	126
4	200	180	107	88	183
5	300	180	194	117	498
6	300	180	210	150	639
7	400	180	311	178	1291
8	400	180	326	226	1689
9	500	180	438	263	2903
10	500	180	453	309	3421

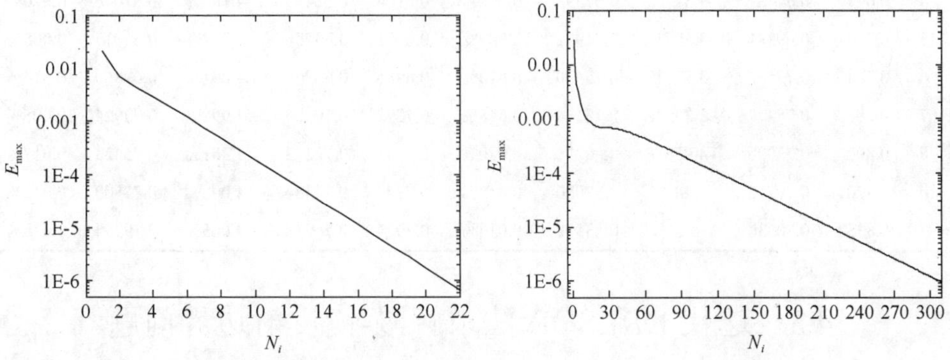

(a) τ_0=1.0　(b) τ_0=10.0

图 4.2　散射相函数为 Φ_1 时辐射强度最大误差随迭代次数变化图

表 4.2 中显示的是不同的光学厚度下 4 种散射相函数的反射热流计算结果。表中的精确解由 Busbridge 和 Orchard[9,10]计算得到。DRESOR 法及本章中讨论的迭代 DRESOR 法与精确解的误差如表中所示。从表中看出，迭代 DRESOR 法的计算精度大大改善。所有算例中的误差均小于 0.02%，这说明迭代 DRESOR 法具有非常好的精度。

表 4.2 不同光学厚度下反射热流计算结果

τ_0	Φ_0 (ω_1=0, ω_2=0)					Φ_1 (ω_1=0, ω_2=0.5)				
	Exact	DRESOR		迭代 DRESOR		Exact	DRESOR		迭代 DRESOR	
1	0.4466	0.43646	–2.270%	0.44659	–0.002%	0.4468	0.43639	–2.330%	0.44682	0.004%
2	0.6099	0.58316	–4.384%	0.60995	0.008%	0.6101	0.58686	–3.516%	0.61013	0.005%
3	0.6984	0.67332	–3.591%	0.69838	–0.003%	0.6985	0.68043	–2.587%	0.69851	0.001%
4	0.7540	0.72334	–4.066%	0.75408	0.011%	0.7541	0.72624	–3.694%	0.75417	0.009%
5	0.7923	0.76488	–3.461%	0.79241	0.014%	0.7924	0.76270	–3.748%	0.79247	0.009%
6	0.8203	0.78600	–4.181%	0.82041	0.013%	0.8204	0.78789	–3.963%	0.82046	0.007%
7	0.8417	0.80974	–3.797%	0.84177	0.008%	0.8417	0.81242	–3.479%	0.84180	0.012%
8	0.8585	0.82406	–4.012%	0.85859	0.010%	0.8585	0.82399	–4.020%	0.85862	0.014%
9	0.8721	0.83922	–3.770%	0.87219	0.010%	0.8721	0.84087	–3.581%	0.87221	0.013%
10	0.8833	0.84600	–4.223%	0.88341	0.012%	0.8833	0.85132	–3.621%	0.88343	0.015%

τ_0	Φ_2 (ω_1=1.0, ω_2=0.5)					Φ_3 (ω_1=1.5, ω_2=0.5)				
	Exact	DRESOR		迭代 DRESOR		Exact	DRESOR		迭代 DRESOR	
1	0.3580	0.34864	–2.615%	0.35803	0.008%	0.3020	0.29119	–3.579%	0.30202	0.007%
2	0.5157	0.49419	–4.171%	0.51572	0.004%	0.4490	0.42730	–4.833%	0.44900	0.000%
3	0.6104	0.58729	–3.786%	0.61039	–0.002%	0.5437	0.52314	–3.781%	0.54371	0.002%
4	0.6739	0.64481	–4.317%	0.67398	0.012%	0.6104	0.58484	–4.187%	0.61046	0.010%
5	0.7197	0.69381	–3.597%	0.71972	0.003%	0.6601	0.63236	–4.202%	0.66015	0.008%
6	0.7541	0.72562	–3.777%	0.75420	0.013%	0.6985	0.66860	–4.281%	0.69860	0.014%
7	0.7810	0.75477	–3.359%	0.78114	0.018%	0.7292	0.70005	–3.998%	0.72924	0.005%
8	0.8026	0.77006	–4.054%	0.80276	0.020%	0.7541	0.72242	–4.201%	0.75423	0.017%
9	0.8204	0.79215	–3.443%	0.82050	0.012%	0.7749	0.74384	–4.008%	0.77500	0.013%
10	0.8352	0.80330	–3.819	0.83532	0.014%	0.7924	0.76019	–4.065%	0.79254	0.018%

4.3 迭代 DRESOR 法求解漫-镜反射边界问题

本节讨论的算例如图 4.3 所示，介质为纯散射，散射相函数为线性各向异性散射($\Phi(\theta)=1+x\cos\theta$，$x=-1, 0, 1$)，其中，当 $x=0$ 时，介质为各向同性散射。壁面为漫发射表面，壁面 1 为镜反射表面，在不同的算例下具有不同的发射率，其镜反射率 ρ_1^{s} 为 $1-\varepsilon_1$，壁面 2 为漫反射表面，发射率ε_2 为 0.8，漫反射率 ρ_2^{d} 为 0.2，两壁面温度分别为 T_1=1000K，T_2=500K。在该算例中，对于各向同性散射介质，文献[5]中给出的结果是经过验证过的结果，而对于各向异性散射介质，结果没有得到验证，而且 Tan 等[8]的计算结果与其计算结果有明显出入，本节中将利用迭代 DRESOR 法计算结果对两文献中结果进行评价。

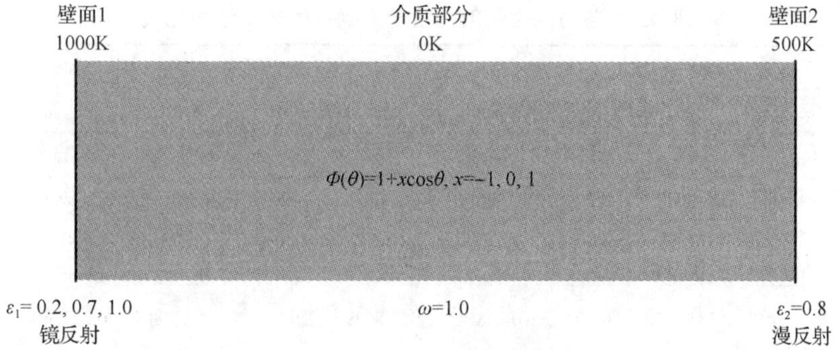

图 4.3　计算算例示意图

表 4.3 列出的是散射相函数 $\Phi(\theta)=1-\cos\theta$ 时，不同的光学厚度下 DRESOR 法和迭代 DRESOR 法迭代部分计算时间。从表中看出，当光学厚度较小(<1.0)时，迭代 DRESOR 法的时间增加部分几乎可以忽略不计，但是计算结果的精度却有大幅提高。

表 4.3　不同光学厚度下迭代 DRESOR 计算时间(散射相函数 $\Phi(\theta)=1-\cos\theta$)

τ_0	N_0	M_0	DRESOR 法计算时间/s			迭代 DRESOR 法					
						迭代次数			计算时间/s		
			$\varepsilon_1=0.2$	$\varepsilon_1=0.7$	$\varepsilon_1=1.0$	$\varepsilon_1=0.2$	$\varepsilon_1=0.7$	$\varepsilon_1=1.0$	$\varepsilon_1=0.2$	$\varepsilon_1=0.7$	$\varepsilon_1=1.0$
0.01	10	180	21	17	2	8	6	4	0.3	0.3	0.2
0.1	20	180	46	31	5	14	10	8	1	0.8	0.6
0.5	50	180	131	89	16	29	20	16	7	5	4
1.0	100	180	280	190	43	46	30	25	30	20	16
2.0	100	180	326	200	53	89	57	49	60	39	32
5.0	300	180	1081	678	270	233	153	139	1029	711	630

表 4.4 表示的是各向同性散射条件下不同方法计算得到的无量纲辐射热流 $\tilde{q}$(辐射热流除以 $2\varepsilon_1\sigma T_1^4$ 的结果)。从表中看出，各向同性散射介质条件下，迭代 DRESOR 法的计算结果和 Machali[5]的计算结果吻合很好，最大误差为 0.05%。

不同的各向异性散射相函数介质下，无量纲反射热流 $\tilde{q}$ 的计算结果如表 4.5 所示。3 种方法的计算结果分别为：Machali 在文献[5]中的计算结果、Tan 等在文献[8]中的计算结果以及本章中介绍的迭代 DRESOR 法的计算结果。从表中看出，当介质的光学厚度大于 1.0 时，Machali 的计算结果和 Tan 等的计算结果出现明显的偏差。本节中采用迭代 DRESOR 法辐射强度收敛误差设定为 1.0×10^{-6}，其计算结果与 Tan 等的计算结果吻合较好。所以当文献[5]中的方法用来求解大光学厚度的各向异性散射介质辐射传递问题时需要进一步的改进。

表 4.4　各向同性散射介质无量纲辐射热流结果比较

τ_0	ε_1=0.2			ε_1=0.7			ε_1=1.0		
	Machali	迭代 DRESOR		Machali	迭代 DRESOR		Machali	迭代 DRESOR	
	热流	热流	误差/%	热流	热流	误差/%	热流	热流	误差/%
0.01	0.44559	0.445607	0.004	0.39661	0.396620	0.003	0.37208	0.372087	0.001
0.1	0.43851	0.438524	0.003	0.37798	0.377987	0.002	0.34928	0.349286	0.002
0.5	0.41229	0.412300	0.002	0.31827	0.318273	0.001	0.28067	0.280674	0.001
1.0	0.38554	0.385547	0.002	0.26854	0.268539	0.000	0.22788	0.227880	0.000
2.0	0.34261	0.342593	–0.005	0.20591	0.205887	–0.011	0.16660	0.166584	–0.010
5.0	0.25772	0.257644	–0.029	0.12165	0.121600	–0.041	0.09254	0.092497	–0.046

表 4.5　各向异性散射介质无量纲辐射热流结果比较

τ_0	x=1.0								
	ε_1=0.2			ε_1=0.7			ε_1=1.0		
	Machali	Tan et al.	迭代 DRESOR	Machali	Tan et al.	迭代 DRESOR	Machali	Tan et al.	迭代 DRESOR
0.01	0.44580	0.445854	0.445818	0.39720	0.397343	0.397208	0.37282	0.372997	0.372826
0.1	0.44055	0.440978	0.440585	0.38335	0.384319	0.383397	0.35586	0.356935	0.355916
0.5	0.42084	0.422416	0.421571	0.33683	0.339727	0.338376	0.30168	0.304539	0.303382
1.0	0.39918	0.402770	0.402085	0.29299	0.299160	0.298464	0.25370	0.259759	0.259410
2.0	0.36008	0.369657	0.369615	0.22909	0.242866	0.243298	0.18888	0.201875	0.202588
5.0	0.27062	0.297461	0.298730	0.13191	0.155902	0.157344	0.10124	0.121452	0.122814
	x= –1.0								
	ε_1=0.2			ε_1=0.7			ε_1=1.0		
	Machali	Tan et al.	迭代 DRESOR	Machali	Tan et al.	迭代 DRESOR	Machali	Tan et al.	迭代 DRESOR
0.01	0.44538	0.445319	0.445395	0.39602	0.395867	0.396034	0.37134	0.371146	0.371350
0.1	0.43649	0.436010	0.436483	0.37277	0.371612	0.372727	0.34295	0.341579	0.342898
0.5	0.40443	0.402241	0.403428	0.30234	0.298426	0.300424	0.26315	0.259136	0.261129
1.0	0.37421	0.369110	0.370316	0.25005	0.242584	0.244068	0.20903	0.201901	0.203184
2.0	0.33032	0.318571	0.319252	0.19105	0.177949	0.178447	0.15274	0.141122	0.141445
5.0	0.25047	0.226868	0.226488	0.11614	0.099421	0.099085	0.08791	0.074488	0.074181

4.4　镜反射边界对辐射传递的影响

本节讨论的算例中如图 4.4 所示，介质为吸收散射性介质，散射相函数为线性各向异性散射($\Phi(\theta)=1+x\cos\theta$，$x=-1, 0, 1$)，其中当 x=0 时，介质为各向同性散射，介质温度为 0。壁面为漫发射表面，两壁面的半球发射率分别为ε_1和ε_2，反射率ρ_i为漫反射率 ρ_i^{d} 和镜反射率 ρ_i^{s} 之和，$\rho_i=\rho_i^{\mathrm{s}}+\rho_i^{\mathrm{d}}$，$i$ 为 1 或 2，两壁面的反射特

性在不同的算例中存在变化，两壁面温度分别为 T_1=1000K，T_2=0K。该算例用来讨论不同的壁面反射特性对辐射传递过程(包括辐射热流和方向辐射强度)的影响。

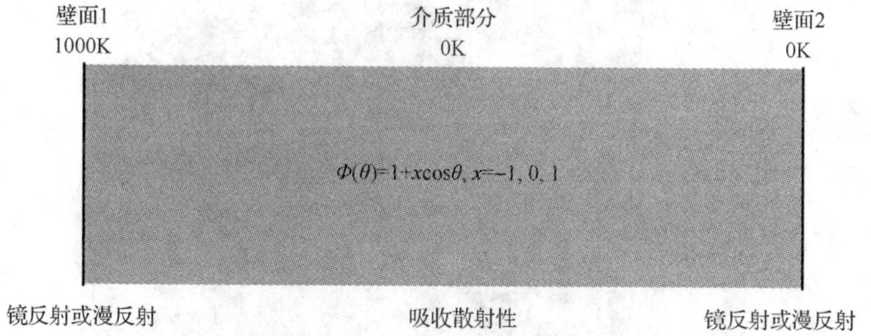

图 4.4　计算算例示意图

4.4.1　镜反射边界对辐射强度的影响

该算例中，介质被离散成为 N_0=100 个体积单元，角度被离散成为 M_0=180 个方向。在节点编号 i=0,1,⋯,100，角度方向编号 j=1,2,⋯,180 的辐射强度以及辐射强度误差如图 4.5～图 4.7 所示。在这些算例中，介质为纯散射介质，介质散射相函数为一阶前向散射，介质的光学厚度 τ=1.0。两壁面的发射率分别为 ε_1=0.2、ε_2=0.8。

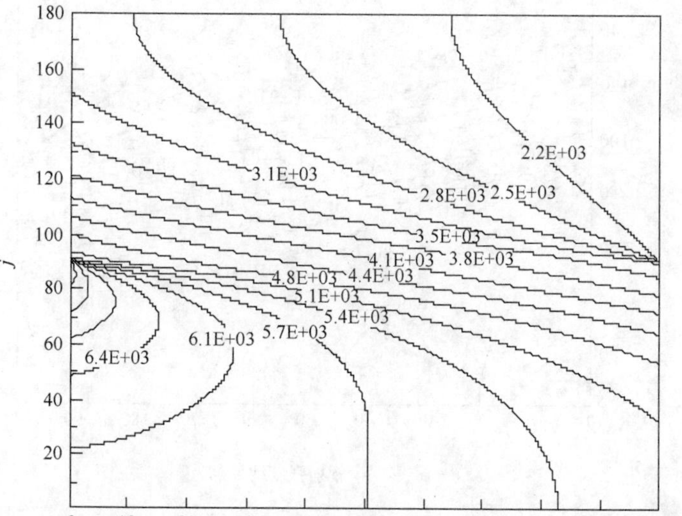

(a) 辐射强度结果

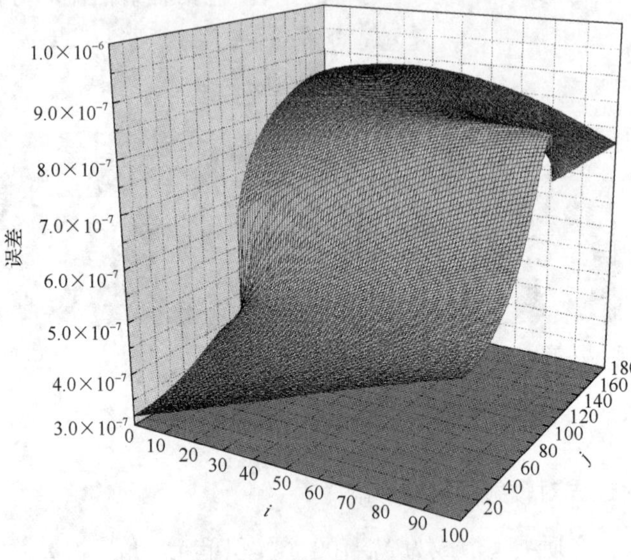

(b) 辐射强度迭代误差

图 4.5　一阶线性前向散射介质，壁面反射条件 $\rho_1^d=\rho_2^s=0$ 以及 $\rho_1^s=0.8$ 和 $\rho_2^d=0.2$

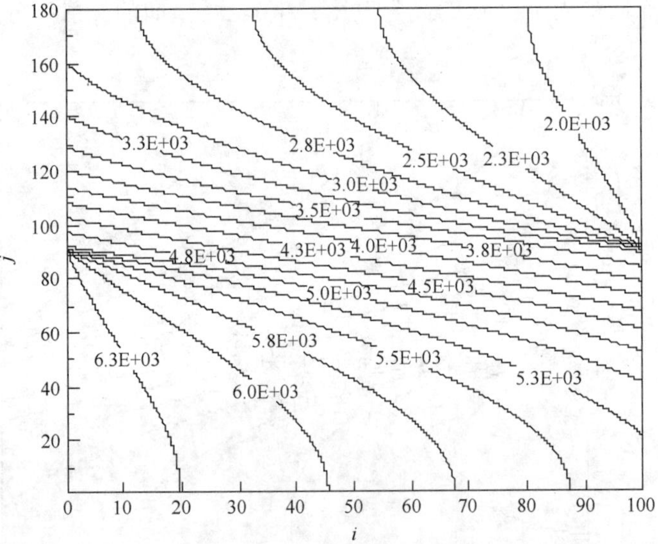

(a) 辐射强度结果

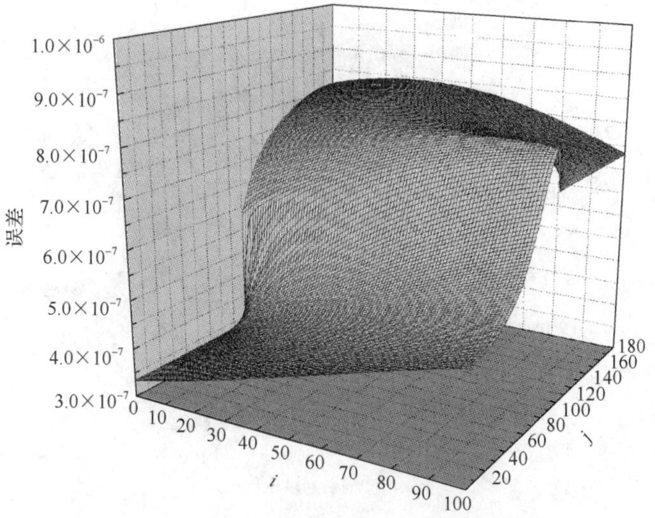

(b) 辐射强度迭代误差

图 4.6　一阶线性前向散射介质，壁面反射条件 $\rho_1^s=\rho_2^s=0$ 以及 $\rho_1^d=0.8$ 和 $\rho_2^d=0.2$

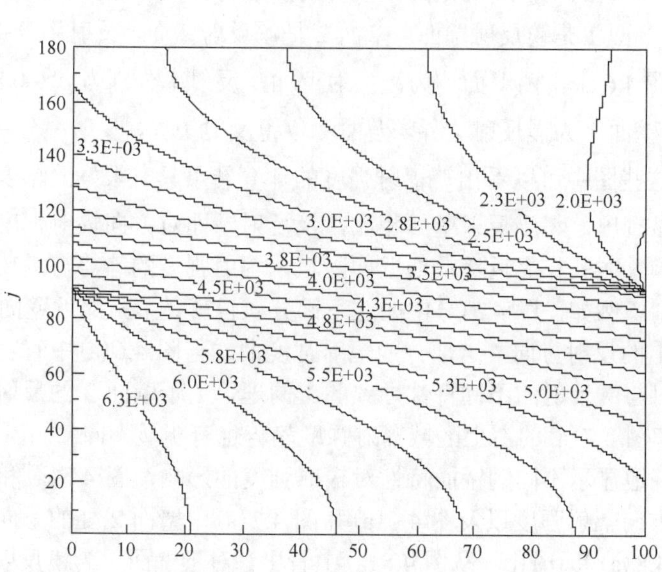

(a) 辐射强度结果

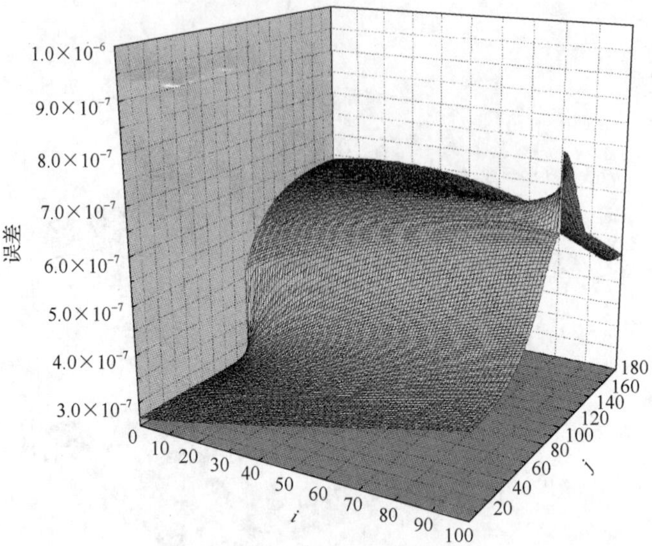

(b) 辐射强度迭代误差

图 4.7　一阶线性前向散射介质，壁面反射条件 $\rho_1^{s}=\rho_2^{d}=0$ 以及 $\rho_1^{d}=0.8$ 和 $\rho_2^{s}=0.2$

3 个图中算例的主要不同是两个壁面的反射特性(漫反射或者镜反射)不同。在图 4.5 中，壁面 1 是镜反射壁面，壁面 2 是漫反射壁面，反射率分别为 $\rho_1^{s}=0.8$、$\rho_2^{d}=0.2$。在图 4.6 中，两壁面均为漫反射壁面，反射率分别为 $\rho_1^{d}=0.8$、$\rho_2^{d}=0.2$。在图 4.7 中，壁面 1 为漫反射边界，壁面 2 位镜反射边界，反射率分别为 $\rho_1^{d}=0.8$、$\rho_2^{s}=0.2$。从这些图中可以看出，辐射强度的计算结果具有很好的精度。同时，从等高线图明显看出，与漫反射壁面相比，镜反射壁面对方向辐射强度计算结果产生了明显影响。尤其在靠近镜反射壁面区域，辐射强度的趋势与漫反射壁面情况下有明显区别。例如，图 4.5(a)中的左下部分，也就是节点靠近壁面 1 附近、方向处于壁面 1 的反射方向，这部分的辐射强度曲线与图 4.6(a)中有明显不同，这是由于镜反射与漫反射的不同特性导致的。同理，由于壁面 2 的反射特性不同导致图 4.6(a)和图 4.7(a)的右上区域辐射强度趋势也有明显不同。

为了更好地显示不同的壁面特性对辐射强度的影响，图 4.5(a)和图 4.6(a)中壁面 1 处的方向辐射强度以及图 4.6(a)和图 4.7(a)中壁面 2 处的方向辐射强度分别显示在图 4.8(a)和(b)中。从图 4.8(a)中看出，对于壁面 1 为镜反射情况，壁面 1 处靠近 90°且小于 90°方向的辐射强度要大于壁面 1 为漫反射时的辐射强度。这是由于壁面 1 发射的能量在不同方向上被介质散射回来的能量是不同的，在靠近 90°且大于 90°方向上由于介质的光学厚度较大，被散射回来的能量较多，这可以通过图 4.8(a)中(90°,180°)角度范围内的辐射强度分布可以看出。这样，在这些被介质散射回来较多能量的方向上由于壁面的镜反射特性，同样地也会有更多的能量被壁面反射回介质中。而对于漫反射壁面，各方向反射的辐射强度总会是相等的。

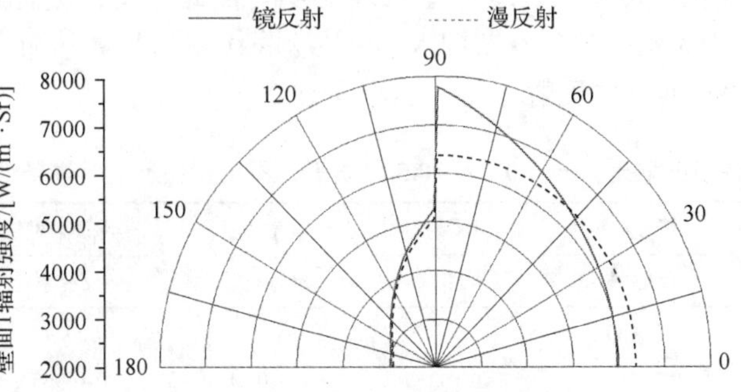

(a) 壁面1处

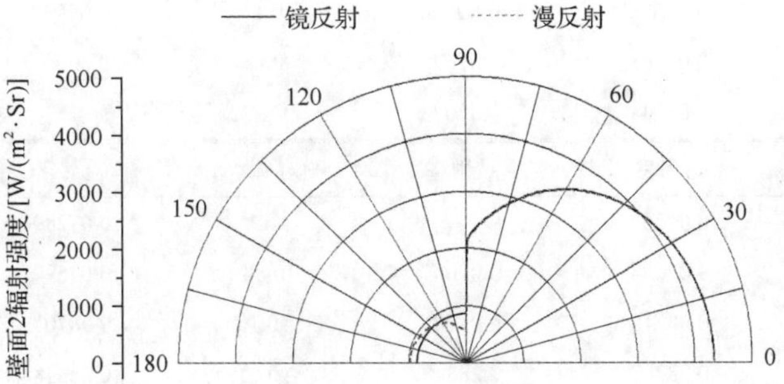

(b) 壁面2处

图 4.8　边界处的方向辐射强度

与图 4.8(a)中趋势相反，图 4.8(b)中，对于壁面 2 为镜反射情况，靠近 90°且大于 90°方向的辐射强度要小于壁面 2 为漫反射时的辐射强度。这是因为，对于壁面 1 发出的能量在靠近 90°且小于 90°方向上由于介质的光学厚度较大，导致能量的衰减较多，所以，靠近 90°方向的辐射强度较小。如图 4.8(b)中的(0°,90°)角度范围辐射强度所示。同理，当壁面 2 为镜反射时，对应地在靠近 90°且大于 90°方向反射的辐射强度较大。

4.4.2　镜反射边界对辐射热流的影响

辐射热流结果往往更容易受到研究者的重视，下面将着重讨论不同的壁面反射特性对辐射热流的影响。如表 4.6 所示，介质为一阶线性前向散射，散射率 $\omega=0.5$，光学厚度 $\tau=1.0$。表中误差是壁面 1(或壁面 2)为镜反射表面情况下与两壁面均为漫反射表面情况下辐射热流的对比误差。表 4.6 中列出了不同的壁面反射率组合，从表中看出，当发射表面(壁面 1)的反射特性发生变化时，辐射系统的反射热流和透射热流变化不大，表中最大差别的工况发生在 ρ_1=0.8、ρ_2=0.0 时，此时反射热流的最大差别为 1.52%。当非发射表面(壁面 2)的发射特性发生变化时，透射热流变化依然不大，最大差别为 1.0%。而此时反射热流结果将会产生较大变化，当 ρ_2=0.8 时，所有差别均大于 4%，当 ρ_2=0.2 时，所有差别均大于 2%。当 ρ_2=0 时，壁面不发生反射，反射热流为 0。

表 4.6　一阶线性前向散射，τ=1.0，ω=0.5 介质下，不同壁面反射特性条件下辐射热流结果

条件	两个漫反射壁面	镜反射壁面 1，漫反射壁面 2		漫反射壁面 1，镜反射壁面 2	
	反射率	反射率	相对误差/%	反射率	相对误差/%
ρ_1=0.0, ρ_2=0.8	0.19480			0.20344	4.44
ρ_1=0.2, ρ_2=0.8	0.16217	0.16215	–0.01	0.16965	4.61
ρ_1=0.8, ρ_2=0.8	0.04611	0.04614	0.07	0.04855	5.29
ρ_1=0.2, ρ_2=0.2	0.09688	0.09706	0.19	0.09900	2.19
ρ_1=0.8, ρ_2=0.2	0.02608	0.02629	0.81	0.02669	2.34
ρ_1=0.8, ρ_2=0.0	0.02044	0.02075	1.52		
条件	透射率	透射率	相对误差/%	透射率	相对误差/%
ρ_1=0.0, ρ_2=0.8	0.07359			0.07289	–0.95
ρ_1=0.2, ρ_2=0.8	0.07654	0.07657	0.04	0.07599	–0.72
ρ_1=0.8, ρ_2=0.8	0.08718	0.08705	–0.15	0.08707	–0.13
ρ_1=0.2, ρ_2=0.2	0.28407	0.28348	–0.21	0.28348	–0.21
ρ_1=0.8, ρ_2=0.2	0.30634	0.30394	–0.78	0.30623	–0.04
ρ_1=0.8, ρ_2=0.0	0.36801	0.36447	–0.96		

为了描述方便，本章中接下来部分将用 E_r 表示壁面 2 的不同反射特性产生的反射热流差别。从表 4.6 看出，随着壁面 2 的反射率ρ_2的增加，E_r 增加。另外，其他的一些参数，例如，介质的光学厚度、散射率和散射相函数等也对 E_r 产生影响，下面将分别讨论。

图 4.9 给出了一阶前向散射介质，散射率 ω=0.5，壁面发射率分别为ε_1=1.0、ε_2=0.2 时，不同介质光学厚度对 E_r 的影响。从图中看出，随着介质光学厚度的增加，E_r 先是增加，当增加到某一特定值时，随着光学厚度的继续增加，E_r 开始出现下降的趋势。这是由于，当介质光学厚度较小时，壁面 1 发出的辐射强度在各方向上的衰减较小，这样到达壁面 2 处的辐射强度在各方向上变化不大，所以壁面 2 的不同反射特性对反射回的辐射强度影响不大。随着介质光学厚度的增加，壁面 1 发出的辐射强度在不同方向上的衰减距离不同，从而导致到达壁面 2 处不同方向的辐射强度不同，如图 4.8(b)所示，在靠近 0°方向上辐射强度较大，这样在 0°方向上被镜反射表面 2 反射回的能量会较多，而在该方向的能量在被壁面 2

反射返回到壁面 1 的路程最短，衰减也最小，所以这种情况下镜反射表面 2 将会使反射热流增加。壁面 2 的两种不同反射特性的反射热流结果差别开始显示出来。当介质光学厚度进一步增加时，由于被壁面 2 反射的能量很难到达边界 1，所以壁面 2 的不同反射特性对反射热流的影响(E_r)开始下降。

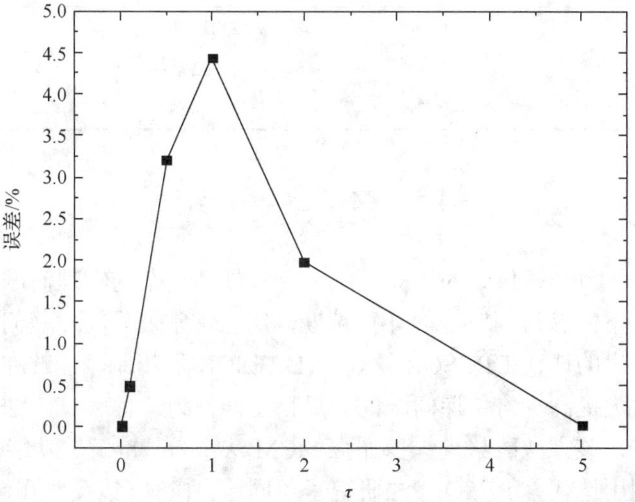

图 4.9　一阶前向散射介质 ω=0.5，ε_1=1.0，且 ε_2=0.2 下，τ对 E_r 的影响

不同介质散射反照率ω对 E_r 的影响如表 4.7 所示，这些算例中，介质为各向同性散射，光学厚度 τ=1.0，两壁面的发射率分别为ε_1=1.0，ε_2=0.2。从表中看出，随着介质散射率从 1.0 减小到 0.0，E_r 从 0.08%增加到 25.25%。因为当介质散射率增大时，被镜反射壁面 2 反射的辐射强度在方向上的不均匀分布特点，将很容易被介质的强散射作用而掩盖，使得各方向的辐射强度趋于均匀，这样与漫反射壁面 2 对辐射传递过程的影响类似，E_r 减小。当介质为纯散射介质时，E_r 为 0.08%，壁面 2 的不同反射特性影响基本可以忽略不计。

表 4.7　各向同性散射介质 τ=1.0，ε_1=1.0，ε_2=0.2 下，散射率对 E_r 影响

参数	ω=1.0	ω=0.5	ω=0.0
漫反射壁面 2 反射	0.82785	0.21846	0.03846
镜反射壁面 2 反射	0.82847	0.22629	0.04817
E_r	0.08%	3.58%	25.25%

不同散射相函数对的 E_r 影响如表 4.8 所示，介质光学厚度为 1.0，散射率为 0.5，壁面反射率分别为ε_1=1.0，ε_2=0.2。从表中看出，前向散射介质反射热流最小，后向散射介质反射热流最大，因为对后向散射介质，由壁面 1 发出的能量会更多地反射回壁面 1，从而反射热流最大。然而，由于后向散射介质中被壁面 2 反射

回的能量会在介质中多次散射，从而不同壁面 2 反射特性产生的区别减小，所以后向散射介质 E_r 最小，前向散射介质中 E_r 最大。

表 4.8 τ=1.0，ω=0.5，ε_1=1.0，ε_2=0.2，不同散射相函数对 E_r 影响

参数	前向散射	各向同性散射	后向散射
漫反射壁面 2 反射	0.19480	0.21846	0.24016
镜反射壁面 2 反射	0.20344	0.22629	0.24728
E_r	4.44%	3.58%	2.96%

4.5 本章小结

MCM 法作为一种传统的计算方法，能够处理复杂的物理问题，而且在能束使用较多情况下能够得到较好的计算精度，所以常常被作为一些问题求解的基准解。本章中提出的迭代 DRESOR 法，与 DRESOR 法相比，能够在增加较短的计算时间同时大大提高辐射传递问题的计算精度。作为一种 MCM 法基础上发展的数值计算方法，该方法能够进一步加强 MCM 法作为基准解的功能。

本章还利用迭代 DRESOR 法研究了不同边界条件(镜反射和漫反射)和不同介质散射相函数下的辐射传递问题，得出了不同的边界反射特性对辐射传递过程的影响。相对于漫反射表面，镜反射表面对方向辐射强度的影响比较明显，尤其体现在靠近镜反射表面附近的反射方向上；发射表面的不同反射特性对反射热流和透射热流结果没有明显影响，非发射表面的不同反射特性对透射热流没有明显影响，但是对反射热流具有明显影响，同时，该影响随着介质散射率、光学厚度以及散射相函数的不同而发生改变。这些结论将对实际应用计算起到一定的指导作用，例如，在弄清楚了什么情况下不同壁面反射特性对辐射传递影响较小时，实际计算过程中考虑这些问题时，就不需要对壁面的不同反射特性作更多考虑，可以简化实际问题的分析方法。

参考文献

[1] Ozisik M N. Radiative Transfer and Interactions with Conduction and Convection[M]. New York: John Wiley & Sons, 1973.

[2] Pao C V. An iterative method for radiative transfer is a slab with specularly reflecting boundary[J]. Applied Mathematics and Computation, 1975, 1(4): 353-364.

[3] Sutton W H, Ozisik M N. An iterative solution for anisotropic radiative transfer in a slab[J]. ASME J. Heat Transfer, 1979, 101(4): 695-698.

[4] Siegel R , Spuckler C M . Effects of Refractive Index and Diffuse or Specular Boundaries on a Radiating Isothermal Layer[J]. Journal of Heat Transfer, 1994, 116(3):787-790.

[5] Machali H, Madkour M A. Radiative transfer in a participating slab with anisotropic scattering and general boundary conditions[J]. Journal of Quantitative Spectroscopy and Radiative Transfer, 1995, 54(5): 803-813.

[6] Machali H F. Radiative transfer in participating media under conditions of radiative equilibrium[J]. Journal of Quantitative Spectroscopy and Radiative Transfer, 1995, 53(2): 201-210.

[7] Maruyama S. Radiative heat transfer in anisotropic scattering media with specular boundary subjected to collimated irradiation[J]. International Journal of Heat and Mass Transfer, 1998, 41(18): 2847-2856.

[8] Tan H P, Yi H L, Wang P Y, et al. Ray tracing method for transient coupled heat transfer in an anisotropic scattering layer[J]. International Journal of Heat and Mass Transfer, 2004, 47(19-20): 4045-4059.

[9] Busbridge I W. Orchard S E. Reflection and transmission of light by a thick atmosphere according to phase function: $1+x\cos\theta$ [J]. The Astrophysical Journal, 1967, 149(4): 655-664.

[10] Orchard S E. Reflection and transmission of light by thick atmospheres of pure scatterers with a phase function: $1+w_1P_1(\cos\theta)+w_2P_2(\cos\theta)$ [J]. The Astrophysical Journal, 1967, 149(5): 665-674.

第 5 章 瞬态 DRESOR 法

在大多数的辐射传热问题中，假设辐射传输是稳态的，因为，在大多数工程问题中，辐射传递过程所需的时间远远小于我们所关心事物特性变化的时间。这一假设是有效的，因为在有限的尺寸和时间范围内辐射的传播速度非常大，接近光速。目前，在一些领域，有一些需要考虑辐射传递对事物特性变化瞬态影响的问题出现。例如短激光脉冲治疗[1]、遥感测量[2]、小尺度系统传热[3]、光学方法对生物质结构研究[4]、光学 X 线断层摄影术[5]等。因此，瞬态辐射传递的模拟研究成为近十几年光学和计算辐射学的研究热点[6-16]。在处理超短激光脉冲引起的辐射传输模拟中，稳态辐射传递方程不可能提供准确的结果。这是由于描述瞬态辐射传递的微分方程已经变成了双曲型的偏微分方程，辐射强度同时是时间、空间、方向、波长 4 种参数的函数。

在过去几十年里，出现过 MCM 法[17-20]、积分公式法(integral equation，IE)[21,22]、DOM 法[5,7,22]、FEM 法[14]、FVM 法[18]及差分近似法(difference approximation，DA)[13]等数值方法处理瞬态辐射传递问题。本书将采用基于 MCM 法的 DRESOR 法在平行平板系统内具有吸收、无发射、各向同性/异性散射介质中在平行光入射辐射情况下，研究壁面反射、介质散射率、光学厚度等条件对瞬态辐射传递的影响。

5.1 DRESOR 法求解瞬态辐射传递方程

在如图 5.1 所示的充满吸收、无发射、散射介质的平行平板中，瞬态辐射传输方程(transient radiative transfer equation，TRTE)为[17,21,23]

$$\frac{\mathrm{d}I(z,\hat{\mathbf{s}},t)}{\mathrm{d}s}=\frac{\partial I(z,\hat{\mathbf{s}},t)}{c\partial t}+\frac{\partial I(z,\hat{\mathbf{s}},t)}{\partial s}=-\beta I(z,\hat{\mathbf{s}},t)+\frac{\sigma_{\mathrm{s}}}{4\pi}\int_{4\pi}I(z,\hat{\mathbf{s}},t)\Phi(\hat{\mathbf{s}}_{\mathrm{i}},\hat{\mathbf{s}}_{\mathrm{i}})\mathrm{d}\Omega_{\mathrm{i}} \tag{5.1}$$

对式(5.1)积分，得瞬态辐射传递方程的解为[17,21,23]

$$\begin{aligned}I(z,\hat{\mathbf{s}},t)=&I_{\mathrm{ow}}\left(z_{\mathrm{w}},\hat{\mathbf{s}},t-\frac{s}{c}\right)\exp\left(-\int_0^s\beta\,\mathrm{d}s'''\right)+\int_0^s S\left(z',\hat{\mathbf{s}},t-\frac{s-s'}{c}\right)\\&\times\exp\left(-\int_{s'}^s\beta\,\mathrm{d}s''\right)\beta\,\mathrm{d}s'\end{aligned} \tag{5.2}$$

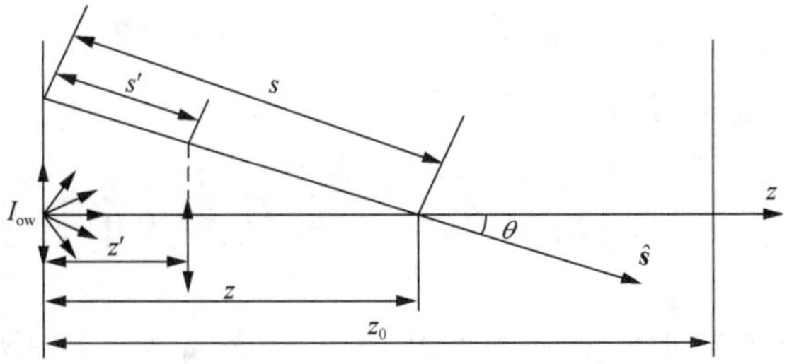

图 5.1 一维脉冲入射辐射几何图

式(5.2)中，I_{ow} 表示边界入射辐射强度，它描述入射辐射强度随时间和沿路径 $\hat{s}$ 方向上的变化。

$$I_{ow}(z_w,\hat{s},t)=I_0u(t)\hat{s} \tag{5.3}$$

式(5.2)中 S 是辐射源函数[23]：

$$S\left(z',\hat{s},t-\frac{s-s'}{c}\right)=\frac{\omega}{4\pi}\left[\int_{4\pi}I\left(z',\hat{s}_i,t-\frac{s-s'}{c}\right)\Phi(\hat{s}_i,\hat{s})\,\mathrm{d}\Omega_i\right] \tag{5.4}$$

应用 DROSOR 法，可将辐射源函数表达式(5.4)改写为

$$S\left(z',\hat{s},t-\frac{s-s'}{c}\right)=\frac{1}{4\pi}\int_0^{t-\frac{s-s'}{c}}\left[\int_W \pi I_{ow}(z_w,\hat{s},t')R_d^s\left(z_w,z',\hat{s},t-\frac{s-s'}{c}-t'\right)\mathrm{d}A\right]\mathrm{d}t' \tag{5.5}$$

式中，$R_d^s(z_w,z',\hat{s},t)$ 被称为瞬态 DRESOR 数，它表示从一单位壁面单元 Z_w 发射的瞬态辐射能，在时刻 t 沿着 $\hat{s}$ 方向，在单位立体角内被单位体积单元或单位面积单元 z' 散射的能量份额。

将式(5.5)代入式(5.2)得到 DRESOR 法求解瞬态辐射传递方程的表达式为

$$\begin{aligned}I(z,\hat{s},t)={}&I_{ow}\left(z_w,\hat{s},t-\frac{s}{c}\right)\exp\left(-\int_0^s\beta\,\mathrm{d}s'''\right)+\frac{1}{4\pi}\int_0^{t-\frac{s-s'}{c}}\left[\int_W\pi I_{ow}(z_w,\hat{s},t')\right.\\&\left.\times R_d^s\left(z_w,z',\hat{s},t-\frac{s-s'}{c}-t'\right)\mathrm{d}A\right]\mathrm{d}t'\exp\left(-\int_{s'}^{s}\beta\,\mathrm{d}s''\right)\beta\,\mathrm{d}s'\end{aligned} \tag{5.6}$$

从式(5.6)中可以看出，对于有激光脉冲入射的散射、吸收和非发射介质中，给定光学参数和壁面辐射特性，不管何种形式的激光脉冲入射，只要单位入射辐射能的瞬态 DRESOR 数 $R_d^s(z_w,z',\hat{s},t)$ 已知，瞬态辐射强度 $I(z,\hat{s},t)$ 关于时间的空

间方向角分布就能表达成入射辐射强度 $I_{\mathrm{ow}}\left(z_{\mathrm{w}},\hat{\boldsymbol{s}},t\right)$ 的函数，这是 DRESOR 法处理不同波形入射瞬态辐射问题的优势所在。

5.2 单脉冲或简单波形脉冲入射计算

在上述一维平行平板模型中，用 DRESOR 法对如表 5.1 中所示的 3 个工况进行计算。

表 5.1 3 个工况的边界条件和介质辐射特性[17,21]

工况	边界 1，$z=0$	介质特性	边界 2，$z=z_0$
1	漫发射 $I\left(0,\hat{s},t\right)=I_0H(t),\rho=0$	各向同性 $\tau=1$，$\omega=0.5$	非反射，$\rho=0$
2	漫发射 $I\left(0,\hat{s},t\right)=I_0H(t),\rho=0$	各向同性 $\tau=1$，$\omega=0.5$	镜面反射，$\rho=1.0$
3	漫发射 $I\left(0,\hat{s},t\right)=I_0H(t)\delta(1-\hat{s}\cdot\hat{\boldsymbol{k}}),\rho=0$	各向同性 $\tau=1$，$\omega=0.5$	非反射 $\rho=0$

在 3 个工况中，介质的光学厚度 $\tau=\beta z_0$，z_0=1.0m，$\beta=\sigma_{\mathrm{s}}+\kappa=1.0$。离散单元网格坐标为 $z=(j_z-0.5)\Delta z$，$\Delta z=z_0/N$，$j_z=1,2,\cdots,N$，$N=100$。天顶角 θ 在[0°, 180°]范围内被均匀划分为 M 个单元，$\theta=i\cdot1°$，$i=0,1,2,\cdots,M$，$M=180$。这样，DRESOR 数就可表示为 $R_{\mathrm{d}}^{\mathrm{s}}\left(z_{\mathrm{w}},j_z,t\right)$，瞬态辐射强度、瞬态投入辐射及瞬态辐射热流可分别表示为 $I(z,\theta,t)$、$G(z,t)$、$q(z,t)$。

5.2.1 瞬态 DRESOR 数计算介绍

入射辐射从边界 1 ($z=0$) 处进入介质，因此用 MCM 法计算 DRESOR 数时，初始能量为 E_0=1 能束从此处发射。能束在行进到某一位置 z，某一时刻 t 时，决定下一位置和时刻需要在当前位置计算 3 个距离：能束到达下一个边界网格的距离 d_{g}、能束可能被散射的距离 d_{s}，以及能束可能被吸收的距离 d_a，它们计算式分别如式(5.7)所示。

$$d_{\mathrm{g}}=\begin{cases}\dfrac{(j_z+1)\Delta z-z}{\mu},\mu\geqslant0\\[2ex]\dfrac{z-j_z\Delta z}{-\mu},\mu<0\end{cases},d_{\mathrm{s}}=-\frac{\ln(1.0-R)}{\sigma_{\mathrm{s}}},d_{\mathrm{a}}=-\frac{\ln(1.0-R)}{\kappa} \tag{5.7}$$

式中，j_z 为当前能束所在网格数；Δz 为单位网格距离；$\mu=\cos\theta$ 为方向余弦；R 为范围在[0,1]的随机数。从物理意义上来说，距离最短的事件在其他两个距离对应的事件之前发生。比较决定最短距离后，能束行进的总距离 s 即可根据式(5.8)计算得到。

$$s = s + \min\left(d_{\text{g}}, d_{\text{s}}, d_{\text{a}}\right) \tag{5.8}$$

利用式(5.9)可以得到能束行进总距离 s 时对应的时刻。

$$t = s/c, t_{\text{p}} = \Delta z/c, N_t = t/t_{\text{p}} = s/\Delta z \tag{5.9}$$

式中，t_{p} 为单位时间步长，在一个单位时间步长内，能束行进一个网格，t_{p}=33.36ps；c 为能束在介质中的传播速度，此处为真空中光速 c=2.998×10^{8}m/s；N_t 为某时刻对应的时间步长数。

单位壁面单元瞬态发射对各网格单元的散射 DRESOR 数可用式(5.10)及式(5.11)计算。

$$R_{\text{d,new}}^{\text{s}} = R_{\text{d,old}}^{\text{s}} + \Delta R_{\text{d}}^{\text{s}} \tag{5.10}$$

$$\Delta R_{\text{d}}^{\text{s}}\left(z_{\text{w}}, j_z, \theta_{\text{i}}, t\right) = C_0 \frac{E_0}{N_0} \exp\left[-s \cdot \sigma_{\text{s}}\left(j_z\right)\right] \cdot \Phi\left(\theta_{\text{i}'}, \theta_{\text{i}}\right) \tag{5.11}$$

式中，C_0 为形状因子；N_0 为能束数；$\Phi\left(\theta_{\text{i}'}, \theta_{\text{i}}\right)$ 为散射相函数，其一阶勒让德表达式如下：

$$\Phi\left(\theta_{\text{i}'}, \theta_{\text{i}}\right) = 1 + a\cos\theta_{\text{i}'}\cos\theta_{\text{i}} \tag{5.12}$$

式中，系数 a 为正表示介质前向散射，系数 a 为负表示介质后向散射；$\theta_{\text{i}'}$、θ_{i} 分别为入射方向和散射后出射方向。能束在行进过程中散射方向的处理与前文中各向异性散射介质中的方法相同，这里不再重复。当系数 a=0 时表示介质各向同性散射，对于各向同性散射，$R_{\text{d}}^{\text{s}}\left(z_{\text{w}}, j_z, \hat{\mathbf{s}}, t\right)$ 退化为 $R_{\text{d}}^{\text{s}}\left(z_{\text{w}}, j_z, t\right)$，这时式(5.11)可简化为

$$\Delta R_{\text{d}}^{\text{s}}\left(z_{\text{w}}, j_z, t\right) = C_0 \frac{E_0}{N_0} \exp\left[-s \cdot \sigma_{\text{s}}\left(j_z\right)\right] \tag{5.13}$$

各向同性散射中能束每次的行进方向由下式确定：

$$\begin{cases} \theta = \arccos\sqrt{1.0 - R} \\ \phi = 2\pi R \end{cases} \tag{5.14}$$

式中，R 为随机数。

能束跟踪方式采用有能量衰减的路径长度法，能束携带的能量由于吸收而衰减，其能量迭代式如式(5.15)所示。

$$E_0 = E_0 \cdot \exp(-s \cdot \kappa) \tag{5.15}$$

记录在位置 z、时刻 t 的散射 DRESOR 数后，能束按上述方式行进到下一个网格和下一个时刻，采用上述相似的方法进行能束的跟踪，直到能束达到边界被吸收或能束剩余能量 E_0 小于某一极小值而结束。

在 DRESOR 数计算过程中，对能束数的选取进行了严格的对比测试。表 5.2 列出了工况 1 中不同能束数计算得到的瞬态投入辐射结果和相应的计算时间。能束数的选取需要综合考虑计算时间和计算精度。DRESOR 法计算结果与 MCM 法和 IE 法计算的结果进行了比较，通过对比发现，当能束数取 100000 时已经能到达很高的计算精度，同时计算时间也比较经济。当能束数取 100000 时，计算瞬态 DRESOR 的时间为 7.281s，计算得到 z/z_0=0.005 处瞬态辐射辐射强度、瞬态辐射热流、瞬态投入辐射的整个时间为 194.141s。计算条件为：总的时间步长 N_t=300，网格离散数 N=100，方向离散数 M=180，计算在 Intel Celeron 2.4G 计算机上执行。

表 5.2 能束数的选取

能束数	DRESOR 数计算时间/s	计算时间/s	投入辐射 G，z/z_0=0.005，t/t_p=300		
			DRESOR	MCM[17]	IE[21]
10 000	0.781	186.312	1.21183		
50 000	3.513	187.891	1.21154		
100 000	7.281	194.141	1.21162	1.21273	1.2143
500 000	34.91	221.209	1.21165		
1 000 000	67.23	255.187	1.21167		

图 5.2 给出了 3 个工况中瞬态 DRESOR 数分布。3 个图中的白色三角区域是 DRESOR 数为零的区域，表示在这些时刻能束还未到达该处。从图 5.2(b)中可以明显看到，工况 2 中由于右壁面反射作用，能束在不同时刻、不同位置行进的能量传播轨迹，并且所有介质的散射能量由于壁面反射都增加了。从图 5.2(c)中可以看出，在平行光入射辐射条件下 DRESOR 数较小，这是由于平行入射使得能束在除 0°以外其他方向上被散射的机会最少。这里需要说明的是，由于 DRESOR 分布只与介质特性、模型几何尺寸及入射方式(如漫入射或平行入射)有关，而与介质内部温度及外界入射辐射能大小没有关系。

图 5.3 显示了工况 1 中瞬态 DRESOR 数在不同位置和不同时刻的分布。从图 5.3(a)中可以看出，瞬态激光脉冲在 j_z=1 处最先有散射能量分布，然后随着时间的延续，能束在介质中继续传播，j_z=50、j_z=100 处才逐渐有散射能量分布。从图 5.3(b)中可以看出，当 t/t_p=25、t/t_p=50 时，脉冲能量在介质中分别传播到 j_z=25 和 j_z=50 处，因此分别只有在 $j_z \leqslant 25$ 和 $j_z \leqslant 50$ 的介质区域有脉冲响应。当 t/t_p=100

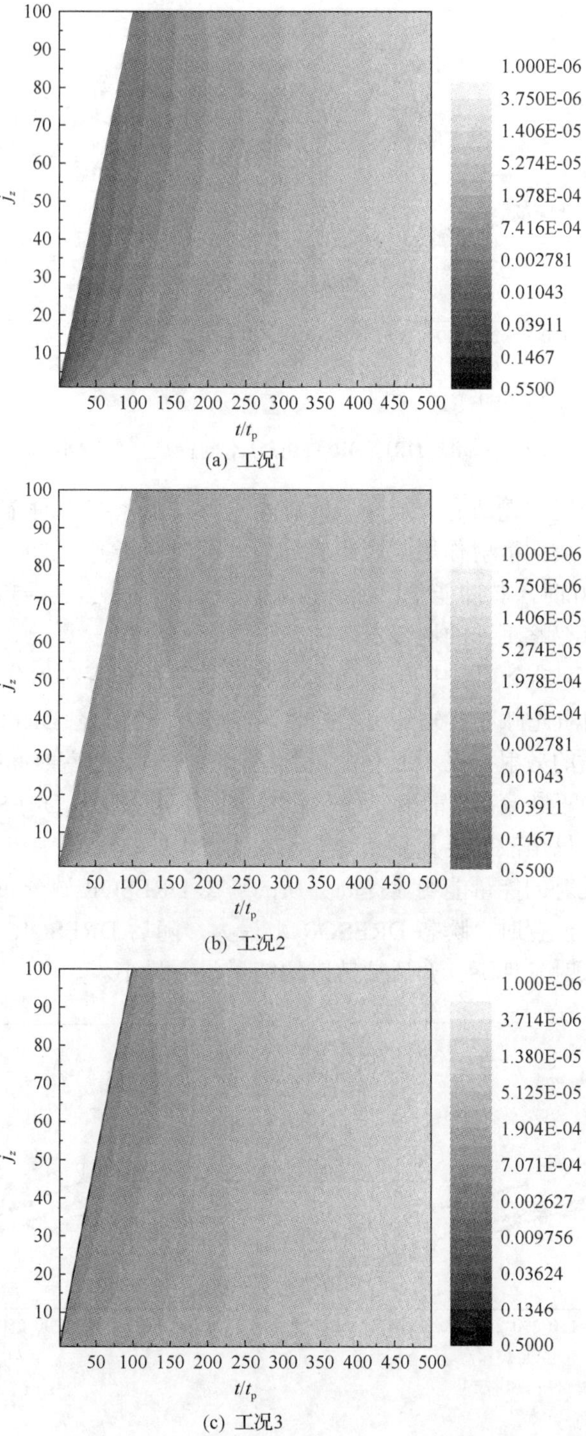

图 5.2　瞬态 DRESOR 数分布

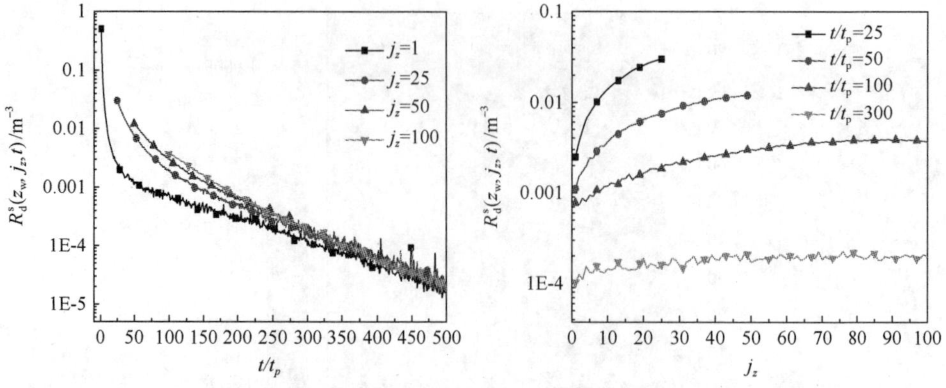

(a) (b)

图 5.3 工况 1 中瞬态 DRESOR 数在(a)不同位置，(b)不同时刻的分布

时，脉冲能量已经传遍所有介质区域，整个平行平板系统内的介质都对辐射脉冲有响应，并且介质的散射作用响应比较均匀。同时由于介质的吸收，脉冲能量有所衰减，t/t_p=300 时，脉冲能量已经有很大衰减，特别是当 t/t_p=500 时，脉冲能量已经衰减到可以忽略不计的地步了。

图 5.4 显示了 3 个工况中瞬态 DRESOR 数在不同位置时的分布。从图中可以看出，当入射的激光脉冲首先到达某处时，有最大值的瞬态 DRESOR 数出现，随后由于周围介质的散射，又不断有能量到达该处，但是随着时间的推移，激光脉冲能量在介质中不断衰减，散射能量不断减少，各处介质的 DRESOR 数分布也随时间不断衰减，只至散射能量衰减到零。从图 5.4 的 3 个图中还可以看出，在工况 2 中，壁面反射的能量能明显提高介质的瞬态 DRESOR 数分布。在工况 3 中，当脉冲刚到达该位置时，瞬态 DRESOR 数最大，随后 DRESOR 数明显减小，这说明在平行光入射条件下，介质被散射的能量份额最小。

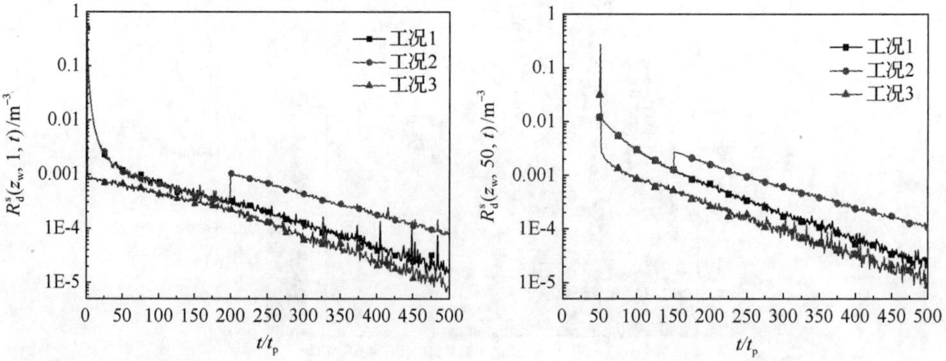

(a) j_z=1 (b) j_z=50

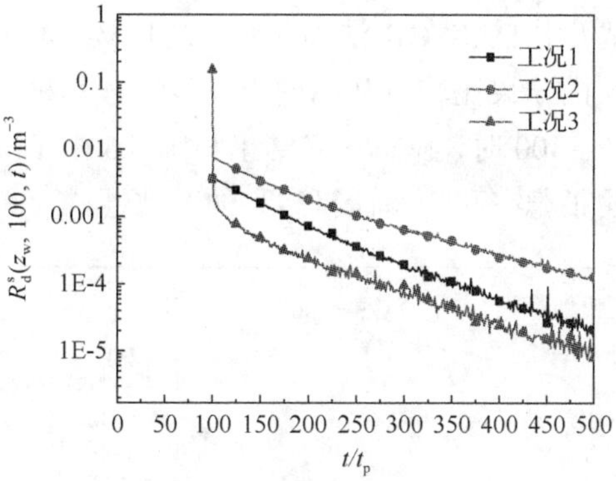

(c) j_z=100

图 5.4　3 个工况中瞬态 DRESOR 数在不同位置的分布

5.2.2　计算结果验证

为了检验 DRESOR 法处理瞬态问题的正确性和有效性，对 DRESOR 法计算稳态和瞬态的结果分别进行了验证。

图 5.5 给出了工况 1 和工况 2 中稳态条件下 DRESOR 法和 DO 法计算投入辐射的结果比较。从图中可以看出，两种方法计算出来的结果吻合得比较好。这些稳态结果可以用来检验工况 1 和工况 2 中在大时间步长瞬态结果接近稳态时的分布。

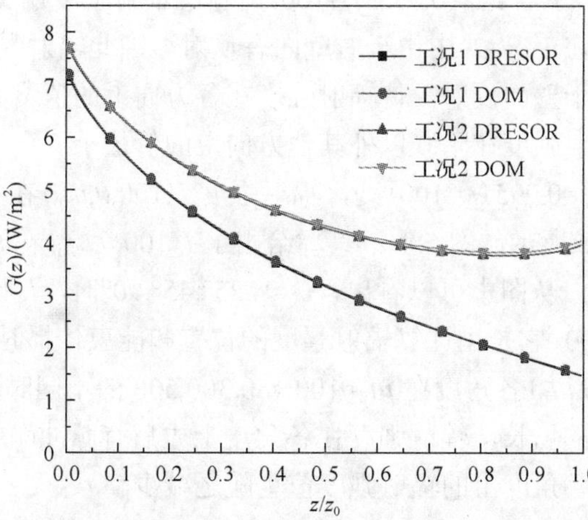

图 5.5　工况 1 和工况 2 中 DRESOR 和 DO 法计算投入辐射稳态结果对比

图 5.6 给出了工况 1 中 DRESOR 法和文献[17]中 MCM 法及文献[21]中 IE 法计算瞬态投入辐射分布的结果比较。从图中可以看出，3 种方法计算出来的瞬态结果吻合比较好。当 t/t_p=300 时，瞬态计算结果与图 5.5 中工况 1 中投入辐射的稳态结果很接近，这说明了稳态和瞬态计算结果的一致性。

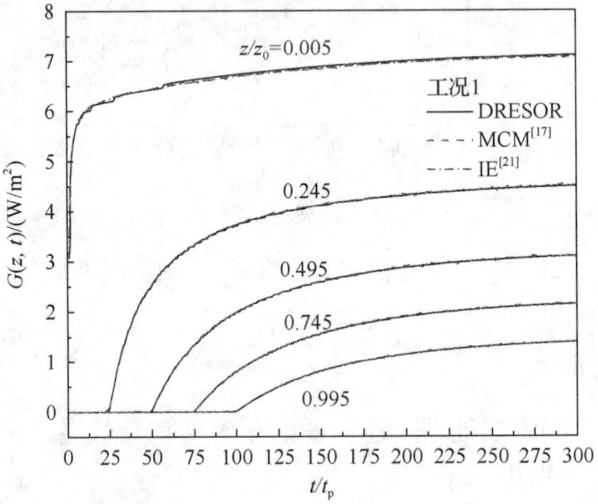

图 5.6 工况 1 中 DRESOR 法和 MCM 法及 IE 法计算瞬态投入辐射的结果比较

5.2.3 瞬态辐射强度分布

图 5.7 分别显示了当 z/z_0=0.995(j_z=100)时瞬态辐射强度在 3 种工况中的分布，从图中可以看出，在工况 2 中由于右壁面有反射，因此辐射强度在(90°, 180°]范围有分布。同时由于壁面反射，使辐射强度在各方向上的值增大。工况 3 中平行光入射条件下，辐射强度在除 0 以外其他方向上的值最小。

工况 1 中，z/z_0=0.995(j_z=100)处，辐射强度 $I(100,\theta,t/t_p)$ 在各方向角及各时刻的瞬态分布如图 5.8 所示。图 5.8(a)具体给出了 $I(100,\theta,t/t_p)$ 在 θ=0°,25°,45°,90°各方向角上瞬态分布，从图中可以看出，θ=0°,25°,45°,90°时，$I(100,\theta,t/t_p)$ 的最快响应时刻都在 $t/t_p\geqslant100$，它是由计算辐射强度的位置和能束传播时间决定。图 5.8(b)具体给出了 $I(100,\theta,t/t_p)$ 各角度在 t/t_p=100,150,300,500 的不同时刻分布，从图中可以看出，随着时间的增长，辐射强度在各角度上先后有脉冲响应，然后激光脉冲的能量逐渐衰减，各角度上的辐射强度值也随之减少。

图 5.9 显示了 z/z_0=0.495 处辐射强度在 3 种工况中 t/t_p=500 时的分布。从图中可以看出，工况 2 中由于壁面反射，辐射强度在(90°, 180°]范围明显增强。在工况 3 中，辐射强度除在 0°有较大值外，其他各方向上值都很小。

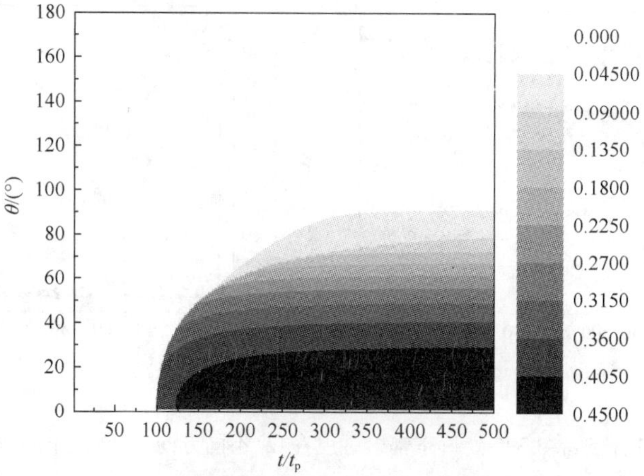

(a) 工况1

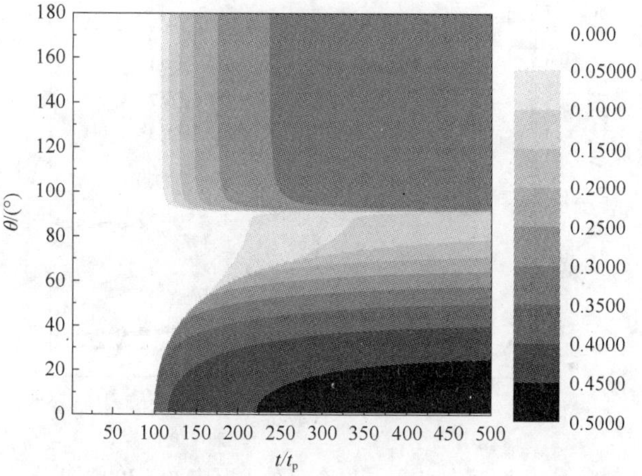

(b) 工况2

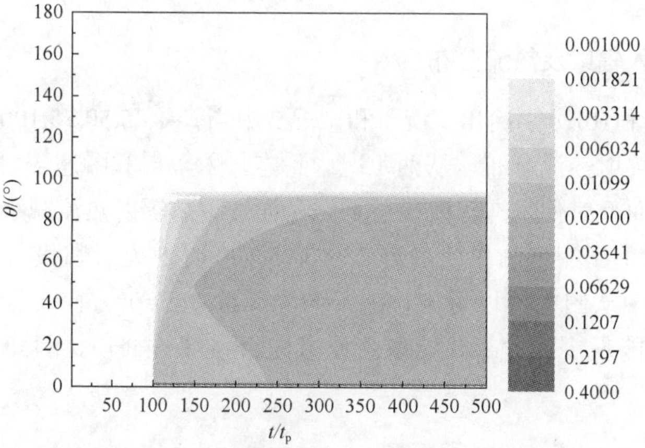

(c) 工况3

图 5.7　z/z_0=0.995 时瞬态辐射强度分布

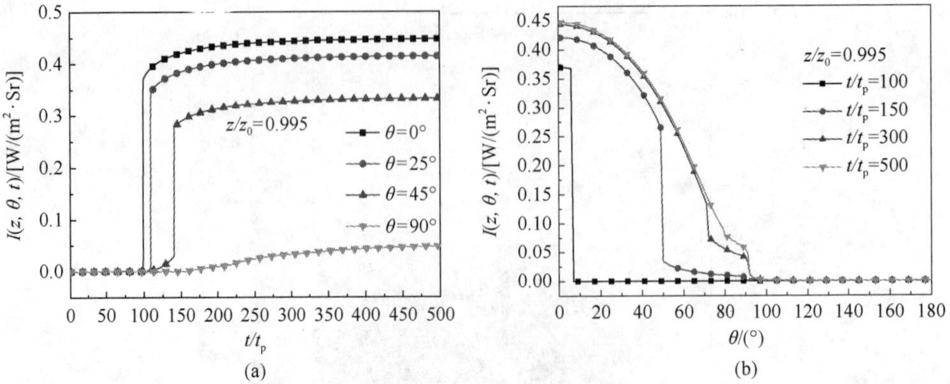

图 5.8　工况 1 中 z/z_0=0.995 处瞬态辐射强度在(a)不同方向上和(b)不同时刻时的分布

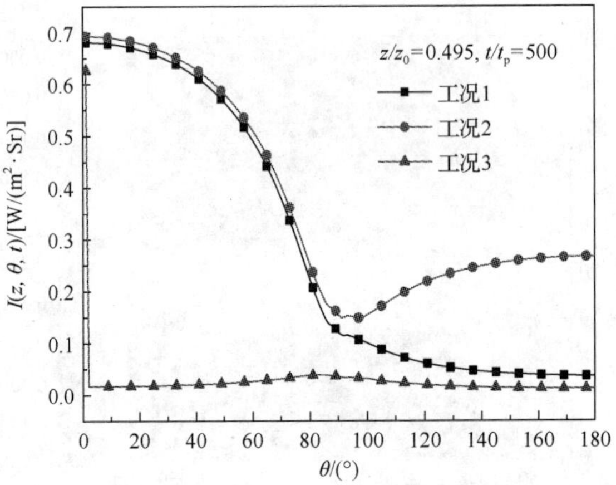

图 5.9　z/z_0=0.495 处辐射强度在三种工况中 t/t_p=500 时的分布

5.2.4　瞬态投入辐射及热流分布

图 5.10(a)和(b)分别给出工况 1 和工况 2 中当 j_z=1,25,50,75,100 时 5 处瞬态投入辐射和瞬态辐射热流分布，从两工况中瞬态投入辐射和瞬态辐射热流对比分布可以看出，壁面反射使瞬态辐射投射增强，而使瞬态辐射热流减小。

图 5.11 给出了工况 3 中当 j_z=1,25,50,75,100 时 5 处瞬态投入辐射和瞬态辐射热流的分布。从图中可以看出，由于激光脉冲在 θ=0°方向平行入射，在其他方向被散射的能量少，大部分能量沿原方向直接穿过介质，因此能更快地达到稳态值。

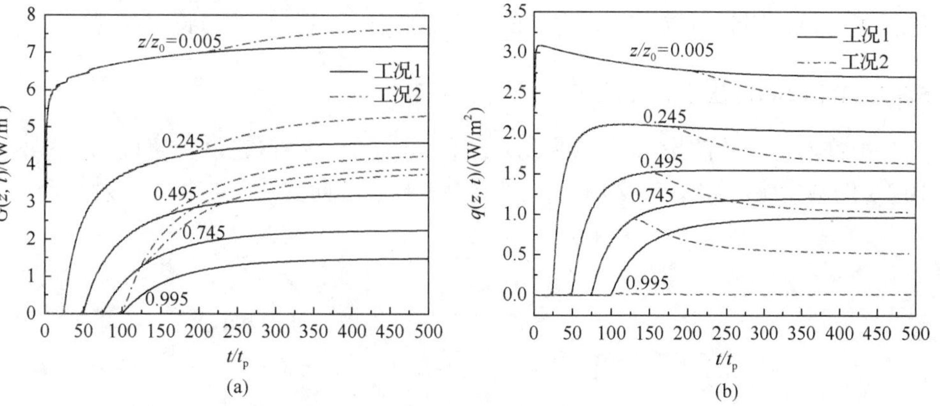

图 5.10 工况 1 和工况 2 中(a)瞬态投入辐射和(b)瞬态辐射热流分布

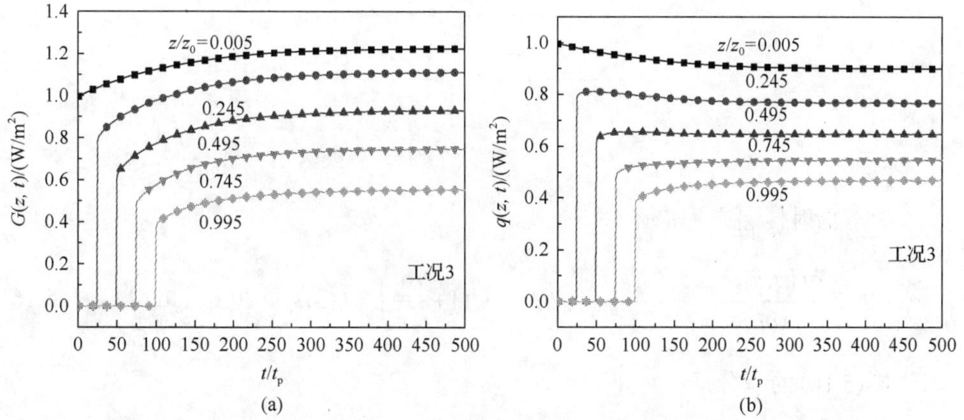

图 5.11 工况 3 中 3 种各向异性散射介质中瞬态传输率的分布；
(a)瞬态投入辐射分布，(b)瞬态辐射热流分布

5.3 非均匀散射介质中瞬态 RTE 求解的 DRESOR 法

瞬态辐射信号作为检测信号，能够提供很多在稳态辐射传输下得不到的信息，因此很多学者对瞬态辐射传递问题进行了研究，发展了不少的数值计算方法[18,19,24,25]。超短脉冲作为检测源已越来越受到重视。传递信号曲线被广泛地应用，Brewster 和 Yamada[26]提出将传递信号曲线长时间的对数斜率作为逆问题分析参数。Kumar 等[27]讨论了脉冲加宽效应和它应用于逆问题分析的意义。Hsu 和 Lu[28]分析了反射热流信号的双峰分布现象对于检测介质中非均匀成分位置的应用，同时提出了双峰分布现象存在的条件。本章将把 DRESOR 法推广到求解非均匀介质情况下的瞬态辐射传递问题，对该方法计算得到的方向辐射强度的双峰分布现象

进行了分析，同时对双峰分布现象的存在条件进行进一步的讨论。

5.3.1 DRESOR 法求解非均匀介质瞬态辐射传递

平行入射的脉冲投射到双层介质的第一个表面上，瞬态脉冲宽度为 10^{-12}s 或 10^{-15}s 的数量级。如图 5.12 所示，介质为吸收、各向同性散射和非发射性介质。

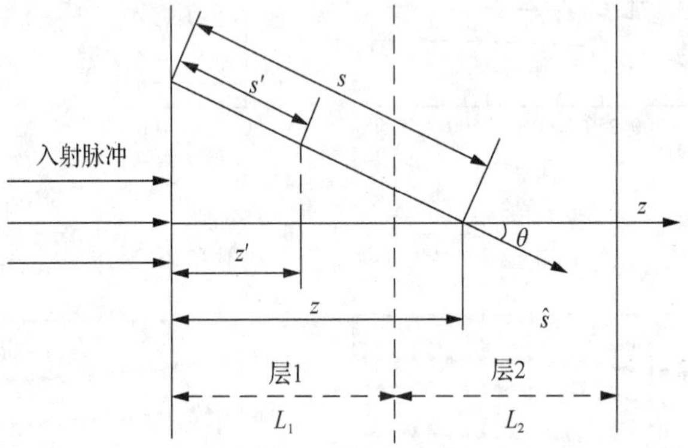

图 5.12　双层非均匀介质计算模型

瞬态辐射传递方程描述如下：

$$\frac{\partial I(z,\hat{\mathbf{s}},t)}{c\partial t}+\frac{\partial I(z,\hat{\mathbf{s}},t)}{\partial s}=\beta I(z,\hat{\mathbf{s}},t)+\frac{\sigma_{\mathrm{s}}}{4\pi}\int_{4\pi} I(z,\hat{\mathbf{s}},t)\Phi(\hat{\mathbf{s}}_{\mathrm{i}},\hat{\mathbf{s}})\mathrm{d}\Omega_{\mathrm{i}} \tag{5.16}$$

式(5.16)的积分形式如下：

$$I(z,\hat{\mathbf{s}},t)=I_{\mathrm{ow}}\left(z_{\mathrm{w}},\hat{\mathbf{s}},t-\frac{s}{c}\right)\exp\left(-\int_0^s\beta\,\mathrm{d}s'\right)+\int_0^s S\left(z',\hat{\mathbf{s}},t-\frac{s-s'}{c}\right)\exp\left(-\int_{s'}^s\beta\,\mathrm{d}s''\right)\beta\,\mathrm{d}s' \tag{5.17}$$

式中，I_{ow} 为边界处的辐射强度，表述如下：

$$I_{\mathrm{ow}}(z_{\mathrm{w}},\hat{\mathbf{s}},t)=I_0\cdot\delta(1-\mu)\left[H(t)-H(t-t_{\mathrm{p}})\right] \tag{5.18}$$

式中，H 为 Heaviside 函数；I_0 为 z=0、μ=cosθ处的辐射强度；t_{p} 为脉冲宽度。源函数 S 可以表示成

$$S\left(z',\hat{\mathbf{s}},t-\frac{s-s'}{c}\right)=\frac{\omega}{4\pi}\left[\int_{4\pi} I\left(z',\hat{\mathbf{s}}_{\mathrm{i}},t-\frac{s-s'}{c}\right)\Phi(\hat{\mathbf{s}}_{\mathrm{i}},\hat{\mathbf{s}})\mathrm{d}\Omega_{\mathrm{i}}\right] \tag{5.19}$$

在 DRESOR 法中通过引入 DRESOR 数，源函数表达式可以改写为

$$S\left(z',\hat{\boldsymbol{s}},t-\frac{s-s'}{c}\right)=\frac{1}{4\pi\beta}\int_0^{t-\frac{s-s'}{c}}\left[\int_W \pi I_{\text{ow}}\left(z_{\text{w}},\hat{\boldsymbol{s}},t'\right)R_{\text{d}}^{\text{s}}\left(z_{\text{w}},z',\hat{\boldsymbol{s}},t-\frac{s-s'}{c}-t'\right)\mathrm{d}A\right]\mathrm{d}t' \tag{5.20}$$

式中，$R_{\text{d}}^{\text{s}}\left(z,z',\hat{\boldsymbol{s}},t\right)$为瞬态 DRESOR 数，它表示在 t 时刻某时间步长内，z 处发射被 z'处单位面积的表面(单位体积的介质)反射(散射)在方向 $\hat{\boldsymbol{s}}$ 上单位立体角内能量与该时间步长内 z 处发射总能量的比值再与 4π的乘积。

把式(5.20)代入到式(5.17)中得到辐射强度表达式如下：

$$\begin{aligned}I\left(z,\hat{\boldsymbol{s}},t\right)=&I_{\text{ow}}\left(z_{\text{w}},\hat{\boldsymbol{s}},t-\frac{s}{c}\right)\exp\left(-\int_0^s\beta\,\mathrm{d}s'\right)+\frac{1}{4\pi}\int_0^s\int_0^{t-\frac{s-s'}{c}}\int_W\pi I_{\text{ow}}\left(z_{\text{w}},\hat{\boldsymbol{s}},t'\right)\\&\times R_{\text{d}}^{\text{s}}\left(z_{\text{w}},z',\hat{\boldsymbol{s}},t-\frac{s-s'}{c}-t'\right)\mathrm{d}A\,\mathrm{d}t'\exp\left(-\int_{s'}^{s}\beta\,\mathrm{d}s''\right)\beta\,\mathrm{d}s'\end{aligned} \tag{5.21}$$

从式(5.21)可以看出，只要计算得到 DRESOR 数，任意一点处的高方向分辨率的瞬态辐射强度就可以表示成边界处投入辐射强度的函数。DRESOR 数的计算采用的是路径长度法的能束跟踪方法，对于瞬态辐射传递下的 DRESOR 数计算，可以参考前文的计算方法。本书中，对于两层的非均匀介质，能束跟踪过程需要作适当的修改，当能束通过非均匀介质的界面时，由于不同介质内的吸收概率和散射概率都不同，需要进行重新产生散射长度进行跟踪。

5.3.2　DRESOR 法计算结果讨论

如图 5.13 所示，DRESOR 法、RMC 方法[18]和 DOM[16]都计算了算例 A01 中(如表 5.3 中)不同时刻的反射热流信号。从图中看出，3 种方法计算结果具有很好的一致性，这验证了 DRESOR 求解该问题的精确性。表中的无量纲脉冲宽度 $t_{\text{p1}}=ct_{\text{p}}/(2L_1)$。

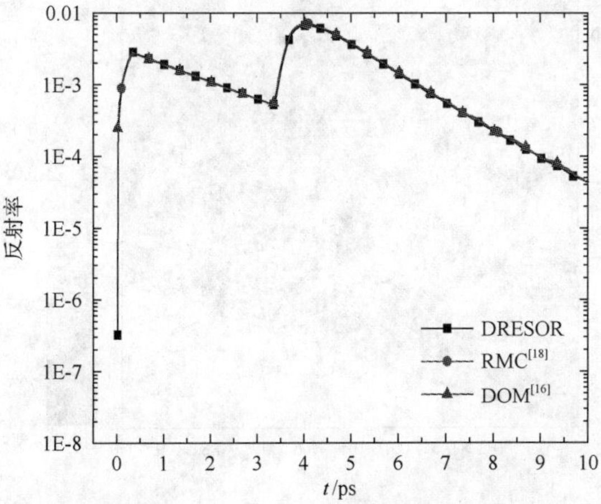

图 5.13　算例 A01 中不同方法发射热流图

表 5.3 双层介质的物理和光学特性

算例	τ_1	L_1/mm	ω_1	τ_2	L_2/mm	ω_2	t_{p1}
A01	1	0.5	0.1	10	0.5	0.9	0.1
A02	6	0.5	0.1	10	0.5	0.9	0.1

图中在 t=3.336ps 时候，当投射能量到达双层介质中间并反射回来到达投射边界时候，反射热流信号出现增长趋势，这就产生了“双峰现象”。图中反射热流信号的最低点和双层介质中间面位置的对应关系，在一些光学成像和诊断方面有着重要的意义。

1. DRESOR 数计算结果

RESOR 数的计算是 DRESOR 法求解的关键。图 5.14 表示的是表中两个算例中 DRESOR 数在不同的空间位置和不同时刻的分布。由于介质为各向同性散射，各方向的 DRESOR 数完全相等，而且只有边界投射，所以式(5.25)中 DRESOR 数中减少为二维函数。该算例中，边界为能量 E_0=1.0 的平行入射。从图中看出，算例 A01 中的 DRESOR 数要大于算例 A02 中的 DRESOR 数，这是由于算例 A02 第一层介质具有较大的光学厚度，更多的能够会在这部分的传递过程中被吸收。

图 5.14 中都有一个三角形的零值区域，这是因为，在这个时刻能束还没有到达该点。当 z/z_0＞0.5 时，DRESOR 数明显变大，这是由于介质 2 的散射大于 1 介质，当能束到达介质 2 时，更多的能量被散射。同时，在图 5.14(a)中的 z/z_0＜0.5 区域，有一条明显的分隔线，这是因为能束到达中间界面时，介质 2 的散射系数大于介质 1 的散射系数，更多的能量被散射，当更多被散射的能量到达某处时，该点的 DRESOR 数就会增加。但是图 5.14(b)中这条线不很明显，这是由于介质 1 的光学厚度过大，增加的散射能量很快就被吸收所致。

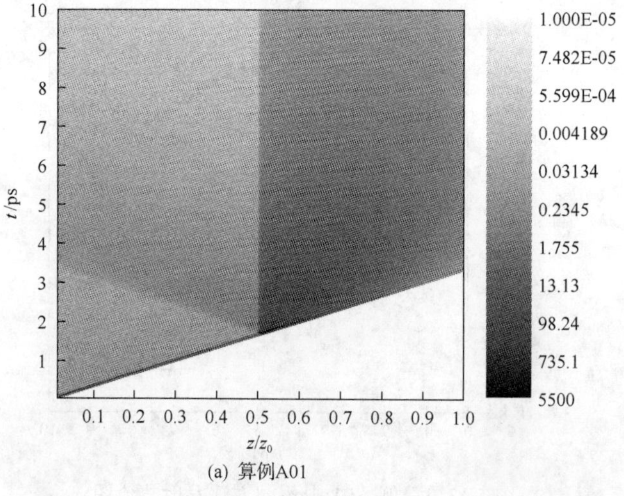

(a) 算例A01

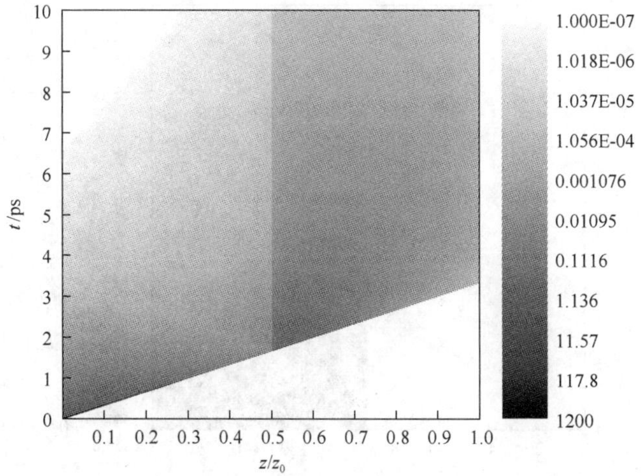

(b) 算例A02

图 5.14　双层介质内瞬态 DRESOR 数分布

2. 方向辐射强度计算结果

图 5.15 给出了左边界处的瞬态方向辐射强度。对于图 5.15(a)图，双峰分布现象在靠近 180°方向(投射方向的反方向)上比较明显，在靠近 90°方向上几乎没有双峰分布，并且，在 180°方向，双峰的最低点 t=3.336ps 与能束到达中间界面后返回到左边界的时间 $2L_1/c$ 吻合得很好，而其他方向上最低点都有或多或少的延迟。在图 5.15(b)中，由于介质 1 的光学厚度较大，能量在介质中衰减很快，被介质 2 散射而增加的能量很难到达左边界就被吸收，所以双峰分布现象不很明显。

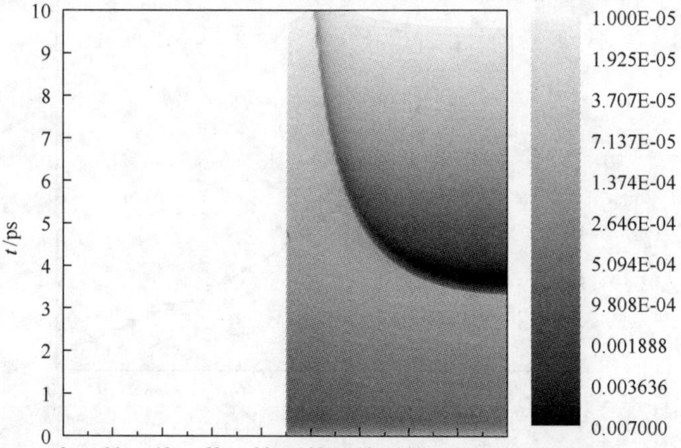

(a) 算例A01

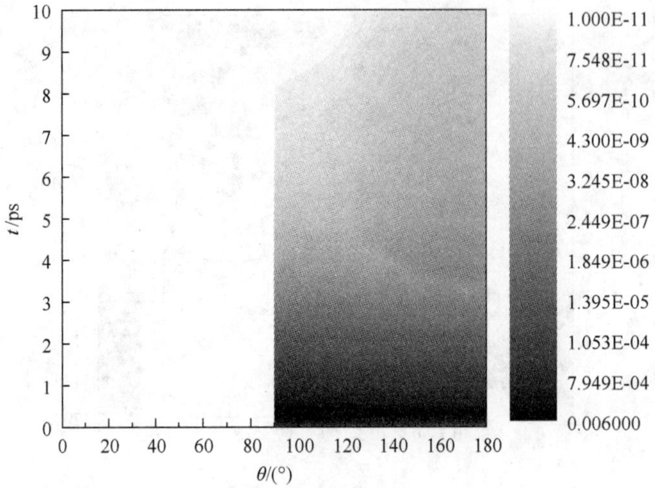

(b) 算例A02

图 5.15　投射边界处的瞬态方向辐射强度分布

在算例 A02 中，介质 1 的光学厚度为 6.0，从图 5.16 可以看出，反射热流没有明显的双峰分布，但是 180°方向的辐射强度仍然存在双峰分布，如图 5.17 所示。图中第二个峰值点和最低点的数值比值约为 2.5，对实际测量而言很容易辨识出最小值的时刻。如今的光学设备能够具有很高像素，能够得到较小立体角内的能量。上述计算结果表明，180°方向上的辐射强度或者该方向附近的微小角度内的辐射热流信号具有更好地反映介质内部非均匀分布特征的性质。

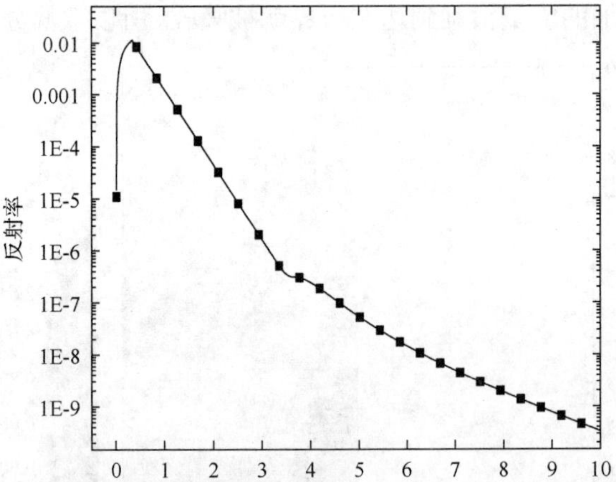

图 5.16　算例 A02 中反射热流

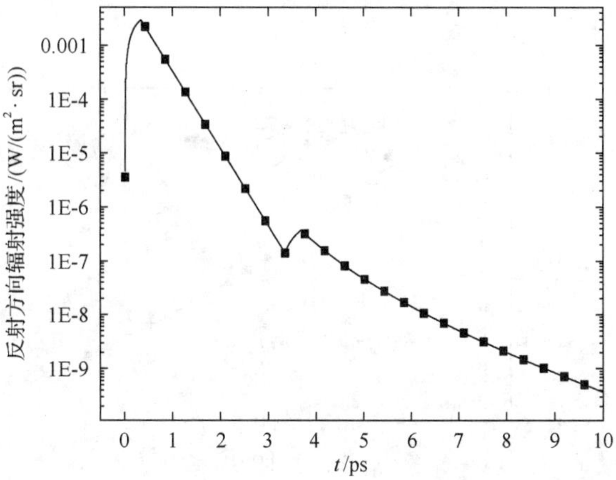

图 5.17　算例 A02 中反射方向辐射强度

5.3.3　双峰分布存在条件讨论

图 5.16 和图 5.17 的比较，显示出反射方向的辐射强度具有更好的双峰分布特点。但是所有的光学设备检测得到的都是一定立体角范围内的辐射热流。下面讨论的双峰分布存在条件将基于反射热流信号进行。实际物理模型一旦满足反射热流的双峰分布存在条件，反射方向的辐射强度或者一定角度范围内的反射热流信号存在条件必然满足。

瞬态反射热流信号双峰分布现象可以很好地用来探测非均匀成分的位置，但是该现象的存在需要一定的条件，Hsu 和 Lu[28]给出了双峰分布存在的两个条件：①无量纲脉冲宽度($t_{p0}=ct_p/L_0$)小于 1；②第一层介质的散射系数要小于第二层介质的散射系数。但是本书的工作表明，这两个条件并不是充分条件，还需要考虑其他的一些因素。

图 5.18 显示了 4 种不同的脉冲宽度下反射热流的结果。图 5.18 中算例和表 5.4 中算例一一对应。图中除了算例 B01 在 $t=2L_1/c$ 处有一明显低谷以外，其他 3 个算例都没有双峰现象产生。这与上述 Hsu 和 Lu[28]提出的双峰分布存在的条件①存在差别。本书中提出一个改进的无量纲脉冲宽度 $t_{p1}=ct_p/(2L_1)$，t_{p1} 小于 1 是产生双峰分布的第一个条件。因为反射信号的最低点是发生在投射能量到达中间表面并且回到投射边界的时刻，当 $t_{p1}>1.0$ 时，第一时间进入介质的投射脉冲已经被强散射的第二层介质反射回来，但是投射面的入射脉冲还没有结束，而在投射脉冲没有结束之前反射热流不会有减小的趋势，所以被强散射的第二层介质反射回来的脉冲只是会对反射热流产生进一步的增强，而不会出现反射热流先减小后增加的趋势。显然，为了让反射信号在被第二层介质反射回来的时刻有增强趋势，第二层介质的散射系数必须要大于第一层介质，如 Hsu 和 Lu[28]所述这是双峰

存在的第二个条件。

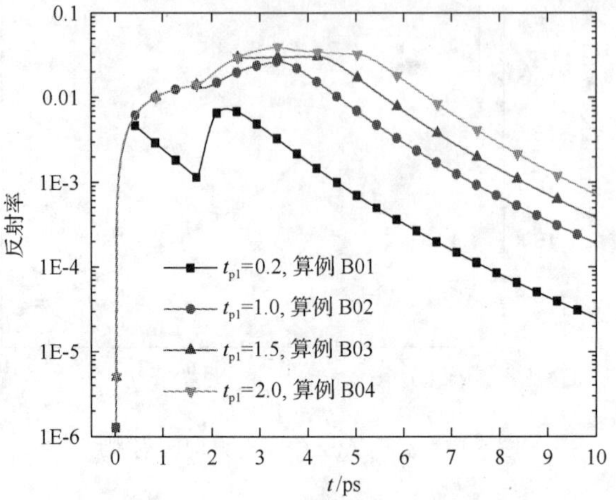

图 5.18　不同投射脉冲宽度下反射热流

表 5.4　不同的无量纲脉冲宽度算例中双层介质特性

算例	τ_1	L_1/mm	ω_1	τ_2	L_2/mm	ω_2	t_{p0}	t_{p1}
B01	1	0.25	0.1	10	0.75	0.9	0.1	0.2
B02	1	0.25	0.1	10	0.75	0.9	0.5	1.0
B03	1	0.25	0.1	10	0.75	0.9	0.75	1.5
B04	1	0.25	0.1	10	0.75	0.9	1.0	2.0

前面讨论的两个条件并不是充分的，表 5.5 中的 4 个算例都满足上面讨论的两个条件，但是从图 5.19 可以看出，双峰现象只存在于算例 B11 和 B12，在这两个算例中，介质 1 的光学厚度不是很大。当介质 1 的光学厚度为 10.0 时，在 t=0.3336ps(投射脉冲结束时刻)和 t=3.336ps(第一时间投射能束到达中间界面并被反射回投射面时刻)之间，由于能量在传播过程中衰减的很快，反射热流信号具有很大的梯度。当 $t>3.336$ps 时，由于介质 2 的强散射反射热流信号应该会有增加的趋势，但是因为介质 1 具有很大的光学厚度，这部分反射的能量很难穿透介质 1 到达投射边界，所以看不到双峰现象。

表 5.5　不同 τ_1 算例中双层介质特性

算例	τ_1	L_1/mm	ω_1	τ_2	L_2/mm	ω_2	t_{p1}
B11	1	0.5	0.1	10	0.5	0.9	0.1
B12	2	0.5	0.1	10	0.5	0.9	0.1
B13	5	0.5	0.1	10	0.5	0.9	0.1
B14	10	0.5	0.1	10	0.5	0.9	0.1

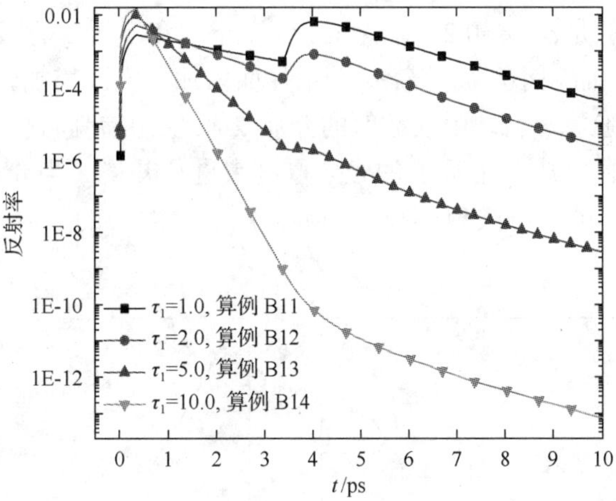

图 5.19　不同τ_1下反射热流

因此，介质 1 的光学厚度需要小于某一特定值是双峰分布存在的第三个条件。为了进一步研究这一特定值的大小以及影响因素，定义当第二个峰值和最低点的比例为 1.5 时(视为双峰分布存在)，介质 1 的光学厚度为临界光学厚度τ_c。当$\tau_1 > \tau_c$时，没有双峰分布。经过大量的计算表明，τ_c会受到下面因素的影响：介质 2 的光学厚度τ_2，无量纲脉冲宽度t_{p1}，介质 1 和 2 的散射率ω_1和ω_2，以及两层介质散射系数的比例σ_1/σ_2。

图 5.20 中介质特性除了介质 2 的光学厚度有变化外，其他条件和算例 A01 中完全一致。从图中看出，当介质 2 增加到一定数值而继续增加时，反射热流的信号曲线不再改变。而实际的应用过程中，介质 2 的光学厚度往往较大，所以在本书中不考虑介质 2 光学厚度的影响。

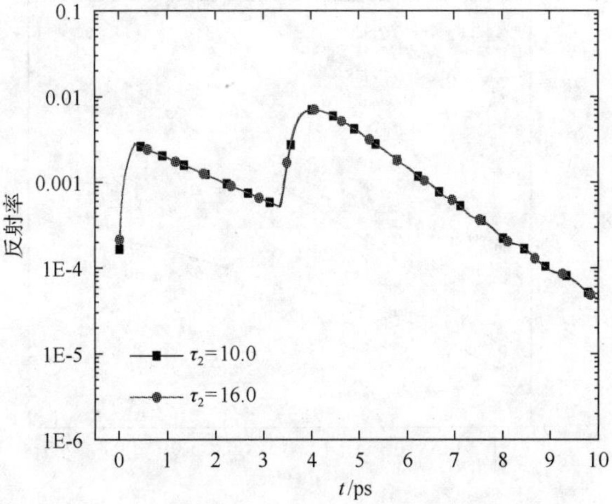

图 5.20　不同τ_2下反射热流

图 5.21 表示的是σ_1/σ_2=0.2/18、t_{p1}=0.1 情况下ω_1和ω_2对τ_c的影响。从图中看出，τ_c会随着ω_1的增加而减小，而随着ω_2的增加而增加。当ω_1增加时，能量在介质 1 中的散射比例将随之增加，由强散射的介质 2 产生的增强将会被介质 1 的散射削弱，因此需要通过减小介质 1 的光学厚度来进行补偿。当介质 2 的散射率增加时，会有更多的能量被反射回投射边界，所以，对应的介质 1 光学厚度域值也会随着增加。

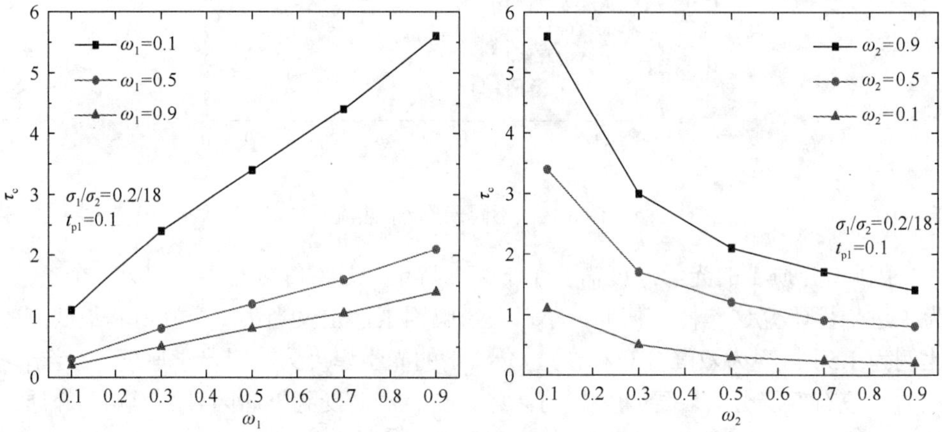

(a) ω_1　　(b) ω_2

图 5.21　ω_1和ω_2对τ_c的影响

如图 5.22 所示，随着σ_1/σ_2增加，τ_c会随之减小。因为，随着σ_1/σ_2的增加两层介质的散射能力逐渐接近，当σ_1/σ_2增加到 1.0 时，如条件②所述没有双峰现象产生。

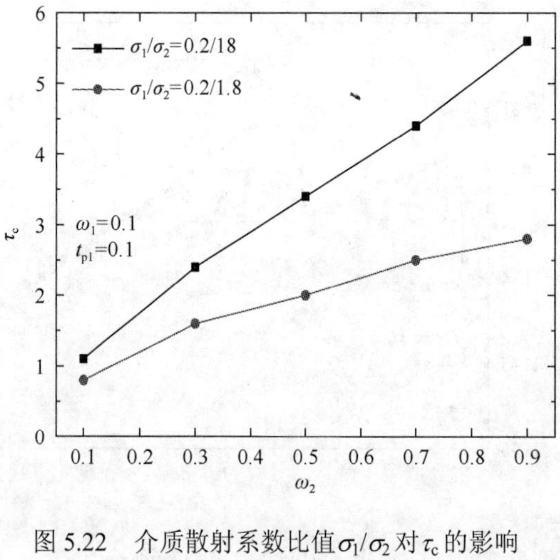

图 5.22　介质散射系数比值σ_1/σ_2对τ_c的影响

无量纲脉冲宽度对 τ_c 的影响如图 5.23 所示，τ_c 会随着 t_{p1} 的增加而减小。当 t_{p1} 增加时，由于投射脉冲持续时间较长，前阶段被介质 2 反射回来的能量很容易被在后阶段的投射能量在介质 1 中散射部分所掩盖。当 t_{p1}=1.0 时，前阶段投射能量被介质 2 反射回来到达投射边界时，投射脉冲还没有结束，这样就不会有反射热流信号的减小趋势，从而没有双峰现象。

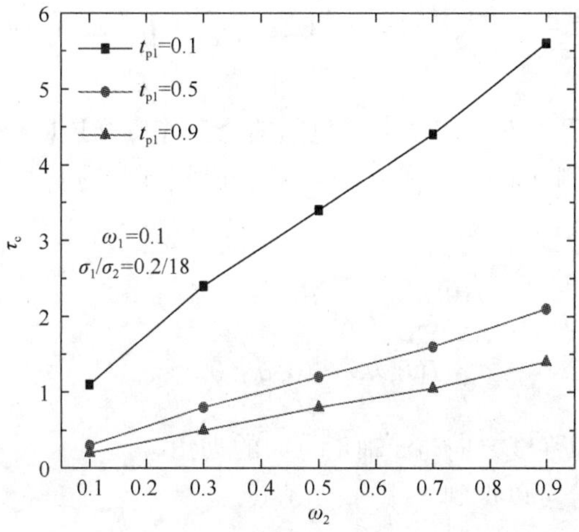

图 5.23　t_{p1} 对 τ_c 的影响

5.4　DRESOR 法求解瞬态梯度折射率介质辐射传递

5.4.1　DRESOR 法求解过程介绍

考察一个均匀、无发射的半透明平板，介质折射率梯度变化。假设介质的辐射特性与时间无关。描述梯度折射率介质内一个空间单元 z 在 $\hat{\boldsymbol{s}}$ 方向、t 时刻强度的瞬态传递方程可以表述为[29]

$$\frac{n^2}{c}\frac{\mathrm{D}}{\mathrm{D}t}\left[\frac{I(z,\hat{s},t)}{n^2}\right] = -\beta I(z,\hat{s},t) + \frac{\sigma_s}{4\pi}\int_{4\pi} I(z,\hat{s}_i,t)\Phi(\hat{s}_i,\hat{s})\,\mathrm{d}\Omega_i \tag{5.22}$$

式中，n 为介质的折射率；c 为介质内辐射能的传播速率；$\beta=\kappa+\sigma_s$ 为介质的消光系数；κ 和 σ_s 分别为吸收和散射系数；散射相函数 Φ 为

$$\Phi(\hat{\boldsymbol{s}}_i,\hat{\boldsymbol{s}}) = 1 + b\cos\hat{\boldsymbol{s}}_i\cos\hat{\boldsymbol{s}} \tag{5.23}$$

基于传播速率、梯度折射率以及时间和位置的相互关系，式(5.22)的左侧可以写为

$$\frac{n^2}{c}\frac{\mathrm{D}}{\mathrm{D}t}[\frac{I(z,\hat{\mathbf{s}},t)}{n^2}]=\frac{n}{c_0}\frac{\partial I(z,\hat{\mathbf{s}},t)}{\partial t}+n^2\frac{\partial}{\partial s}\left[\frac{I(z,\hat{\mathbf{s}},t)}{n^2}\right] \tag{5.24}$$

式中，c_0为辐射能束在真空中的传播速率。

将式(5.24)代入式(5.22)，得到

$$\frac{n}{c_0}\frac{\partial I(z,\hat{\mathbf{s}},t)}{\partial t}+n^2\frac{\partial}{\partial s}\left[\frac{I(z,\hat{\mathbf{s}},t)}{n^2}\right]=-\beta I(z,\hat{\mathbf{s}},t)+\frac{\sigma_{\mathrm{s}}}{4\pi}\int_{4\pi}I(z,\hat{\mathbf{s}}_i,t)\Phi(\hat{\mathbf{s}}_{\mathrm{i}},\hat{\mathbf{s}})\,\mathrm{d}\,\Omega_{\mathrm{i}} \tag{5.25}$$

考察介质的边界条件，假设真空包围的介质左侧半透明壁面接受一束平行脉冲辐射，而介质右侧壁面被无散射的半透明介质包围，则相应的平行入射辐射和边界条件可以表述为

$$I(0,\mu,t)=I_{\mathrm{p}}u(t)\delta(\mu-1),\mu>0 \tag{5.26}$$

$$I(L,\mu,t)=0,\mu<0,t>0 \tag{5.27}$$

式中，μ=cosθ，θ为强度方向与z轴正方向的夹角。

对式(5.25)积分可以得到

$$\frac{I(z,\hat{\mathbf{s}},t)}{n_z^2}=\frac{1}{n_{z_{\mathrm{w}}}^2}I(z_{\mathrm{w}},\hat{\mathbf{s}}_{\mathrm{w}},t-t_{z_{\mathrm{w}}\to z})\exp\left(-\int_0^s\beta\,\mathrm{d}\,s'\right) \tag{5.28}$$

这里，$t_{z_{\mathrm{w}}\to z}$和$t_{z'\to z}$分别表示从壁面单元或者介质空间体积单元传递到计算单元所需的时间。上式右侧第一项表示壁面强度的直接辐射贡献；第二项表示介质的间接散射贡献。引入 DRESOR 法，对源函数S进行处理可以得到

$$\begin{aligned}S(z',\hat{\mathbf{s}}',t-t_{z'\to z})&=\frac{\omega}{4\pi}\left[\int_{4\pi}I(z',\hat{\mathbf{s}}_{\mathrm{i}},t-t_{z'\to z})\Phi(\hat{\mathbf{s}}_{\mathrm{i}},\hat{\mathbf{s}}')\,\mathrm{d}\,\Omega_{\mathrm{i}}\right]\\&=\frac{1}{4\pi\beta}\int_0^{t-t_{z'\to z}}\left[\int_W\frac{1}{n_{z'}^2}\pi I(z_{\mathrm{w}},\hat{\mathbf{s}}_{\mathrm{w}},t')R_{\mathrm{d}}^{\mathrm{s}}(z_{\mathrm{w}},z',\hat{\mathbf{s}}',t-t_{z'\to z}-t')\,\mathrm{d}\,A\right]\mathrm{d}t'\end{aligned} \tag{5.29}$$

式中，DRESOR 数$R_{\mathrm{d}}^{\mathrm{s}}(z_{\mathrm{w}},z',\hat{\mathbf{s}}',t-t_{z'\to z}-t')$表示在$t-t_{z'\to z}-t'$时刻，壁面单元$z_{\mathrm{w}}$发射的能量被介质空间单元$z'$散射到$\hat{\mathbf{s}}'$方向的份额。

将式(5.29)代入式(5.28)，得到 DRESOR 法求解瞬态脉冲入射梯度折射率介质的辐射强度公式：

$$
\begin{aligned}
\frac{I(z,\hat{\boldsymbol{s}},t)}{n_z^2} &= \frac{1}{n_{z_{\mathrm{w}}}^2} I(z_{\mathrm{w}},\hat{\boldsymbol{s}}_{\mathrm{w}},t-t_{z_{\mathrm{w}}\to z})\exp\left(-\int_0^s \beta\,\mathrm{d}s'\right) \\
&+ \int_0^s \frac{1}{4\pi\beta}\int_0^{t-t_{z'\to z}}\left[\int_W \frac{1}{n_{z'}^2}\pi I(z_{\mathrm{w}},\hat{\boldsymbol{s}}_{\mathrm{w}},t')R_{\mathrm{d}}^{\mathrm{s}}(z_{\mathrm{w}},z',\hat{\boldsymbol{s}}',t-t_{z'\to z}-t')\,\mathrm{d}A\right]\mathrm{d}t' \\
&\times \exp\left(-\int_{s'}^s \beta\,\mathrm{d}s''\right)\mathrm{d}s'
\end{aligned} \tag{5.30}
$$

5.4.2　截断高斯脉冲入射梯度折射率介质的 DRESOR 法求解

本书选取的平行脉冲是一束截断高斯脉冲，其可以表示为

$$
I_{\mathrm{p}}u(t) = I_0 \exp\left[-4\ln 2\left(\frac{t-t_{\mathrm{c}}}{t_{\mathrm{p}}}\right)^2\right][H(t)-H(t-2t_{\mathrm{c}})],\quad t>0 \tag{5.31}
$$

式中，t_{c} 为该脉冲达到最大强度 I_0 的时刻；系数 4ln2 为确保式(5.31)满足 $I_{\mathrm{p}}u(t_{\mathrm{c}}\pm t_{\mathrm{p}}/2)=I_0/2$；$t_{\mathrm{p}}$ 为脉冲的半宽；H 和 δ 分别为 Heaviside 阶跃函数和 Dirac delta 脉冲函数，它们满足

$$
H(t)=\begin{cases}1, & t\geqslant 0\\ 0, & t<0\end{cases} \tag{5.32}
$$

$$
\begin{cases}\delta(x-c)=0, & x\neq c\\ \displaystyle\int_a^b (x-c)\,\mathrm{d}x, & a<c<b\end{cases} \tag{5.33}
$$

如图 5.24 所示，一个光学厚度为 $\tau=\beta L=(\kappa+\sigma_{\mathrm{s}})L$ 的一维平板介质被离散成 N 个体积单元，两侧壁面分别为第 0 和第 N+1 个壁面单元，因此每个单元的光学厚度为 $\Delta\tau=\tau/N$。每个单元的所有 π 方向被离散成 M 个方向。介质的折射率线性变化，并且 $n_L>n_0$。此外，假设每个单元内的折射率均匀，则弯曲的传递路径在局部被线性化。

以图 5.24 中单元 i_1 为计算点，对式(5.30)进行相应的离散化，可以得到 t 时刻 i_1 单元的 θ_{i_1} 方向上的辐射强度为

$$
\begin{aligned}
\frac{I(i_1,\theta_{i_1},t)}{n_{i_1}^2} &= \frac{1}{n_0^2}I(0,\theta_0,t-t_{0\to i_1})\exp(-\tau_{0\to i_1}) + \sum_{i_2}^{\text{沿路径}}\left[\frac{1}{4\pi\beta}\sum_{t'=0}^{t-t_{i_2\to i_1}}\left(\frac{1}{n_{i_2}^2}\pi I(0,\theta_0',t')\right.\right. \\
&\left.\left.\times R_{\mathrm{d}}^{\mathrm{s}}(0,i_2,\theta_{i_2},t-t_{i_2\to i_1}-t')\right)\right]\left|\exp(-\tau_{i_2-1\to i_1})-\exp(-\tau_{i_2\to i_1})\right|
\end{aligned} \tag{5.34}
$$

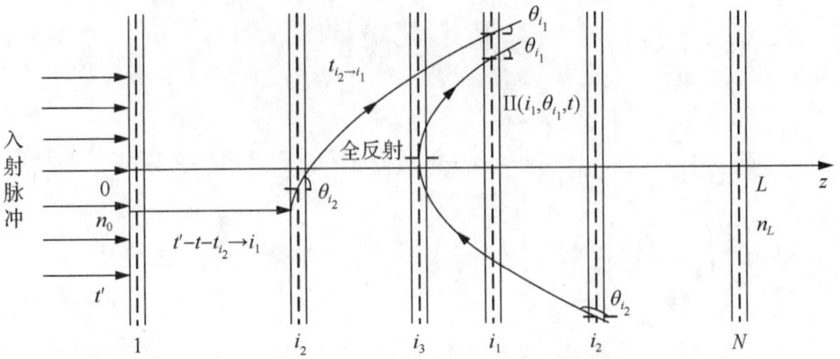

图 5.24　脉冲平行入射梯度折射率介质的几何示意图

在计算过程中，瞬态 DRESOR 数的获取至关重要，它的计算基于 MCM 法的能束追踪思想。由于我们所考虑的介质无发射，所以只需追踪壁面单元发射的能束即可。首先，随机确定能束的传递方向和距离，一旦能束穿过一个单元，传递的时间将被记录，同时，壁面发射的能束在该时刻被这个单元散射到各个方向的能量份额将被记录到 DRESOR 数中。然后，由于介质的梯度折射率，能束的传递方向和距离将根据 Snell 定律重新确定。继续该过程，直到该条能束的能量衰减到一个极小值。在壁面发射的所有能束都被追踪之后，就可以得到所有的 DRESOR 数，具体的计算过程与前文介绍的梯度折射率介质中 DRESOR 数计算类似。

瞬态脉冲入射的梯度折射率介质内，DRESOR 数的更新可以表示为

$$R_{\mathrm{d}}^{\mathrm{s}}(z_{\mathrm{w}},z,\hat{\mathbf{s}},t)=R_{\mathrm{d}}^{\mathrm{s}}(z_{\mathrm{w}},z,\hat{\mathbf{s}},t)+C_0\frac{E_0}{N_0}[1-\omega(z)\exp(-|\Delta\tau(z)|]\Phi(\hat{\mathbf{s}}',\hat{\mathbf{s}}) \tag{5.35}$$

式中，C_0 为补偿系数；E_0 为每条能束的初始能量；N_0 为追踪的能束数；$\omega(z)$ 是在 z 处的散射反照率，$\Delta\tau(z)$ 为能束穿过 z 时的光学厚度。

由于不同单元之间折射率的变化，光学距离 $\tau_{i_2\to i_1}$ 和传递时间 $\tau_{i_2\to i_1}$ 的计算需要从 i_2 到 i_1 逐个单元进行。以光学厚度的计算为例，如图 5.37 所示，有两种可能的能束传递路径。第一种是传递过程中在 i_3 单元出现全反射，此处满足全反射定律，则光学距离 $\tau_{i_2\to i_1}$ 为

$$\tau_{i_2\to i_1}=\sum_{i=i_3}^{i_1}(\Delta\tau/\cos\theta_i)+\sum_{j=i_3}^{i_2}(\Delta\tau/\cos\theta_j) \tag{5.36}$$

式中，$\theta_i=\arcsin(n_{i_1}\sin\theta_{i_1}/n_i)$；$\theta_j=\arcsin(n_{i_2}\sin\theta_{i_2}/n_j)$。

另一种传递过程则不存在全发射，则光学距离 $\tau_{i_2\to i_1}$ 为

$$\tau_{i_2\to i_1}=\sum_{i=i_2}^{i_1}(\Delta\tau/\cos\theta_i) \tag{5.37}$$

式中，$\theta_i = \arcsin(n_{i_1} \sin\theta_{i_1} / n_i)$。

在瞬态辐射传递问题中，我们感兴趣的量是时间分辨率的反射率和透射率。反射率是受脉冲入射后壁面反射的净辐射热流，透射率是受脉冲入射后壁面透射的净辐射热流。反射率和透射率的计算公式为

$$R(0,t) = -\frac{1}{I_0}\sum_{m=1}^{M} I_m(0,\hat{\boldsymbol{s}},t)\mu_m\omega_m \tag{5.38}$$

$$T(L,t) = \frac{1}{I_0}[I(L,0,t) + \sum_{m=1}^{M} I_m(L,\hat{\boldsymbol{s}},t)\mu_m\omega_m] \tag{5.39}$$

5.4.3　DRESOR 法计算结果与讨论

为了对 DRESOR 法计算结果进行验证，这里取 $t_c=3t_p$。为了简便，计算过程中，对时间进行无量纲化 $t^*=c_0\beta t/n_0$，并且取 $t_p^*=0.4$。则该平行入射脉冲的强度图可以表示为图 5.25，其在 $t^*=1.2$ 时达到最大值 1.0，而分别在 $t^*=1.0$ 和 $t^*=1.4$ 达到最大值的一半。在算例中，$\Delta\tau=\tau/N=0.01$、$M=180$，并且$\Delta t^*=c_0\beta\Delta t/n_0=0.01$。

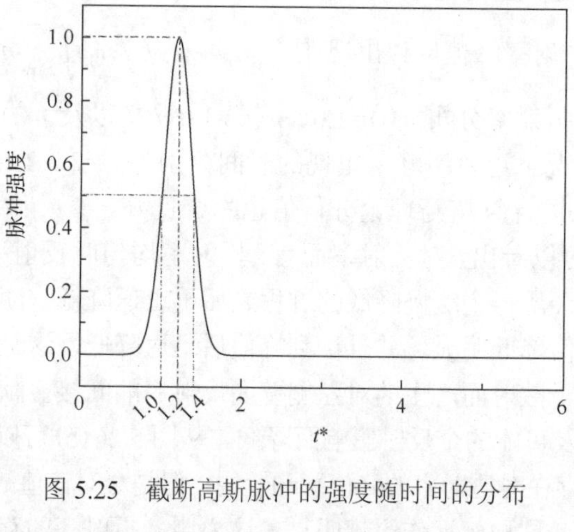

图 5.25　截断高斯脉冲的强度随时间的分布

用 DRESOR 法求解表 5.6 中 3 个工况下的梯度折射率介质内的瞬态入射问题。

表 5.6　介质特性及边界条件

工况	介质折射率	介质其他特性	左/右侧边界
算例 1	$n(i)=1.0$		
算例 2	$n(i)=1.0+i/N$	各向同性散射，$\tau=1.0$，$\omega=1.0$	截断高斯脉冲入射/半透明
算例 3	$n(i)=1.0+2.0(i/N)$		

计算结果与 Wu[30]使用 DOM 得到的结果以及 Liu[31]使用 DFEM 得到的结果

进行了对比，如图 5.26 所示，它们相互之间吻合得很好，验证了 DRESOR 法计算准确性。

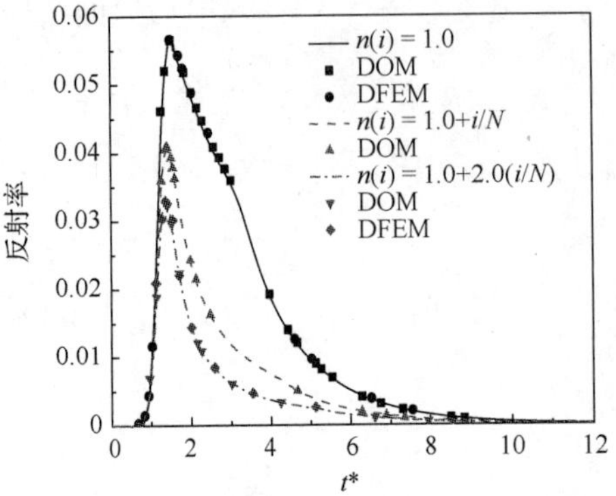

(a) 反射率随时间的变化

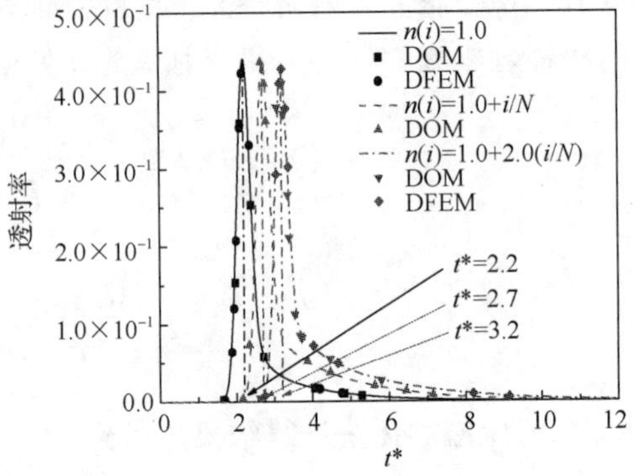

(b) 透射率随时间的变化

图 5.26　算例 1-3 条件下介质的瞬态透射率和反射率变化

理论上，梯度折射率介质内能量传递的速率为 $c=c_0/n(i)$。由于脉冲辐射的峰值在 t_c^* 时刻出现在左侧边界，它从左侧传递到右侧需要耗时 $(c_0\beta/n_0)\int_{x=0}^{x=L} n(x)\mathrm{d}x/c_0$，透射率峰值应该出现在 $t^*=t_c^*+(c_0\beta/n_0)\int_{x=0}^{x=L} n(x)\mathrm{d}x/c_0$ 时刻。代入 3 种工况相应的折射率分布 $n(i)=1.0$、$n(i)=1.0+i/N$ 以及 $n(i)=1.0+2.0(i/N)$，我们可以得到 3 种工况下透射率峰值出现的时间分别为 t^*=2.2,2.7,3.2。如图 5.26(b) 所示，DRESOR 法的计算值与理论分析值也吻合良好。

从图 5.26(a) 可以看出，对反射率而言，折射率均匀时反射率峰值较大，并且，在达到峰值后，先经历一个缓慢降低的过程之后再迅速降低。随着折射率梯度的逐渐增大，反射率峰值降低明显，并且达到峰值后迅速降低，这是因为，折射率梯度越大，空间介质由于散射而产生的对左侧壁面反射率的间接贡献，由于能束的偏转导致行程的延长以及可能的全反射影响而降低。从图 5.26(b) 可以看出，对透射率而言，折射率梯度的存在对透射率的峰值影响较弱，但是会对该值的出现产生延迟，并且折射率梯度越大，这种延迟作用越明显。这说明，折射率的存在主要还是体现在能量传递的路径弯曲上，折射率梯度越大，路径弯曲程度也越大，影响作用就越大。

5.5　本章小结

本章首先介绍了在充满各向同性/异性散射、吸收、无发射的一维平行平板中，用基于 MCM 法的 DRESOR 法在脉冲平行入射条件下处理瞬态辐射传递问题。通过在系统内计算一单位入射辐射能对介质的 DRESOR 数分布，就能计算任意波形入射辐射在系统内时间响应特性。并且,对计算的瞬态结果的验证证明了 DRESOR 法处理瞬态入射辐射问题的正确性和有效性。

然后介绍了 DRESOR 法在一维非均匀散射介质中的瞬态辐射传递过程求解。计算结果表明,DRESOR 法计算得到的方向辐射强度体现出更好的作为检测信号的特性。并且,对反射热流信号的双峰分布存在条件进行了讨论,修改了文献中提出的条件,得出更为准确、充分的反射热流双峰分布存在条件。

在梯度折射率介质中,辐射能束沿曲线路径传播,并且传递速度也因此而变化,这使得梯度折射率介质中的瞬态辐射传递问题更加复杂和困难。本章将 DRESOR 拓展到计算截断高斯脉冲入射下的一维梯度折射率介质中的瞬态辐射传递问题。对比结果显示了该方法的准确性和有效性。与均匀折射率相比,折射率梯度的增大显著减小了发射率和透射率的峰值,延迟了透射率信号出现时间,并延长了反射率信号和透射率信号的持续时间。与反射率曲线相比,透射率曲线能够给出更多关于参与性介质的特征信息,在瞬态分析中更值得关注。

参 考 文 献

[1] Trivedi A, Basu S, Mitra K. Temporal analysis of reflected optical signals for short pulse laser interaction with nonhomogeneous tissue phantoms[J]. Journal of Quantitative Spectroscopy and Radiative Transfer, 2005, 93(1-3): 337-348.

[2] Mitra K, Kumar S. Application of transient radiative transfer equation to oceanographic lidar[C]//ASME 1997 International Mechanical Engineering Congress and Exposition. American Society of Mechanical Engineers, 1997: 359-365.

[3] Longtin J P, Tien C L. Saturable absorption during high-intensity laser heating of liquids[J]. Journal of Heat Transfer, 1996, 118(4): 924-930.

[4] Liu F, Yoo K M, Alfano R R. Ultrafast laser-pulse transmission and imaging through biological tissues[J]. Applied Optics, 1993, 32(4): 554-558.

[5] Sakami M, Mitra K, Vo-Dinh T. Analysis of short-pulse laser photon transport through tissues for optical tomography[J]. Optics Letters, 2002, 27(5): 336-338.

[6] Mitra K, Kumar S. Development and comparison of models for light-pulse transport through scattering–absorbing media[J]. Applied Optics, 1999, 38(1): 188-196.

[7] Guo Z, Kumar S. Discrete-ordinates solution of short-pulsed laser transport in two-dimensional turbid media[J]. Applied Optics, 2001, 40(19): 3156-3163.

[8] Guo Z, Kumar S. Three-dimensional discrete ordinates method in transient radiative transfer[J]. Journal of Thermophysics and Heat Transfer, 2002, 16(3): 289-296.

[9] Tan Z M, Hsu P F. Transient radiative transfer in three-dimensional homogeneous and non-homogeneous participating media[J]. Journal of Quantitative Spectroscopy & Radiative Transfer, 2002, 73(2-5): 181-194.

[10] Boulanger J, Charette A. Reconstruction optical spectroscopy using transient radiative transfer equation and pulsed laser: a numerical study[J]. Journal of Quantitative Spectroscopy and Radiative Transfer, 2005, 93(1-3): 325-336.

[11] Chai J C, Hsu P F, Lam Y C. Three-dimensional transient radiative transfer modeling using the finite-volume method[J]. Journal of Quantitative Spectroscopy and Radiative Transfer, 2004, 86(3): 299-313.

[12] Katika K M, Pilon L. Modified method of characteristics in transient radiation transfer[J]. Journal of Quantitative Spectroscopy and Tadiative Transfer, 2006, 98(2): 220-237.

[13] Chai J C. One-dimensional transient radiation heat transfer modeling using a finite-volume method[J]. Numerical Heat Transfer: Part B: Fundamentals, 2003, 44(2): 187-208.

[14] An W, Ruan L M, Qi H, et al. Finite element method for radiative heat transfer in absorbing and anisotropic scattering media[J]. Journal of Quantitative Spectroscopy and Radiative Transfer, 2005, 96(3-4): 409-422.

[15] Brewster M Q, Yamada Y. Optical properties of thick, turbid media from picosecond time-resolved light scattering measurements[J]. International Journal of Heat and Mass Transfer, 1995, 38(14): 2569-2581.

[16] Sakami M, Mitra K, Hsu P F. Transient radiative transfer in anisotropically scattering media using monotonicity-preserving schemes[C]//ASME 2000 International Mechanical Engineering Congress and Exposition. American Society of Mechanical Engineers, 2000: 135-144.

[17] Hsu P. Effects of multiple scattering and reflective boundary on the transient radiative transfer process[J]. International Journal of Thermal Sciences, 2001, 40(6): 539-549.

[18] Lu X, Hsu P. Reverse Monte Carlo simulations of light pulse propagation in nonhomogeneous media[J]. Journal of Quantitative Spectroscopy and Radiative Transfer, 2005, 93(1-3): 349-367.

[19] Guo Z, Aber J, Garetz B A, et al. Monte Carlo simulation and experiments of pulsed radiative transfer[J]. Journal of Quantitative Spectroscopy and Radiative Transfer, 2002, 73(2-5): 159-168.

[20] Hasegawa Y, Yamada Y, Tamura M, et al. Monte Carlo simulation of light transmission through living tissues[J]. Applied Optics, 1991, 30(31): 4515-4520.

[21] Tan Z M, Hsu P F. An integral formulation of transient radiative transfer[J]. Transactions-American Society of Mechanical Engineers Journal of Heat Transfer, 2001, 123(3): 466-475.

[22] Wu C Y. Propagation of scattered radiation in a participating planar medium with pulse irradiation[J]. Journal of Quantitative Spectroscopy and Radiative Transfer, 2000, 64(5): 537-548.

[23] Modest M F. Radiative Heat Transfer[M]. 3rd Edition. San Diego: Academic Press, 2013.

[24] Wu C Y, Ou N R. Differential approximations for transient radiative transfer through a participating medium exposed to collimated irradiation[J]. Journal of Quantitative Spectroscopy and Radiative Transfer, 2002, 73(1): 111-120.

[25] Cheng Q, Zhou H C, Huang Z F, et al. The solution of transient radiative transfer with collimated incident serial pulse in a plane-parallel medium by the DRESOR method[J]. Journal of Heat Transfer, 2008, 130(10): 102701.

[26] Brewster M Q, Yamada Y. Optical properties of thick, turbid media from picosecond time-resolved light scattering measurements[J]. International Journal of Heat and Mass Transfer, 1995, 38(14): 2569-2581.

[27] Kumar S, Guo Z, Aber J, et al. Experimental and numerical studies of short pulse propagation in model systems[C]//ASME 2002 International Mechanical Engineering Congress and Exposition. American Society of Mechanical Engineers, 2002: 97-104.

[28] Hsu P, Lu X. Temporal reflectance from a light pulse irradiated medium embedded with highly scattering cores[J]. Journal of Quantitative Spectroscopy and Radiative Transfer, 2007, 107(3): 429-442.

[29] Preisendorfer R W. Radiative Transfer on Discrete Spaces[M]. Oxford: Pergamon Press, 1965.

[30] Wu C Y. Discrete ordinates solution of transient radiative transfer in refractive planar media with pulse irradiation[C]//13th International Heat Transfere Conference. The Annals of the Assembly for International Heat Transfer, 2006.

[31] Liu L H, Hsu P F. Analysis of transient radiative transfer in semitransparent graded index medium. Journal of Quantitative Spectroscopy and Radiative Transfer, 2007, 105(3):357-376.

第 6 章　DRESOR 法对平行入射辐射问题的研究

近年来，对有发射、吸收、散射的多维介质中平行入射研究越来越多，典型的例子包括：太阳光穿过大气入射到海洋，颗粒或液体的激光发射等。迄今为止，已有很多学者提出了多种计算平行入射辐射问题的方法，例如，文献[1]中提到的 MCM 法和反向蒙特卡洛法，文献[2]中提到的基于辐射分配因子的反向蒙特卡洛法，以及文献[3]中提到的 DOM 法等，但是这些方法都局限于特定的条件，例如，基于辐射分配因子的反向蒙特卡洛法不能处理纯散射问题[2]，DOM 法当计算方向增多时，计算量成倍增加需要并行计算[3]。而且，他们大多数不能直接给出辐射强度分布，仅能给出有限方向的热流分布。用前向蒙特卡洛法处理辐射源是平行光入射或者辐射从很小的区域或很小的立体角入射的问题时，其计算效率非常低下，这是由于要发射和跟踪大量的能束，直到它们被吸收或者离开系统，而只有那些到达所求微小区域或者立体角内的小部分能束被有效统计。对于这类问题，RMC 法是一个比较好的选择，Modest[1]全面介绍 RMC 法处理这类问题。一些其他的方法也应用到平行光入射的辐射传递问题，例如，Lacroix[2]用 DOM 法分析由激光产生的带烟羽的激光束的交互作用；Wu[3]用 IE 法在有平行光入射的二维柱状介质中研究辐射传递问题；Modest and Tabanfar[4]用修正的 P_1 近似法研究平行入射辐射问题。尽管这些方法已经被用来计算平行入射辐射问题，但是它们几乎都不能给出辐射强度的高方向分辨率的分布。

在本章中，将用 DRESOR 法在具有各向同性散射、吸收的介质中处理平行光入射问题，通过相关文献中的数据和在纯散射介质中用能量平衡方程对 DRESOR 法进行验证。然后，在 4 种不同辐射特性的计算条件下，给出随天顶角 θ、水平角 φ 变化的辐射强度高方向分辨率分布和边界辐射热流分布，同时得出一些有意义的结论。

6.1　DRESOR 法求解平行入射辐射传递方程介绍

如图 6.1 所示，平行光入射在 $\boldsymbol{r}_{\mathrm{w}}$ 处面积为 dA 的没有反射和折射的表面上。在有平行光入射的冷黑体边界、具有各向同性散射、吸收的灰性介质中辐射传递方程为[5]

$$\hat{\boldsymbol{s}} \cdot \nabla I(\boldsymbol{r}, \hat{\boldsymbol{s}}) = -\beta I(\boldsymbol{r}, \hat{\boldsymbol{s}}) + \frac{\sigma_{\mathrm{s}}}{4\pi} \int_{4\pi} I(\boldsymbol{r}, \hat{\boldsymbol{s}}_{\mathrm{i}}) \Phi(\hat{\boldsymbol{s}}_{\mathrm{i}}, \hat{\boldsymbol{s}}) \mathrm{d}\Omega_{\mathrm{i}} \tag{6.1}$$

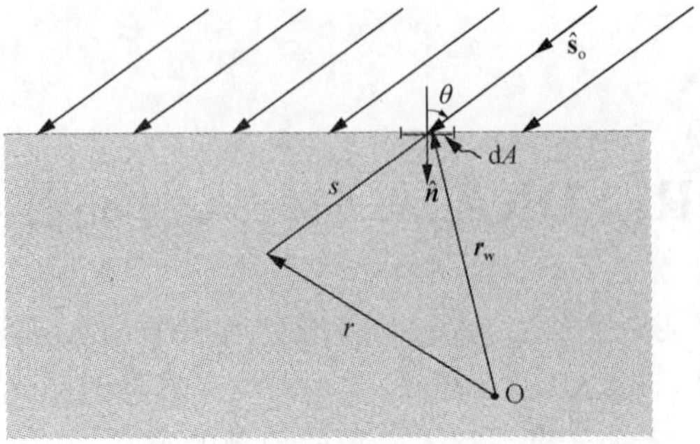

图 6.1　平行光入射在任意表面

式(6.1)积分得

$$I(\boldsymbol{r},\hat{\boldsymbol{s}})=I_{\mathrm{ow}}(\boldsymbol{r}_{\mathrm{w}},\hat{\boldsymbol{s}})\exp\left(-\int_0^s\beta\mathrm{d}s''\right)+\int_0^s S(\boldsymbol{r}',\hat{\boldsymbol{s}})\exp\left(-\int_0^{s'}\beta\mathrm{d}s''\right)\beta\mathrm{d}s' \tag{6.2}$$

式中，$I_{\mathrm{ow}}(\boldsymbol{r}_{\mathrm{w}},\hat{\boldsymbol{s}})$ 为 $\boldsymbol{r}_{\mathrm{w}}$ 入射辐射强度。

$$I_{\mathrm{ow}}(\boldsymbol{r}_{\mathrm{w}},\hat{\boldsymbol{s}})=q_{\mathrm{o}}(\boldsymbol{r}_{\mathrm{w}})\delta[\hat{\boldsymbol{s}}-\hat{\boldsymbol{s}}_{\mathrm{o}}(\boldsymbol{r}_{\mathrm{w}})] \tag{6.3}$$

式中，$q_{\mathrm{o}}(\boldsymbol{r}_{\mathrm{w}})$ 为平行入射辐射热流；δ 为 Dirac-delta 函数；$\hat{s}_{\mathrm{o}}(\boldsymbol{r}_{\mathrm{w}})$ 为平行入射方向。

用 DRESOR 法将 $S(\boldsymbol{r}',\hat{\boldsymbol{s}})$ 改写为

$$\begin{aligned}S(\boldsymbol{r}',\hat{\boldsymbol{s}})&=\frac{\omega}{4\pi}\left[\int_{4\pi}I(\boldsymbol{r}',\hat{\boldsymbol{s}}_{\mathrm{i}})\Phi(\hat{\boldsymbol{s}}_{\mathrm{i}},\hat{\boldsymbol{s}})\mathrm{d}\Omega_{\mathrm{i}}\right]\\&=\frac{1}{4\pi}\left[\int_W q_{\mathrm{o}}(\boldsymbol{r}_{\mathrm{w}})R_{\mathrm{d}}^{\mathrm{s}}(\boldsymbol{r}_{\mathrm{w}},\boldsymbol{r}',\hat{\boldsymbol{s}})\mathrm{d}A\right]\end{aligned} \tag{6.4}$$

式中，$R_{\mathrm{d}}^{\mathrm{s}}(\boldsymbol{r}_{\mathrm{w}},\boldsymbol{r}',\hat{\boldsymbol{s}})$ 为 DRESOR 数，其定义与前文介绍相同。

将式(6.4)代入式(6.2)中，得到 DRESOR 法求解有平行光入射的辐射传递方程的求解公式为

$$\begin{aligned}I(\boldsymbol{r},\hat{\boldsymbol{s}})&=q_{\mathrm{o}}(\boldsymbol{r}_{\mathrm{w}})\delta[\hat{s}-\hat{s}_{\mathrm{o}}(\boldsymbol{r}_{\mathrm{w}})]\exp\left(-\int_0^s\beta\mathrm{d}s''\right)\\&\quad+\frac{1}{4\pi}\int_0^s\int_W q_{\mathrm{o}}(\boldsymbol{r}_{\mathrm{w}})R_{\mathrm{d}}^{\mathrm{s}}(\boldsymbol{r}_{\mathrm{w}},\boldsymbol{r}',\hat{\boldsymbol{s}})\,\mathrm{d}A\exp\left(-\int_0^{s'}\beta\mathrm{d}s''\right)\beta\mathrm{d}s'\end{aligned} \tag{6.5}$$

从式(6.3)和式(6.5)中可以看出，对于给定吸收和散射系数的散射、吸收和非发射介质中，一旦 DRESOR 数 $R_{\mathrm{d}}^{\mathrm{s}}(\boldsymbol{r}_{\mathrm{w}},\boldsymbol{r}',\hat{\boldsymbol{s}})$ 已知，$I(\boldsymbol{r},\hat{\boldsymbol{s}})$ 在任意点 $\boldsymbol{r}$ 的角分布，能表示为平行入射辐射热流 $q_{\mathrm{o}}(\boldsymbol{r}_{\mathrm{w}})$ 的函数。

6.1.1　一个简单工况的计算公式

考虑一能量为 Q 的平行入射辐射，均匀地分布在一个没有反射、半径为 $0 \leqslant \boldsymbol{r} \leqslant R_0$ 的圆盘 W 内，如图 6.2 所示[1, 6]。表面下部的介质假设为灰体、均匀的各向同性散射介质，边界为没有反射的冷黑表面。对于各向同性散射，$R_{\mathrm{d}}^{\mathrm{s}}(\boldsymbol{r}_{\mathrm{w}}, \boldsymbol{r}', \hat{\boldsymbol{s}})$ 退化为 $R_{\mathrm{d}}^{\mathrm{s}}(\boldsymbol{r}_{\mathrm{w}}, \boldsymbol{r}')$。坐标的原点 O 为圆盘 W 的中心。由于介质的均匀性和平行光入射辐射源的对称性，DRESOR 数也是对称分布，则式(6.3)和式(6.5)可以分别简化为

$$I_{\mathrm{ow}}(\boldsymbol{r}_{\mathrm{w}}, \hat{\boldsymbol{s}}) = \frac{Q}{\pi R^2} \delta[\hat{\boldsymbol{s}} - \hat{\boldsymbol{s}}_{\mathrm{o}}(\boldsymbol{r}_{\mathrm{w}})] \tag{6.6}$$

$$\begin{aligned} I(\boldsymbol{r}, \hat{\boldsymbol{s}}) = & \frac{Q\delta[\hat{\boldsymbol{s}} - \hat{\boldsymbol{s}}_{\mathrm{o}}(\boldsymbol{r}_{\mathrm{w}})]}{\pi R^2} \exp\left(-\int_0^s \beta \mathrm{d}s''\right) \\ & + \frac{1}{4\pi} \frac{Q}{\pi R^2} \int_0^s \int_W R_{\mathrm{d}}^{\mathrm{s}}(\boldsymbol{r}_{\mathrm{w}}, \boldsymbol{r}') \mathrm{d}A \\ & \times \exp\left(-\int_0^{s'} \beta \mathrm{d}s''\right) \beta \mathrm{d}s' \end{aligned} \tag{6.7}$$

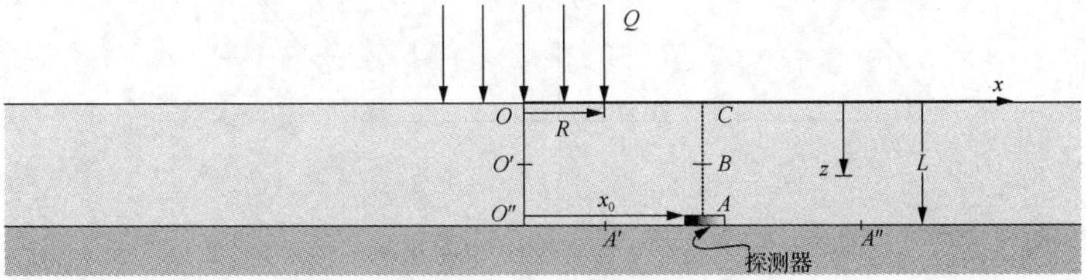

图 6.2　平行光入射一维平行平板的几何结构[1,7]

定义 $R_{\mathrm{d}}^{\mathrm{s}}(W, \boldsymbol{r}')$ 为

$$R_{\mathrm{d}}^{\mathrm{s}}(W, \boldsymbol{r}') = \frac{1}{\pi R^2} \int_W R_{\mathrm{d}}^{\mathrm{s}}(\boldsymbol{r}_{\mathrm{w}}, \boldsymbol{r}') \mathrm{d}A \tag{6.8}$$

这里，有两种方法计算 $R_{\mathrm{d}}^{\mathrm{s}}(W, \boldsymbol{r}')$：一种是在圆盘 W 内，沿着平行光入射方向发射大量的均匀分布的能束，通过 MCM 法模拟能束的传递过程，直接得到 $R_{\mathrm{d}}^{\mathrm{s}}(W, \boldsymbol{r}')$。为了取得满意的统计平均结果，能束数要取得尽量大，例如本研究中能束数取的是 10^6，这是一个以消耗时间为代价的计算方法；另一种方法是，首先只跟踪那些从圆盘中心 $\boldsymbol{r}_{\mathrm{o}}$ 处发射的能束，得到 $R_{\mathrm{d}}^{\mathrm{s}}(\boldsymbol{r}_{\mathrm{o}}, \boldsymbol{r}')$。为了达到这个目的，所需的能束数远小于第一种方法中所需的能束数，这里能束数取 10^5 已经足够了。

如图 6.3 所示，点 $H(\boldsymbol{r}, \varphi)$ 是平行入射辐射圆盘内的任意位置，点 $H(\boldsymbol{r}, \varphi)$ 对任

意点 $J_1(x, z)$ 的 DRESOR 数记为 $R_{\rm d}^{\rm s}(\boldsymbol{r}_H, \boldsymbol{r}_{J_1})$。点 $J_1(x, z)$ 在上顶面 x 轴上的投影是 $J_1'(x,0)$。存在点 $J_2(x',z)$，使得 $OJ_2' = HJ_1'$ 成立，其在 x 轴上的投影是 $J_2'(x',0)$。那么，$OJ_2' = HJ_1' = \sqrt{r^2 + x^2 - 2xr\cos\varphi}$。由于介质的均匀性和平行光入射辐射源的对称性，有

$$R_{\rm d}^{\rm s}(\boldsymbol{r}_H, \boldsymbol{r}_{J_1}) = R_{\rm d}^{\rm s}(\boldsymbol{r}_{\rm o}, \boldsymbol{r}_{J_2}) \tag{6.9}$$

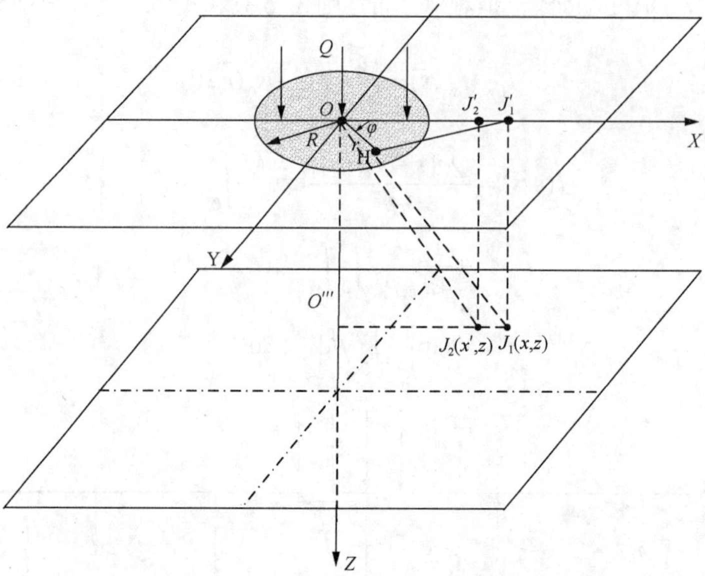

图 6.3 计算入射辐射圆盘内 DRESOR 数几何示意图

因此，在整个平行光入射辐射的圆盘面积 W 内积分，通过式(6.8)，平行光入射辐射对介质内任意点的 DRESOR 数计算式为

$$\begin{aligned} R_{\rm d}^{\rm s}(W, \boldsymbol{r}_{J_1}) &= R_{\rm d}^{\rm s}\left[W, (x,z)\right] = \frac{1}{\pi R^2}\int_W R_{\rm d}^{\rm s}(\boldsymbol{r}_H, \boldsymbol{r}_{J_1}){\rm d}A \\ &= \frac{1}{\pi R^2}\int_0^{2\pi}\int_0^R R_{\rm d}^{\rm s}\left[\boldsymbol{r}_{\rm o}, \left(\sqrt{r^2 + x^2 - 2xr\cos\varphi}, z\right)\right] r{\rm d}r{\rm d}\varphi \end{aligned} \tag{6.10}$$

将式(6.8)代入式(6.7)中，DRESOR 法求解平行入射辐射的表达式为

$$\begin{aligned} I(\boldsymbol{r}, \hat{\boldsymbol{s}}) &= \frac{Q\delta[\hat{\boldsymbol{s}} - \hat{\boldsymbol{s}}_{\rm o}(\boldsymbol{r}_{\rm w})]}{\pi R^2}\exp\left(-\int_0^s \beta {\rm d}s''\right) \\ &\quad + \frac{Q}{4\pi}\int_0^s R_{\rm d}^{\rm s}(W, \boldsymbol{r}')\exp\left(-\int_0^{s'} \beta {\rm d}s''\right)\beta {\rm d}s' \end{aligned} \tag{6.11}$$

式中，第一项表示为 $I_1(\boldsymbol{r},\hat{\boldsymbol{s}})$，它是平行入射辐射对辐射强度的直接贡献部分；第二项表示为 $I_2(\boldsymbol{r},\hat{\boldsymbol{s}})$，它是平行入射辐射由于介质的散射而对辐射强度的间接贡献部分。

6.1.2 平行光入射条件下 DRESOR 数的计算

这里只介绍平行光入射辐射条件下，DRESOR 数计算的特殊部分，其他具体计算过程在第 2 章中已有描述，这里不再累述。平行光入射辐射条件下，发射方向的不再由随机数决定，而是已知确定的，在如图 6.2 所示的算例中，能束所有的入射方向都应设置为垂直于平行平板方向。如果用前文介绍的第 1 种方法计算 DRESOR 数，能束在圆盘内发射的位置将由随机数决定；如果用第 2 种方法计算 DRESOR 数，能束发射的位置只在圆盘中心点位置。能束在行进过程中的跟踪方式和 READ 法、MCM 法的过程相似，每条能束的跟踪过程基于路径法。能量 E_0 由于吸收而产生的衰减，以及传输方向由于散射而发生改变等，都在前文中有详细描述。

能束在介质中的行进过程中，所有的 DRESOR 数初始值设为零，一旦 DRESOR 数的迭代值 $\Delta R_{\mathrm{d}}^{\mathrm{s}}$ 已知，$R_{\mathrm{d}}^{\mathrm{s}}$ 可以改写为

$$R_{\mathrm{d,new}}^{\mathrm{s}} = R_{\mathrm{d,old}}^{\mathrm{s}} + \Delta R_{\mathrm{d}}^{\mathrm{s}} \tag{6.12}$$

$R_{\mathrm{d}}^{\mathrm{s}}(\boldsymbol{r}_{\mathrm{w}},\boldsymbol{r}')$ 的迭代计算式为

$$\Delta R_{\mathrm{d}}^{\mathrm{s}}(\boldsymbol{r}_{\mathrm{w}},\boldsymbol{r}') = C_0 \frac{E_0}{N_0} \exp[\hat{\boldsymbol{s}} \cdot \sigma_{\mathrm{s}}(\boldsymbol{r}')] \tag{6.13}$$

式中，$\boldsymbol{r}_{\mathrm{w}}$ 为初始位置；$\boldsymbol{r}'$ 为能束经过的位置；$\hat{\boldsymbol{s}}$ 为能束穿过离散单元 $\boldsymbol{r}'$ 时的厚度。对于这里研究的平行入射辐射问题，形状因子 C_0 为 $1/\Delta V(\boldsymbol{r}')$，$\Delta V(\boldsymbol{r}') = \Delta V(x_{i'}, z_{j'})$ $= \pi(x_{i'+1}^2 - x_{i'}^2)(z_{j'+1} - z_{j'})$，则

$$C_0 = 1/\Delta V(x_{i'}, z_{j'}) = 1\big/[\pi(x_{i'+1}^2 - x_{i'}^2)\cdot(z_{j'+1} - z_{j'})] \tag{6.14}$$

式中，i'、j' 分别为 x 轴和 z 轴上的坐标离散点。

6.1.3 空间立体角的离散方法

DRESOR 法最突出的优点是，它能给出辐射强度高方向分辨率的求解结果。对于本书中研究的平行入射辐射问题，辐射强度同时随位置和方向变化，它的空间方向变化覆盖整个 4π 立体角。如图 6.4 所示，以一个半球空间立体角为例，天

顶角 θ 在$[0, \pi]$范围内被均匀的分为 N 个部分，因此，$\Delta\theta = \pi/N$，而

$$\theta_i = \Delta\theta \cdot i\text{，}\quad i = 0,1,\cdots,N \tag{6.15}$$

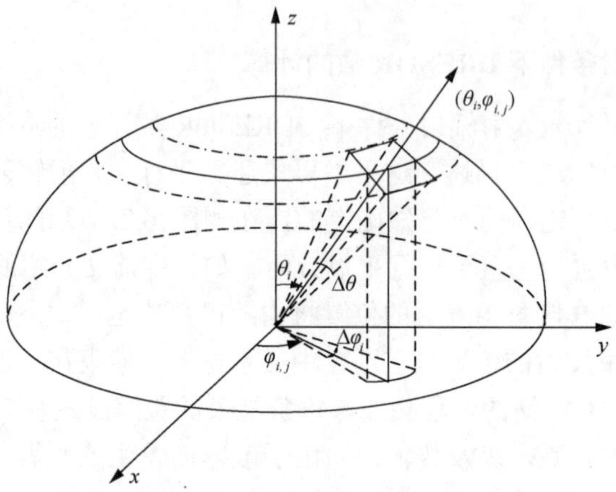

图 6.4　半球空间角内任意方向角$(\theta_i, \varphi_{i,j})$的离散示意图

水平角 φ 在$[0, 2\pi]$范围对于不同的 θ_i 被分成 M_i 个部分，因此 $\Delta\varphi_i = 2\pi/M_i$，有

$$\varphi_{i,j} = \Delta\varphi_i \cdot j\text{，}\quad j = 1,2,\cdots,M_i \tag{6.16}$$

基于这样一个原则：每个离散方向$(\theta_i, \varphi_{i,j})$应该具有相同的空间立体角，那么 $M_i(i=0, 1, \cdots, N)$定义方法如下，当 $\theta_i=0(i=0)$或者 $\theta_i=\pi(i=N)$时，水平角 $\varphi_{0,1}$ 和 $\varphi_{N,1}$ 在$[0, 2\pi]$范围内只取一个任意面，这意味着 $M_0 = M_N = 1$，$\theta_i = 0(i = 0)$方向对应的夹角为 $\Delta\theta$ 的立体角计算式为

$$\boldsymbol{\Omega}_0 \approx \pi\left[\sin(\Delta\theta/2)\right]^2 \tag{6.17}$$

当 $\theta_i= i = \Delta\theta{\cdot}i(i = 0, 1, \cdots, N)$时，离散方向$(\theta_i, \varphi_{i,j})$所对应的所有的立体角应该具有同 $\boldsymbol{\Omega}_0$ 相等的立体角。对于 θ_i 所对应的夹角为 $\Delta\theta$ 的立体角计算式为

$$\boldsymbol{\Omega}_i \approx 2\pi\sin\theta_i\Delta\theta \tag{6.18}$$

因此，$\boldsymbol{\Omega}_i$ 被 $\boldsymbol{\Omega}_0$ 等分的个数为 M_i，并且

$$\begin{aligned} M_i &= \text{int}[\Omega_i/\Omega_0] = \text{int}[2\pi\sin\theta_i\Delta\theta/(\pi(\sin(\Delta\theta/2))^2)] \\ &= \text{int}[2\Delta\theta\sin(\Delta\theta\cdot i)/(\sin(\Delta\theta/2))^2] \end{aligned} \tag{6.19}$$

通过上述方法，当 $N = 90$ 时，$\Delta\theta = \pi/90$，不同 θ_i 下 $\varphi_{i,j}$ 对应的离散数 M_i 如表 6.1 所示。对于半球空间来说，总的离散方向数为 6658 个。因此，整个 4π 空间立体角

被离散的立体角为 6658×2−229=13087 个。需要说明的是，在 DRESOR 法求解过程中，当需要增加辐射强度求解方向时，例如 $N=180$ ($\Delta\theta=\pi/180$) 或 $N=360$ ($\Delta\theta=\pi/360$)，没有很大的困难。

表 6.1 半球空间立体角内各天顶角内单位水平角度数及离散数目

i	θ_i/(°)	$\Delta\varphi_i$/(°)	M_i	i	θ_i/(°)	$\Delta\varphi_i$/(°)	M_i	i	θ_i/(°)	$\Delta\varphi_i$/(°)	M_i
0	0	360.0	1	16	32	2.975	121	32	64	1.748	206
1	2	51.43	7	17	34	2.813	128	33	66	1.722	209
2	4	24.00	15	18	36	2.687	134	34	68	1.698	212
3	6	15.65	23	19	38	2.553	141	35	70	1.674	215
4	8	11.61	31	20	40	2.449	147	36	72	1.659	217
5	10	9.231	39	21	42	2.353	153	37	74	1.636	220
6	12	7.660	47	22	44	2.264	159	38	76	1.622	222
7	14	6.545	55	23	46	2.195	164	39	78	1.607	224
8	16	5.714	63	24	48	2.118	170	40	80	1.600	225
9	18	5.143	70	25	50	2.057	175	41	82	1.593	226
10	20	4.615	78	26	52	2.000	180	42	84	1.586	227
11	22	4.235	85	27	54	1.946	185	43	86	1.579	228
12	24	3.871	93	28	56	1.895	190	44	88	1.572	229
13	26	3.600	100	29	58	1.856	194	45	90	1.572	229
14	28	3.364	107	30	60	1.818	198				
15	30	3.158	114	31	62	1.782	202				

6.1.4 辐射强度的计算

辐射强度不仅随天顶角 θ_i 变化，而且随水平角 $\varphi_{i,j}$ 变化。$(\theta_i, \varphi_{i,j})$ 离散方向线穿过的区域是在三维空间中，但是计算得到的 DRESOR 数只分布在二维 x-z 平面内。如图 6.5 所示，介质和入射辐射源的对称特性可以用来简化计算，这样，在 x-y 平面内，那些 z 坐标值相等，并且到 z 轴距离相等的位置(是一系列以 z 轴为中心线的圆周)，具有的 DRESOR 数相同。例如，当计算点 A 处在 $(\theta_i, \varphi_{i,j})$ 方向上的辐射强度时，方向角 $(\theta_i, \varphi_{i,j})$ 从点 A 沿着方向线逆方向穿过点 D，在上顶面点 E 处结束。由于 $\overline{OE'}=\overline{OE}$，$\overline{O'D'}=\overline{O'D}$，点 $D(x_D, y_D, z_D)$ 和 $E(x_E, y_E, z_E)$ 的 DRESOR 数能够被相应的点 $D'\left(\sqrt{x_D^2+y_D^2}, 0, z_D\right)$ 和 $E'\left(\sqrt{x_E^2+y_E^2}, 0, z_E\right)$ 代替。

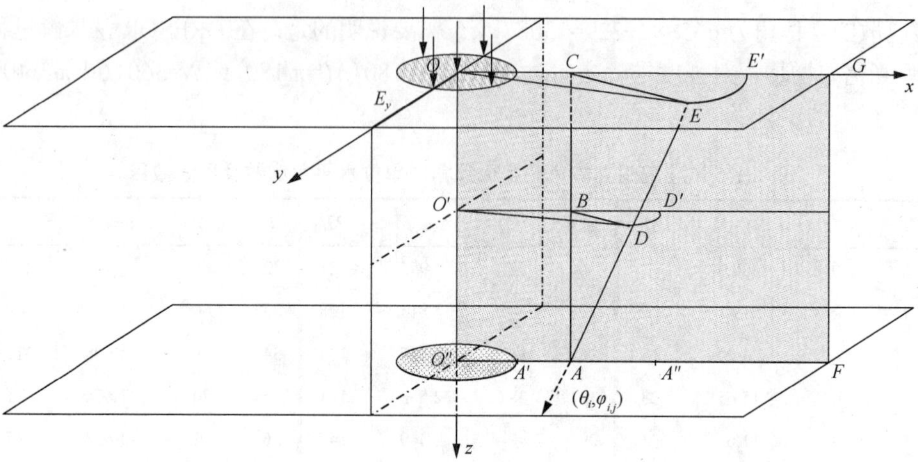

图 6.5　计算点 A 处在 $(\theta_i, \varphi_{i,j})$ 方向上的辐射强度示意图

点 $A(x, z)$ 在方向角 $(\theta_i, \varphi_{i,j})$ 上的辐射强度 $I[(x, z),(\theta_i, \varphi_{i,j})]$ 计算方法如下：首先，考虑 $0 \leqslant \theta_i \leqslant \pi/2$。如图 6.5 所示，如果点 (x, z) 在平行入射辐射的投影区域，即 $0 \leqslant x \leqslant R$，那么 $I[(x, z),(\theta_i, \varphi_{i,j})]$ 的直接部分 $I_1[(x, z),(\theta_i, \varphi_{i,j})]$ 的值在方向角 $(\theta_i, \varphi_{i,j})$ 上将会是非零值，因此有

$$I_1[(x,z),(\theta_i,\varphi_{i,j})] = \frac{Q\delta[\hat{\boldsymbol{s}} - \hat{\boldsymbol{s}}_0(\boldsymbol{r}_\mathrm{W})]}{\pi R^2} \exp\left[-\sum_0^z \beta \Delta z''\right] \tag{6.20}$$

沿着路径 $\overline{AE}$，选取 z' 作为计算变量，它与点 O' 和点 D' 在 z 轴方向有相同的坐标值。如图 6.5 所示，$\overline{BD} = (z - z')\tan\theta_i$，则

$$\overline{O'D} = \overline{O'D'} = \sqrt{\left[x + (z - z')\tan\theta_i \cos\varphi_{i,j}\right]^2 + \left[(z - z')\tan\theta_i \sin\varphi_{i,j}\right]^2} \tag{6.21}$$

那么

$$R_\mathrm{d}^\mathrm{s}(W, D) = R_\mathrm{d}^\mathrm{s}(W, D') \tag{6.22}$$

辐射强度的间接部分 $I_2[(x, z),(\theta_i, \varphi_{i,j})]$ 的计算式为

$$I_2[(x,z),(\theta_i,\varphi_{i,j})] = \frac{Q}{4\pi}\sum_0^z \left[R_\mathrm{d}^\mathrm{s}(W, D')\exp\left(-\sum_0^{z'} \beta\Delta z'' / \cos\theta_i\right)\beta\Delta z' / \cos\theta_i\right] \tag{6.23}$$

那么，辐射强度 $I[(x, z),(\theta_i, \varphi_{i,j})]$ 在 $0 \leqslant \theta_i \leqslant \pi/2$ 范围内总的计算式为

$$I[(x,z),(\theta_i,\varphi_{i,j})] = I_1[(x,z),(\theta_i,\varphi_{i,j})] + I_2[(x,z),(\theta_i,\varphi_{i,j})] \tag{6.24}$$

当 $\pi/2 \leqslant \theta_i \leqslant \pi$ 式，$I_1[(x,z),(\theta_i,\varphi_{i,j})]=0$，那么

$$I[(x,z),(\theta_i,\varphi_{i,j})] = I_2[(x,z),(\theta_i,\varphi_{i,j})]$$
$$= \frac{Q}{4\pi}\sum_{L}^{z}\left\{R_{\mathrm{d}}^{\mathrm{s}}\left[W,\left(\overline{O'D},z'\right)\right]\exp\left(-\sum_{z'}^{z}\beta\Delta z''/\cos\theta_i\right)\beta\Delta z'/\cos\theta_i\right\} \tag{6.25}$$

假设一个探测器中心线向下，并且具有不同的接收角 $\theta_{\max}$，$0 \leqslant \theta_i \leqslant \pi/2$。那么存在 $N_{\max}$，满足 $N_{\max}=\mathrm{int}[\theta_{\max}/\Delta\theta]$。当辐射强度已知时，入射在探测器上的辐射热流可以通过下式计算得到

$$q_{\theta_{\max}}^{\mathrm{down}}(x,z) = \sum_{i=0}^{N_{\max}}\sum_{j=0}^{M_i} I[(x,z),(\theta_i,\varphi_{i,j})]\sin\theta_i\cos\theta_i\Delta\theta\Delta\varphi_j \tag{6.26}$$

如果探测器具有不同的接收角 $\theta_{\max}$，$\pi/2 \leqslant \theta_{\max} \leqslant \pi$ 的中心线向上，那么入射到探测器上的辐射热流计算式为

$$q_{\theta_{\max}}^{\mathrm{up}}(x,z) = \sum_{i=N}^{N-N_{\max}}\sum_{j=1}^{M_i} I[(x,z),(\theta_i,\varphi_{i,j})]\sin\theta_i\left|\cos\theta_i\right|\Delta\theta\Delta\varphi_j \tag{6.27}$$

总的计算式为

$$q(x,z) = q_{\theta_{\max}}^{\mathrm{down}}(x,z) - q_{\theta_{\max}}^{\mathrm{up}}(x,z) \tag{6.28}$$

6.2　DRESOR 法计算结果验证

考虑充满各向同性纯散射介质的一维灰性平行平板。在平板上顶面，能量为 Q=100W 的平行入射辐射均匀的分布在 $0 \leqslant r \leqslant R$=10cm 的圆盘区域，如图 6.2 所示。一个接收面积为 2cm×2cm，接收角为 $\theta_{\max}$ 的探测器安装在下底面 x_A=20cm，z_A=L 处，需要计算探测器不同接收角下的的入射辐射热流[1, 6]。x 轴方向最大尺寸取 $x_{\max}$=10m，划分网格数为 1000，即每个离散区域 Δx =1cm。在 z 轴方向划分 100 个网格 Δz =1cm。在 DRESOR 法中，模拟平行入射辐射从圆盘 W 中心 O 点发射的总能束数取为 10^5。

如图 6.6 所示，通过和 Modest[1, 7]用 RMC 方法计算的结果比较验证 DRESOR 法。从图中可以看出，两种方法计算得到的探测器在不同接收角下的入射热流吻合得都很好。

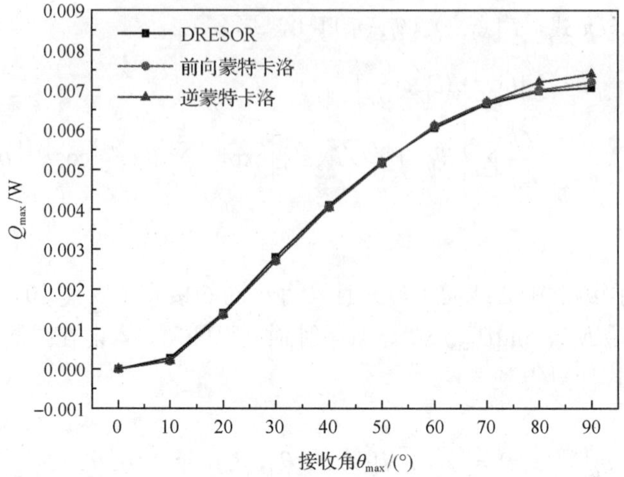

图 6.6　DRESOR 法和 Modest[1, 7]计算探测器在 A 点不同接收角内辐射热流比较

通过系统的能量守恒定律对该方法做进一步的验证。从平行平板上下表面离开的总能量是 Q_{out}，在纯散射介质中由于介质没有吸收作用，Q_{absorb}=0，Q_{out} 应该等于平行入射辐射能量 Q。经过散射衰减直接离开介质的能量记为 Q_{out}^{direct}，它是 $I_1[(x,z),\theta_i,\varphi_{i,j}]$在下底面半球空间的积分。从上、下表面离开，并且至少经过一次散射的能量分别记为 Q_{out}^{down} 和 Q_{out}^{up}，它们分别是 $I_2[(x,z),\theta_i,\varphi_{i,j}]$在上、下表面在半球空间的积分，那么 $Q_{out}^{direct}=Q_{out}^{up}+Q_{out}^{down}$。

不同散射系数情况下，DRESOR 法和 MCM 法计算得到的结果比较如表 6.2 所示。在 MCM 法中，用于模拟平行入射辐射均匀投射到圆盘 W 的能束数是 10^6。从表中可以看出，对于不同的散射系数 σ_s，离开平板的总能量 $Q_{out}=Q_{out}^{indirect}+Q_{out}^{direct}$，基本上总是等于 Q(100W)，误差都小于 1%，比较显示了很好的吻合性。

表 6.2　MCM 法和 DRESOR 法计算结果比较

辐射参数/m^{-1}	求解方法	Q_{absorb}/W	Q_{out}^{direct} /W	Q_{out}^{direct} /W		Q_{out}/W
				Q_{out}^{down} /W	Q_{out}^{up} /W	
$\sigma_s=0.1$	MCM	0	90.4328	4.7030	4.7459	99.8817
$\kappa=0.0$	DRESOR	0	90.4837	4.7171	4.6917	99.8925
$\sigma_s=1.0$	MCM	0	36.6925	29.2582	33.9866	99.9373
$\kappa=0.0$	DRESOR	0	36.7880	29.2955	33.7385	99.8220
$\sigma_s=10$	MCM	0	0.0043	15.4570	84.4595	99.9563
$\kappa=0.0$	DRESOR	0	0.0045	15.4112	84.3890	99.8047

从表 6.2 中还可以看出，在纯散射介质中，随着散射系数 σ_s 的增加，直接透过平板从下底面离开的能量 Q_{out}^{direct} 明显减少，同时，从上下表面至少经过一次散

射而离开系统的能量份额增多。随着散射系数 σ_s 的变化，Q_{out}^{down} 和 Q_{out}^{up} 有不同的变化趋势。当散射系数 σ_s 增加时，Q_{out}^{down} 先增加，然后减少。这可以解释为：较大的散射系数使得散射的影响更显著，但是太强的散射使得散射能量穿过平板更困难。对于 Q_{out}^{up}，散射系数的增加，使得 Q_{out}^{up} 增加。

6.3　DRESOR 法计算结果及讨论

为了显示散射对辐射强度和辐射热流的影响，采用了如表 6.3 所示的 4 种工况。在所有 4 种工况中，散射率变化而衰减系数 $\beta = \kappa + \sigma_s$ 保持 $1.0m^{-1}$ 恒定。

表 6.3　具有不同辐射参数的 4 种工况

辐射参数/m^{-1}	工况 1	工况 2	工况 3	工况 4
κ	0.0	0.25	0.5	0.75
σ_s	1.0	0.75	0.5	0.25

6.3.1　DRESOR 数分布

在 DRESOR 法求解辐射传递方程过程中，DRESOR 数的分布是求解问题的关键，DRESOR 数能反映不同边界条件、光学参数对辐射传递过程的影响。下面着重介绍平行光入射辐射条件下 DRESOR 数分布情况。

$R_d^s[\boldsymbol{r}_0, \boldsymbol{r}'(x,z)]$ 表示在圆盘 W 中心 $\boldsymbol{r}_0$ 处的平行入射的辐射，在 x-z 平面内被点 $\boldsymbol{r}'(x,z)$ 散射的能量份额。x-z 平面内离散的最小网格尺寸为 1cm×1cm，所有的能束在它们被散射前从 x-z 平面的原点 O 发射，沿着 z 轴正方向传播。

DRESOR 数在 3cm＜x≤20cm 和 20cm＜x≤10m 区域的值如图 6.7(a) 和 (b) 所示。所有大于 x＞1cm 的区域内的 DRESOR 数都小于 $20m^{-3}$。随着 x 的增加，

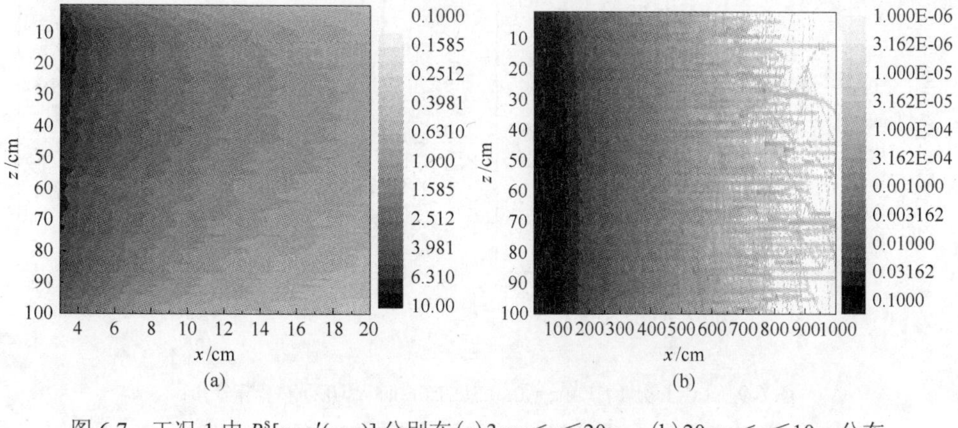

图 6.7　工况 1 中 $R_d^s[\boldsymbol{r}_0, \boldsymbol{r}'(x,z)]$ 分别在 (a) 3cm＜x≤20m，(b) 20cm＜x≤10m 分布

由于散射的影响，DRESOR 数衰减得非常快，在 2cm、10cm、100cm 和 1000cm 区域内分别为 15m^{-3}、2m^{-3}、0.1m^{-3} 和 0.0001m^{-3}。

通过式(6.10)，$R_{\text{d}}^{\text{s}}[W,\boldsymbol{r}'(x,z)]$ 能够从 $R_{\text{d}}^{\text{s}}[\boldsymbol{r}_0,(x,z)]$ 计算得到，它在 $0\text{cm}<x\leqslant 20\text{cm}$ 和 $20\text{cm}<x\leqslant 10\text{m}$ 区域内的分布分别如图 6.8(a)和(b)所示。从图 6.8(a)可以看出，位于平行入射投影区域($0\text{cm}<x<10\text{cm}$)内的 DRESOR 数明显大于其他区域内的 DRESOR 数，但是数值下降到了 35m^{-3}。这是因为，对于在 $0\text{cm}<x<10\text{cm}$ 区域的点 $\boldsymbol{r}'(x,z)$ 来说，在包含 $\boldsymbol{r}'(x,z)$ 的离散区域散射的总能量中，只有一小部分直接来自于圆盘 W 上点$(x,0)$处，其他所有剩下的部分由于散射间接来源于除了点$(x,0)$以外的圆盘其他部分，这部分能量小于直接来源于点$(x,0)$处的能量。

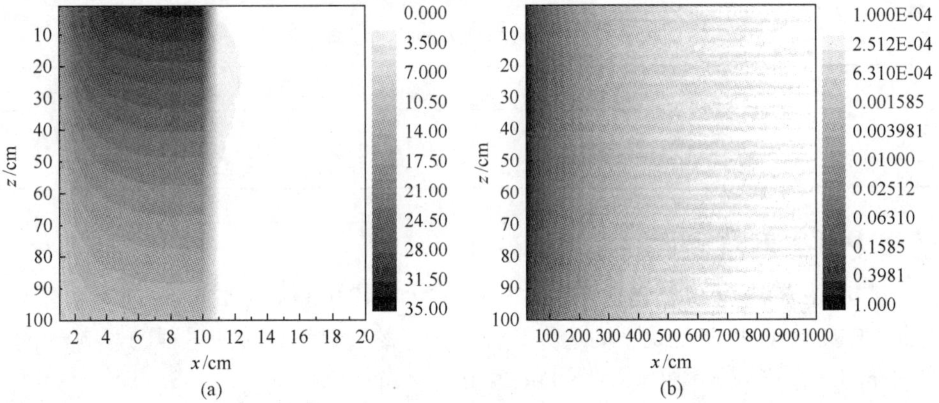

图 6.8　工况 1 中 $R_{\text{d}}^{\text{s}}[W,\boldsymbol{r}'(x,z)]$ 分布：(a) $x\leqslant 20\text{cm}$，(b) $20\text{cm}<x\leqslant 10\text{m}$

图 6.9(a)显示了工况 1 中 $z=0$、$z=0.5L$ 和 $z=1.0L$ 时，$R_{\text{d}}^{\text{s}}[W,\boldsymbol{r}'(x,z)]$ 随 x 变化的情况；图 6.9(b)显示了 4 种工况中 $z=0.5L$ 处，$R_{\text{d}}^{\text{s}}[W,\boldsymbol{r}'(x,z)]$ 随 x 变化的情

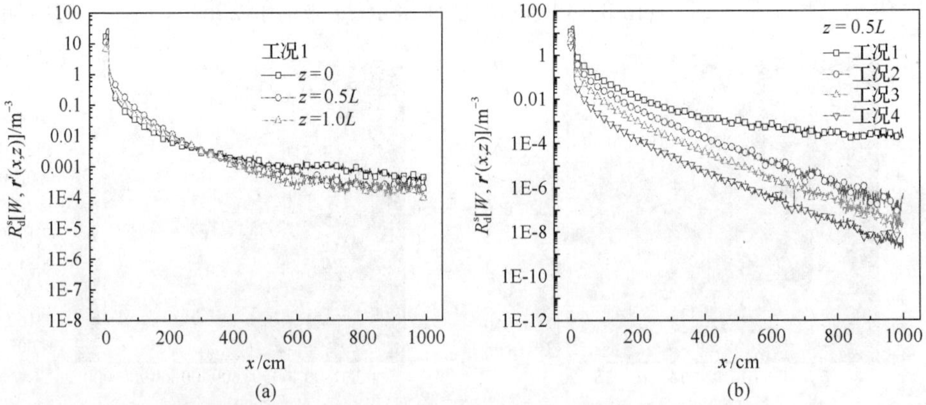

图 6.9　(a)工况 1 中当 $z=0, 0.5L, 1.0L$ 时 $R_{\text{d}}^{\text{s}}[W,\boldsymbol{r}'(x,z)]$ 分布；
(b)当 $z=0.5L$ 时 $R_{\text{d}}^{\text{s}}[W,\boldsymbol{r}'(x,z)]$ 在 4 种工况中的分布比较

况。从图中可以看出，在工况 1 的 $\sigma_s=1.0\text{m}^{-1}$ 和 $\kappa=0.0\text{m}^{-1}$ 的纯散射介质中，DRESOR 数比其他工况中的大。当 κ 增加，σ_s 减少而总的衰减系数不变，即 $\kappa+\sigma_s=1.0\text{m}^{-1}$ 时，更多的能量在能束传播过程中被吸收，并且散射影响减弱，因此散射部分的份额减少，导致 DRESOR 数的明显减小。

6.3.2　辐射强度分布

图 6.10(a)～(d) 显示了工况 1 中位置如图 6.2 所示的点 A、点 B 和点 C 处辐射强度随天顶角 θ，水平角 φ 变化的高方向分辨率分布。从几个图中都可以看出，在 $\varphi=0°$ 方向附近区域，辐射强度 $I(\theta_i,\varphi_{i,j})$ 都大于 $5\text{W}/(\text{m}^2\cdot\text{sr})$，这个扇形区域以 $\varphi=\pm30°$ 为边界。这是因为，这个扇形区域内的逆射线方向穿过平行光入射辐射的投影区域，如图 6.11 所示，其中，圆盘 W 的切线经过点 B 或者点 A，形成的夹角为 $\Delta\varphi=\pm30°$。

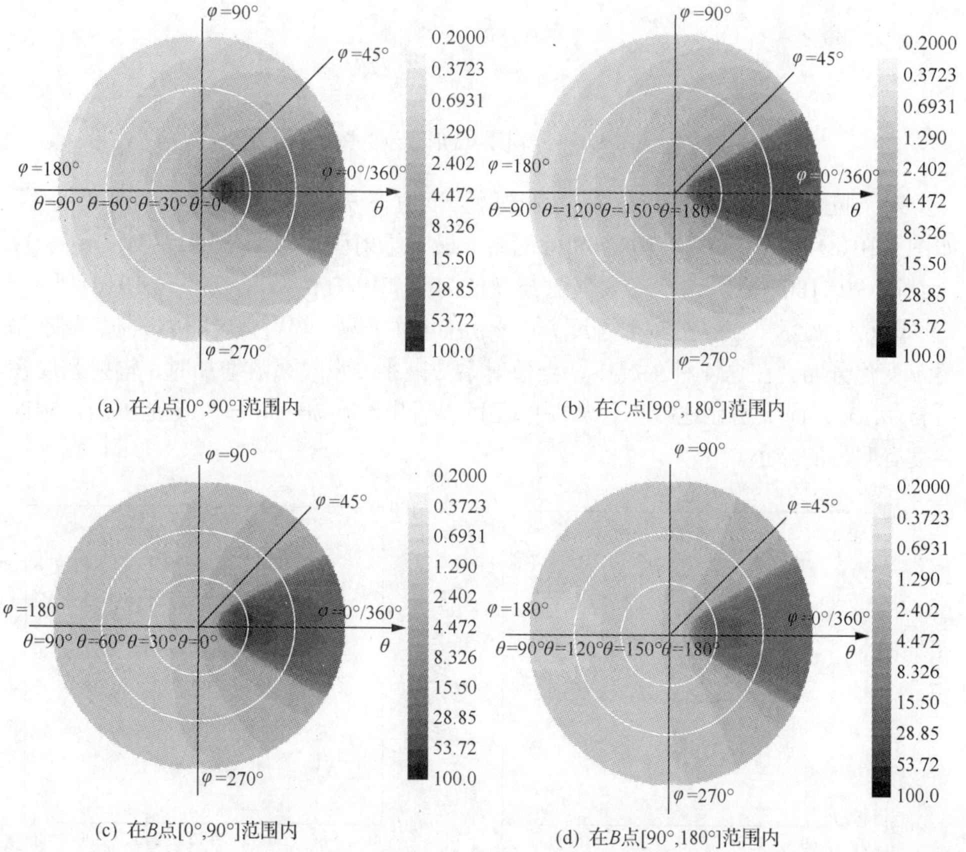

(a) 在A点[0°,90°]范围内　(b) 在C点[90°,180°]范围内

(c) 在B点[0°,90°]范围内　(d) 在B点[90°,180°]范围内

图 6.10　工况 1 中辐射强度 $I(\theta_i,\varphi_{i,j})$ 的分布

当 θ 在[0°,90°]范围内时，点 A 处辐射强度非零，并且有最大值 64.4W/(m^2·sr)，如图 6.10(a)所示；但 θ 在(90°,180°]范围内时值为零。与之相反，点 C 处辐射强度在 θ 为(90°,180°]范围内非零，有最大值 53.8W/(m^2·sr)，如图 6.10(b)所示，但在 θ 为[0°,90°]范围内值为零。

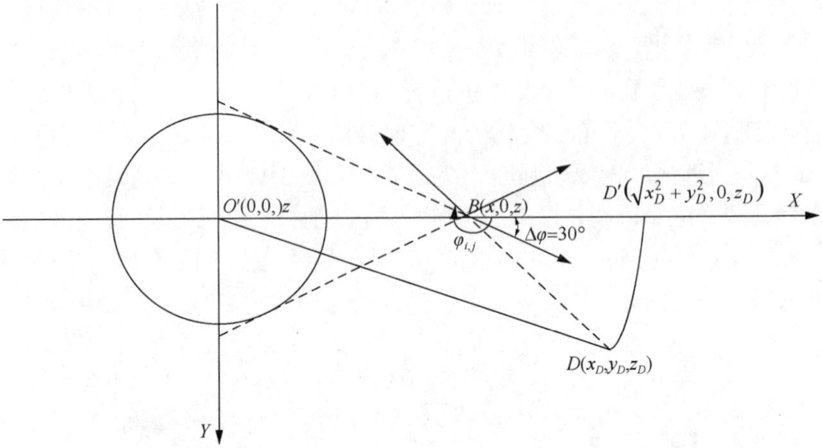

图 6.11　扇形区域形成示意图

对于位于介质中心的点 B 处，其辐射强度值在 θ 为[0°,180°]范围内都不为零。如图 6.10(c)所示，当 θ 在[0°,90°]范围时，最大辐射强度值为 55.9 为 W/(m^2·sr)；当 θ 在(90°,180°]范围时，最大辐射强度值为 31.7W/(m^2·sr)，如图 6.10(d)所示。

图 6.12 显示了点 A 处辐射强度 $I(\theta_i, \varphi_{i,j})$ 在 4 种工况中辐射强度随 $I(\theta_i, \varphi_{i,j})$ 随水平角 φ 变化分布。在这 4 种工况中，当散射系数减小，吸收系数增加时，辐射强度在所有 (θ, φ) 方向上明显地减小。从图中还可以看出，在 φ= 30°～330°范围内，辐射强度有明显的减小。

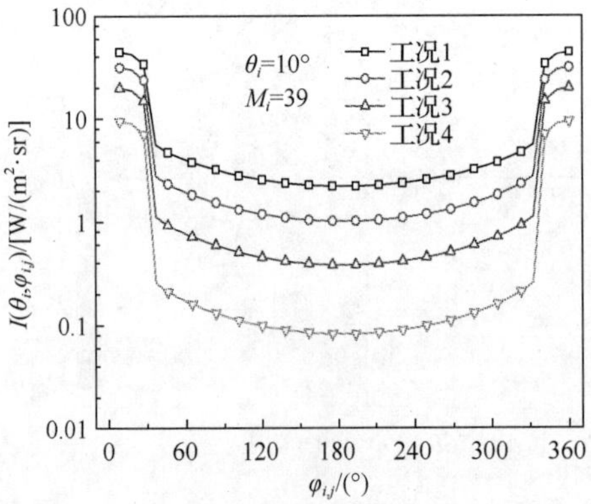

(a) θ_i=10°

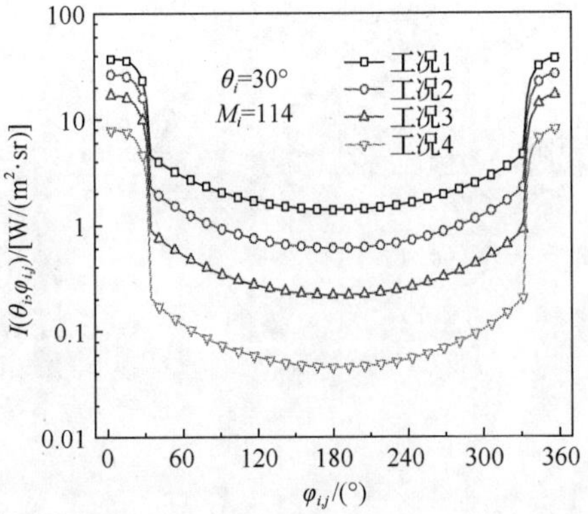

(b) θ_i=30°

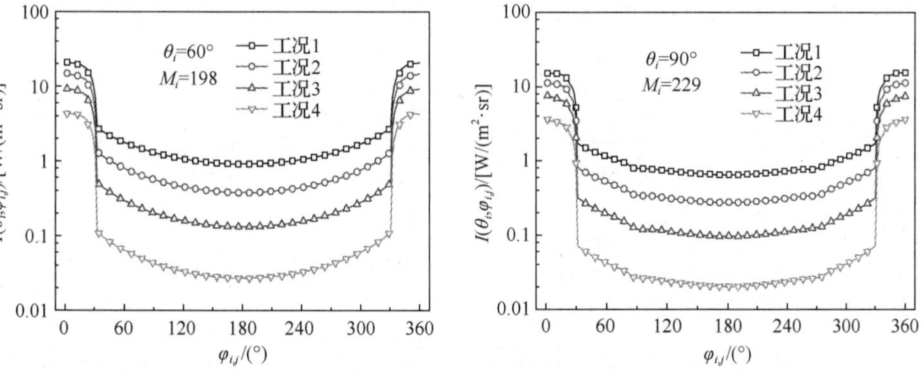

(c) θ_i=60°　　(d) θ_i=90°

图 6.12　4 种工况中辐射强度随 $I(\theta_i, \varphi_{i,j})$ 随水平角 φ 变化分布

可以设想，如果使用前向蒙特卡洛法进行求解，基本上不可能在 4π 空间立体角 13087 个离散方向上给出辐射强度分布。甚至对于 RMC 法来说，要达到如此之高的求解精度也是不容易做到，因为从 13087 个离散方向中，一个方向接一个方向的发射大量能束来进行模拟跟踪也是很困难的。在 DRESOR 法中，方向数的增加只需重复计算式(6.19)和式(6.24)，而不需要重复整个 DRESOR 数计算过程。

6.3.3　辐射热流分布

考虑和点 A 处相同的探测器分别位于点 O、O'、O''、A'、A''、B 和 C，这些探测器在不同接收角下接收的入射辐射热流可以根据式(6.26)和式(6.27)计算得到，图 6.13 给出了他们在工况 1 中的计算结果。由于平行入射辐射从上顶面投射，上半部分 DRESOR 数比下半部分的大，因此，如图 6.13(a)所示，探测器 C 接收的辐射热流比探测器 B 和 A 接收的多。如图 6.13(b)所示，θ 在[0°,90°]范围内，探测器 O'和 O''能接收更多的平行入射辐射的直接辐射能量，因此，它们在[0°,90°]

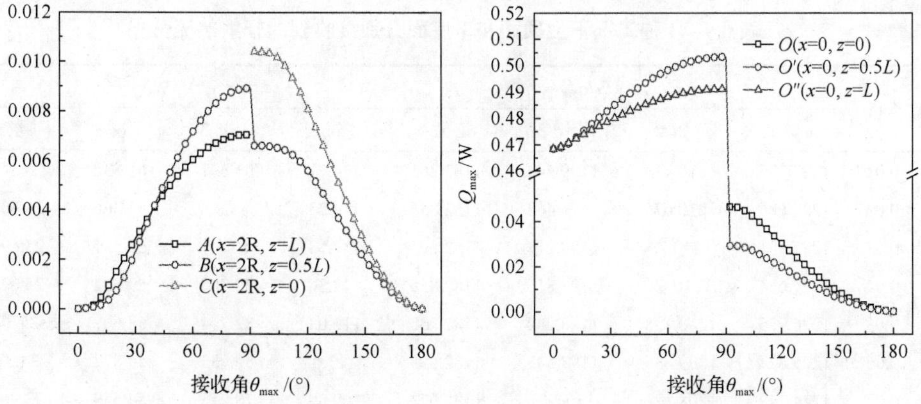

(a)　　(b)

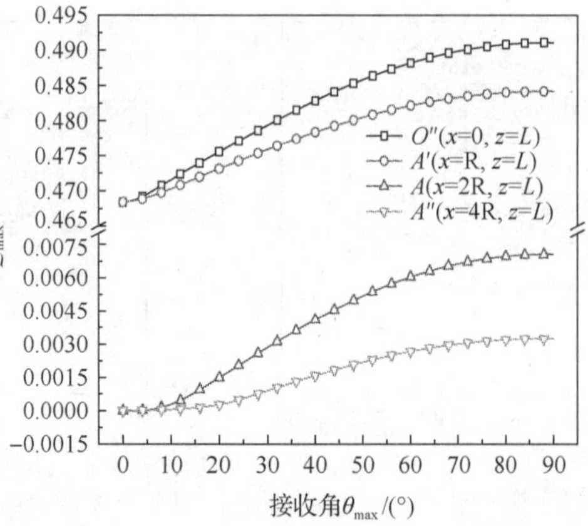

(c)

图 6.13　在工况 1 中不同接收角 θ_{max} 接收到的辐射热流探测器分别位于：(a) *A*、*B* 和 *C* 处，(b) *O*、*O*′和 *O*″处，(c) *O*″、*A*′、*A* 和 *A*″处

范围内接收的辐射热流，比探测器 *O* 和 *O*′的 θ 在(90°,180°]范围内接收的辐射热流在数值上大一个量级。

比较位于下底面的点 *O*″、*A*′、*A* 和 *A*″处的探测器，如图 6.13(c)所示，探测器 *O*″和 *A*′位于平行入射辐射的投影下方，它们能接收更多的能量，因此，θ 在[0°,90°]范围内接收的辐射热流，比点 *A* 和 *A*″处探测器接收的辐射热流在数值几乎大两个数量级。

表 6.4 列出了在 4 种工况中，上下两表面辐射热流沿 *x* 轴的分布。由于直接能量份额都从下底面离开平板，位于平行入射辐射投影 $x \leqslant 0.1$m 区域内的辐射热流明显大于 $x > 0.1$m 区域内的辐射热流。表 6.4 也显示了辐射热流随光学系数变化情况。当散射系数 σ_s 减小，吸收系数 κ 增加时，被介质吸收的能量减少，从上下表面离开的能量减少，导致辐射热流 $q(x,L)$ 和 $q(x,0)$ 减少。

表 6.4　4 种工况下上顶面和下底面分别接收到的辐射热流分布

x/m	$q(x,L)/(\mathrm{W/m^2})$				$q(x,0)/(\mathrm{W/m^2})$			
	工况 1	工况 2	工况 3	工况 4	工况 1	工况 2	工况 3	工况 4
0.01	1227.735	1210.718	1199.544	1182.863	116.77	83.897	61.532	26.547
0.02	1227.686	1210.676	1199.462	1182.856	116.73	83.89	61.366	26.467
0.03	1227.831	1210.78	1199.218	1182.893	117.58	83.85	60.831	25.696
0.04	1227.624	1210.62	1198.816	1182.855	117.36	83.703	59.922	25.671
0.05	1226.975	1210.138	1198.242	1182.705	116.03	82.714	58.607	25.37
0.06	1225.878	1209.335	1197.483	1182.455	113.6	80.935	56.872	24.82
0.07	1224.249	1208.122	1196.48	1182.073	109.89	78.215	54.559	23.961

续表

x/m	$q(x,L)/(\mathrm{W/m^2})$				$q(x,0)/(\mathrm{W/m^2})$			
	工况 1	工况 2	工况 3	工况 4	工况 1	工况 2	工况 3	工况 4
0.08	1222.107	1206.571	1195.265	1181.576	104.92	74.582	51.698	22.81
0.09	1219.166	1204.401	1193.662	1180.887	98.137	69.615	47.995	21.229
0.10	1214.76	1201.169	1191.329	1179.842	88.488	62.522	42.852	18.94
0.20	18.586	11.855	7.4574	3.0647	27.871	18.239	11.704	4.8761
0.30	11.871	7.2081	4.3323	1.723	15.435	9.5677	5.8398	2.3448
0.40	8.3836	4.8813	2.8263	1.0946	9.9439	5.8731	3.4303	1.3352
0.50	6.2138	3.4864	1.9543	0.73979	6.9289	3.9151	2.1974	0.83153
0.60	4.7365	2.5665	1.3945	0.51673	5.0502	2.7372	1.4805	0.54553
0.70	3.6711	1.9203	1.0127	0.36724	3.7992	1.9786	1.0335	0.37115
0.80	2.9072	1.475	0.75776	0.27011	2.9322	1.4714	0.7433	0.26052
0.90	2.3165	1.1396	0.57027	0.19935	2.3085	1.1176	0.54733	0.18745
1.00	1.8688	0.89211	0.43569	0.14956	1.8426	0.86292	0.41001	0.13747
2.00	0.31562	0.1136	0.04476	0.01311	0.30616	0.10636	0.04004	0.01112
3.00	0.081	0.02182	0.00748	0.00199	0.08024	0.02068	0.00669	0.00166
4.00	0.02718	0.00488	0.00142	3.19e-4	0.02813	0.00475	0.00133	2.82e-4
5.00	0.01243	0.00129	3.43e-4	7.57e-5	0.01327	0.00126	3.22e-4	6.63e-5
6.00	0.00712	3.47e-4	8.39e-5	1.69e-5	0.00791	3.58e-4	8.11e-5	1.55e-5
7.00	0.00482	1.03e-4	2.39e-5	4.93e-6	0.0055	1.07e-4	2.24e-5	4.06e-6
8.00	0.0033	3.51e-5	6.00e-6	9.61e-7	0.00385	3.59e-5	6.02e-6	9.30e-7
9.00	0.0024	1.19e-5	1.82e-6	3.02e-7	0.00266	1.18e-5	1.83e-6	2.84e-7
10.0	9.82e-4	2.86e-6	4.52e-7	7.70e-8	0.00112	2.84e-6	4.53e-7	7.02e-8

实际上，很容易用前向蒙特卡洛法计算各工况中如 $q(x,L)$ 和 $q(x,0)$ 这样的热流，但是计算某点处不同接收角下的辐射热流将会很困难，这是因为，需要发射大量的能束才能达到所需要的统计平均结果。和前向蒙特卡洛法比较，用 RMC 法计算某处不同接收角下辐射热流是有效的，但是如果需要计算很多点处这样的信息，计算过程就会一遍又一遍重复，这样计算效率就会大大降低。

6.4　本章小结

前向蒙特卡洛法处理辐射源是平行光入射，并且接收从很小的区域和很小的立体角投入辐射的问题时，其计算效率非常低下，这是由于要发射和跟踪大量的能束，直到它们被吸收或者离开系统，而只有那些到达所求微小区域或者立体角内的小部分能束被有效统计。对于这类问题，RMC 法是一个比较好的选择，但是当系统类需要这样计算的点很多时，RMC 法也要反复计算，这时计算效率也会不高。

本章中用基于 MCM 法的 DRESOR 法处理这类问题，在各向同性散射平行平板中求解了有平行光入射的辐射传递问题。在 DRESOR 法中，DRESOR 数的计算是求解过程的关键，而 DRESOR 数只与介质辐射特性和空间的几何结构有关，它同时揭示了平行入射辐射在平板内的辐射传递特性。为了显示 DRESOR 法求解辐射传递方程可以得到高方向分辨率辐射强度的良好特性，在本研究中，整个 4π 空间立体角被离散成 13087 个小立体角，通过 DRESOR 法，介质内任意点处在这 13087 个方向上高方向分辨率的辐射强度可以计算得到，并给出了许多位置处探测器在不同接收角下接收到的辐射热流。实际上，用已知的 DRESOR 数，任意点处的这些信息都很容易得到，而对于前向蒙特卡洛和 RMC 法来说，做到这些不是很容易。并且，通过 DRESOR 法计算得到的辐射热流与有关文献中的结果吻合得很好。同时，也通过纯散射介质中的能量守恒定律进一步验证了 DRESOR 法，说明该方法在各种计算条件下都具有较高的计算精度。

参 考 文 献

[1] Modest M F. Backward Monte Carlo simulations in radiative heat transfer[J]. Journal of Heat Transfer, 2003, 125(1): 57-62.

[2] Lacroix D, Jeandel G, Boudot C. Solution of the radiative transfer equation in an absorbing and scattering Nd: YAG laser-induced plume[J]. Journal of Applied Physics, 1998, 84(5): 2443-2449.

[3] Wu S C, Wu C Y. Radiative heat transfer in a two-dimensional cylindrical medium exposed to collimated radiation[J]. International Communications in Heat and Mass Transfer, 1997, 24(4): 475-484.

[4] Modest M F, Tabanfar S. A multi-dimensional differential approximation for absorbing/emitting and anisotropically scattering media with collimated irradiation[J]. Journal of Quantitative Spectroscopy and Radiative Transfer, 1983, 29(4): 339-351.

[5] McCormick N J. Inverse radiative transfer problems: A review[J]. Nuclear Science and Engineering, 1992, 112(3): 185-198.

[6] Modest M F. Radiative Heat Transfer[M]. 3nd Edition. San Diego: Academic Press, 2013.

第 7 章　二维 DRESOR 法研究

Monte Carlo 法[1]和区域法[2]已经被发展用来求解多维几何区域内的辐射热传递问题，但是这些方法不太适合处理散射问题，并且计算很耗时。FVM 法[3,4]、DOM 法[3]也已经被成功用来求解一些多维问题，由于在 FVM 和 DOM 中空间被离散成有限个数的控制体积，这些方法和基于计算流体动力学（computational fluid dynanics，CFD）方法的其他控制体积有计算兼容性问题。在应用这些方法的绝大数工况中，只有辐射热流或者它的无量纲数被计算得到[5-8]。在一些辐射逆问题中，必须得到辐射强度高方向分辨率的角分布，例如，通过火焰辐射图像处理技术来监控工业燃烧设备中的温度分布[9]。目前，一个现代的电荷耦合器（chalge-coupled device，CCD）能提供高于 1024×1024 分辨率的图像像素，但是遗憾的是，目前的一些求解辐射传递方程的数值方法很难用来分析计算如此高方向分辨率像素上辐射能的分布。在本章中，DRESOR 法被扩展用来处理各向同性/异性散射二维矩形介质区域。用 DRESOR 法可以得到边界处较高方向分辨率的辐射强度分布，并且用其他方法对 DRESOR 法计算得到的结果进行了验证，对各向异性散射对辐射传递的影响也进行了研究。

7.1　DRESOR 法对二维辐射传递问题的研究

7.1.1　二维矩形区域内 DRESOR 法求解公式

1. DRESOR 法求解公式

在如图 7.1 所示的一个充满无发射、吸收、各向同性/异性散射灰性介质的二维矩形区域内，辐射传递方程为[10]

$$I(\boldsymbol{r},\hat{\boldsymbol{s}})=I_{\mathrm{w}}(\boldsymbol{r},\hat{\boldsymbol{s}})\exp\left(-\int_0^s\beta\,\mathrm{d}s'\right)+\int_0^s S(\boldsymbol{r}',\hat{\boldsymbol{s}})\exp\left(-\int_0^{s'}\beta\,\mathrm{d}s''\right)\beta\,\mathrm{d}s' \tag{7.1}$$

源函数 $S(\boldsymbol{r}',\hat{\boldsymbol{s}})$ 和边界条件分别为[16]

$$S(\boldsymbol{r}',\hat{\boldsymbol{s}})=(1-\omega)I_{\mathrm{b}}(\boldsymbol{r}')+\frac{\omega}{4\pi}\int_{4\pi}I(\boldsymbol{r}',\hat{\boldsymbol{s}}_{\mathrm{i}})\Phi(\hat{\boldsymbol{s}}_{\mathrm{i}},\hat{\boldsymbol{s}})\,\mathrm{d}\Omega_{\mathrm{i}} \tag{7.2}$$

$$I_{\mathrm{w}}(\boldsymbol{r}_{\mathrm{w}},\hat{\boldsymbol{s}})=\varepsilon(\boldsymbol{r}_{\mathrm{w}})I_{\mathrm{b}}(\boldsymbol{r}_{\mathrm{w}})+\int_{\hat{\boldsymbol{n}}\cdot\hat{\boldsymbol{s}}'<0}\rho(\boldsymbol{r}_{\mathrm{w}},\hat{\boldsymbol{s}}',\hat{\boldsymbol{s}})I(\boldsymbol{r}_{\mathrm{w}},\hat{\boldsymbol{s}}')\left|\hat{\boldsymbol{n}}\cdot\hat{\boldsymbol{s}}'\right|\mathrm{d}\Omega' \tag{7.3}$$

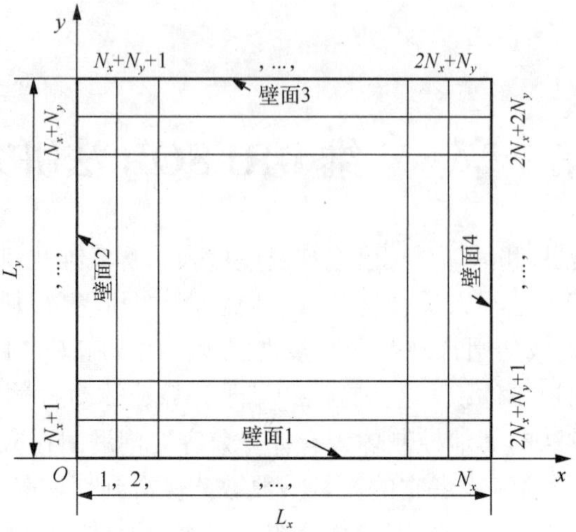

图 7.1　二维系统几何形状图

用 DRESOR 法求解辐射强度 $I(\boldsymbol{r},\hat{\boldsymbol{s}})$ 为

$$\begin{aligned}I(\boldsymbol{r},\hat{\boldsymbol{s}})=&\frac{1}{\pi}\Big\{\pi\varepsilon(\boldsymbol{r}_{\mathrm{w}})I_{\mathrm{b}}(\boldsymbol{r}_{\mathrm{w}})+\int_{W}\left[\pi\varepsilon(\boldsymbol{r}_{\mathrm{w}})I_{\mathrm{b}}(\boldsymbol{r}_{\mathrm{w}})\right]R_{\mathrm{d}}^{\mathrm{s}}(\boldsymbol{r}_{\mathrm{w}},\boldsymbol{r}_{\mathrm{w}}',\hat{\boldsymbol{s}})\,\mathrm{d}A\\&+\int_{V}\left[4\pi\beta(1-\omega)I_{\mathrm{b}}(\boldsymbol{r}')\right]R_{\mathrm{d}}^{\mathrm{s}}(\boldsymbol{r}',\boldsymbol{r}_{\mathrm{w}}'',\hat{\boldsymbol{s}})\,\mathrm{d}V\Big\}\exp\left(-\int_{0}^{s}\beta\,\mathrm{d}s'\right)\\&+\int_{0}^{s}\frac{1}{4\pi}\Big\{4\pi\beta(1-\omega)I_{\mathrm{b}}(\boldsymbol{r}')+\int_{W}\left[\pi\varepsilon(\boldsymbol{r}_{\mathrm{w}})I_{\mathrm{b}}(\boldsymbol{r}_{\mathrm{w}})\right]R_{\mathrm{d}}^{\mathrm{s}}(\boldsymbol{r}_{\mathrm{w}},\boldsymbol{r}'',\hat{\boldsymbol{s}})\,\mathrm{d}A\\&+\int_{V}\left[4\pi\beta(1-\omega)I_{\mathrm{b}}(\boldsymbol{r}')\right]R_{\mathrm{d}}^{\mathrm{s}}(\boldsymbol{r}',\boldsymbol{r}''',\hat{\boldsymbol{s}})\,\mathrm{d}V\Big\}\exp\left(-\int_{0}^{s'}\beta\,\mathrm{d}s''\right)\mathrm{d}s'\end{aligned}\tag{7.4}$$

Kim[5]、Pessoa-Filho[6]以及 Hao[7]在二维矩形介质中研究了边界入射问题，其中，壁面 1 是热的黑体壁面，其他几个壁面是冷黑体 $E_{\mathrm{bw1}}=\pi$、$E_{\mathrm{bw}i}=0$，$i=2,3,4$。介质辐射特性为：散射率 $\omega=1.0$、$\beta=1.0\mathrm{m}^{-1}$；计算区域几何尺寸为：$L_x=1.0\mathrm{m}$、$L_y=1.0\mathrm{m}$。在这种条件下，式(7.4)可以简化为

$$\begin{aligned}I(\boldsymbol{r},\hat{\boldsymbol{s}})=&\varepsilon(\boldsymbol{r}_{\mathrm{w1}})I_{\mathrm{b}}(\boldsymbol{r}_{\mathrm{w1}})\exp\left(-\int_{0}^{s}\beta\,\mathrm{d}s'\right)\\&+\int_{0}^{s}\frac{1}{4\pi}R_{\mathrm{d}}^{\mathrm{s}}(\mathrm{W}_1,\boldsymbol{r}',\hat{\boldsymbol{s}})\left[\pi\varepsilon(\boldsymbol{r}_{\mathrm{w1}}')I_{\mathrm{b}}(\boldsymbol{r}_{\mathrm{w1}}')\right]\\&\times\exp\left(-\int_{0}^{s'}\beta\,\mathrm{d}s''\right)\mathrm{d}s'\end{aligned}\tag{7.5}$$

式中，$R_{\mathrm{d}}^{\mathrm{s}}\left(W_1, \boldsymbol{r}', \hat{\boldsymbol{s}}\right)=\int_W R_{\mathrm{d}}^{\mathrm{s}}\left(\boldsymbol{r}_{\mathrm{w}1}, \boldsymbol{r}', \hat{\boldsymbol{s}}\right)\mathrm{d}A'$，为从壁面 1 发射的能量被一单位体积单元 $\boldsymbol{r}'$ 在单位立体角内沿 $\hat{\boldsymbol{s}}$ 方向散射的能量份额乘以 4π。

2. DRESOR 数的计算

由于 DRESOR 数是在介质内的不同位置和不同方法上的分布，所以介质区域和 4π 立体角空间首先需要被离散化。二维矩形介质区域被分成 $N_x \times N_y$ 个单元，用 (i_x, j_y) 来表示离散的介质单元。空间立体角的离散方法与前文相同，在半球空间立体角内，共有 $M=6658$ 个离散方向 $(\theta_i, \varphi_{i,j})$。

在用 MCM 法计算此处的 DRESOR 数过程中，所有能束都从壁面 1 漫发射，并且携带的初始能量都归一化为 E_0=1。能束在介质中发射位置、发射方向的确定、能束行进中由于散射而改变方向等处理方法在文献[17]中都有详细叙述。所有的 DRESOR 数初始化值都为零。用来更新 DRESOR 数的 $\Delta R_{\mathrm{d}}^{\mathrm{s}}$ 可以用下式计算：

$$\Delta R_{\mathrm{d}}^{\mathrm{s}}(W_1, i_x, j_y, \theta_i, \varphi_{i,j}) = C_0 \frac{E_0}{N_0} \exp(-s \cdot \sigma_{\mathrm{s}}) \cdot \Phi(\theta_{i'}, \varphi_{i',j'}, \theta_i, \varphi_{i,j}) \tag{7.6}$$

式中，s 为能束穿过所在网格单元行进的距离；C_0 为形状因子，$C_0=1/[(L_x/N_x)(L_y/N_y)]$；$\Phi(\theta_{i'},\varphi_{i',j'},\theta_i,\varphi_{i,j})$ 为散射相函数，其中，$(\theta_{i'},\varphi_{i',j'})$ 表示入射方向，$(\theta_i,\varphi_{i,j})$ 表示散射后方向。在本研究中，散射相函用勒让德(Legendre)多项式近似模拟[16]。当每条能束被散射时，式(7.6)被执行 $2M$ 次，从而得到对应散射相函数下，能量在 4π 立体空间角内可能被散射的分布情况，但是最终只有一个方向通过计算确定用来作为能束的实际跟踪方向。因此，增加离散方向数只会使执行式(7.6)的时间增加，而不需要增加其他代价，这是 DRESOR 法处理各向异性散射问题的一个有效特点。

在能束跟踪过程中，当能束经过单元网格时，不管其行进的方向是否改变，DRESOR 数都应该更新。能束的能量由于介质或壁面的吸收而减少，直至能束的剩余能量减少到足够的小，例如 10^{-5}。

3. 辐射强度在离散位置和离散方向上的计算

DRESOR 法最显著的优点是它能提供高方向分辨率的辐射强度分布。辐射强度不但随天顶角 θ_i 变化，而且随水平角 $\varphi_{i,j}$ 变化。离散角度$(\theta_i, \varphi_{i,j})$的方向线穿过的区域是在三维空间内，而本研究中 DRESOR 数分布是在如图 7.2 所示的二维矩形区域内。对于二维问题来说，图 7.2 中不同 z 坐标值下的 DRESOR 数值与它们在 x-y 平板内对应的投影值相等。

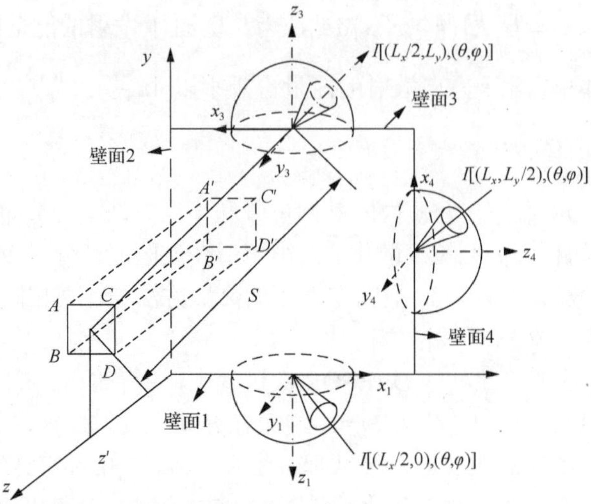

图 7.2　壁面的当地坐标及计算 $(\theta_i, \varphi_{i,j})$ 方向上辐射强度的示意图

以位于壁面 3 上 $(L_x/2,L_y)$ 的点为例说明计算 $(\theta_i, \varphi_{i,j})$ 离散方向上的辐射强度。沿角度 $(\theta_i, \varphi_{i,j})$ 方向线，逆方向从点 $(L_x/2, L_y)$ 开始的积分线在三维空间区域内穿越矩形网格 $ABCD$，在 $z=z'$ 时，矩形网格 $ABCD$ 内的 DRESOR 数能够被矩形网格 $ABCD$ 在 $z=0$ 时 x-y 平面内的投影矩形网格 $A'B'C'D'$ 内的 DRESOR 数代替。由计算条件可知，点 $(L_x/2,L_y)$ 处辐射强度 $I[(L_x,L_y/2),(\theta_i, \varphi_{i,j})]$ 只在 $0\leqslant\theta_i\leqslant\pi/2$ 范围内有值。并且，如图 7.2 所示，由于点 $(L_x/2,L_y)$ 正对发射壁面 1，所以在 $0\leqslant\theta_i\leqslant\pi/2$ 范围还有直接辐射强度部分 $I_1[(L_x,L_y/2),(\theta_i, \varphi_{i,j})]$，其计算式为

$$I_1[(L_x/2,L_y),(\theta_i,\varphi_{i,j})]=\frac{E_{\mathrm{bw1}}}{\pi}\exp\left(-\sum_0^s \beta\Delta s''\right) \tag{7.7}$$

式中，s 是沿 $(\theta_i, \varphi_{i,j})$ 方向上的衰减距离。

间接辐射强度部分 $I_2[(L_x,L_y/2),(\theta_i, \varphi_{i,j})]$ 计算式为

$$I_2[(L_x/2,L_y),(\theta_i,\varphi_{i,j})]=\frac{E_{\mathrm{bw1}}}{4\pi}\sum_0^s\left[R_{\mathrm{d}}^{\mathrm{s}}[(W_1,i_x),(j_y,\theta_i,\varphi_{i,j})]\exp\left(-\sum_0^{s'}\beta\Delta s''\right)\beta\Delta s'\right] \tag{7.8}$$

综合式(7.7)和式(7.8)，$0\leqslant\theta_i\leqslant\pi/2$ 范围被总辐射强度 $I[(L_x,L_y/2),(\theta_i, \varphi_{i,j})]$ 计算式为

$$\begin{aligned}I[(L_x/2,L_y),(\theta_i,\varphi_{i,j})]&=I_1[(L_x/2,L_y),(\theta_i,\varphi_{i,j})]+I_2[(L_x/2,L_y),(\theta_i,\varphi_{i,j})]\\&=\frac{E_{\mathrm{bw1}}}{\pi}\exp\left(-\sum_0^s\beta\Delta s''\right)+\frac{E_{\mathrm{bw1}}}{4\pi}\sum_0^s\Big[R_{\mathrm{d}}^{\mathrm{s}}[(W_1,i_x),(j_y,\theta_i,\varphi_{i,j})]\Big]\\&\quad\times\exp\left(-\sum_0^{s'}\beta\Delta s''\right)\beta\Delta s'\end{aligned} \tag{7.9}$$

辐射强度得到后，辐射热流可表示为

$$q(L_x/2,L_y)=\sum_{i=0}^{N}\sum_{j=1}^{M_i}I[(L_x/2,L_y),(\theta_i,\varphi_{i,j})]\sin\theta_i\cos\theta_i\Delta\theta_i\Delta\varphi_{i,j} \tag{7.10}$$

式中，$M_i=\text{int}[\Omega_i/\Omega_0]=\text{int}[2\Delta\theta\sin(\Delta\theta\cdot i)/(\sin(\Delta\theta/2))^2]$，$\Delta\theta=\pi/N$，$N=90$。

7.1.2　计算结果与讨论

1. DRESOR 数分布

在计算 DRESOR 数过程中，对于能束数的选取进行了严格的测试，计算结果如表 7.1 所示。从表中可以看出，在各向同性散射介质中，能束数取 1000000 是综合考虑计算精度和计算时间的最佳结果。所有计算在 Intel P4 3.0G PC 上完成，网格划为 $N_x\times N_y$ =31×31。当能束数取 1000000 时，计算 DRESOR 数的时间为 422.76s，然后在半球空间立体角 6658 个方向上计算辐射强度需要 4.59s。表 7.1 中所示的充满纯散射介质的二维矩形区域壁面上点 $(L_x/2,0)$ 和 $(L_x,L_y/2)$ 处的无维辐射热流被定义为 $\tilde{q}=q/E_{\text{bw1}}$，需要说明的是，当计算系统内其他任意点辐射强度时，DRESOR 数不需要再重复计算，这也是 DRESOR 法的一个特点。

表 7.1　DRESOR 数计算中能束数的选取

计算方法	能束数	$(L_x/2,0)$ 处 $\tilde{q}$	$(L_x,L_y/2)$ 处 $\tilde{q}$	计算时间/s	$N_x\times N_y$
DRESOR	100000	0.76029	0.24640	40.281	31×31
	500000	0.76367	0.24277	212.23	31×31
	1000000	0.76289	0.24405	427.35	31×31
	5000000	0.76247	0.24371	2341.5	31×31
	10000000	0.76276	0.24347	4302.0	31×31
Kim[5]		0.76696	0.24712		
Pessoa-Filho[6]		0.76222	0.24378		
Hao[7]		0.76504	0.24484		31×31

图 7.3 显示了 DRESOR 数在各向同性散射二维矩形介质中的分布，$R_{\text{d}}^{\text{s}}(W_1,i_x,j_y)$ 记录了从壁面 1 发射的能量被介质单元 (i_x,j_y) 在各向同性纯散射介质中散射的能量份额分布。从图中可以看出，那些离发射壁面 1 近的网格区域内 DRESOR 数较大，离壁面 1 越远，DRESOR 数越小，并且介质左右两侧 DRESOR 数成对称分布。

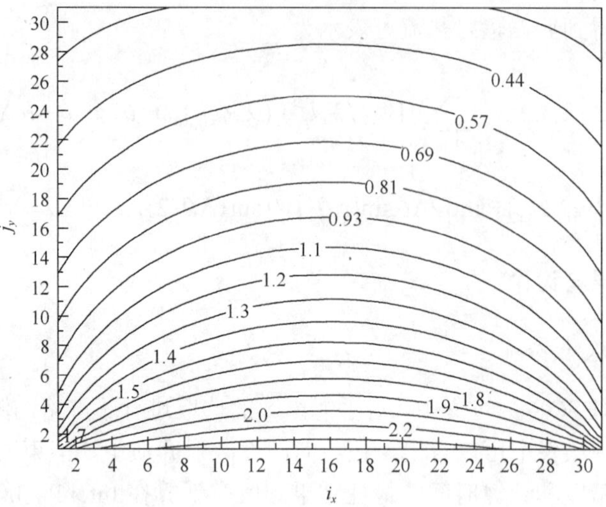

图 7.3 DRESOR 数在各向同性散射二维矩形介质中的分布

2. 辐射强度分布

在各向同性散射介质中，辐射强度 $I(\theta_i, \varphi_{i,j})$ 在点 $(L_x/2,0)$ 和 $(L_x, L_y/2)$ 处在半球空间立体角内 6658 个方向上随 θ 和 φ 变化的分布，分别如图 7.4(a) 和 (b) 所示。4 个壁面上的当地坐标系统的 z 轴正方向如图 7.2 所示。

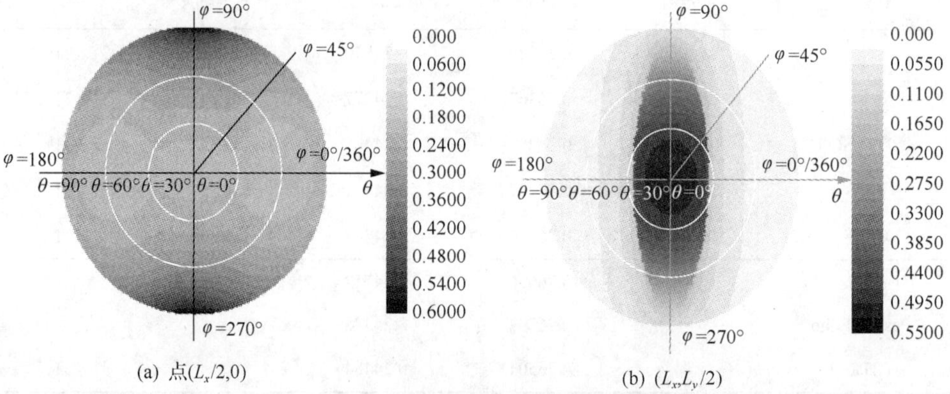

图 7.4 辐射强度 $I(\theta_i, \varphi_{i,j})$ 分布

从图 7.4 中可以看出，辐射强度沿水平角的分布并不均匀，在 $\varphi = 90°$ 和 $\varphi = 270°$ 附近方向上的值，明显大于 $\varphi = 0°(360°)$ 和 $\varphi = 180°$ 附近方向上的值。这是由于在二维系统中，$\varphi = 90°$ 和 $\varphi = 270°$ 附近方向的立体角方向线是无限延伸的，而不受壁面的约束，有更多介质在辐射强度的这些方向贡献能量；而在 $\varphi = 0°(360°)$ 和 $\varphi = 180°$ 附近方向有两侧壁面的限制，黑体壁面的吸收使辐射强度在这些方向值减小。

当壁面对计算单元的影响能够忽略时，辐射强度沿水平角的变化将会是均匀的，这从图 7.5 中显示的当 $L_x = L_y = 10\text{m}$ 时点 $(L_x, L_y/2)$ 处辐射强度分布得到证实，将它和图 7.4(b) 中的辐射强度对比发现，在图 7.5 中，当 $L_x = L_y = 10\text{m}$ 时辐射强度沿水平角没有变化，只沿天顶角变化。

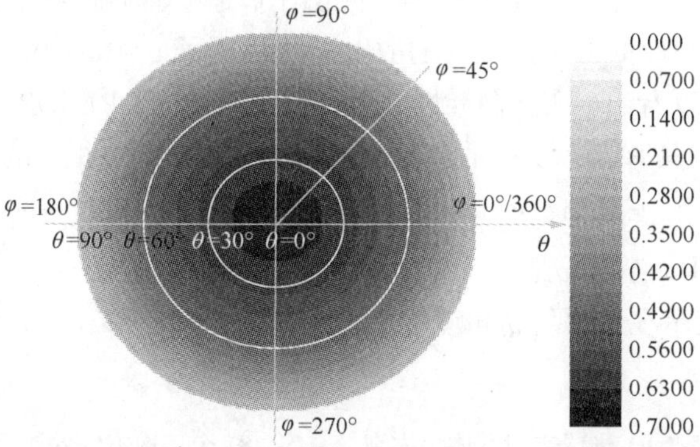

图 7.5　当 $L_x = L_y = 10\text{m}$ 时 $I(\theta_i, \varphi_{i,j})$ 在点 $(L_x, L_y/2)$ 处分布

图 7.6(a) 和 (b) 分别显示了各向同性散射介质中，点 $(0, L_y/2)$ 和 $(L_x, L_y/2)$ 处辐射强度 $I(\theta_i, \varphi_{i,j})$ 在半球空间立体角内 6658 个方向上随 θ 和 φ 的变化分布。在图 7.6(a) 中，辐射强度在 φ(0°,90°) 和 (270°,360°) 范围内的值大于 φ(90°,270°) 范围内的值，这是由于，在 φ(0°,90°) 和 (270°,360°) 范围内的逆方向线穿过如图 7.3 所示的具有较大 DRESOR 数的下半部区域。相同的原因使图 7.6(b) 中点 $(L_x, L_y/2)$ 处的辐射强度有类似分布。

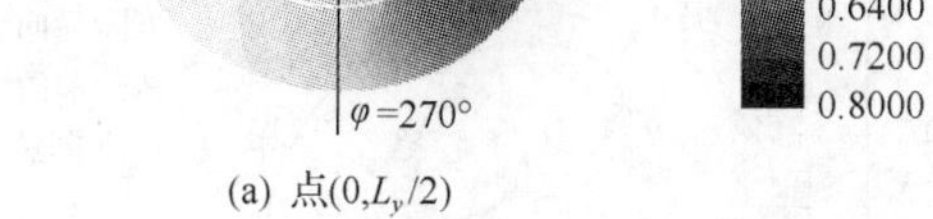

(a) 点 $(0, L_y/2)$

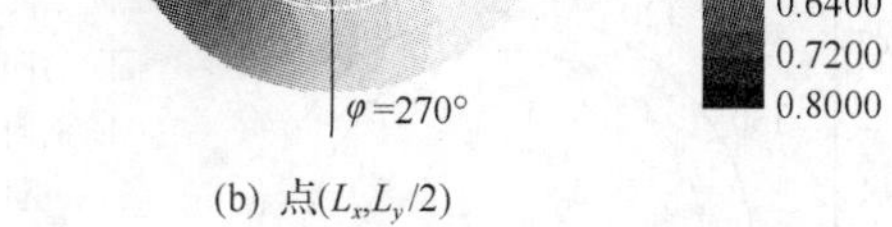

(b) 点 $(L_x, L_y/2)$

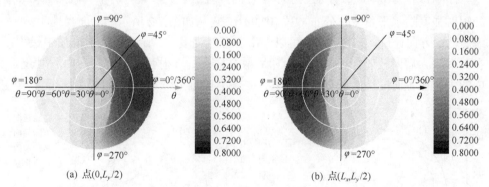

图 7.6　辐射强度分布

3. 各向异性散射计算

在本研究中，用勒让德多项式[7]来近似模拟介质的各向异性散射，多项式系数如第 2 章中表 2.4 所示，表中包括各向同性散射、二阶后向散射、五阶后向散

射以及八阶前向散射等 4 种散射相函数。表 2.4 也给出 4 种相函数的散射非对称因子 g 的值，用它表示散射能量分布的方向性。从表中可以看出，二阶后向散射相函数和五阶后向散射相函数的散射非对称因子 $g<0$，并且二阶后向散射相函数的散射非对称因子比五阶后向散射相函数的散射非对称因子更小，因此具有更大的后向散射能力；八阶前向散射相函数的散射非对称因子 $g>0$，具有最大的前向散射能力；各向同性散射相函数的的散射非对称因子 $g=0$。

从式(7.9)可以看出，在各向异性散射介质中，计算 DRESOR 数时，$R_d^s(W_1,i_x,j_y,\theta_i,\varphi_{i,j})$是一个具有 5 个变量的函数，在计算过程中需要很大的内存空间，由于计算机内存的限制，在处理各向异性散射介质中，在半球空间立体角内划分 $M=281$ 个离散方向，其中，$\Delta\theta=\pi/N$，$N=18$。半球空间内离散角度的具体情况如表 7.2 所示，其中，ΔM 表示在天顶角 θ_i 角度时水平角 $\varphi_{i,j}$ 划分的个数，$\Delta\varphi_{i,j}$ 表示该天顶角下单位水平角度数。

表 7.2 半球空间立体角内划分 $M=281$ 个离散方向的情况

i	θ_i/(°)	$\Delta\varphi_{i,j}$/(°)	ΔM	$M(\theta_i,\varphi_{i,j})$	i	θ_i/(°)	$\Delta\varphi_{i,j}$/(°)	ΔM	$M(\theta_i,\varphi_{i,j})$
0	0	360.0	1	1	5	50	10.29	35	75～109
1	10	51.43	7	2～8	6	60	9.231	39	110～148
2	20	24.00	15	9～23	7	70	8.372	43	149～191
3	30	16.36	22	24～45	8	80	8.000	45	192～236
4	40	12.41	29	46～74	9	90	8.000	45	237～281

图 7.7(a)、(b)和(c)分别显示了在各向异性散射介质中，θ_i 不同时点$(L_x/2,0)$处辐射强度随水平角变化分布。$\theta\in[0°,90°]$，它从如图 7.2 所示的壁面当地坐标系统 z 轴正方向计量。从图 7.7 中可以看出，辐射强度在二阶后向散射介质中最大；在具有较大后向散射能力的二阶后向散射介质中的辐射强度比五阶后向散射介质中的大；在各向同性散射介质中的其次，在八阶前向散射介质中的最小。

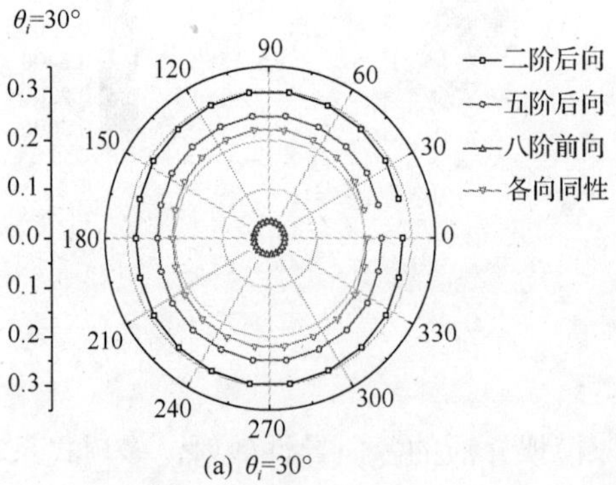

(a) θ_i=30°

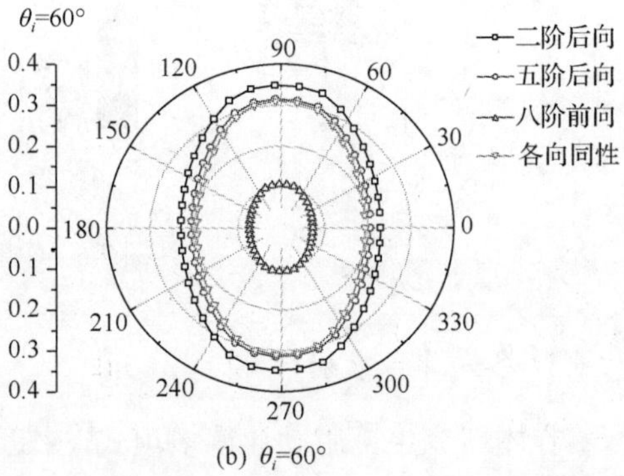

(b) θ_i=60°

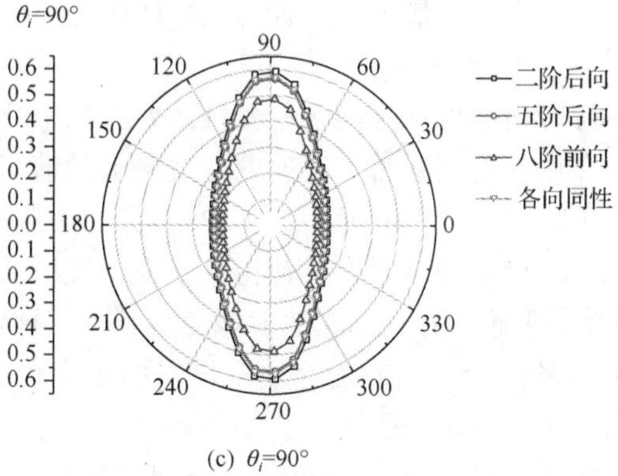

(c) θ_i=90°

图 7.7　点$(L_x/2,0)$处辐射强度分布

当$\theta_i = 30°$、$\theta_i = 60°$及$\theta_i = 90°$时，在各向异性散射介质中，点$(L_x/2,L_y)$处辐射强度随水平角变化情况，分别如图 7.8(a)(b)和(c)所示。从图 7.8 中可以看出，

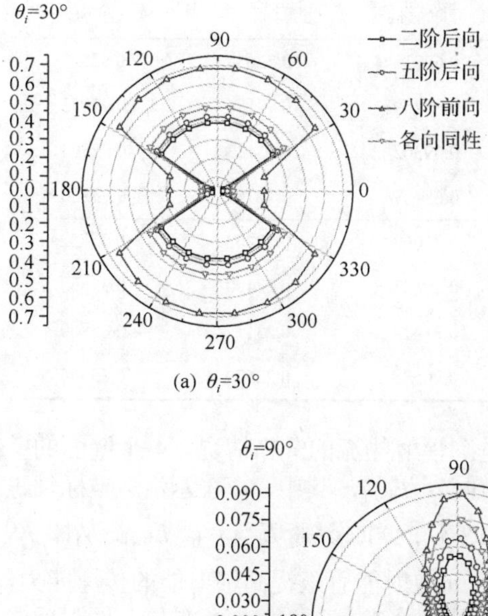

(a) θ_i=30°

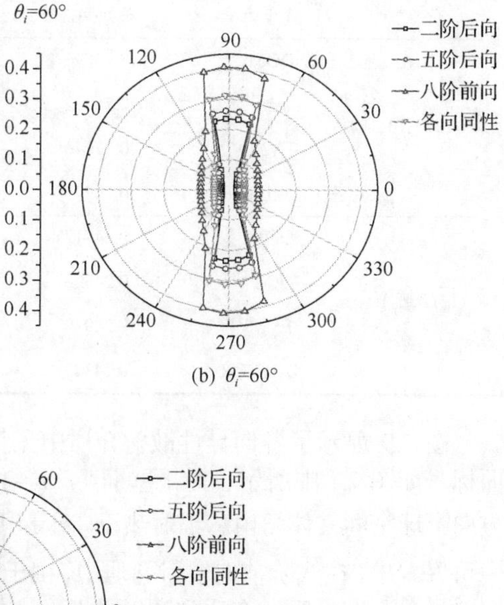

(b) θ_i=60°

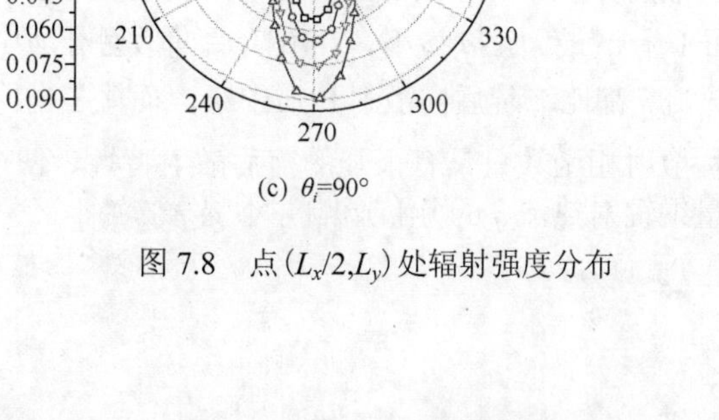

(c) θ_i=90°

图 7.8　点$(L_x/2,L_y)$处辐射强度分布

辐射强度在八阶前向散射介质中最大；在各向同性散射介质中其次；在二阶后向散射介质中最小。

图 7.7 和图 7.8 中，辐射强度在不同各向异性散射介质中分布趋势的原因可以解释如下：前向散射介质使得从壁面 1 发射的能量更多的前向传播，到达并被壁面 3 吸收，使得在前向散射介质中壁面 3 上 $(L_x/2,L_y)$ 处辐射强度在 $\theta\in[0°,90°]$（当地坐标系中）范围内最大；而后向散射介质使得从壁面 1 发射的能量更多的被散射回到壁面 1，并被壁面 1 吸收，并且后向散射能力越强，这种效果越明显，因此，具有最强后向散射能力的二阶后向散射介质中，壁面 1 上 $(L_x/2,0)$ 处辐射强度在 $\theta\in[0°,90°]$（当地坐标系中）范围内最大。

通过 DOM 法、近似模拟法（approximation method，AM）、FVM 法以及 DRESOR 法计算的点 $(L_x/2,0)$ 和点 $(L_x/2,L_y)$ 处无量纲辐射热流 $\tilde{q}$ 的结果，如表 7.3 所示。从表中的结果对比可以看出，DRESOR 法和其他方法计算的结果吻合得很好。

表 7.3　点 $(L_x/2,0)$ 和 $(L_x/2,L_y)$ 处无量纲辐射热流 $\tilde{q}$

位置	计算方法	各向同性	二阶后向	五阶后向	八阶前向
$(L_x/2,0)$	DOM[12]	0.76696	0.68718	0.72658	0.92383
	AM[13]	0.76222	0.68289	0.72186	0.91453
	FVM[14]	0.77046	0.69302	0.73123	0.92503
	DRESOR	0.76276	0.68487	0.72151	0.93360
$(L_x/2,L_y)$	DOM[12]	0.24712	0.21069	0.22862	0.35732
	AM[13]	0.24378	0.20633	0.22490	0.35668
	FVM[14]	0.24989	0.21414	0.23172	0.35860
	DRESOR	0.24347	0.20528	0.22679	0.35645

图 7.9 显示了各向异性散射介质中无量纲辐射热流的分布情况。4 个壁面的壁面标号如图 7.1 中所示。对于壁面 1，$\tilde{q}=1.0-q^+/E_{\text{bw1}}$，其中，$q^+$表示沿 z 坐标轴正方向半球空间立体角内总辐射热流。对于其他 3 个壁面 $\tilde{q}=q/E_{\text{bw1}}=q^+/E_{\text{bw1}}$。从图 7.9 中可以看出，在八阶前向辐射介质中，由于前向散射能有效提高辐射能的传递能力，辐射能量更容易穿过介质到达对面壁面，使得壁面 3 上 $\tilde{q}$ 最大，而在具有最强后向散射能力的二阶后向散射介质中，壁面 3 上 $\tilde{q}$ 最小，从壁面 1 发射的能量容易被散射回壁面 1，使壁面 1 上 q^+最大，$\tilde{q}$ 最小。在五阶后向散射介质中，壁面 1 和壁面 3 上的无量纲辐射热流 $\tilde{q}$ 都比二阶后向散射介质中小，而比各向同性介质中的大。由于本书研究的几种散射相函数只具有很强的前后散射特性，使得它们对左壁面 2 和右壁面 4 上的无量纲辐射热流 $\tilde{q}$ 的分布影响并不显著。

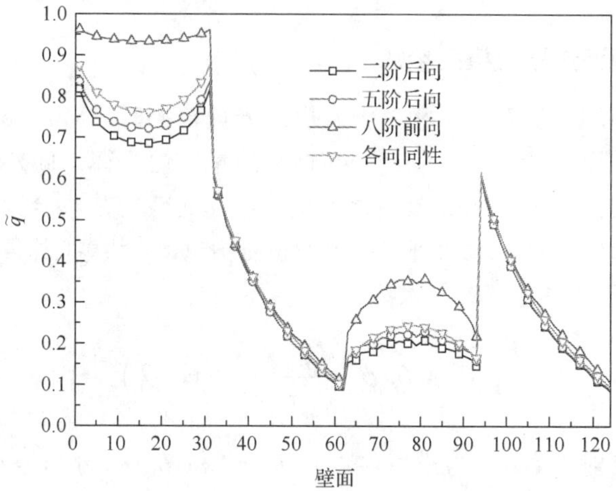

图 7.9　4 个壁面上无量纲辐射热流分布

7.2　耦合 BRDF 的二维 DRESOR 法

实际壁面的辐射特性受多种因素影响而变得极其复杂，简单的壁面假设会带来一定程度的辐射计算误差。有关试验[12]发现，将炉壁设为漫反射壁面会使炉内测温产生 100℃的温度偏差。因此，有必要在研究二维系统辐射传热问题的过程中考虑实际壁面的影响。双向反射分布函数(BRDF)[13]如前面所描述，能准确地描述实际壁面的反射分布。但很难通过实验测得实际壁面完整的 BRDF 分布，因此采用 BRDF 模型来获取更全面的 BRDF 壁面反射分布。正因如此，在辐射传递计算中利用合适的 BRDF 模型模拟计算边界的辐射特性，能够使系统内辐射分析更加准确。虽然 Cheng 等[14]将 DRESOR 法扩展到求解二维矩形介质内辐射传递问题，但主要是研究介质散射特性对各壁面辐射强度分布的影响，并没有考虑二维介质的梯度折射率分布和壁面的复杂反射分布(BRDF 壁面)。之后 Wang 等[15]利用DRESOR法求解了耦合BRDF壁面一维梯度折射率介质内的稳态辐射传热问题，并探讨了 BRDF 壁面对一维系统内辐射热流和温度的影响。Chai 等[16]在 Wang 的基础上将 BRDF 壁面的影响扩展到瞬态辐射传热中。然而，上述研究对象都是一维系统而非多维系统，而且一维空间的研究很难精确描述 BRDF 壁面对二维矩形梯度折射率介质内辐射传递的影响。

本节工作是采用 Minnaert 模型[17]模拟 BRDF 壁面，并将 DRESOR 法拓展到求解耦合 BRDF 壁面的二维矩形梯度折射率介质内的辐射传递问题中。对比漫反射壁面条件下的计算结果，重点探讨了 BRDF 壁面对二维矩形系统内辐射传递的影响，也分析了不同的光学厚度、散射反照率条件下 BRDF 壁面对系统内辐射传递影响的变化。

7.2.1 BRDF 模型选取及模型参数

当物体壁面的镜反射分量相对于漫反射分量较小时，Minnaert 模型能够很好地描述该壁面的反射特性，还满足互易性和能量守恒定律。此外，Minnaert 模型不区分前向和后向反射，因此该模型模拟的壁面比较容易耦合到复杂的辐射传递计算中。结合上述优点，本章研究采用 Minnaert 模型[15]模拟计算壁面，其模型数学表达式如下所示：

$$f_{\mathrm{r}}(\theta_{\mathrm{i}},\phi_{\mathrm{i}},\theta_{\mathrm{r}},\phi_{\mathrm{r}})=\frac{\rho_0}{\pi}(\cos\theta_{\mathrm{i}}\cos\theta_{\mathrm{r}})^{k-1} \tag{7.11}$$

式中，ρ_0 为漫反射系数；k 为模型参数；$(\theta_{\mathrm{i}}, \varphi_{\mathrm{i}})$ 和 $(\theta_{\mathrm{r}}, \varphi_{\mathrm{r}})$ 分别是入射、反射方向，参数 ρ_0 和 k 是结合实验数据并通过遗传算法优化得到，$\rho_0 = 0.4393$，$k = 1.1160$，具体参考文献[15]。

这里还通过改变 Minnaert 模型中的 k 值，引进具有不同反射特性的 BRDF 壁面。具体如下：之前 Minnaert 模型中，$k = 1.1160$ 的壁面定义为 BRDF-1 壁面，$k = 2.1160$ 的壁面定义为 BRDF-2 壁面，$k = 3.1160$ 的壁面定义为 BRDF-3 壁面。这里需要强调的是：3 个 BRDF 壁面中的漫反射系数 ρ_0 相同，均为 $\rho_0 = 0.4393$。图 7.10 描述了漫反射壁面和 3 种 BRDF 壁面的反射分布特性。其中，图 7.10(a) 给出了入射条件为 $\theta_i = 15°$ 时四种壁面的反射分布曲线(BRDF 模拟结果，$f_{\mathrm{r}}\cos\theta_{\mathrm{r}}$)。从中可以看出，$f_{\mathrm{r}}\cos\theta_{\mathrm{r}}$ 的分布曲线的峰随着模型参数 k 变大而变窄，而且峰值随之减小，这些都表明模型参数 k 的值越大，BRDF 壁面的反射特性就越偏离漫反射特性。图 7.10(b) 给出了 BRDF-1 壁面在不同入射角度下的反射分布。从中可以看出，$f_{\mathrm{r}}\cos\theta_{\mathrm{r}}$ 的分布曲线的峰值随着 θ_{i} 的增大而较小，这反映了 BRDF 壁面的反射分布

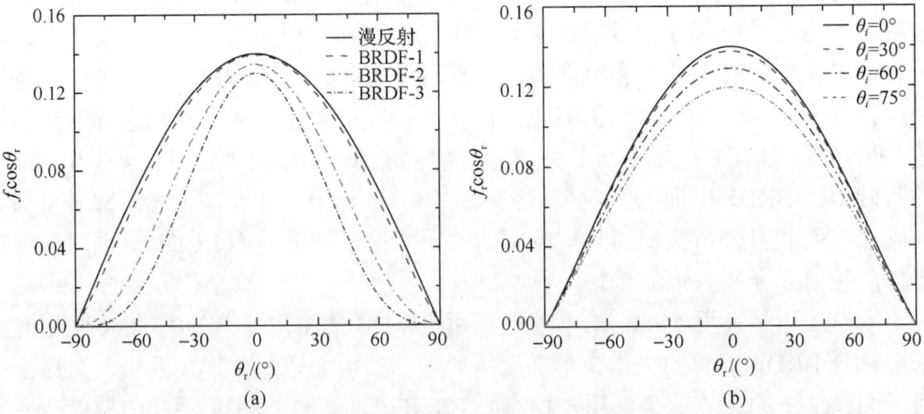

图 7.10　(a) 入射角度为 $\theta_{\mathrm{i}} = 15°$ 时，漫反射壁面与 3 种 BRDF 壁面反射分布的模拟结果；(b) 不同入射角度下 BRDF-1 壁面反射分布的模拟结果

受入射角度影响，不同于漫反射壁面。因此，为研究不同 BRDF 壁面对二维系统内辐射传递的影响，本章后面的算例主要考虑其中 3 种不同的壁面，它们分别为漫反射、BRDF-1、BRDF-2 壁面。

7.2.2　耦合 BRDF 壁面二维梯度折射率介质辐射传递求解

对于耦合 BRDF 壁面二维矩形梯度折射率介质内的辐射传递方程，经 DRESOR 法处理后，辐射强度的公式可以表述为[15]

$$\begin{aligned}\frac{I(\boldsymbol{r},\hat{\boldsymbol{s}})}{n_{\boldsymbol{r}}^2}=&\frac{1}{n_{\mathrm{w}}^2}\left(\frac{n_{\mathrm{w}}^2}{\pi}\right)\left\{[\pi\varepsilon'(\boldsymbol{r}_{\mathrm{w}},\hat{\boldsymbol{s}}')I_{\mathrm{b}}(\boldsymbol{r}_{\mathrm{w}})]+\int_W\frac{n_{\mathrm{w}'}^2}{n_{\mathrm{w}}^2}R_{\mathrm{d}}^{\mathrm{s}}(\boldsymbol{r}_{\mathrm{w}}',\boldsymbol{r}_{\mathrm{w}},\hat{s}')[\pi\varepsilon(\boldsymbol{r}_{\mathrm{w}}')I_{\mathrm{b}}(\boldsymbol{r}_{\mathrm{w}}')]\mathrm{d}A'\right.\\&\left.+\int_V\frac{n_{\boldsymbol{r}''}^2}{n_{\mathrm{w}}^2}R_{\mathrm{d}}^{\mathrm{s}}(\boldsymbol{r}'',\boldsymbol{r}_{\mathrm{w}},\hat{\boldsymbol{s}}')[4\pi\beta(1-\omega)I_{\mathrm{b}}(\boldsymbol{r}'')]\mathrm{d}V''\right\}\cdot\exp[-\int_{s_{\mathrm{w}}}^{s}\beta\,\mathrm{d}s'']\\&+\int_{s_{\mathrm{w}}}^{s}\frac{1}{4\pi\beta}\left\{4\pi\beta(1-\omega)I_{\mathrm{b}}(\boldsymbol{r}')+\int_W\frac{1}{n_{\boldsymbol{r}'}^2}R_{\mathrm{d}}^{\mathrm{s}}(\boldsymbol{r}_{\mathrm{w}}',\boldsymbol{r}',\hat{\boldsymbol{s}}'')[\pi\varepsilon(\boldsymbol{r}_{\mathrm{w}}')n_{\mathrm{w}'}^2I_{\mathrm{b}}(\boldsymbol{r}_{\mathrm{w}}')]\mathrm{d}A'\right.\\&\left.+\int_V\frac{1}{n_{\boldsymbol{r}'}^2}R_{\mathrm{d}}^{\mathrm{s}}(\boldsymbol{r}'',\boldsymbol{r}',\hat{\boldsymbol{s}}'')[4\pi\beta(1-\omega)n_{\boldsymbol{r}'}^2I_{\mathrm{b}}(\boldsymbol{r}'')]\mathrm{d}V''\right\}\cdot\exp\left(-\int_{s'}^{s}\beta\mathrm{d}s''\right)\beta\,\mathrm{d}s'\end{aligned}\tag{7.12}$$

$$\begin{aligned}\frac{I(\boldsymbol{r},\hat{\boldsymbol{s}})}{n_{\boldsymbol{r}}^2}=&\frac{1}{n_{\boldsymbol{r}_{\mathrm{w}}}^2}\left(\frac{n_{\boldsymbol{r}_{\mathrm{w}}}^2}{\pi}\right)\left\{[\pi\varepsilon(\boldsymbol{r}_{\mathrm{w}})I_{\mathrm{b}}(\boldsymbol{r}_{\mathrm{w}})]+\int_W\frac{1}{n_{\boldsymbol{r}_{\mathrm{w}}}^2}R_{\mathrm{d}}^{\mathrm{s}}(\boldsymbol{r}_{\mathrm{w}}',\boldsymbol{r}_{\mathrm{w}},\hat{\boldsymbol{s}})[\pi\varepsilon(\boldsymbol{r}_{\mathrm{w}}')n_{\boldsymbol{r}_{\mathrm{w}}'}^2I_{\mathrm{b}}(\boldsymbol{r}_{\mathrm{w}}')]\mathrm{d}A'\right.\\&\left.+\int_V\frac{1}{n_{\boldsymbol{r}_{\mathrm{w}}}^2}R_{\mathrm{d}}^{\mathrm{s}}(\boldsymbol{r}'',\boldsymbol{r}_{\mathrm{w}},\hat{\boldsymbol{s}})[4\pi\beta(1-\omega)n_{\boldsymbol{r}''}^2I_{\mathrm{b}}(\boldsymbol{r}'')]\mathrm{d}V''\right\}\exp\left(-\int_0^s\beta\,\mathrm{d}s''\right)\\&+\int_0^s\frac{1}{4\pi\beta}\left\{4\pi\beta(1-\omega)I_{\mathrm{b}}(\boldsymbol{r}')+\int_W\frac{1}{n_{\boldsymbol{r}'}^2}R_{\mathrm{d}}^{\mathrm{s}}(\boldsymbol{r}_{\mathrm{w}}',\boldsymbol{r}',\hat{\boldsymbol{s}})[\pi\varepsilon(\boldsymbol{r}_{\mathrm{w}}')n_{\boldsymbol{r}_{\mathrm{w}}'}^2I_{\mathrm{b}}(\boldsymbol{r}_{\mathrm{w}}')]\mathrm{d}A'\right.\\&\left.+\int_V\frac{1}{n_{\boldsymbol{r}'}^2}R_{\mathrm{d}}^{\mathrm{s}}(\boldsymbol{r}'',\boldsymbol{r}',\hat{\boldsymbol{s}})[4\pi\beta(1-\omega)n_{\boldsymbol{r}''}^2I_{\mathrm{b}}(\boldsymbol{r}'')]\mathrm{d}V''\right\}\exp\left(-\int_{s'}^{s}\beta\,\mathrm{d}s''\right)\beta\,\mathrm{d}s'\end{aligned}\tag{7.13}$$

式 7.12 与式 7.13 不同之处在于壁面发射率，两公式中发射率的转换关系表达式为：$\varepsilon(\boldsymbol{r}_{\mathrm{w}})=\frac{1}{\pi}\int_{2\pi}\varepsilon'(\boldsymbol{r}_{\mathrm{w}},\hat{\boldsymbol{s}}')\cos\theta_{\mathrm{i}}\mathrm{d}\Omega_{\mathrm{i}}$。当然，在耦合 BRDF 壁面后，能束被壁面反射后的 DRESOR 数和能量的更新也有所不同。经过推导，$\Delta R_{\mathrm{d}}^{\mathrm{s}}$ 和 ΔE_0 的公式为

$$\Delta R_d^s(\boldsymbol{r},\boldsymbol{r}_{\mathrm{w}},\hat{\boldsymbol{s}})=C_0\frac{E_0}{N_0}\pi f_{\mathrm{r}}\left(\theta_{\mathrm{i}},\varphi_{\mathrm{i}},\theta_{\mathrm{r}},\varphi_{\mathrm{r}}\right)\tag{7.14}$$

$$\Delta E_0 = \left[1-\alpha_{\mathrm{r}}'(\theta_{\mathrm{i}},\varphi_{\mathrm{i}})\right]E_0 \tag{7.15}$$

式中，E_0为单个能束的初始能量；N_0为总的能束数；C_0为补偿系数。

在进行辐射传递计算时，BRDF 壁面上能束发射、反射方向与漫反射壁面不同。确定 BRDF 壁面发射方向的表达式为

$$R_\theta = \frac{\int_0^\theta \varepsilon'(\boldsymbol{r})\cos\theta\sin\theta\,\mathrm{d}\theta}{\int_0^{\pi/2} \varepsilon'(\boldsymbol{r})\cos\theta\sin\theta\,\mathrm{d}\theta} \tag{7.16a}$$

$$R_\varphi = \frac{1}{\pi}\int_0^\varphi\int_0^{\pi/2}\frac{\varepsilon'(\boldsymbol{r})}{\varepsilon(\boldsymbol{r})}\cos\theta\sin\theta\,\mathrm{d}\theta\,\mathrm{d}\varphi \tag{7.16b}$$

式中，R_θ、R_φ为 0～1 之间的随机数。

反射方向的表达式为

$$R_{\theta_{\mathrm{r}}} = \frac{\int_0^{\theta_r} f_{\mathrm{r}}(\theta_{\mathrm{i}},\varphi_{\mathrm{i}},\theta_{\mathrm{r}},\varphi_{\mathrm{r}})\cos\theta_{\mathrm{r}}\sin\theta_{\mathrm{r}}\,\mathrm{d}\theta_{\mathrm{r}}}{\int_0^{\pi/2} f_{\mathrm{r}}(\theta_{\mathrm{i}},\varphi_{\mathrm{i}},\theta_{\mathrm{r}},\varphi_{\mathrm{r}})\cos\theta_{\mathrm{r}}\sin\theta_{\mathrm{r}}\,\mathrm{d}\theta_{\mathrm{r}}} \tag{7.17a}$$

$$R_{\varphi_{\mathrm{r}}} = \frac{1}{\rho'(r)}\int_0^{\varphi_{\mathrm{r}}}\int_0^{\pi/2} f_{\mathrm{r}}(\theta_{\mathrm{i}},\varphi_{\mathrm{i}},\theta_{\mathrm{r}},\varphi_{\mathrm{r}})\cos\theta_{\mathrm{r}}\sin\theta_{\mathrm{r}}\,\mathrm{d}\theta_{\mathrm{r}}\,\mathrm{d}\varphi_{\mathrm{r}} \tag{7.17b}$$

式中，$R_{\theta_{\mathrm{r}}}$、$R_{\varphi_{\mathrm{r}}}$为 0～1 之间的随机数。其他详细的 DRESOR 数计算过程请参考文献[18]。

7.2.3 耦合 BRDF 壁面二维矩形介质模型

耦合 BRDF 壁面的二维矩形梯度折射率介质模型如图 7.11 所示，其中 4 个壁面均为同类型的 BRDF 壁面。与一维介质耦合 BRDF 壁面辐射模型内的计算不同，这里考虑了 4 个 BRDF 壁面的相对位置，所以在计算中需要更加复杂的边界处理。同时二维系统需要考虑壁面的长度，本书将每个壁面划分为若干网格，每个壁面网格的反射分布都符合 Minnaert 模型中的 BRDF 分布。这里，将上述二维系统沿着 x、y 轴方向划分呈 $N_i \times N_j$ 分布。每个空间介质网格在 4π 空间里的离散方向为 M 个，壁面网格在 2π 半球空间里离散 $M/2$ 个方向，方向离散的具体方法可参考文献[19]。其中，4 个壁面的温度分别为 T_{w1}、T_{w2}、T_{w3}、T_{w4}，空间介质的温度为 T_{g}；介质的光学厚度为 τ_H，散射反照率为 ω。

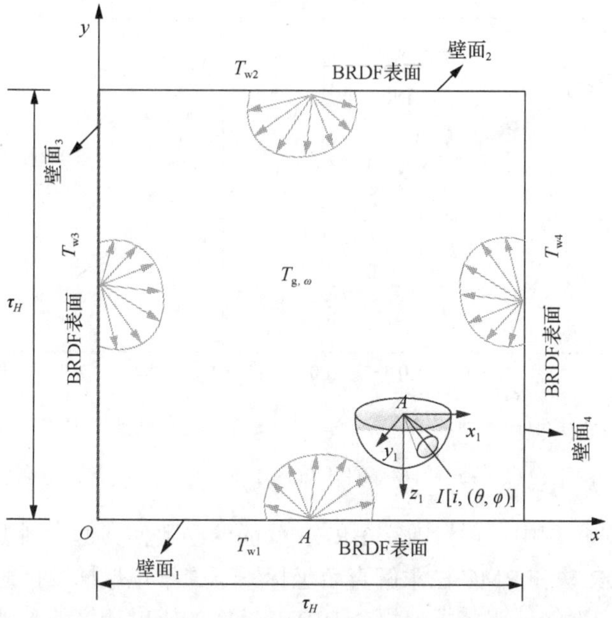

图 7.11　耦合 BRDF 壁面二维梯度折射率介质内辐射传递模型

7.2.4　计算结果与讨论

1. DRESOR 法的正确性验证

Liu[20]利用 MCM 法计算了两种梯度折射率介质条件下的热流分布，其折射率分别为 $n(x)=5[1-0.9025(x/H)^2]^{0.5}$、$n(x)=5[1-0.4356(x^2+y^2)/H^2]^{0.5}$。计算模型如图 7.11 所示，其中计算条件如下，二维矩形系统的尺寸为 $L\times H=0.1\times0.1\text{m}^2$，壁面和介质的温度分别为 $T_{w1}=T_{w2}=T_{w4}=T_g=0\text{K}$ 和 $T_{w3}=1000\text{K}$；4 个壁面的发射率均为 $\varepsilon=1.0$，介质的光学厚度分别为 $\tau_H=0.1$ 和 $\tau_H=2.0$，介质散射反照率分别为 $\omega=0$ 和 $\omega=0.5$，散射相函数为 $\Phi=1+\cos(\theta)$；空间介质网格平均划分为 $M_v=N_x\times N_y=40\times40$，壁面网格化分为 $M_s=40\times4$。为了确保计算的准确性，本书在计算过程中追踪能束数选取 $N_0=40\times10^5$，半球空间离散方向 $(\theta_i,\varphi_{i,j})$ 数为 2083，方向离散的具体方法如前文叙述相同。

图 7.12 给出了通过 DRESOR 法和 RMC 法计算得到的上述两种梯度折射率分布条件下壁面 1 的无量纲辐射热流分布，并与 Liu[20]得到的结果进行了比较。从图中可以看出，利用 DRESOR 法和 RMC 法计算的结果与文献结果基本吻合，部分误差是由于 FORTRAN 运行内存有限导致网格划分和空间方向离散不足。因此，验证了 DRESOR 法求解二维矩形梯度折射率介质内辐射传递的有效性以及正确性。

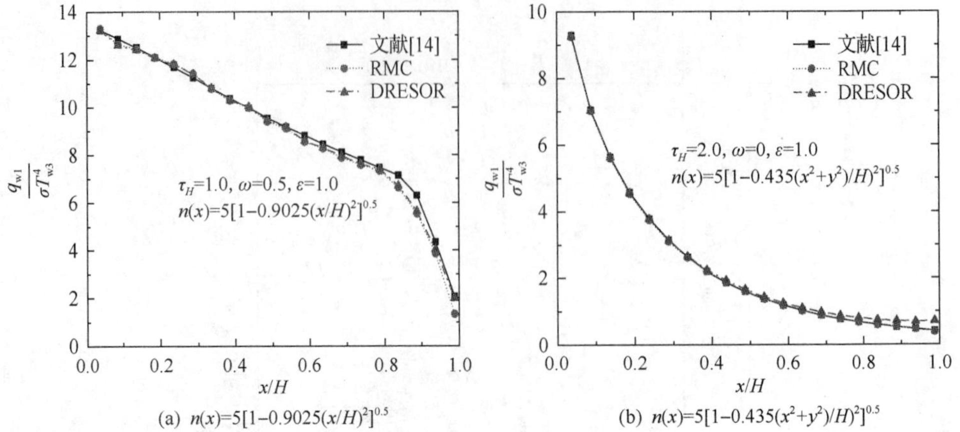

(a) $n(x)=5[1-0.9025(x/H)^2]^{0.5}$　　(b) $n(x)=5[1-0.435(x^2+y^2)/H)^2]^{0.5}$

图 7.12　两种折射率条件下壁面 1 的无量纲辐射热流分布

在上述验证过程中，通过改变 BRDF 壁面的参数使其退化到黑体壁面，这只能证明 DRESOR 法和 RMC 法求解直角坐标系下二维矩形梯度折射率介质内辐射传递的正确性，不能证明其求解耦合 BRDF 壁面的辐射计算的正确性。因此，本书在上述验证的基础上，利用 DRESOR 法和 RMC 法分别计算耦合 BRDF 壁面二维系统内的辐射传递问题，从而进行相互性验证。比较图 7.12 中的两种计算工况，发现 DRESOR 法和 RMC 法在层状梯度折射率($n(x)=5[1-0.9025(x/H)^2]^{0.5}$)介质条件下的计算结果更为接近，为避免影响下面的相互性验证，验证算例中的介质折射率分布分别选取 $n(x)$=1.0 和 $n(x)=5[1-0.9025(x/H)^2]^{0.5}$。这里考虑两种壁面条件(漫反射、BRDF-1 壁面)，漫反射壁面是通过 BRDF 壁面退化得到，即 Minnaert 模型中参数 k=1.0，ρ_0=0.4393，而BRDF-1 壁面条件的参数为 k= 1.160，ρ_0= 0.4393。图 7.13 给出了通过两种算法计算得到的壁面 1 的无量纲辐射热流分布，从图中可

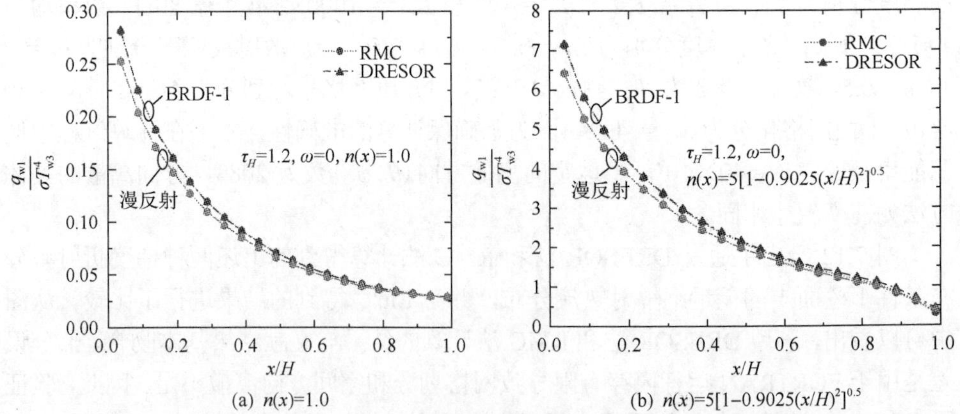

(a) $n(x)$=1.0　　(b) $n(x)=5[1-0.9025(x/H)^2]^{0.5}$

图 7.13　两种算法计算得到的壁面 1 的无量纲辐射热流的分布

以看出，两种算法的计算结果基本吻合，从而证明了 DRESOR 法在直角坐标系下求解耦合 BRDF 壁面二维系统内辐射传递问题的正确性。

2. BRDF 壁面对辐射热流的影响

图 7.14 给出了在漫反射、BRDF-1 和 BRDF-2 壁面条件下，壁面 1 的无量纲辐射热流分布。其中，图 7.14(a)中的折射率为 $n(x) = 1.0$，图 7.14(b)中的折射率为 $n(x) = 5[1-0.9025(x/H)^2]^{0.5}$；散射反照率均为 $\omega = 0$，光学厚度均为 $\tau_H = 1.0$。从图中可以看出，BRDF 壁面条件下，壁面 1 的辐射热流明显大于漫反射壁面条件下的热流，而且差别随着 x/H 的增大而逐渐减小，这由于高温 BRDF 壁面(壁面 3)的作用使壁面 1 的辐射热流增大，但随着能束传播距离的增大而减小。经计算，相比于漫反射壁面，BRDF-1 壁面条件在两种不同的折射率介质内分别使壁面 1 上辐射热流的平均值增大了 6.15%和 9.26%；BRDF-2 壁面使其热流分别增大 32.81%和 45.40%。这意味 Minnaert 模型中参数 k 越大，其模拟的 BRDF 壁面的反射特性越偏离漫反射特性，并造成 BRDF 壁面的半球反射率逐渐减小，从而使壁面 1 的辐射热流分布与漫反射壁面条件下的热流分布的差别变大。通过上述结果可以得出，与漫反射壁面相比，BRDF 壁面能够增大壁面 1 的辐射热流，对二维系统内的辐射传递产生显著的影响。

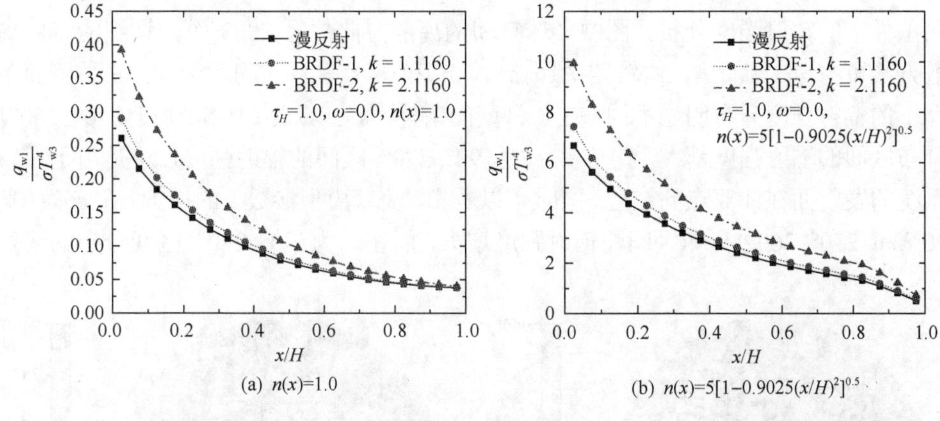

图 7.14　3 种壁面(漫反射、BRDF-1、BRDF-2 壁面)条件下壁面 1 的无量纲辐射热流分布

计算条件为：$\tau_H = 1.0$、$\omega = 0$、$T_{w1} = T_{w2} = T_{w4} = T_g = 0K$ 和 $T_{w3} = 1000K$

这里发现了一个有趣的现象，如图 7.15(a)和(b)所示，二维矩形均匀介质的光学厚度分别为 $\tau_H = 0.1$ 和 $\tau_H = 1.0$，散射反照率为 $\omega = 0.9$ 时，在 3 种壁面(漫反射、BRDF-1、BRDF-2)条件下，壁面 1 的无量纲辐射热流分布曲线都存在一个交点，这可能表示该处的辐射热流不受壁面条件的影响。但 BRDF 壁面与漫反射壁面条件下辐射热流的差异随着远离交点位置而逐渐增大。与漫反射壁面相比，BRDF-1 壁面产生的最大热流偏差为 7.1%。同时，从图 7.15 中可以看出，随着光

学厚度的增大，3 种壁面条件下辐射热流交点的相对位置不发生改变，在壁面 1 上的相对位置始终为 $x/H = 0.6875$。以上结果表明，在实际分析二维系统辐射传热的过程中，漫反射壁面假设可能会带来很大的误差，但在特定条件、特定位置下能够测得可靠数据，例如上述特定位置的辐射热流。

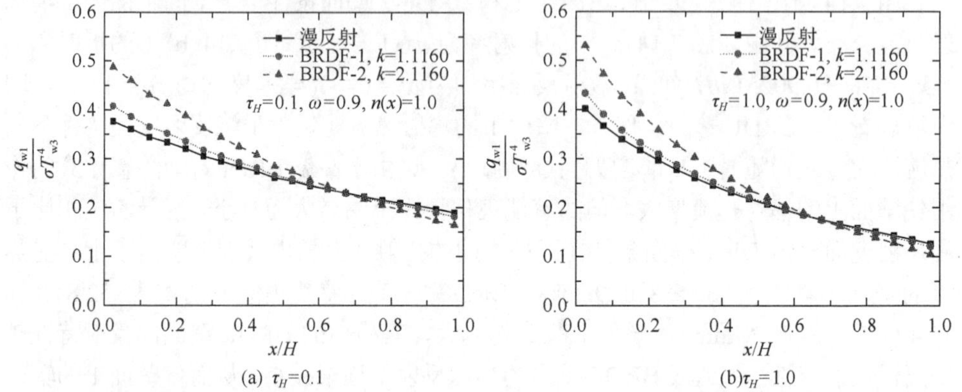

图 7.15　3 种壁面(漫反射，BRDF-1，BRDF-2 壁面)条件下壁面 1 的无量纲辐射热流分布

计算条件为：$n(x) = 1.0$，$\omega = 0.9$，$\Phi = 1+\cos\theta$，$T_{w1} = T_{w2} = T_{w4} = T_g = 0K$ 和 $T_{w3} = 1000K$

图 7.16(a)～(c)分别给出了图 7.15(b)中交点位置($x/H = 0.6875$)在上述 3 种壁面条件下的辐射强度分布。图中半球空间的离散方向数为 2083 个。详细的方向离散方法可参考文献[19]。比较图 7.16(a)、(b)和(c)，从图中可以看出，3 种壁面条件下的辐射强度分布明显不同。在 3 种壁面条件下，在 φ 为(0°, 90°)和(270°, 360°)分布区间的辐射强度都大于分布在 φ 为(90°, 270°)区间的辐射强度，这是由于二维系统的发射面在计算点的左边。同时可以看出，随着模型参数 k 的增大，在 φ 为(0°, 90°)和(270°, 360°)分布区间的辐射强度增大，而在 φ 为(90°, 270°)区间分布的辐射

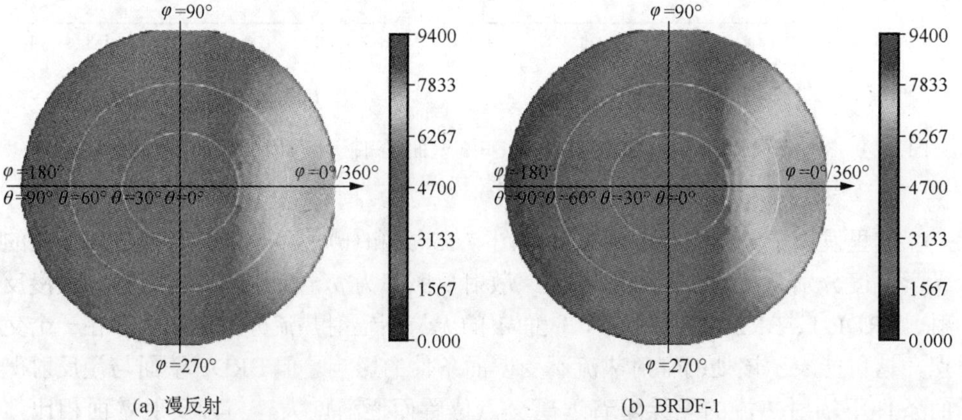

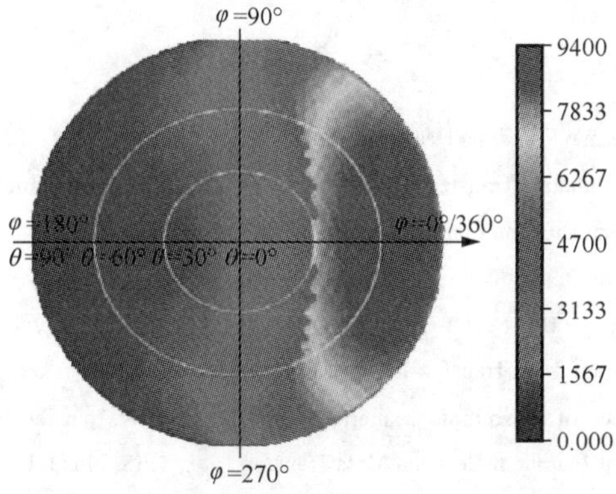

(c) BRDF-2壁面

图 7.16　壁面 1 上相对位置为 $x/H = 0.6875$ 的交点处在 3 种壁面条件下的辐射强度分布

强度减小。这是由于 BRDF 壁面的作用增加了交点处在 φ 为(0°, 90°)和(270°, 360°)范围内穿过那些具有较大 DRESOR 数区域的逆方向线数目，从而导致在该区间有较大的辐射强度分布，同时减少了在 φ(90°, 270°)范围内的逆方向线数目。

7.3　本 章 小 结

本章用基于 MCM 法的 DRESOR 法处理了二维矩形介质中各向同性/异性散射辐射传递问题。对用 DRESOR 法和 DOM、AM 以及 FVM 计算的壁面无量纲辐射热流结果进行了比较，吻合较好。在各向同性散射介质中，DRESOR 法可以在半球空间立体角内提供 6658 个方向分辨率的辐射强度分布。在各向异性散射介质中，前向散射能有效提高辐射能量穿过介质的能力；后向散射使得更多的能量被散射回到发射面。最大的出射边界辐射强度出现在前向散射能力最强的介质中，最小的出射边界辐射强度出现在后向散射能力最强的介质中。

然后，本章中将 DRESOR 法拓展到求解二维矩形、各向异性散射、梯度折射率介质耦合 BRDF 壁面的稳态辐射传递问题中。通过数值计算证明了 DRESOR 法的有效性，同时探讨了在二维矩形系统内不同的 BRDF 壁面对辐射传热的影响。研究结果说明：在二维介质内，BRDF 壁面条件对辐射传递的影响很大。BRDF 壁面的反射特性越偏离漫反射特性，BRDF 壁面造成的热流偏差就越大，偏差高达 11.33%。这就意味，当边界条件呈各向异性时，一个合适的 BRDF 模型非常有必要被引入多维系统的辐射传热研究中。另外，在二维均匀介质内，可能出现不同壁面条件下的辐射热流交点现象，但交点处的辐射强度并不相同。介质的散射反照率影响热流交点的相对位置和大小，而光学厚度不影响其相对位置。上述现象能为壁面处的有关测量提供了一定的参考。

参 考 文 献

[1] Siegel R, Howell J R. Thermal Radiation Heat Transfer[M]. 6th Edition. New York: Taylor & Francis, 2015.

[2] Hottel H C, Sarofim A F. Radiative Transfer[M]. 6th Edition. New York: McGraw-Hill, 2013.

[3] Fiveland W A. Discrete-ordinates solutions of the radiative transport equation for rectangular enclosures[J]. Journal of Heat Transfer, 1984, 106(4): 699-706.

[4] Chai J C, Parthasarathy G, Lee H O S, et al. Finite volume radiative heat transfer procedure for irregular geometries[J]. Journal of Thermophysics and Heat Transfer, 1995, 9(3): 410-415.

[5] Kim T K, Lee H. Effect of anisotropic scattering on radiative heat transfer in two-dimensional rectangular enclosures[J]. International Journal of Heat and Mass Transfer, 1988, 31(8): 1711-1721.

[6] Pessoa-Filho J B, Thynell S T. An approximate solution to radiative transfer in two-dimensional rectangular enclosures[J]. Journal of Heat Transfer, 1997, 119(4): 738-745.

[7] Hao J B, Ruan L M R, Tan H P. Effect of anisotropic scattering on radiative heat transfer in two-dimensional rectangular media[J]. Journal of Quantitative Spectroscopy and Radiative Transfer, 2003, 78(2): 151-161.

[8] Baek S W, Kang S J. The combined Monte-Carlo and finite-volume method for radiation in a two-dimensional irregular geometry[J]. International Journal of Heat and Mass Transfer, 2000, 43(13): 2337-2344.

[9] 周怀春. 炉内火焰可视化检测原理与技术[M]. 北京: 科学出版社, 2005.

[10] Modest M F. Radiative Heat Transfer[M]. 3nd Edition. San Diego: Academic Press, 2013.

[11] Holloway J P, Shannon S, Sepke S M, et al. A reconstruction algorithm for a spatially resolved plasma optical emission spectroscopy sensor[J]. Journal of Quantitative Spectroscopy and Radiative Transfer, 2001, 68(1): 101-115.

[12] Burnell J G, Nicholas J V, White D R. Scattering model for rough oxidized metal surfaces applicable to radiation thermometry of reformer furnaces[J]. Optical Engineering, 1995, 34(6): 1749-1756.

[13] Nicodemus F E. Reflectance nomenclature and directional reflectance and emissivity[J]. Applied Optics, 1970, 9(6): 1474-1475.

[14] Cheng Q, Zhou H C, Yu Y, et al. Highly-directional radiative intensity in a 2-D rectangular enclosure calculated by the DRESOR method[J]. Numerical Heat Transfer, Part B: Fundamentals, 2008, 54(4): 354-367.

[15] Wang Z Z, Song J, Cheng Q, et al. The effect of BRDF surface on radiative heat transfer within a one-dimensional graded index medium[J]. International Journal of Thermal Sciences, 2014, 35(9): 1793-1797.

[16] Cheng Q, Song J, Wang Z, et al. The DRESOR method for one-dimensional transient radiative transfer in graded index medium coupled with BRDF surface[J]. International Journal of Thermal Sciences, 2015, 91(3): 96-104.

[17] Minnaert M. The reciprocity principle in lunar photometry[J]. The Astrophysical Journal, 1941, 93(3): 403-410.

[18] Liu Y, Cheng Q, Si M, et al. The effect of BRDF surface on radiative transfer within a two-dimensional graded index medium[J]. International Journal of Thermal Sciences, 2017, 117: 90-97.

[19] 程强. 求解辐射传递方程的 DRESOR 法及其应用[D]. 武汉: 华中科技大学, 2007.

[20] Liu L H. Benchmark numerical solutions for radiative heat transfer in two-dimensional medium with graded index distribution[J]. Journal of Quantitative Spectroscopy and Radiative Transfer, 2006, 102(2): 293-303.

第 8 章　三维 DRESOR 法

前面章节 DRESOR 法已经应用于求解一维和二维的辐射传递过程，本章中将把 DRESOR 法应用于求解三维方形系统中的辐射传递过程。首先，给出 DRESOR 法应用于三维算例下的计算公式。然后，通过将计算结果与 RMC 法的计算结果进行对比，来检验该方法的准确性和计算效率。

8.1　三维 DRESOR 法介绍

8.1.1　DRESOR 法基本理论

对于发射、吸收和散射介质的辐射传递方程为[1]

$$\hat{\boldsymbol{s}} \cdot \nabla I(\boldsymbol{r}, \hat{\boldsymbol{s}}) = \kappa I_{\mathrm{b}}(\boldsymbol{r}, \hat{\boldsymbol{s}}) - \beta I(\boldsymbol{r}, \hat{\boldsymbol{s}}) + \frac{\sigma_{\mathrm{s}}}{4\pi}\int_{4\pi} I(\boldsymbol{r}, \hat{\boldsymbol{s}}_{\mathrm{i}})\Phi(\hat{\boldsymbol{s}}_{\mathrm{i}}, \hat{\boldsymbol{s}})\,\mathrm{d}\Omega_{\mathrm{i}} \tag{8.1}$$

其积分形式为[1]

$$I(\boldsymbol{r}, \hat{\boldsymbol{s}}) = I_{\mathrm{w}}(\boldsymbol{r}_{\mathrm{w}}, \hat{\boldsymbol{s}})\exp\left(-\int_0^s \beta\,\mathrm{d}s''\right) + \int_0^s S(\boldsymbol{r}', \hat{\boldsymbol{s}})\exp\left(-\int_0^{s'} \beta\,\mathrm{d}s''\right)\beta\,\mathrm{d}s' \tag{8.2}$$

式中，$s = |\boldsymbol{r}-\boldsymbol{r}_{\mathrm{w}}|$，$s' = |\boldsymbol{r}-\boldsymbol{r}'|$，并且积分是沿着 s''方向从点 $\boldsymbol{r}$ 指向壁面。源项的表达式为[1]

$$S(\boldsymbol{r}', \hat{\boldsymbol{s}}) = (1-\omega)I_{\mathrm{b}}(\boldsymbol{r}') + \frac{\omega}{4\pi}\int_{4\pi} I(\boldsymbol{r}', \hat{\boldsymbol{s}}_{\mathrm{i}})\Phi(\hat{\boldsymbol{s}}_{\mathrm{i}}, \hat{\boldsymbol{s}})\,\mathrm{d}\Omega_{\mathrm{i}} \tag{8.3}$$

通常，对于任意特性的非透明壁面，边界条件为[1]

$$I_{\mathrm{w}}(\boldsymbol{r}_{\mathrm{w}}, \hat{\boldsymbol{s}}) = \varepsilon(\boldsymbol{r}_{\mathrm{w}})I_{\mathrm{b}}(\boldsymbol{r}_{\mathrm{w}}) + \int_{\hat{\boldsymbol{n}}\cdot\hat{\boldsymbol{s}}'<0} \rho(\boldsymbol{r}_{\mathrm{w}}, \hat{\boldsymbol{s}}', \hat{\boldsymbol{s}})I(\boldsymbol{r}_{\mathrm{w}}, \hat{\boldsymbol{s}}')\left|\hat{\boldsymbol{n}}\cdot\hat{\boldsymbol{s}}'\right|\mathrm{d}\Omega' \tag{8.4}$$

通过引入 DRESOR 数，可将式(8.3)和式(8.4)进行改写，把改写后的利用 DRESOR 数表示的源项和边界条件代入到式(8.2)可以得到辐射强度的计算式如下：

$$
\begin{aligned}
I(\boldsymbol{r},\hat{\boldsymbol{s}}) &= \frac{1}{\pi}\Big\{\pi\varepsilon(\boldsymbol{r}_{\mathrm{w}})I_{\mathrm{b}}(\boldsymbol{r}_{\mathrm{w}}) + \int_W R_{\mathrm{d}}^{\mathrm{s}}(\boldsymbol{r}'_{\mathrm{w}},\boldsymbol{r}_{\mathrm{w}},\hat{\boldsymbol{s}})\big[\pi\varepsilon(\boldsymbol{r}'_{\mathrm{w}})I_{\mathrm{b}}(\boldsymbol{r}'_{\mathrm{w}})\big]\mathrm{d}A' \\
&\quad + \int_V R_{\mathrm{d}}^{\mathrm{s}}(\boldsymbol{r}'',\boldsymbol{r}_{\mathrm{w}},\hat{\boldsymbol{s}})\big[4\pi\beta(1-\omega)I_{\mathrm{b}}(\boldsymbol{r}'')\big]\mathrm{d}V''\Big\}\exp\left(-\int_0^s \beta\,\mathrm{d}s''\right) \\
&\quad + \int_0^s \frac{1}{4\pi}\Big\{4\pi\beta(1-\omega)I_{\mathrm{b}}(\boldsymbol{r}') + \int_W R_{\mathrm{d}}^{\mathrm{s}}(\boldsymbol{r}'_{\mathrm{w}},\boldsymbol{r}',\hat{\boldsymbol{s}})\big[\pi\varepsilon(\boldsymbol{r}'_{\mathrm{w}})I_{\mathrm{b}}(\boldsymbol{r}'_{\mathrm{w}})\big]\mathrm{d}A' \\
&\quad + \int_V R_{\mathrm{d}}^{\mathrm{s}}(\boldsymbol{r}'',\boldsymbol{r}',\hat{\boldsymbol{s}})\big[4\pi\beta(1-\omega)I_{\mathrm{b}}(\boldsymbol{r}'')\big]\mathrm{d}V''\Big\}\exp\left(-\int_0^{s'} \beta\,\mathrm{d}s''\right)\mathrm{d}s'
\end{aligned}
\tag{8.5}
$$

式中，$R_{\mathrm{d}}^{\mathrm{s}}(\boldsymbol{r}'_{\mathrm{w}},\boldsymbol{r}_{\mathrm{w}},\hat{\boldsymbol{s}})$、$R_{\mathrm{d}}^{\mathrm{s}}(\boldsymbol{r}'',\boldsymbol{r}_{\mathrm{w}},\hat{\boldsymbol{s}})$、$R_{\mathrm{d}}^{\mathrm{s}}(\boldsymbol{r}'_{\mathrm{w}},\boldsymbol{r}',\hat{\boldsymbol{s}})$ 和 $R_{\mathrm{d}}^{\mathrm{s}}(\boldsymbol{r}'',\boldsymbol{r}',\hat{\boldsymbol{s}})$ 分别表示的是被第二个位置矢量处、单位投影面积(或单位体积)所反射(或散射)的进入以 $\hat{\boldsymbol{s}}$ 方向为中心的单位立体角内的能量、占第一个位置矢量处所发出能量的份额乘以π(或 4π)。它们可以表示为

$$
R_{\mathrm{d}}^{\mathrm{s}}(\boldsymbol{r}_1,\boldsymbol{r}_2,\hat{\boldsymbol{s}}) = \begin{cases} \dfrac{\pi E'(\boldsymbol{r}_2,\hat{\boldsymbol{s}})}{E(\boldsymbol{r}_1)A_{\mathrm{p}}(\boldsymbol{r}_2)\Omega(\hat{\boldsymbol{s}})}, & \boldsymbol{r}_2\text{为壁面单元} \\[2ex] \dfrac{4\pi E'(\boldsymbol{r}_2,\hat{\boldsymbol{s}})}{E(\boldsymbol{r}_1)V(\boldsymbol{r}_2)\Omega(\hat{\boldsymbol{s}})}, & \boldsymbol{r}_2\text{ 为空间单元} \end{cases}
\tag{8.6}
$$

式中，$E(\boldsymbol{r}_1)$ 为 $\boldsymbol{r}_1$ 处单元所发出的能量；$E'(\boldsymbol{r}_2,\hat{\boldsymbol{s}})$ 为被 $\boldsymbol{r}_2$ 处单元反射或散射而进入 $\hat{\boldsymbol{s}}$ 方向的 Ω 立体角内的能量；$A_{\mathrm{p}}(\boldsymbol{r}_2)$ 为 $\boldsymbol{r}_2$ 处面积单元垂直于 $\hat{\boldsymbol{s}}$ 方向的投影面积；$V(\boldsymbol{r}_2)$ 为 $\boldsymbol{r}_2$ 处空间单元的体积。当讨论的为漫反射边界和各向同性散射介质的辐射系统时，反射或散射的能量在各个方向上是均匀分布的。这样 DRESOR 数退化成仅含有发射位置的散射(或反射)位置的物理量 $R_{\mathrm{d}}^{\mathrm{s}}(\boldsymbol{r}_1,\boldsymbol{r}_2)$。这种情况下，它的物理含义与 REM^2 法中的漫散射角系数相似，但它们是由不同的方法计算得到。漫散射角系数是通过射线踪迹法来计算，而 DRESOR 数是通过 MCM 法来计算得到的。计算 DRESOR 数的能束跟踪过程与 READ 法[2]中所采用的路径长度法一致。如果所考虑的系统中包含有镜反射边界或者各向异性散射介质，如式(8.6)所示，DRESOR 数不仅与发射和散射(或反射)位置有关，而且还与散射(或反射)的方向有关，这与 REM^2 法中的漫散射角系数是完全不同的。

由式(8.5)易知，对于任意特性边界多包围的发射、吸收和散射介质的辐射系统，若辐射特性 $\kappa(\boldsymbol{r})$、$\sigma_{\mathrm{s}}(\boldsymbol{r})$、$\varepsilon(\boldsymbol{r}_{\mathrm{w}})$、$\Phi(\hat{\boldsymbol{s}}_{\mathrm{i}},\hat{\boldsymbol{s}})$ 和 $\rho(\boldsymbol{r}_{\mathrm{w}},\hat{\boldsymbol{s}}',\hat{\boldsymbol{s}})$ 已知，一旦计算得到 DRESOR 数，任意点处在任意方向上的辐射强度 $I(\boldsymbol{r},\hat{\boldsymbol{s}})$ 可以写成关于三维的介质黑体辐射强度 $I_{\mathrm{b}}(\boldsymbol{r}')$ 和二维的壁面黑体辐射强度 $I_{\mathrm{b}}(\boldsymbol{r}'_{\mathrm{w}})$ 的表达式。

8.1.2 三维系统中辐射强度计算

如图 8.1 所示，假设需要计算点 B 处在 $\hat{\boldsymbol{s}}_j$ 方向的辐射强度，所有射线 $\overline{BA}$ 穿过

的发射单元将会对 $\hat{s}_j$ 方向的辐射强度产生直接贡献。同时，系统中所有的发射单元发射的能量，可以通过射线 $\overline{BA}$ 所穿过单元进行反射或散射到 $\hat{s}_j$ 方向，从而对该方向的辐射强度产生间接贡献。现在考察式(8.5)的右边项，第一项表示的是点 A 处壁面单元所发出能量对 $\hat{s}_j$ 方向辐射强度的直接部分份额；第二项表示的是所有壁面单元发射的能量被壁面单元 $i_{\rm w}$ 反射到 $\hat{s}_j$ 方向而产生的间接贡献；第三项表示的也是壁面单元 $i_{\rm w}$ 的间接贡献，但是此时的发射单元为所有的空间单元。类似地，最后三项表示的分别是位于线段 $\overline{AB}$ 上的空间单元的直接和间接贡献部分。

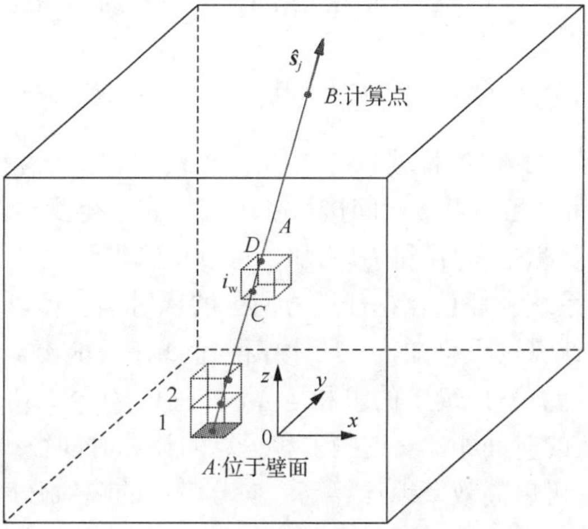

图 8.1　任意方向辐射强度计算示意图

对于点 A 处的壁面单元 $i_{\rm w}$，其对 $\hat{s}_j$ 方向辐射强度的直接和间接贡献部分(I_1 和 I_2)可以写为

$$I_1 = \frac{1}{\pi} Q_{\rm w}(i_{\rm w}) \exp(-\tau_{AB}) \tag{8.7}$$

$$I_2 = \frac{1}{\pi}\left[\sum_i^{\rm Wall} Q_{\rm w}(i) A(i) R_{\rm d}^{\rm s}(i, i_{\rm w}) + \sum_i^{\rm Space} Q_{\rm s}(i) V(i) R_{\rm d}^{\rm s}(i, i_{\rm w})\right] \exp(-\tau_{AB}) \tag{8.8}$$

式中，$Q_{\rm w}(i)$ 和 $Q_{\rm s}(i)$ 分别为单位面积壁面单元和单位体积空间单元的发射力，其单位分别为 $\rm W/m^2$ 和 $\rm W/m^3$；$A(i)$ 和 $V(i)$ 分别为壁面单元和空间单元的面积和体积；τ_{AB} 为点 A 和 B 间的光学长度；$R_{\rm d}^{\rm s}(i, i_{\rm w})$ 为 DRESOR 数。本章中考虑的为漫反射壁面和各向同性散射介质，所以 DRESOR 数只与发射单元和散射(或反射)单元有关。

对于所有被射线 $\overline{AB}$ 穿过的空间单元，将会对 $\hat{s}_j$ 方向的辐射强度产生贡献。如图 8.1 所示，以任一单元 $i_{\rm s}$ 为例，射线 $\overline{AB}$ 从点 C 处穿入该单元并在点 D 处离开该单元，通过将式(8.5)右边的第四项，从点 C 处到点 D 处进行积分，该单元对 $\hat{\boldsymbol{s}}_j$ 方向辐射强度的直接贡献部分 I_3 可以写为

$$I_3 = \frac{1}{4\pi\beta} Q_{\mathrm{s}}(i_{\mathrm{s}}) \left[\exp(-\tau_{DB}) - \exp(-\tau_{CB}) \right] \tag{8.9}$$

类似地，单元 i_s 对 $\hat{\boldsymbol{s}}_j$ 方向辐射强度的间接贡献 I_4 可以写为

$$I_4 = \frac{1}{4\pi\beta} \left[\sum_i^{\mathrm{Wall}} Q_{\mathrm{w}}(i) A(i) R_{\mathrm{d}}^{\mathrm{s}}(i, i_{\mathrm{s}}) + \sum_i^{\mathrm{Space}} Q_{\mathrm{s}}(i) V(i) R_{\mathrm{d}}^{\mathrm{s}}(i, i_{\mathrm{s}}) \right] \cdot \left[\exp(-\tau_{DB}) - \exp(-\tau_{CB}) \right] \tag{8.10}$$

式中，β为消光系数，其他各物理量与式(8.7)和式(8.8)具有相同的含义。对所有射线 $\overline{AB}$ 穿过的空间单元的直接和间接贡献进行求和，得到更新的 I_3 和 I_4，然后与壁面直接和间接贡献部分(I_1 和 I_2)相加，可以计算得到点 B 处在 $\hat{\boldsymbol{s}}_j$ 方向上的辐射强度。类似地，系统中任意点在任意方向上的辐射强度可以计算得到。

从上面描述的计算过程可知，一旦计算得到 DRESOR 数，系统中任意点在任意方向的辐射强度计算变成简单的求和运算，如式(8.7)至式(8.10)所示。与 MCM 法计算 DRESOR 数的时间相比，这些求和运算的计算时间很短。所以，一旦计算得到 DRESOR 数，可以高效率地计算高方向分辨率的辐射强度。

8.2 辐射强度计算结果

本章中所讨论的为含参与介质的立方体结构内的辐射传递过程。如图 8.1 所示，在 x、y 和 z 方向的长度均为 1.0m。介质为发射、吸收、各向同性散射，其消光系数$\beta = 1.0\mathrm{m}^{-1}$。边界均为漫发射和漫反射。辐射系统的几何结构以及坐标系如图 8.1。

在计算过程中，立方体结构划分成 $N = 2057$ 个单元，其中，包括 $11\times11\times11 = 1331$ 个均匀的空间单元和 $6\times(11\times11) = 726$ 个均匀的壁面单元。在壁面处的半球空间划分成 M 个不同的离散方向，文献[3]中的球带角度离散方式被用于角度的划分，因为它可以产生任意多个立体角几乎相等的离散角度。如文献[1]所述，在计算小角度内的辐射强度时，RMC 法比 MCM 法计算效率更高，因而，接下来的部分，DRESOR 法计算结果主要与 MCM 法的结果进行比较，并比较它们的计算时间来考察 DRESOR 法的计算效率。所有的计算都在因特尔双核 2.50 GHz CPU、2.0 GB 内存、32 位操作系统的 PC 机上完成。计算中使用的 CPU 是单核。由于 DRESOR 法中需要存储 $N\times N_{\mathrm{e}}$(N_{e} 为发射单元的数量)个 DRESOR 数信息，而这在 RMC 法中是不需要的，所以 DRESOR 法计算过程中所占用的计算机内存要大于 RMC 法。

图 8.2 给出的是 DRESOR 法计算得到的方向辐射强度，以及 DRESOR 法和 RMC 法计算得到的辐射强度相对差值。该算例中，系统中介质具有$\sigma T_0^4 = 1.0\text{W/m}^2$的发射能力，介质的散射率为$\omega$=0.5，边界为冷黑壁面。半球空间被均匀离散成 1085 个立体角，DRESOR 法和 RMC 法分别都对上壁面中心点所有 1085 个方向的辐射强度进行了计算。

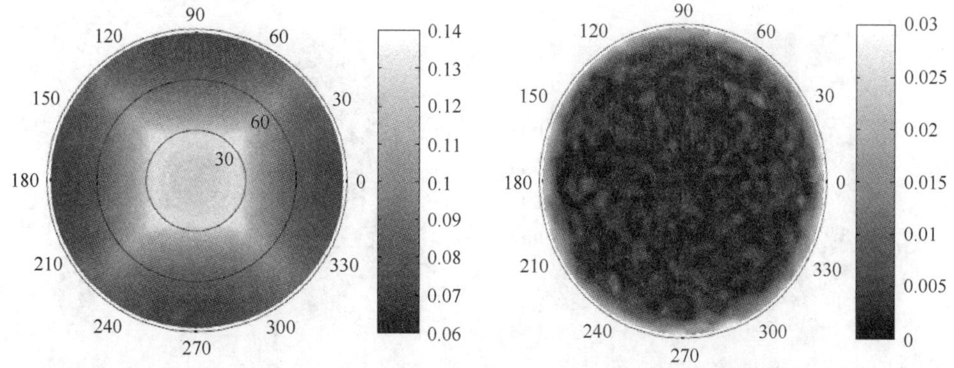

(a) DRESOR法计算的方向辐射强度(单位：W/(m²·sr))　　(b) $|I_{\text{DRESOR}}-I_{\text{RMC}}|/I_{\text{RMC}}$

图 8.2　黑体壁面条件下上壁面中心点的半球辐射强度

图 8.2(a)给出的是 DRESOR 法计算得到的 1085 个半球方向上的辐射强度在极坐标中的分布图。极角由图中的不同层的圆圈表示，圆周角标在图形的最外边。从图中可以看出，最大的辐射强度出现在极角约为 30°处，这是因为在这些方向上介质的光学厚度较大，有更多的能量发出。

图 8.2(b)表示的是 DRESOR 法和 RMC 法计算得到的辐射强度相对差值。DRESOR 法中，每个发射单元的发射 10000 条能束，其计算时间为 44.3s。RMC 法每个方向采用 10000 条能束，其计算时间为 69s。使用 10000 条能束和 20000 条能束，DRESOR 法和 RMC 法的最大相对差值分别为 0.1%和 1.1%，这表明两种方法的计算结果都收敛了。如图所示，绝大多数方向上，DRESOR 法和 RMC 法的结果相对差值小于 1%，最大差值为 3%，它发生在极角接近于 90°的方向，在这些方向上辐射强度的数值非常小。结果表明，两种方法的计算结果吻合很好。

图 8.3 中算例的条件与图 8.2 中基本相同，除了这里考虑的为漫反射边界ρ = 0.5。图 8.3(a)中给出的是 DRESOR 法计算得到的 1085 个方向上的辐射强度结果。与图 8.2(a)相比，由于边界的反射，各方向上的辐射强度有所增大，并且半球方向上辐射强度的差异在减小。图 8.3(b)给出了与 RMC 法结果的相对差值。使用 10000 条能束和 20000 条能束 DRESOR 法和 RMC 法结果的最大差值分别为 0.6%和 0.8%。DRESOR 法和 RMC 法最大的差值小于 3%，其发生在极角接近于 90°的方向。在圆周角为 45°、135°、225°和 315°方向上，两者计算结果也有明显的差

异。这是因为，在这些方向上，被立方体的棱线所反射的能量将会对该方向的辐射强度产生贡献，而 DRESOR 法计算过程中采用的是棱线相邻单元的反射份额来计算该方向辐射强度，这将引入一定的误差，这可以通过在角落处采用更加细密的网格来减小 DRESOR 法的计算误差。总体来说，绝大多数方向上两种方法的结果相对差值均小于 1%，这说明 DRESOR 法具有较好的计算精度。

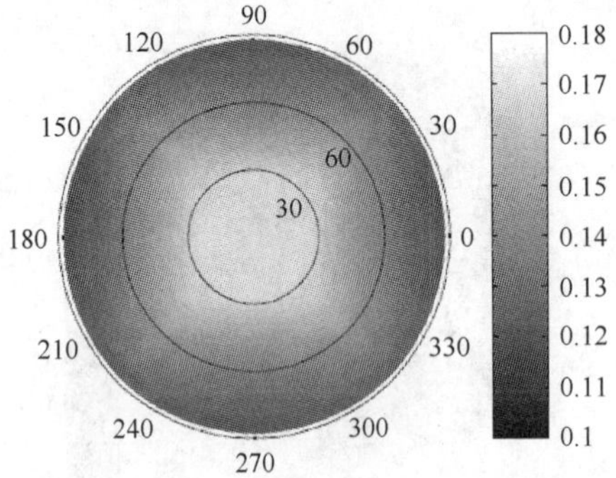

(a) DRESOR法计算的方向辐射强度(单位：$W/(m^2\cdot sr)$)

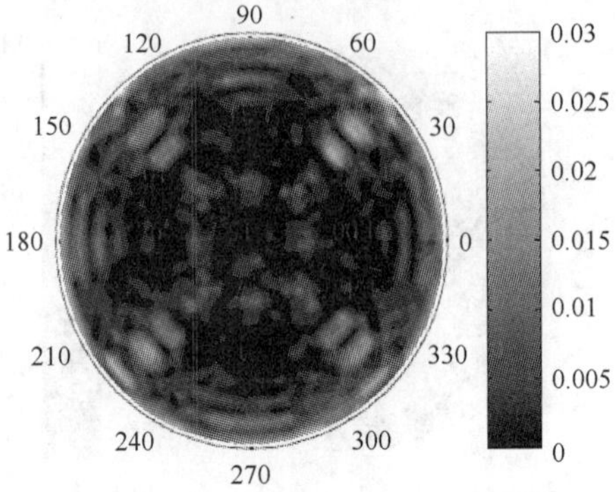

(b) $|I_{DRESOR}-I_{RMC}|I_{RMC}$

图 8.3　漫反射壁面条件下上壁面中心点的半球辐射强度

8.3　计算时间比较

DRESOR 法继承了 MCM 法的特点，能够计算复杂的辐射传递问题。它的计算精度已经在上一节中进行了讨论。计算效率是另外一个评价计算方法优劣的因素。由于在计算方向辐射强度时 RMC 法比 MCM 法计算效率要高，这里将主要将 DRESOR 法的计算时间与 RMC 法的计算时间进行对比。

8.3.1　不同方向数辐射强度计算

对于图 8.3 中所讨论的算例，系统中包含热介质和反射率为 0.5 的漫反射边界。对于 DRESOR 法，计算得到 1 个点在 1085 个方向的辐射强度的时间为 859.3s，其中包括 859s 用于计算 DRESOR 数，0.3s 用于 1085 个方向的辐射强度计算。RMC 的计算时间为 1136s。DRESOR 法和 RMC 法中的能束均采用 10000 条。两种方法得到结果的平均相对误差为 0.067%，DRESOR 法具有更高的计算效率。

在实际的应用过程中，例如燃烧炉内的温度场检测[4, 5]，一个 CCD 可以轻易获得 1024×1024 个像素的图像信息，而且往往需要多个安装在不同位置的图像信息。为了分析所获得的辐射图像信息，需要计算高方向分辨率的辐射强度结果。

如图 8.4 所示，为了考察 DRESOR 法的计算效率，半球空间被离散成 1085、2389、4217 和 6553 个不同的方向。从图中可以看出，DRESOR 法的计算时间增长不明显。这是因为绝大多数的计算时间都花在了计算 DRESOR 数上(对于 1085 个方向，859.3s 的 859s 都用于计算 DRESOR 数)，当离散的方向数增加时，对于漫反射边界和各向同性散射介质的辐射系统 DRESOR 数的计算时间保持不变，仅仅是计算方向辐射强度的时间(859.3s 中的 0.3s)随着方向数的增加而成比例增加。但对于 RMC 法，其计算时间是与离散的方向数成正比的。容易推断，如果需要计算 1048576 个方向的辐射强度(对应于 1024×1024 个像素 CCD 辐射图像信息)，DRESOR 法的计算时间约为 19min，而 RMC 的计算时间约为 305h，大约为 DRESOR 法计算时间的 960 倍。

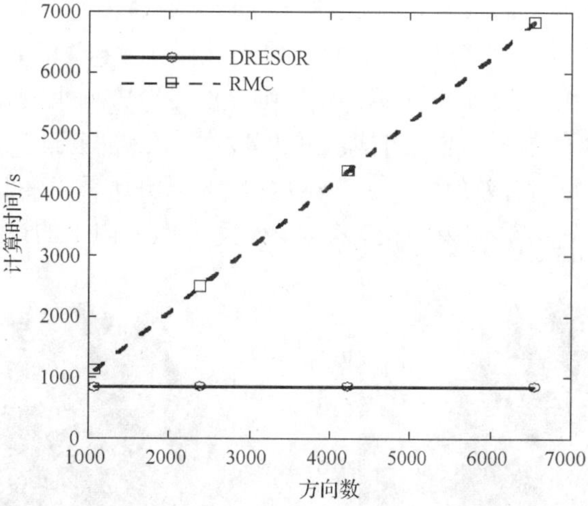

图 8.4　不同角度分辨率的计算时间比较

如果需要计算在不同位置的高方向分辨率辐射强度，DRESOR 法计算时间的增长仅为计算辐射强度部分计算时间的线性增长。例如，如果需要计算布置在 6 个不同位置的辐射强度信息(对应于 6 个不同的 CCD 位置)，假设半球空间离散成 1085 个方向，DRESOR 数的计算时间依然是 859s，辐射强度的计算时间为 6×0.3=1.8s。DRESOR 法的总计算时间为 860.8s。但是对于 RMC 法，其计算时间约为计算一个点辐射强度的 6 倍，也就是 6×1136 = 6816s。如果需要更高分辨率的辐射强度信息，这两种方法的计算时间差异将会进一步加大。

从上面的分析可以看出，随着离散方向数和计算点数量的增加，DRESOR 法的计算时间增加比较缓慢，这为其分析实际的辐射逆问题提供了良好的条件。

8.3.2　不同发射源系统辐射强度计算

上一小节中讨论的算例为整个介质发射的情形。文献[1]表示当发射源局限于一个小的空间体积时，RMC 法计算效率会大大降低。本节中将讨论发射源为一小的空间体积时 DRESOR 法的计算效率。

假设仅仅介质的中心区域(x、y 和 z 方向均为 5/11m 长)具有发射能力$\sigma T_0^4 = 1.0\text{W/m}^2$，介质的散射率为 0.5，壁面为漫反射表面且反射率为 0.5。对于 RMC 法，当能束数分别取 10000 和 20000 时，方向辐射强度的最大相对差值为 9%。而当整个介质为发射源时，其最大差值为 0.8%，这也说明了 RMC 在计算小区域发射时具有较低的效率。为了获得收敛的计算结果，把最大的相对差值设为 5%。如果能束数为 N 和 $2N$ 情形下的辐射强度最大相对差值大于 5%，就取原来能束的两倍来获得更加准确的计算结果。对于 RMC 法，需要使用 40000 条能束，最后的最大相对差值为 4.5%，其计算时间为 4538s。对于 DRESOR 法，仅需要 10000 条能束，最大的相对差值为 3.8%，计算时间为 82s，远小于 RMC 法的计算时间。

小发射源情况下，DRESOR 法的辐射强度结果以及与 RMC 法结果的相对差值如图 8.5 所示。如图 8.5(a)所示，辐射强度在各个方向上变化比较大，仅仅在能直接接收发射源的能量方向上的辐射强度较大。在这些方向上，DRESOR 法与 RMC 法计算结果的相对差值均小于 1%，如图 8.5(b)所示。在其他方向辐射强度较小的方向上，两种方法结果的相对差值较大，一些方向上的最大差值约为 10%。

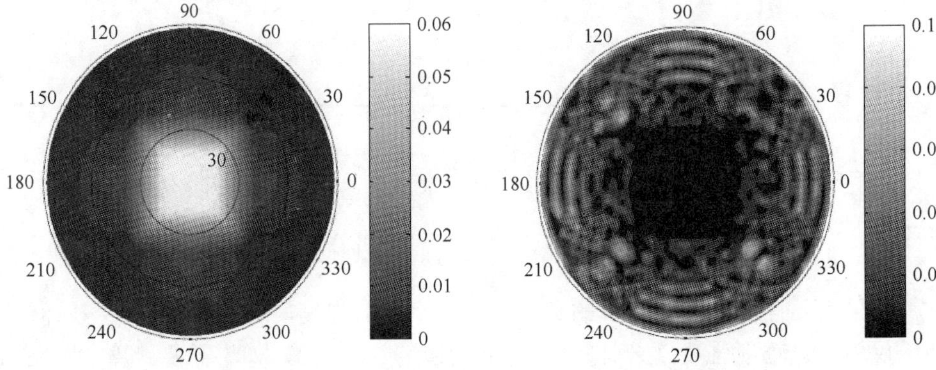

(a) DRESOR法计算的方向辐射强度(单位：W/(m^2·sr))　　(b) $|I_{\mathrm{DRESOR}}-I_{\mathrm{RMC}}|I_{\mathrm{RMC}}$

图 8.5　小发射源、漫反射壁面条件下上壁面中心点的半球辐射强度

图 8.6 给出的是不同能束数下 DRESOR 法和 RMC 法计算时间对比。计算条件与图 8.5 中相同。从图中可以看出，相比与 RMC 的计算时间，DRESOR 法的计算时间比较短。因为 DRESOR 法的能束跟踪过程与 MCM 法比较类似，只有发射单元发射能束。当发射源体积减小时，所需要发射能束的单元数随着减小，从而 DRESOR 法的计算时间缩短。对于 RMC 法，随着能束数的增加其计算时间增长速度远远大于 DRESOR 法。所以当需要有更好的计算精度(相应地需要更多的能束数)时，DRESOR 法将展示其更高的计算效率。

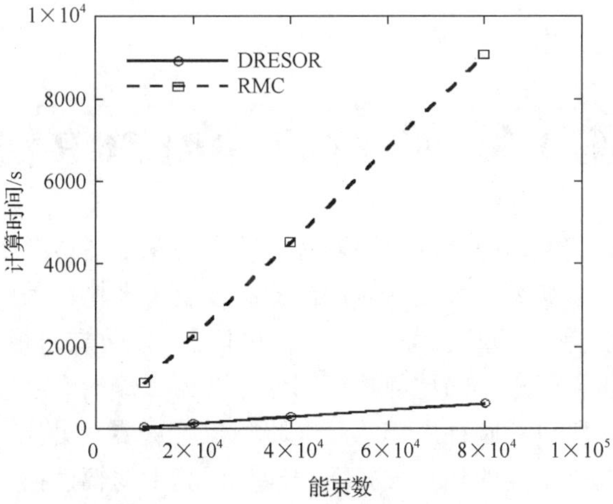

图 8.6　不同能束数下计算时间比较

8.4 本章小结

本章中将 DRESOR 法应用到了三维参与介质的辐射传递过程求解。通过将辐射强度计算结果与 RMC 结果进行对比，验证了该方法的精确性。

本章对三维 DRESOR 法的计算效率也进行了考察，当需要高方向分辨率的辐射强度时，例如半球空间离散成 6553 个方向，DRESOR 法的计算时间约为 RMC 法的 1/8。当需要计算更多的方向辐射强度时，这两种方法的计算时间差异进一步扩大。DRESOR 法在计算多个不同位置的高方向分辨率辐射强度时，其计算时间增加很少。当发射源为较小空间体积时，RMC 法变得非常低效，而 DRESOR 法依然有较高的计算效率，并且，随着能束数的增加，DRESOR 法的计算时间增长明显慢于 RMC 法。

参考文献

[1] Modest M F. Radiative Heat Transfer[M]. 3rd Edition. San Diego: Academic Press, 2013.

[2] Yang W J, Taniguchi H, Kud K. Radiative Heat Transfer by the Monte Carlo Method[M]. San Diego: Academic Press, 1995.

[3] Lu X, Hsu P. Parallel computing of an integral formulation of transient radiation transport[J]. Journal of Thermophysics and Heat Transfer, 2003, 17(4): 425-433.

[4] Zhou H C, Lou C, Cheng Q, et al. Experimental investigations on visualization of three-dimensional temperature distributions in a large-scale pulverized-coal-fired boiler furnace[J]. Proceedings of the Combustion Institute, 2005, 30(1): 1699-1706.

[5] Liu D, Wang F, Yan J H, et al. Inverse radiation problem of temperature field in three-dimensional rectangular enclosure containing inhomogeneous, anisotropically scattering media[J]. International Journal of Heat and Mass Transfer, 2008, 51(13-14): 3434-3441.

第 9 章　柱坐标下 DRESOR 法

在实际的生产和生活中，与热辐射有关的设备在很多情况下是圆柱形的，其中，圆柱形锅炉最为典型，其设备对炉内的温度要求严格，因此用于测量内部温度场的辐射传热分析尤为重要。航天科技中也不乏对温度要求很高的圆柱形设备，比如运载火箭、航天飞机等的尾部喷焰部分，因为火焰的温度影响着飞行动力、机体设备的安全，所以对圆柱尾焰的温度监测至关重要。另外，辐射加热是光纤制备加工过程中最为主要的加热方式，精确分析其中的辐射换热甚是重要。但是对于上述圆柱介质的辐射传递分析，采用直角坐标系进行计算，即使在边界处细分网格也不能准确地模拟圆柱壁面。对于圆柱介质的辐射传递分析，建立圆柱坐标系最为合理、准确。目前，很多方法已经被发展用来求解圆柱坐标系下的辐射传递问题，如 FEM 法[1]、双向蒙特卡洛法(bi-directional Monte Carlo method，BMCM)[2]、广义多流法模型(multilevel flow model，MFM)[3]、DTM 法[4]、源项六流法(source six flux，SSF)[5]等。

9.1　柱坐标下 DRESOR 法

9.1.1　圆柱坐标系下均匀折射率介质中 DRESOR 法的求解

前文 DRESOR 法的分析、研究、应用都是基于直角坐标系的[6]，划分的都是矩形网格，不易用于圆柱形几何边界的场合，将这一方法从直角坐标系转化到圆柱坐标系中具有重要意义。由直角坐标系到圆柱坐标系，不只是简单的坐标系变换的问题，还涉及到很多与直角坐标系不同的新的研究方法和思路。本节将详细介绍均匀折射率介质中三维圆柱坐标系下 DRESOR 法求解辐射传递方程的基本理论和方法，其中，DRESOR 数的计算是难点，也是关键。

文献[7]详细说明均匀折射率介质中圆柱坐标系下 DRESOR 数的计算方法，具体包括：首先对圆柱形介质对象划分适用于圆柱坐标系的网格单元，确定各个网格单元能束发射点的位置和发射方向，然后利用 MCM 法对能束进行全程追踪，直到能束能量殆尽，记录能束被各个网格单元散射的能量，同步更新和记录各个发射网格单元对所有接收网格单元的 DRESOR 数。其中能束的追踪过程与直角坐标系截然不同，也是圆柱坐标系下 DRESOR 数主要的难点所在。这里不再赘述。

DRESOR 法能够求解高空间方向分辨率的辐射强度，为了验证三维圆柱坐标系下 DRESOR 法在均匀折射率介质中求解的正确性，本章选取了几个比较典型的算例算法理论进行了验算分析。求解黑壁面、非黑壁面、吸收、发射、无散射、各向同性散射、各向异性散射条件下圆柱形介质中不同方向的辐射强度，进而将得到的辐射强度在空间立体角内积分可以得到圆柱形介质中的辐射热流或者无量纲辐射热流分布，并且以此分析研究了三维圆柱形介质中的辐射传递现象。

1. *黑壁面无散射介质*

为了验证圆柱坐标系下 DRESOR 法求解的可行性，首先对文献[8]中的圆柱腔体的辐射进行计算，圆柱长 6m，直径 2m，壁面为黑体，温度为 T_w = 500K，介质的吸收系数为 κ，介质的温度如图 9.1 所示。采用圆柱坐标系下的 DRESOR 法，取吸收系数 κ 分别为 0.1m^{-1}、1.0m^{-1}、10.0m^{-1}，计算圆柱壁面的热流沿轴向的分布。

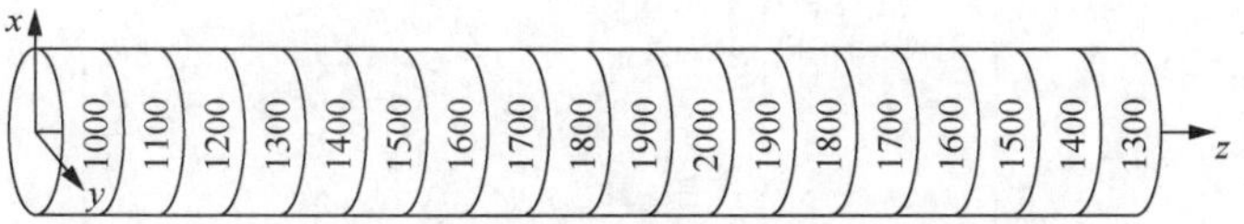

图 9.1　圆柱温度场示意图(单位：k)

计算网格划分为 $N_R\times N_\varphi\times N_Z$= 10×10×18。天顶角 θ 离散个数为 36，不同天顶角的圆周角 φ 的值以及离散个数如表 9.1 所示。这样离散的 4π 空间总的方向数为 2083。

表 9.1　半球空间内各天顶角对应的圆周角的离散数目和间隔角度

i	θ_i/(°)	$\Delta\varphi_i$/(°)	M_i	i	θ_i/(°)	$\Delta\varphi_i$/(°)	M_i	i	θ_i/(°)	$\Delta\varphi_i$/(°)	M_i
0	0	360.0	1	7	35	6.923	52	14	70	4.186	86
1	5	51.43	7	8	40	6.207	58	15	75	4.091	88
2	10	24.00	15	9	45	5.625	64	16	80	4.000	90
3	15	15.65	23	10	50	5.143	70	17	85	3.956	91
4	20	11.61	31	11	55	4.800	75	18	90	3.956	91
5	25	9.470	38	12	60	4.557	79				
6	30	8.000	45	13	65	4.337	83				

由于介质无散射，且壁面为黑体，这是一种最简单的情形，所有的间接 DRESOR 数都为 0，即腔体中任意一点的辐射强度只有壁面和介质发射的直接贡献，只需要计算直接 DRESOR 数。辐射强度的离散计算表达式可以简化为

$$I(i_1,\theta_i,\varphi_{i,j}) = \sum_{i_w=1}^{N_w} \varepsilon(i_w) I_b(i_w) R_d^d(i_w,\theta_i,\varphi_{i,j}) + \sum_{i_2=N_w+1}^{N} 4\beta(1-\omega) I_b(i_2) R_d^d(i_{i_2},\theta_i,\varphi_{i,j})$$
$$= \sum_{i_w=1}^{N_w} \sigma T(i_w)^4 R_d^d(i_w,\theta_i,\varphi_{i,j}) + \sum_{i_2=N_w+1}^{N} 4\kappa\sigma T(i_2)^4 R_d^d(i_{i_2},\theta_i,\varphi_{i,j}) \tag{9.1}$$

在得到壁面各点各方向的辐射强度后，通过辐射热流的离散表达式计算壁面的辐射热流，此时 M 取 2083。计算的壁面的辐射热流沿圆柱轴向的辐射热流，如图 9.2 所示，文献[8]提供了该温度场下不同吸收系数圆柱壁面净辐射热流的精确解，图中给出了计算值与精确值的对比，可以看出，圆柱坐标系下的 DRESOR 法与精确值吻合的较好，从而验证了本方法的可行性。

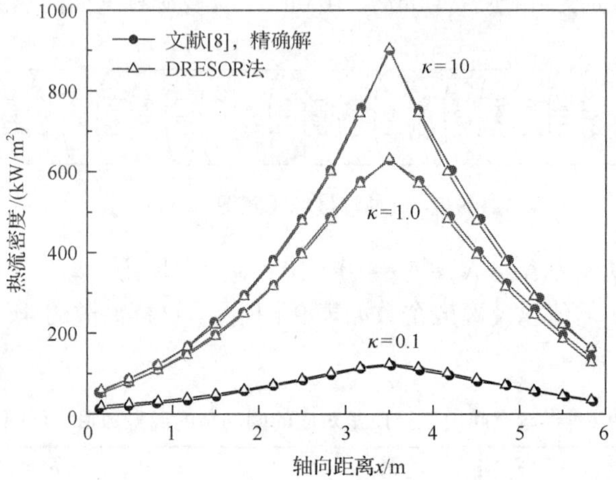

图 9.2 圆柱壁面轴向辐射热流密度分布

2. 非黑壁面无散射介质

为了进一步验证圆柱坐标系下 DRESOR 法求解非黑壁面圆柱形介质辐射换热的正确性，选取文献[6]中的算例进一步验证。圆柱形结构参数：圆柱半径为 $r = 1\text{m}$，圆柱高度为 $z = 5\text{m}$，壁面温度为 $T_w = 500\text{K}$，发射率为 $\varepsilon_w = 0.8$，中间介质$(0<r<0.5, 0<z<0.5)$温度和吸收系数分别为 $T_g = 1700\text{K}$，$\kappa = 0.6\text{m}^{-1}$，其他介质温度和吸收系数分别为 $T_g = 1100\text{K}$，$\kappa = 0.05\text{m}^{-1}$，同样计算圆柱壁面沿轴向的辐射热流分布。

采用圆柱坐标系(r,φ,z)，划分网格数为 $N_R \times N_\varphi \times N_Z = 10\times10\times20$，即壁面网格有 400 个，体积网格有 2000 个。天顶角 θ 离散个数为 36，总的离散方向数为 2083。由于壁面是非黑的，所以会有一部分辐射能被壁面反射，即需要计算介质或者壁面的发射被壁面反射的 DRESOR 数，介质无散射，所以被介质散射的

DRESOR 数均为 0。辐射强度的离散计算表达式可以简化为

$$
\begin{aligned}
I(i_1,\theta_i,\varphi_{i,j}) &= \sum_{i_\mathrm{w}=1}^{N_\mathrm{w}} \varepsilon(i_\mathrm{w}) I_\mathrm{b}(i_\mathrm{w}) R_\mathrm{d}^\mathrm{d}(i_\mathrm{w},\theta_i,\varphi_{i,j}) \\
&+ \sum_{i_2=N_\mathrm{w}+1}^{N} 4\beta(1-\omega) I_\mathrm{b}(i_2) R_\mathrm{d}^\mathrm{d}(i_{i_2},\theta_i,\varphi_{i,j}) \\
&+ \sum_{i_\mathrm{w}=1}^{N_\mathrm{w}} \sum_{i'_\mathrm{w}=1}^{N_\mathrm{w}} \varepsilon(i_\mathrm{w}) I_\mathrm{b}(i_\mathrm{w}) R_\mathrm{d}^\mathrm{s}(i_\mathrm{w},i'_\mathrm{w}) R_\mathrm{d}^\mathrm{d}(i'_\mathrm{w},\theta_i,\varphi_{i,j}) \\
&+ \sum_{i_3=N_\mathrm{w}+1}^{N} \sum_{i'_\mathrm{w}=1}^{N_\mathrm{w}} 4\beta(1-\omega) I_\mathrm{b}(i_3) R_\mathrm{d}^\mathrm{s}(i_3,i'_\mathrm{w}) R_\mathrm{d}^\mathrm{d}(i'_\mathrm{w},\theta_i,\varphi_{i,j})
\end{aligned} \tag{9.2}
$$

在得到了壁面各点各方向的辐射强度后，就可以计算出壁面沿轴向的辐射热流分布，如图 9.3 所示，图中给出了文献[9]中采用 DTM 法计算的结果，同样给出了文献[10]中采用 BMCM 计算的结果。可以看出，计算的壁面的辐射热流分布吻合得较好。同时，可以看出，采用本书的三维圆柱坐标系下 DRESOR 法计算的结果相比文献[10]中的计算结果，与文献[6]中的计算结果吻合得更好，从而说明了本方法求解的准确性与可行性。

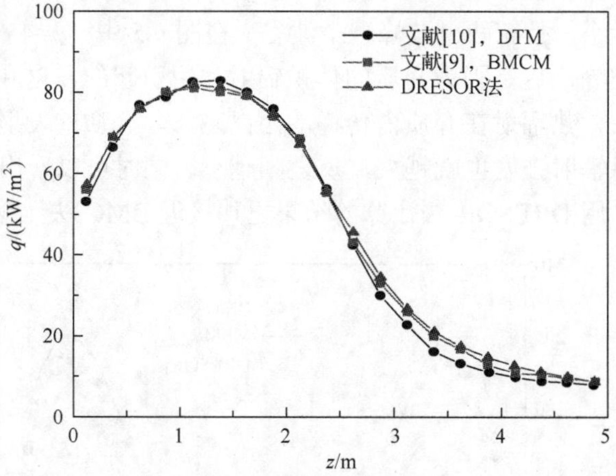

图 9.3　圆柱壁面轴向辐射热流

3. 黑壁面各向同性散射介质

为了验证圆柱坐标系下 DRESOR 法在散射性介质中的可行性，选取文献[11]中的各向同性散射算例进行了计算，并将结果与文献中给出的 BMC 和 MFM 法计算的结果进行比较。

圆柱长 L=20m，半径为 r=0.5m，圆柱壁面为冷黑壁面，中间参与性介质的温

度为 T=2000K，衰减系数 β=2.0m^{-1}，介质为各向同性散射介质，反照率 ω= 0.5。给定一组不同方向的探测线，起始点为 $(r_0,\varphi_0,z_0) = (\sqrt{2}/2,225°,10)$，计算不同天顶角和圆周角方向的出射辐射强度。

网格划分为 $N_R\times N_\varphi\times N_Z$= 10×10×19，天顶角 θ 离散个数为 36，总的离散方向数为 2083 个。由于壁面是冷黑壁面，所以壁面没有发射也没有反射，被壁面反射的 DRESOR 数为 0，只有介质有发射和散射，即只有介质发射的直接贡献和介质的发射被介质散射的间接贡献，辐射强度的离散计算表达式可以简化为

$$I(i_1,\theta_i,\varphi_{i,j}) = \sum_{i_2=N_w+1}^{N} 4\kappa I_b(i_2)R_d^d(i_{i_2},\theta_i,\varphi_{i,j}) + \sum_{i_5=N_w+1}^{N}\sum_{i_6=N_w+1}^{N} 4\kappa I_b(i_5)R_d^s(i_5,i_6)R_d^d(i_6,\theta_i,\varphi_{i,j}) \tag{9.3}$$

计算圆周角 φ = 45°、天顶角 θ = 10°～170°时的出射辐射强度见图 9.4。计算天顶角 θ = 90°、圆周角 φ = 5°～85°时的出射辐射强度见图 9.5。

从图中可以看出，计算结果与文献中吻合得较好。图 9.4 和图 9.5 都是轴对称的，这是因为在各向同性散射的均匀介质中，方向出射辐射强度的大小仅和探测线穿过介质的路径长度有关，而计算方向是一个轴对称分布的。在图 9.4 中，θ = 90°时的辐射强度最小，且有两个波峰一个波谷，在图 9.5 中，φ=45°时的辐射强度最大且只有一个波峰，这是因为介质的体积辐射作用引起的，这和热辐射在介质中传递的长短有关，热辐射在介质内传递的距离越长，介质的发射作用也就越大，对应的定向出射辐射强度也就越大，反之则越小。同时可以看出，与 MFM 计算的方法相比，采用 DRESOR 法计算的结果更加接近 BMC 法计算的结果。

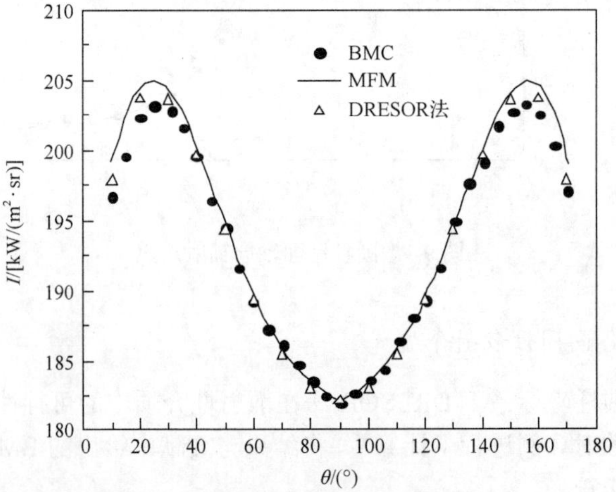

图 9.4 φ = 45°不同天顶角的出射辐射强度

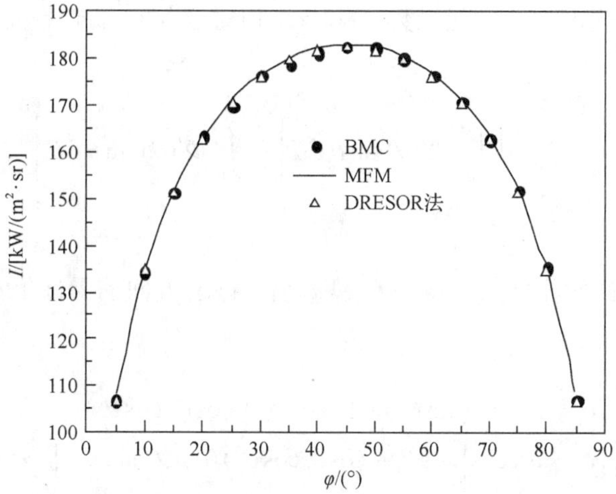

图 9.5　$\theta = 90°$不同圆周角的出射辐射强度

4. 黑壁面各向异性散射介质

对于圆柱坐标系下 DRESOR 法求解各向异性散射介质的正确性同样进行了验算，同样选取文献[11]中的圆柱形模型，介质为非均匀温度分布和非均匀物性分布，温度场为 $T(r,z) = -\dfrac{2600}{17}(z-20)(0.5-3.0r^2+2.0r^3)+800\text{K}$，散射相函数为各向异性散射，$\varphi=1+\cos\theta$，反照率 $\omega = 0.5$，吸收系数和散射系数分布相同 $\kappa(r,z) = \sigma(r,z)$，均为$\kappa(r,z) = -0.15(z-20)(0.5-3.0r^2+2.0r^3)+0.8\text{m}^{-1}$。圆柱长$L = 20\text{m}$，半径为$r = 0.5\text{m}$。给定一组沿圆柱高度分布的平行探测线，探测线的方向不同，起始点为$(r_0,\varphi_0,z_0)=(\sqrt{2}/2, 225°, 10)$，计算沿圆柱体轴向的不同方向的出射辐射强度。

网格划分 $N_R\times N_\varphi\times N_Z=10\times10\times19$，天顶角 θ 离散个数为 36，总的离散方向数为 2083 个。计算沿圆柱体母线分布的方向为 $\theta = 90°$，$\varphi = 30°$，以及 $\theta = 45°$和$\varphi = 45°$的出射辐射强度。计算辐射强度的公式为

$$
\begin{aligned}
I(i_1,\theta_i,\varphi_{i,j}) &= \sum_{i_2=N_w+1}^{N} 4\beta(1-\omega)I_b(i_2)R_d^d(i_{i_2},\theta_i,\varphi_{i,j}) \\
&\quad + \sum_{i_5=N_w+1}^{N}\sum_{i_6=N_w+1}^{N} 4\beta(1-\omega)I_b(i_5)R_d^s(i_5,i_6,\theta_i,\varphi_{i,j})R_d^d(i_6,\theta_i,\varphi_{i,j})
\end{aligned}
\tag{9.4}
$$

由于介质是各向异性散射，此时计算的 DRESOR 数与方向有关，需要计算介质内不同位置和不同方向上的 DRESOR 数。能束被介质散射后的行进方向通过以

下过程确定。首先产生两个随机数 R_θ 和 R_φ，相对于入射方向计量的散射角 θ_s 和 φ_s 通过式(9.5)计算[12]：

$$\begin{cases} R_\theta = \left[\int_0^{\theta_s} \Phi'(\theta)\sin\theta\,\mathrm{d}\theta\right] \Big/ \left[\int_0^{\pi} \Phi'(\theta)\sin\theta\,\mathrm{d}\theta\right] \\ R_\varphi = \varphi_s / 2\pi \end{cases} \tag{9.5}$$

式中，$\Phi'(\theta)$ 为散射相函数。得到 θ_s 和 φ_s 后，散射方向的天顶角 θ_i 和水平角 φ_i 通过式(9.6)计算[9]：

$$\begin{cases} \theta_i = \arccos\left(\sin\theta_s \sin\theta_{i'} \cos\varphi_s + \cos\theta_{i'} \cos\theta_s\right) \\ \varphi_i = \arccos\left[\cos\theta_s - \cos\theta_i \cos\theta_{i'})/(\sin\theta_i \sin\theta_{i'})\right] + \varphi_{i'} \end{cases} \tag{9.6}$$

式中，$\theta_{i'}$、$\varphi_{i'}$ 为入射方向的天顶角和水平角；$\theta_s = |\theta_{i'} - \theta_i|$；$\varphi_s = |\varphi_{i'} - \varphi_i|$。

本算例中计算的是某一个方向上的辐射强度，需要记录被介质散射到该方向上的 DRESOR 数，在能束的追踪过程中，即需要记录被介质散射到包含这一方向的方向离散区间的 DRESOR 数。

计算结果如图 9.6 和图 9.7 所示。计算的辐射强度与文献中给出的 BMC 法和 MFM 计算的结果吻合较好。可以看到，辐射强度沿着圆柱高度的增加逐渐减小，这是因为辐射强度只和介质的体积辐射有关，随着圆柱的高度增加，介质的温度逐渐降低，发射能力随之减小。

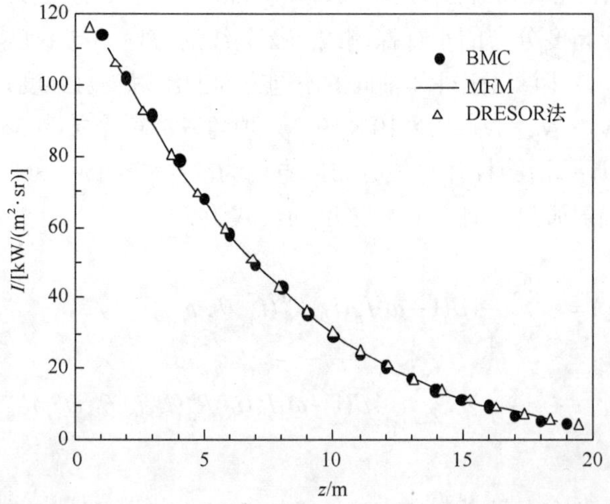

图 9.6 沿 z 轴分布的 (θ, φ) 为 $(90°, 30°)$ 的辐射强度

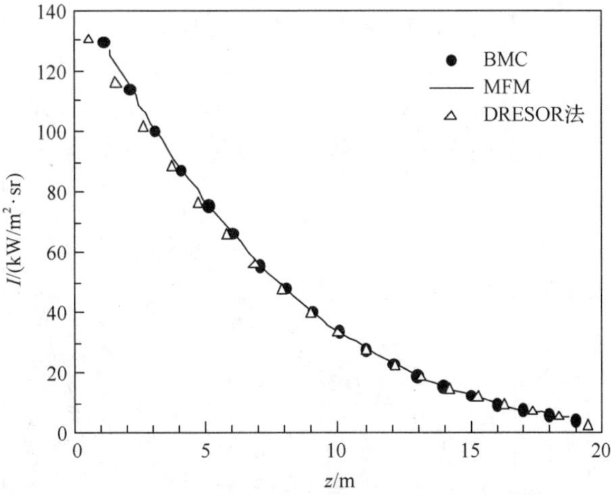

图 9.7　沿 z 轴分布的 (θ, φ) 为 $(45°, 45°)$ 的辐射强度

9.1.2　梯度折射率介质中圆柱坐标系下 DRESOR 法的求解

1. 黑壁面无散射梯度折射率圆柱介质

梯度折射率介质和均匀折射率介质中计算的原理基本相同，不同的是，在梯度折射率介质中，由于介质的折射率是变化的，所以能束在穿过网格边界时，能束可能在网格边界发生折射或者全反射。这个时候就需要确定能束发生折射或者全反射后的行进方向，才能够继续对能束进行追踪，所以难点在于如何确定折射或者全反射后的方向，具体的计算过程请参阅文献[7]。

考虑二维无限长圆柱介质，壁面为黑体，温度为 T_w=1000K，介质无散射，温度为 T_g =0K。介质的折射率沿半径方法呈抛物线变化，$n(r) = \sqrt{n_0^2 - b^2 (r/R)^2}$，其中 n_0=2，b=1。文献[13]中给出了这种折射率分布情况下，介质的吸收系数 κ 分别 0.5、1.0、10，采用射线踪迹法和伽辽金有限元法计算的沿圆柱径向分布的无量纲辐射热流和无量纲投入辐射。

采用圆柱坐标系下 DRESOR 法对此梯度折射率介质算例进行求解，网格划分为 $N_R \times N_\varphi$=10×10，天顶角 θ 离散个数为 36，总的离散方向数为 2083 个。计算辐射强度的公式后简化为

$$I(i_1, \theta_i, \varphi_{i,j}) = \sum_{i_2 = N_w + 1}^{N} 4\beta(1-\omega) n_{i_1}^2 I_b(i_2) R_d^d(i_{i_2}, \theta_i, \varphi_{i,j}) \tag{9.7}$$

求得各个方向的辐射强度之后，代入投入辐射的离散表达式就可以求得投入辐射，计算结果如图 9.8 和图 9.9 所示，从图中可以看出，3 种不同光学厚度下，

计算的结果与文献中两种方法的计算结果吻合得较好。

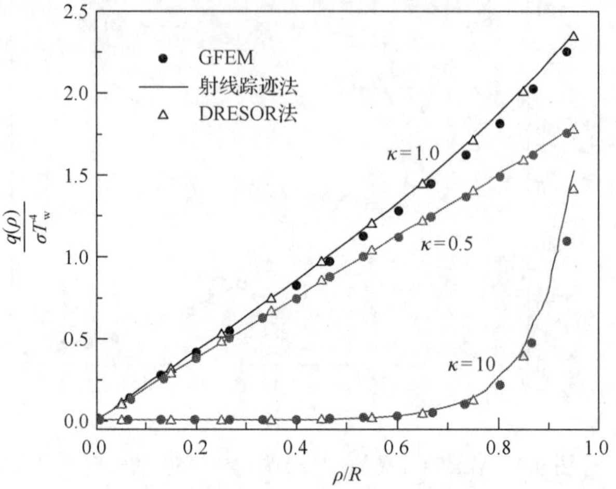

图 9.8　无量纲辐射热流沿径向的分布

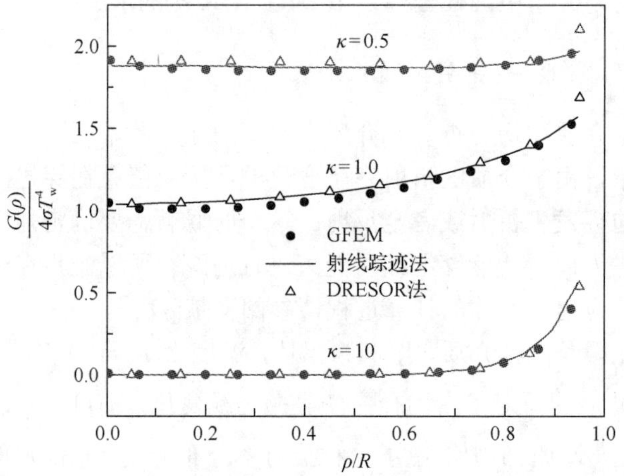

图 9.9　无量纲投入辐射沿径向的分布

2. 部分加热的各向同性散射梯度折射率圆柱介质

为了进一步验证上述圆柱坐标系下 DRESOR 法对求解散射性梯度折射率圆柱介质内辐射传递问题的有效性和可靠性，考虑文献[13]中一底部半边被加热的圆柱形介质内的辐射场问题，如图 9.10 所示，圆柱壁面为黑体，底部加热半边的温度为 T_{w2}=1000K，上部半边温度为 T_{w1}=0K。介质为各向同性散射，光学厚度 $\tau_R=\kappa R=1.0$，折射率与 9.1.1 节算例中相同的抛物线分布，散射反照率 ω 分别为 0.0、0.5、1.0 时，计算沿径向 $\varphi=\pi/2$ 和 $\varphi=3\pi/2$（即直角坐标系下的 y 轴方向）的无量纲投入辐射和无量纲净辐射热流的分布。

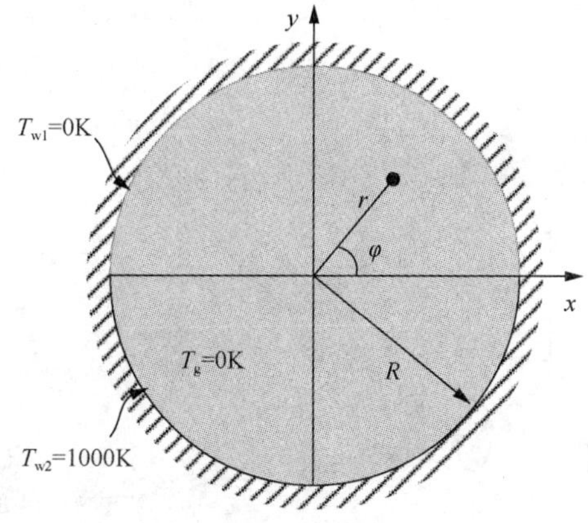

图 9.10　部分加热的圆柱介质示意图

网格划分为 $N_R \times N_\varphi=10\times 10$，天顶角 θ 离散个数为 36，总的离散方向数为 2083 个。同样利用 DRESOR 法求解辐射传递方程的基本公式的离散表达式来求解辐射强度：

$$\frac{I(i_1,\theta_i,\varphi_{i,j})}{n_{i_1}^2}=\sum_{i_w=1}^{N_w}\varepsilon(i_w)I_b(i_w)R_d^d(i_w,\theta_i,\varphi_{i,j})+\sum_{i_w=1}^{N_w}\sum_{i_4=N_w+1}^{N}\frac{1}{n_{i_4}^2}\varepsilon(i_w)n_w^2 I_b(i_w)R_d^s(i_w,i_4)R_d^d(i_4,\theta_i,\varphi_{i,j}) \tag{9.8}$$

为了清楚地在图中表示出结果，径向 $\varphi=3\pi/2$ 使用负数径向坐标来表示。计算的投入辐射和辐射热流沿径向的分布如图 9.11 和图 9.12 所示，图中同时给出了均

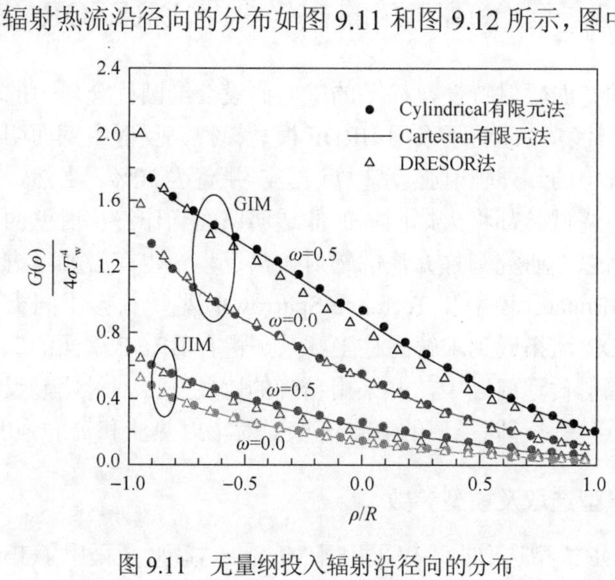

图 9.11　无量纲投入辐射沿径向的分布

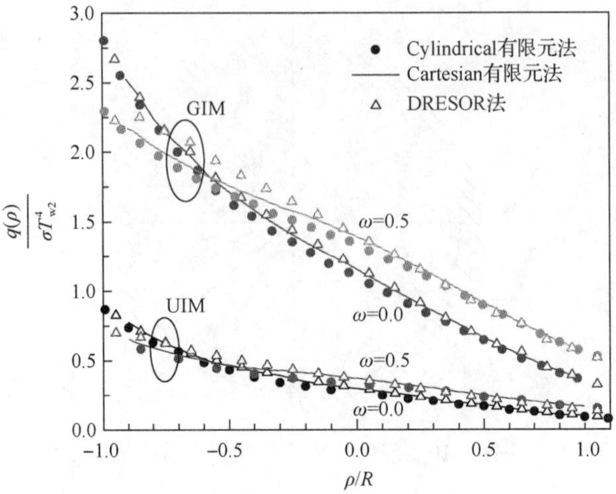

图 9.12　无量纲辐射热流沿径向的分布

匀折射率介质中计算的结果，以便与梯度折射率介质内的结果进行对比分析，观察折射率分布对计算结果的影响。对于不同强度的散射，在均匀折射率和梯度折射率情况下投入辐射和辐射热流的分布均呈现相似的趋势。文献[13]中给出了分别采用圆柱坐标系下最小二乘有限元法和采用直角坐标系下有限元法计算的结果，可以看出由本文给出的圆柱坐标系下 DRESOR 法在不同的散射反照率情况下得到的结果与文献中计算的结果吻合较好，说明圆柱坐标系下 DRESOR 法可以有效地求解多维吸收、发射、散射圆柱形梯度折射率介质内的辐射传递问题。

9.2　耦合 BRDF 的柱坐标下 DRESOR 法

由于复杂的壁面辐射特性，简单的壁面假设会给圆柱介质内的辐射传递分析带来误差。相关计算[14]证明了采用 BRDF 模型模拟高反射率壁面明显减小了涡扇发动机排气系统中的红外辐射强度计算误差，并高达 20%。当然，现在大部分用于辐射检测的燃烧试验都将火焰四周的非透明壁面当作漫反射壁面，从而导致部分计算误差，所以在研究圆柱介质的辐射传热过程中也有必要考虑实际壁面的影响。本章采用 Minnaert 模型和 Torrance-Sparrow 模型[15]模拟不同类型的 BRDF 壁面，并将 DRESOR 法拓展到求解圆柱坐标系下耦合 BRDF 壁面的二维圆柱梯度折射率介质内的辐射传递问题中，并采用精确的比较基准，对比漫反射壁面条件下的计算结果，重点探讨不同类型的 BRDF 壁面对辐射热流和辐射强度分布的影响。

9.2.1　BRDF 模型选取及模型参数

本章在BRDF模型选取上不仅采用了Minnaert模型，还采用了Torrance-Sparrow

模型(T-S 模型)。由于前面已详细介绍了 Minnaert 模型，这里就不再叙述了。

T-S 模型模拟的壁面是假设其由大量按一定规律分布的细小表面组成，其分布代表了模拟壁面的粗糙度，同时利用 Fresnel 反射函数和遮蔽函数来描述具有镜反射和漫反射分量的 BRDF 壁面。这种 BRDF 壁面与 Minnaert 模型模拟的壁面相比，更能反映出物体壁面的前向、后向反射的区别，所以 T-S 模型能够很好地模拟实际物体壁面的 BRDF 分布。引进 T-S 模型是为了探讨不同类型的 BRDF 壁面对辐射传递的影响，同时，T-S 模型应用的广泛性可以使耦合 BRDF 壁面的辐射传热计算更有实用性。当然该模型的复杂性也增大了圆柱系统内辐射传递计算的难度性。结合上述两种反射分量，T-S 模型的表达式如下：

$$f_{\mathrm{r}}\left(\theta_{\mathrm{i}},\varphi_{\mathrm{i}},\theta_{\mathrm{r}},\varphi_{\mathrm{r}}\right)=gF\left(2\beta,n\right)\frac{G\left(\theta_{\mathrm{i}},\varphi_{\mathrm{i}},\theta_{\mathrm{r}},\varphi_{\mathrm{r}}\right)}{\cos\theta_{\mathrm{r}}}\exp\left(-c^{2}\alpha^{2}\right)+\frac{\rho_{0}}{\pi}\cos\theta_{\mathrm{i}} \tag{9.9}$$

式中，ρ_0 为漫反射系数；g 为镜反射系数；c 的值影响表面的粗糙度(c 的值越小代表粗糙度越大)；α 为表面法线和入射、反射方向角平分线法线的夹角；$G(\theta_{\mathrm{i}}, \varphi_{\mathrm{i}}, \theta_{\mathrm{r}}, \varphi_{\mathrm{r}})$ 为遮挡函数；$F(2\beta, n)$ 为 Fresnel 反射系数，其中 β 为入射和反射方向夹角的二分角；n 为梯度折射率[16]。

同时，从式(9.9)可以看出，该模型不同于 Minnaert 模型，不能通过公式本身直接积分出方向-半球反射率的表达式，而需要在辐射传递计算程序中添加 BRDF 壁面方向-半球反射率的积分子程序，从而增加了程序的复杂性和计算时长。

对于 Minnaert 模型模拟的 BRDF 壁面，随着 Minnaert 模型中参数 k 值的增大，BRDF 壁面的反射特性越偏离相对应的漫反射特性。由于本章考察不同壁面条件对圆柱介质内辐射传递的影响，这里用 Minnaert 模型模拟 3 种不同的 BRDF 壁面，并分别命名为 BRDF-1、BRDF-2 和 BRDF-3 壁面。与此同时，本书还利用 T-S 模型来模型不同类型的 BRDF 壁面，并命名为 T-S 壁面。较上一章节不同，本章为了进行更加精确以及合理的比较，BRDF 壁面与漫反射壁面的半球反射率(ρ)保持一致。表 9.2 给出了模拟上述 4 种不同的 BRDF 壁面和相应的漫反射壁面的具体参数。这里说明一下，表 9.2 中的参数是为了模拟出具有不同反射特性的 BRDF 壁面而设置的，不是通过实验数据拟合的。设置的步骤如下：先保证所有壁面的半球反射率相同，即设置 ρ = 0.21965，0.21965 是在特定区间内随机选取的，而特定区间指的是为了保证Minnaert模型中参数k=3时漫反射系数ρ_0不大于1.0的区间。之后BRDF-1、BRDF-2 和 BRDF-3 壁面中的漫反射系数 ρ_0 都是通过参数 k 和半球反射率 ρ 反推得出。设置 T-S 壁面中的 $F(2\beta,n)$=1.0，是为了简化模型来便于辐射传递的计算，c=0.05 的确定根据文献[15]得到，而 ρ_0 和 g 的值也是通过半球反射率 ρ=0.21965 反推得出。同时，结合二维圆柱模型对 T-S 模型进行了简化计算，即 T-S 壁面的反射分布只考虑了入射角、反射角中天顶角(θ_{i}、θ_{r})的变化，不考虑方位角(φ_{i}、φ)的变化，即

$$(0 \leqslant \varphi_{\mathrm{i}} \leqslant 90° \cup 270° \leqslant \varphi_{\mathrm{i}} \leqslant 360°) \Rightarrow f_{\mathrm{r}}(\theta_{\mathrm{i}}, \varphi_{\mathrm{i}}, \theta_{\mathrm{r}}, \varphi_{\mathrm{r}}) = f_{\mathrm{r}}(\theta_{\mathrm{i}}, 0°, \theta_{\mathrm{r}}, \varphi_{\mathrm{r}}) \tag{9.10a}$$

$$(90 \leqslant \varphi_{\mathrm{i}} \leqslant 270°) \Rightarrow f_{\mathrm{r}}(\theta_{\mathrm{i}}, \varphi_{\mathrm{i}}, \theta_{\mathrm{r}}, \varphi_{\mathrm{r}}) = f_{\mathrm{r}}(\theta_{\mathrm{i}}, 180°, \theta_{\mathrm{r}}, \varphi_{\mathrm{r}}) \tag{9.10b}$$

$$(0 \leqslant \varphi_{\mathrm{r}} \leqslant 90° \cup 270° \leqslant \varphi_{\mathrm{r}} \leqslant 360°) \Rightarrow f_{\mathrm{r}}(\theta_{\mathrm{i}}, \varphi_{\mathrm{i}}, \theta_{\mathrm{r}}, \varphi_{\mathrm{r}}) = f_{\mathrm{r}}(\theta_{\mathrm{i}}, \varphi_{\mathrm{i}}, \theta_{\mathrm{r}}, 0°) \tag{9.10c}$$

$$(90 \leqslant \varphi_{\mathrm{r}} \leqslant 270°) \Rightarrow f_{\mathrm{r}}(\theta_{\mathrm{i}}, \varphi_{\mathrm{i}}, \theta_{\mathrm{r}}, \varphi_{\mathrm{r}}) = f_{\mathrm{r}}(\theta_{\mathrm{i}}; \varphi_{\mathrm{i}}, \theta_{\mathrm{r}}, 180°) \tag{9.10d}$$

表 9.2　四种不同的 BRDF 壁面和相应的漫反射壁面的具体参数

参数	漫反射	BRDF-1	BRDF-2	BRDF-3	T-S
ρ_0	0.21965	0.25065	0.55640	0.92415	0.14044
k		1.1160	2.1160	3.1160	
g					0.02980
c					0.05
$F(2\beta, n)$					1.0
ρ^*	0.21965	0.21965	0.21965	0.21965	0.21965

注：*.上述壁面半球反射率的计算公式为：$\rho = \dfrac{\int_{2\pi}\int_{2\pi} f_{\mathrm{r}}(\theta_{\mathrm{i}}, \varphi_{\mathrm{i}}, \theta_{\mathrm{r}}, \varphi_{\mathrm{r}}) \cos\theta_{\mathrm{r}} \, \mathrm{d}\Omega_{\mathrm{r}} \, \mathrm{d}\Omega_{\mathrm{i}}}{\int_{2\pi} \mathrm{d}\Omega_{\mathrm{i}}}$。

图 9.13 给出了 T-S 壁面在不同入射方向下的反射分布曲线(即 $f_{\mathrm{r}}\cos\theta_{\mathrm{r}}$ 随反射角 θ_{r} 变化的分布曲线)。从中可以看出，T-S 壁面能呈现出 BRDF 壁面的非镜面反射分布，以及反射分布的峰不总是在垂直方向上，所以 T-S 壁面较 Minnaert 模型模拟的壁面更为符合大多实际壁面的反射特性。

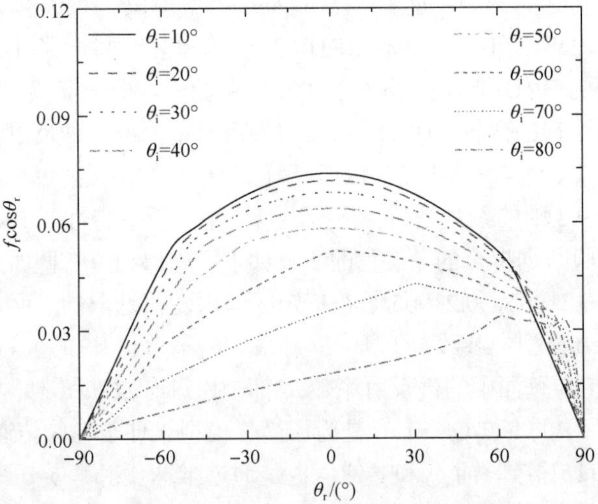

图 9.13　不同入射角度下 T-S 壁面的反射分布曲线

9.2.2 耦合 BRDF 壁面二维圆柱介质模型

物理模型为耦合 BRDF 壁面的二维圆柱介质，介质呈各向同性散射，梯度折射率分布。如图 9.14(a)所示，圆柱壁面为 BRDF 壁面，圆柱的半径为 R，光学厚度为 $\tau_R=(\kappa+\sigma)R$，上部温度为 T_{w1}，底部温度为 T_{w2}，介质的温度为 T_g，散射反照率为 ω。图 9.14(b)为二维圆柱系统网格划分示意图，网格沿着 R、φ 轴方向划分呈 $N_R\times N_\varphi$ 分布。计算时，壁面网格和空间介质网格的方向离散与二维矩形系统一致。这里，空间网格划分为 10×10 个，壁面网格均分为 10 个。本章全部算例的网格划分同上。

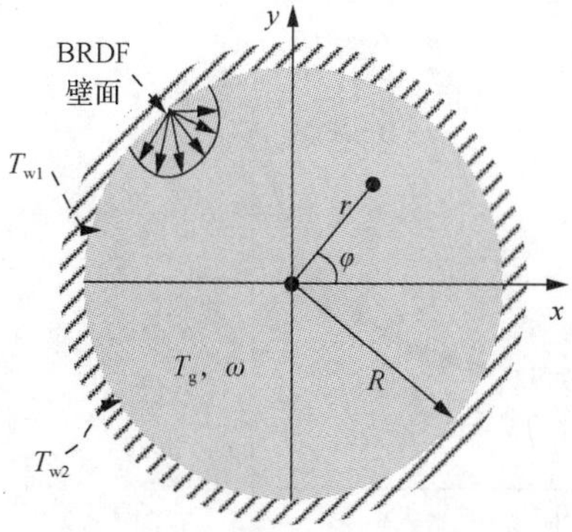

(a) 二维圆柱介质耦合BRDF壁面的辐射传递模型

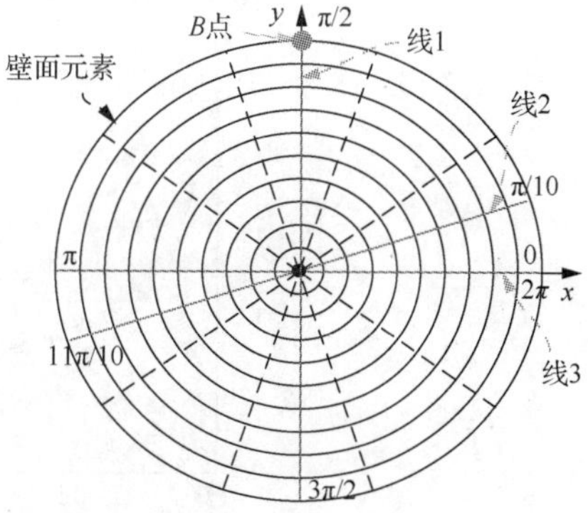

(b) 网格划分示意图

图 9.14　物理模型及网格划分

9.2.3 计算结果与讨论

1. BRDF 壁面对辐射热流的影响

图 9.15(a)、(b)和(c)分别给出了 5 种壁面(漫反射，BRDF-1，BRDF-2，BRDF-3 和 T-S 壁面)条件下介质沿线 1、线 2(径向 $\varphi=\pi/10$ 和 $\varphi=11\pi/10$)和线 3(径向 $\varphi=0$ 和 $\varphi=\pi$)的无量纲辐射热流分布。其中，散射反照率为 $\omega=0.5$，光学厚度分别为 $\tau_R=1.0$，折射率分布为 $n(r)=\sqrt{4-(r/R)^2}$ 。

从 3 幅图中都可以看出，5 种壁面条件下的辐射热流分布明显不同，即使 5 种壁面的半球反射率相同，由此可以反映壁面的反射特性对圆柱介质中的辐射热流分布有很大的影响。

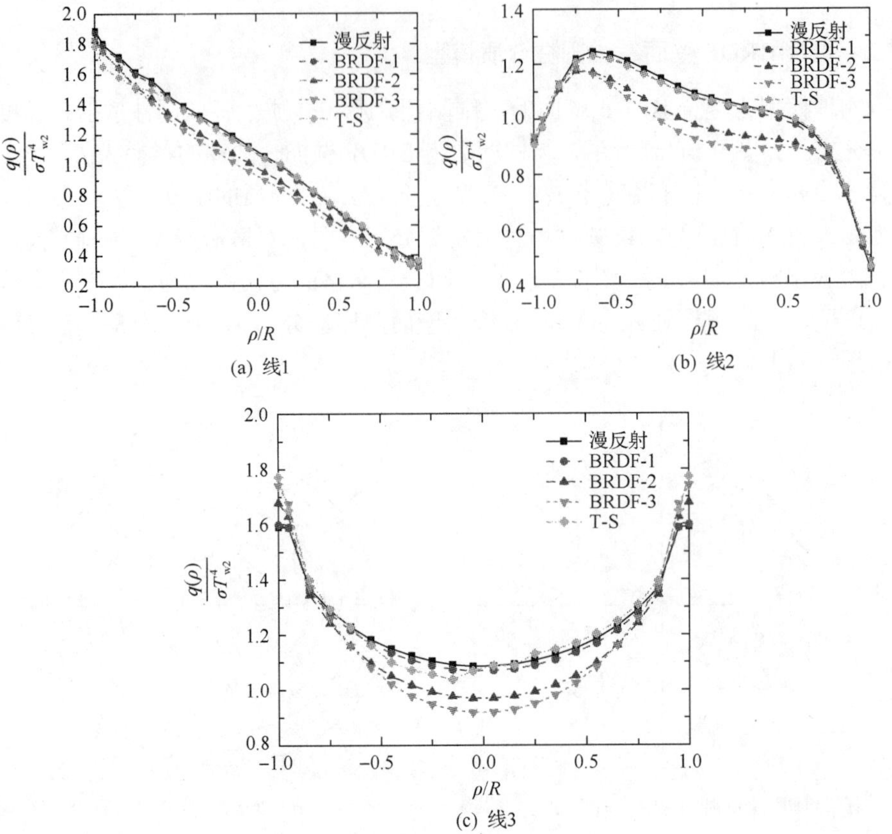

(a) 线1　(b) 线2　(c) 线3

图 9.15　沿 3 种计算径向的无量纲辐射热流分布

为了准确地分析 BRDF 壁面对热流的影响，表 9.3 给出了 BRDF 壁面与漫反射壁面条件下 3 个计算径向上的辐射热流相对差异的平均值和最大值。与漫反射壁面相比，BRDF-1、BRDF-2 和 BRDF-3 壁面在这些计算径向上产生的平均热流偏差分别高达 1.52%、9.84%和 12.30%，热流偏差的最大值分别高达 2.00%、12.67%和 17.58%。从数据和图中可以得出，在 Minnaert 模型模拟的 BRDF 壁面中，BRDF 壁面与漫反射壁面条件下的热流差异随着 Minnaert 模型参数 k 的增大而增大，并且在二维圆柱介质中心处最大。而 T-S 壁面产生的热流偏差的平均值和最大值刚好介于 BRDF-1 与 BRDF-2 壁面条件下的平均值和最大值，可能是由于 T-S 壁面的 DHR 分布处于 BRDF-1 与 BRDF-2 壁面的 DHR 分布之间。然而，T-S 壁面与漫反射壁面条件间的热流差别不符合上述中心位置偏差最大的规律，而且 T-S 壁面对应的辐射热流分布在各个径向上都不同于其他 4 种壁面条件下的热流分布。其中最为明显的如图 9.15(c)所示，漫反射、BRDF-1、BRDF-2 和 BRDF-3 壁面条件下介质沿线 3 的无量纲辐射热流分布是左右对称的，而 T-S 壁面条件下的热流明显呈非对称分布。这是由于 T-S 壁面的反射分布在不同入射角度下呈非对称性，不同于 Minnaert 模型模拟的壁面反射分布，这一点从图 9.13 中 T-S 壁面的 $f_r\cos\theta_r$ 分布曲线图可以明显看出。以上结果表明，在实际分析二维圆柱介质的辐射传热过程中，漫反射壁面假设很可能会带来很大的计算误差，同时，不同模型模拟的 BRDF 壁面对圆柱介质内辐射传热的影响也不同。总之，BRDF 壁面的反射特性对二维圆柱介质内的辐射传热具有显著的影响。

表 9.3　BRDF 壁面产生的辐射热流偏差

径向	壁面	最大相对热流偏差[1]	平均相对热流偏差[2]
线 1	BRDF-1	2.00%	1.52%
	BRDF-2	12.17%	8.84%
	BRDF-3	17.58%	12.30%
	T-S	8.55%	2.96%
线 2	BRDF-1	1.63%	1.19%
	BRDF-2	10.8%	6.65%
	BRDF-3	15.54%	9.04%
	T-S	3.16%	1.21%
线 3	BRDF-1	1.61%	1.13%
	BRDF-2	10.75%	6.95%
	BRDF-3	15.45%	9.17%
	T-S	4.90%	3.05%

注：1.最大热流偏差的计算公式为：$\max\left\{\left|Q_{\mathrm{BRDF}_i}-Q_{\mathrm{Diffuse}_i}\right|/Q_{\mathrm{Diffuse}_i}\right\}$；

2.平均热流偏差的计算公式为：$\sum_i^{20}\left|Q_{\mathrm{BRDF}_i}-Q_{\mathrm{Diffuse}_i}\right|/(20\times Q_{\mathrm{Diffuse}_i})$。

为了探讨圆柱介质的光学厚度对其辐射传递的影响，图 9.16 给出了两种壁面(漫反射和 BRDF-3 壁面)条件下介质沿线 1 的无量纲辐射热流分布，其中，折射率 $n(r)=\sqrt{4-(r/R)^2}$，散射反照率为 $\omega=0.5$；光学厚度分别为 $\tau_R=0.5$、$\tau_R=1.5$ 和 $\tau_R=2.0$。选取 BRDF-3 壁面作为参考壁面，是因为在前面部分已经证明了，相对于漫反射壁面，BRDF-3 壁面对圆柱介质内辐射热流分布的影响最大。从图中可以看出，当光学厚度较小时，介质在线 1 上的热流大部分大于光学厚度较大时的热流。结合图 9.15(a)中热流分布，还可以发现，当 ρ/R 接近-1 时，介质沿线 1 的辐射热流随着光学厚度的减小而减小，这一规律不同于二维矩形介质内的规律。这说明圆柱壁面的几何结构对能束的传播方向有很大的影响，导致部分计算点的辐射强度分布在很多方向中呈对称性，从而使积分后的热流减小。而且，当光学厚度为 τ_R=0.5 时，线 1 上的热流分布明显不同于其他两种，这是因为光学厚度减小，减少了能束被介质吸收的份额，增加了圆柱壁面的反射作用，从而导致大部分计算位置的积分热流增大。这说明介质光学厚度的变化对二维圆柱介质内辐射传递的影响很大。为了准确地分析光学厚度的影响，表 9.4 给出了 BRDF-3 壁面在 4 种光学厚度($\tau_R=0.5$、$\tau_R=1.0$、$\tau_R=1.5$ 和 $\tau_R=2.0$)条件下产生的热流偏差。与漫反射壁面相比，BRDF-3 壁面在 4 种光学厚度条件下沿线 1 产生的平均热流偏差分别为 13.33%、12.30%、12.12%和 12.04%。从数据和图中可以得出，BRDF 壁面与漫反射壁面对应的辐射热流差异随着光学厚度的增大而减小，但变化幅度不大，这就说明介质光学厚度的增大能削弱 BRDF 壁面对圆柱介质内辐射传递的影响，但效果不明显。

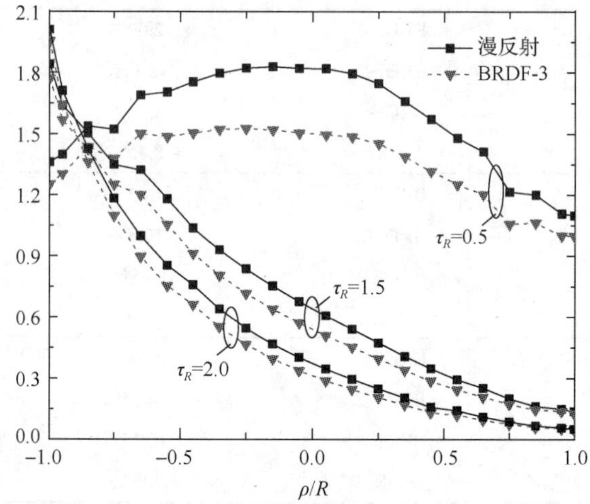

图 9.16　光学厚度分别为 0.5、1.5 和 2.0 时圆柱介质内沿线 1 的无量纲辐射热流分

表 9.4　4 种光学厚度条件下 BRDF-3 壁面产生的辐射热流偏差

光学厚度	最大相对热流偏差 [1]	平均相对热流偏差 [2]
$\tau_R=0.5$	17.83%	13.33%
$\tau_R=1.0$	17.58%	12.30%
$\tau_R=1.5$	17.36%	12.12%
$\tau_R=2.0$	17.04%	12.04%

注：1.最大热流偏差的计算公式为：$\max\left\{\left|Q_{\mathrm{BRDF-3}_i}-Q_{Diffuse_i}\right|/Q_{\mathrm{Diffuse}_i}\right\}$；

2.平均热流偏差的计算公式为：$\sum_i^{20}\left|Q_{\mathrm{BRDF-3}_i}-Q_{Diffuse_i}\right|/(20\times Q_{\mathrm{Diffuse}_i})$。

这里还讨论了圆柱介质的散射反照率对其辐射传递的影响。图 9.17 给出了两种壁面(漫反射和 BRDF-3 壁面)条件下介质沿线 1 的无量纲辐射热流分布，其中，介质的光学厚度 τ_R=1.0；散射反照率分别为 ω=0.1 和 ω=0.9。结合图 9.16(a)中热流分布，可以明显看出，随着散射反射率的增大，介质沿线 1 的辐射热流的变化趋势发生较大的变化，同时两种壁面条件下的最大热流差异的位置向 ρ/R 增大的方向移动。这一规律也不同于二维矩形介质内的规律，从而说明了介质的散射作用对二维圆柱介质内辐射传递的影响很大。为了准确地分析光学厚度的影响，表 9.5 给出了 BRDF-3 壁面在 3 种散射反照率(ω=0.1、ω=0.5 和 ω=0.9)条件下产生的热流偏差。与漫反射壁面相比，BRDF-3 壁面在 3 种散射反射率条件下沿线 1 上产生的平均热流偏差分别为 15.19%、12.30%和 8.50%。从中可以得出，BRDF 壁面与漫反射壁面对应的辐射热流差异随着散射反射率的增大而减小，而且变化幅度较大，这就说明介质散射作用的增强能明显削弱 BRDF 壁面对圆柱介质内辐射传递的影响。

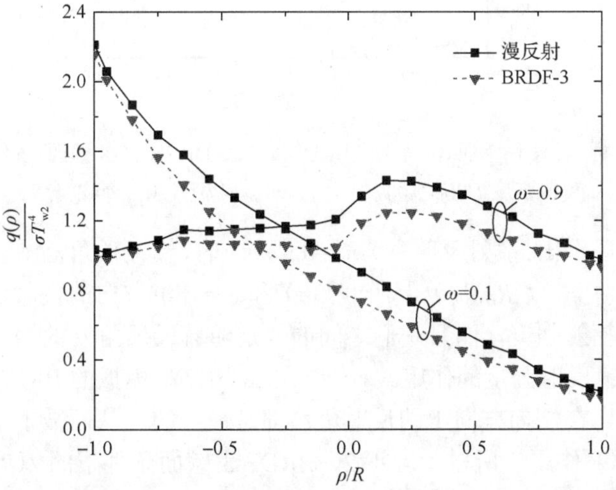

图 9.17　散射反照率分别为 0.1 和 0.9 时圆柱介质内沿线 1 的无量纲辐射热流分布

表 9.5　3 种光学厚度条件下 BRDF-3 壁面产生的辐射热流偏差

散射反照率	最大相对热流偏差[1]	平均相对热流偏差[2]
$\omega = 0.1$	19.94%	15.19%
$\omega = 0.5$	17.58%	12.30%
$\omega = 0.9$	13.23%	8.50%

注：1.最大热流偏差的计算公式为：$\max\left\{\left|Q_{\text{BRDF-3}_i} - Q_{\text{Diffuse}_i}\right| / Q_{\text{Diffuse}_i}\right\}$；

2.平均热流偏差的计算公式为：$\sum_i^{20}\left|Q_{\text{BRDF-3}_i} - Q_{\text{Diffuse}_i}\right| / (20\times Q_{\text{Diffuse}_i})$。

2. BRDF 壁面对辐射强度分布的影响

为了进一步探讨 BRDF 壁面对辐射强度分布的影响，图 9.18 给出了 4 种壁面(漫反射、BRDF-2、BRDF-3、T-S 壁面)条件下圆柱顶点 B 的辐射强度 $I(R_B,\theta,\varphi)$

沿 φ=0°/360°和 φ=180°方向的分布。其中，介质散射反照率分别为 ω=0, 0.5。

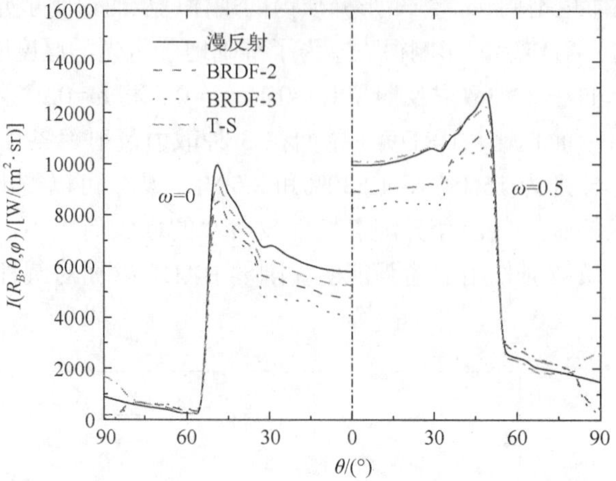

图 9.18　4 种壁面(漫反射、BRDF_2、BRDF_3、T-S 壁面)条件下辐射强度 $I(R_B,\theta,\varphi)$ 沿 φ=0°(360°)和 φ=180°方向的分布

从图中可以看出，散射反照率为 ω=0 或 0.5 时，当天顶角范围为 80°<θ<90°，在 T-S 壁面条件下，$I(R_B,\theta,\varphi)$沿 φ=0°/360°和 φ=180°方向的值总是大于其他几种壁面条件下的辐射强度，而且它们之间的差别随着天顶角 θ 的增大而增大，这是由 T-S 壁面中镜反射分量的作用。对于 Minnaert 模型模拟的 BRDF 壁面，无论从哪个角度入射，在法向方向上的反射份额都是最大的，从而减小了周围壁面对顶点 B 的间接辐射作用，所以 BRDF-2、BRDF-3 壁面条件下的 $I(R_B,\theta,\varphi)$在上述范围(80°<θ<90°)的值偏小。同时从图中可以得出，在由 Minnaert 模型模拟的 BRDF 壁面中，随着 Minnaert 模型参数 k 的增大，辐射强度 $I(R_B,\theta,\varphi)$沿 φ=0°/360°和 φ=180°方向的值整体减小，这也是由于反射壁面法向方向附近的反射分量随着 Minnaert 模型参数 k 的增大而相对增大，从而增加了追踪能束在圆柱介质内的传播路径，增加了介质对能束的吸收作用，降低了对立壁面和周围壁面对顶点 B 的间接辐射作用。对于散射反照率 ω=0 的计算工况，当天顶角范围为 0°<θ<45°时，T-S 壁面条件下的辐射强度 $I(R_B,\theta,\varphi)$总是小于漫反射壁面条件下的辐射强度，但当散射反照率为 ω=0.5 时，T-S 壁面条件下的辐射强度 $I(R_B,\theta,\varphi)$与漫反射壁面条件下的辐射强度比较接近。这是因为增大的散射反照率削弱了 BRDF 壁面反射的影响，从而减小了不同壁面条件下辐射强度分布的差异。上述结果表明，BRDF 壁面的反射特性对辐射强度分布具有重大的影响，而介质的散射作用能够削弱 BRDF 壁面对辐射强度分布的影响。

同时，图 9.19 进一步给出了 T-S 壁面条件下各分量对辐射强度 $I(R_B,\theta,\varphi)$沿 φ=0°/360°和 φ=180°方向的作用值。其中，介质散射反照率分别为 ω=0 和 0.5。从中可以看出，当 80°<θ<90°时，T-S 壁面的镜反射作用明显大于漫反射作用。从而可以得出，在大角度反射区间内，T-S 壁面中镜反射作用占主导。但从整体上来看，壁面的直接发射作用和介质的散射作用对辐射强度 $I(R_B,\theta,\varphi)$ 的贡献起主要作用。

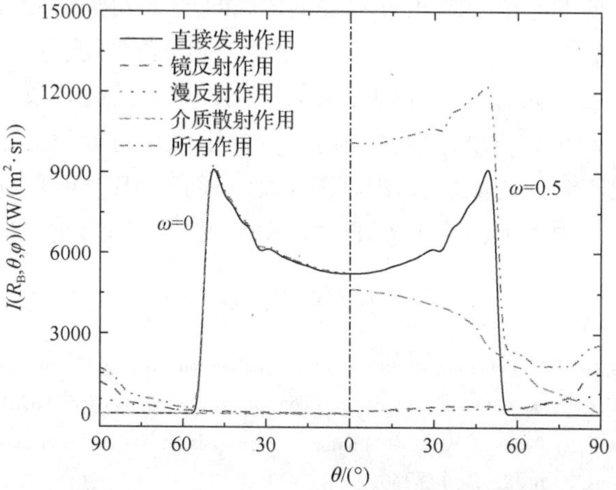

图 9.19　T-S 壁面条件下各分量对辐射强度 $I(R_B,\theta,\varphi)$ 沿 φ=0°(360°)和 φ=180°方向的作用值

9.3　本章小结

本章中首先介绍了三维圆柱坐标系下 DRESOR 法求解辐射传递方程的基本理论，对于三维圆柱坐标系，DRESOR 数的能束追踪计算过程不一样。为了验证本书方法求解的正确性与可行性，分别选取了黑壁面、非黑壁面、吸收、发射、各向同性散射和各向异性散射介质为例进行了验算分析，计算得到的辐射强度和辐射热流与文献中的结果吻合得较好，同时给出了圆柱壁面上高空间方向分辨率的辐射强度的分布，说明了本方法的正确性与求解的优势所在，对于处理圆柱形均匀折射率介质的辐射换热问题是一种行之有效的方法。

然后，介绍了三维圆柱坐标系下梯度折射率介质中 DRESOR 法的求解原理和具体的求解公式，梯度折射率介质中，在能束穿过网格边界时要考虑是发生全反射还是折射，确定全反射或者折射方向后继续对能束进行追踪，并在不同的黑壁面条件下的梯度折射率圆柱介质中进行了验证和分析，本书的 DRESOR 和其他方法求得的无量纲辐射热流和无量纲投入辐射吻合得很好。

最后，将 DRESOR 法拓展到求解二维圆柱梯度折射率介质耦合 BRDF 壁面的稳态辐射传递问题，并验证了 DRESOR 法的正确性。同时，利用 DRESOR 法研究了不同类型的 BRDF 壁面，对二维圆柱介质内辐射热流和辐射强度分布的影响。

研究发现，在二维圆柱介质内，BRDF 壁面对辐射热流的影响很大。与相应的漫反射壁面比较，BRDF 壁面的反射特性越偏离漫反射特性，BRDF 壁面在圆柱介质内造成的热流偏差越大，高达 19.94%。这意味着考虑实际壁面的辐射特性对精确分析圆柱介质内的辐射传递十分重要。BRDF 壁面对辐射强度分布的影响也很大。BRDF 壁面的反射特性越偏离漫反射特性，其辐射强度分布的变化程度越大，而且其变化程度明显大于该点辐射热流的变化程度。同时还发现在具有镜反射分量的壁面条件下，在大角度反射区间内，壁面中镜反射分量占主导作用。在二维圆柱介质内，空间介质的散射作用能够有效地减弱了 BRDF 壁面对辐射传递的影响。介质的吸收作用也能减小 BRDF 壁面对辐射热流的影响，但效果不明显。

参 考 文 献

[1] Zhang L, Zhao J M, Liu L H. Finite element method for modeling radiative transfer in semitransparent graded index cylindrical medium[J]. Journal of Quantitative Spectroscopy and Radiative Transfer, 2009, 110(13): 1085-1096.

[2] Li J Y, McFadden L A, Parker J W, et al. Photometric analysis of 1 Ceres and surface mapping from HST observations[J]. Icarus, 2006, 182(1): 143-160.

[3] 赵辉. 参与性介质方向辐射的广义多流法研究[D]. 哈尔滨: 哈尔滨工业大学, 2008.

[4] 顾明言, 章明川, 范卫东, 等. 辐射离散传播法在三维圆柱腔体辐射传热计算中的应用[J]. 热能动力工程, 2005, 20(5): 482-485.

[5] Ruan L M, Qi H, Liu L H, et al. The radiative transfer in cylindrical medium and partition allocation method by overlap regions[J]. Journal of Quantitative Spectroscopy and Radiative Transfer, 2004, 86(4): 343-352.

[6] 周怀春. 炉内火焰可视化检测原理与技术[M]. 北京: 科学出版社, 2005.

[7] 张险. 三维圆柱坐标系下 DRESOR 法的求解[D]. 武汉: 华中科技大学, 2012.

[8] Chui E H, Hughes P M J, Raithby G D. Implementation of the finite volume method for calculating radiative transfer in a pulverized fuel flame[J]. Combustion Science and Technology, 1993, 92(4-6): 225-242.

[9] Cumber P S. Improvements to the discrete transfer method of calculating radiative heat transfer[J]. International Journal of Heat and Mass Transfer, 1995, 38(12): 2251-2258.

[10] 帅永. 典型光学系统表面光谱辐射传输及微尺度效应[D]. 哈尔滨: 哈尔滨工业大学, 2008.

[11] 齐宏, 王大林, 黄细珍, 等. 求解任意方向辐射强度的广义多流法[J]. 工程热物理学报, 2009, 30(7): 1204-1206.

[12] 刘伟, 周怀春, 杨昆, 等. 辐射介质传热[M]. 北京: 中国电力出版社, 2009.

[13] 张琳. 梯度折射率介质内辐射传递方程数值模拟的有限元法[D]. 哈尔滨: 哈尔滨工业大学, 2009.

[14] 黄伟, 吉洪湖. 基于 BRDF 的排气系统红外辐射特征计算研究[J]. 航空学报, 2012, 33(7): 1227-1235.

[15] Torrance K E, Sparrow E M. Theory for off-specular reflection from roughened surfaces[J]. Journal of the Optical Society of America A, 1967, 57(9): 1105-1114.

[16] Siegel R, Howell J R. Thermal Radiation Heat Transfer[M]. 6th Edition. New York: Taylor & Francis, 2015.

第 10 章 ES-DRESOR 法

通过前面章节关于 DRESOR 法的介绍可知，当介质和边界的辐射特性已知情况下，系统中任意点在任意方向上的辐射强度，可以表示成各单元的黑体发射力和 DRESOR 数的表达式。因此，对于 DRESOR 法，DRESOR 数的计算非常重要。在前面章节中，DRESOR 数计算是基于 MCM 法来完成的，其计算耗时且不可避免存在统计误差。本章将介绍一种通过解方程的方式来计算 DRESOR 数的数值方法，该方法称作 Equation Solving DRESOR(ES-DRESOR)法(或解方程 DRESOR 法)。本章首先介绍 ES-DRESOR 法的基本理论，接着分别针对一维平行平板和三维立方体系统讨论 ES-DRESOR 法的应用。

10.1 ES-DRESOR 法基本理论

在 ES-DRESOR 法中，DRESOR 数是通过求解线性方程组来获得的。在本节中将首先介绍该线性方程组的建立方法，接着介绍方程组的离散以及系数的计算。一旦求解得到 DRESOR 数后，方向辐射强度的计算同传统 DRESOR 法中的计算相同，这已在前面章节中进行了介绍，本节中不再赘述。

10.1.1 关于 DRESOR 数线性方程组的建立

对于发射、吸收和散射介质的辐射传递方程其积分形式为[1]

$$I(\boldsymbol{r},\hat{\boldsymbol{s}})=I_{\mathrm{w}}(\boldsymbol{r}_{\mathrm{w}},\hat{\boldsymbol{s}})\exp\left(-\int_0^s \beta\,\mathrm{d}s''\right)+\int_0^s S(\boldsymbol{r}',\hat{\boldsymbol{s}})\exp\left(-\int_0^{s'} \beta\,\mathrm{d}s''\right)\beta\,\mathrm{d}s' \quad (10.1)$$

式中，$s=|\boldsymbol{r}-\boldsymbol{r}_{\mathrm{w}}|$，$s'=|\boldsymbol{r}-\boldsymbol{r}'|$，并且积分是沿着 s''方向从点 $\boldsymbol{r}$ 指向壁面。源函数的表达式为[1]

$$S(\boldsymbol{r}',\hat{\boldsymbol{s}})=(1-\omega)I_{\mathrm{b}}(\boldsymbol{r}')+\frac{\omega}{4\pi}\int_{4\pi} I(\boldsymbol{r}',\hat{\boldsymbol{s}}_{\mathrm{i}})\Phi(\hat{\boldsymbol{s}}_{\mathrm{i}},\hat{\boldsymbol{s}})\,\mathrm{d}\Omega_{\mathrm{i}} \quad (10.2)$$

通常，对于任意特性的非透明壁面，边界条件为[1]

$$I_{\mathrm{w}}(\boldsymbol{r}_{\mathrm{w}},\hat{\boldsymbol{s}})=\varepsilon(\boldsymbol{r}_{\mathrm{w}})I_{\mathrm{b}}(\boldsymbol{r}_{\mathrm{w}})+\int_{\hat{\boldsymbol{n}}\cdot\hat{\boldsymbol{s}}'<0}\rho(\boldsymbol{r}_{\mathrm{w}},\hat{\boldsymbol{s}}',\hat{\boldsymbol{s}})I(\boldsymbol{r}_{\mathrm{w}},\hat{\boldsymbol{s}}')\left|\hat{\boldsymbol{n}}\cdot\hat{\boldsymbol{s}}'\right|\mathrm{d}\Omega' \quad (10.3)$$

在 DRESOR 法中，通过引入 DRESOR 数（R_d^s）来定量表示式(10.2)和(10.3)中的积分项，即

$$
\begin{aligned}
&\frac{\omega}{4\pi}\int_{4\pi} I(\boldsymbol{r}',\hat{\boldsymbol{s}}_{\mathrm{i}})\Phi(\hat{\boldsymbol{s}}_{\mathrm{i}},\hat{\boldsymbol{s}})\,\mathrm{d}\Omega_{\mathrm{i}} \\
&=\frac{1}{4\pi\beta}\left\{\int_W R_{\mathrm{d}}^{\mathrm{s}}(\boldsymbol{r}'_{\mathrm{w}},\boldsymbol{r}',\hat{\boldsymbol{s}})\left[\pi\varepsilon(\boldsymbol{r}'_{\mathrm{w}})I_{\mathrm{b}}(\boldsymbol{r}'_{\mathrm{w}})\right]\mathrm{d}A'+\int_V R_{\mathrm{d}}^{\mathrm{s}}(\boldsymbol{r}'',\boldsymbol{r}',\hat{\boldsymbol{s}})\left[4\pi\beta(1-\omega)I_{\mathrm{b}}(\boldsymbol{r}'')\right]\mathrm{d}V''\right\}
\end{aligned}
\tag{10.4}
$$

$$
\begin{aligned}
&\int_{\hat{\mathbf{n}}\cdot\hat{\mathbf{s}}'<0}\rho(\boldsymbol{r}_{\mathrm{w}},\hat{\boldsymbol{s}}',\hat{\boldsymbol{s}})I(\boldsymbol{r}_{\mathrm{w}},\hat{\boldsymbol{s}}')\left|\hat{\boldsymbol{n}}\cdot\hat{\boldsymbol{s}}'\right|\mathrm{d}\Omega' \\
&=\frac{1}{\pi}\left\{\int_W R_{\mathrm{d}}^{\mathrm{s}}(\boldsymbol{r}'_{\mathrm{w}},\boldsymbol{r}_{\mathrm{w}},\hat{\boldsymbol{s}})\left[\pi\varepsilon(\boldsymbol{r}'_{\mathrm{w}})I_{\mathrm{b}}(\boldsymbol{r}'_{\mathrm{w}})\right]\mathrm{d}A'+\int_V R_{\mathrm{d}}^{\mathrm{s}}(\boldsymbol{r}'',\boldsymbol{r}_{\mathrm{w}},\hat{\boldsymbol{s}})\left[4\pi\beta(1-\omega)I_{\mathrm{b}}(\boldsymbol{r}'')\right]\mathrm{d}V''\right\}
\end{aligned}
\tag{10.5}
$$

式中，$R_{\mathrm{d}}^{\mathrm{s}}(\boldsymbol{r}'_{\mathrm{w}},\boldsymbol{r}_{\mathrm{w}},\hat{\boldsymbol{s}})$、$R_{\mathrm{d}}^{\mathrm{s}}(\boldsymbol{r}'',\boldsymbol{r}_{\mathrm{w}},\hat{\boldsymbol{s}})$、$R_{\mathrm{d}}^{\mathrm{s}}(\boldsymbol{r}'_{\mathrm{w}},\boldsymbol{r}',\hat{\boldsymbol{s}})$和$R_{\mathrm{d}}^{\mathrm{s}}(\boldsymbol{r}'',\boldsymbol{r}',\hat{\boldsymbol{s}})$为 DRESOR 数，他们的含义在第 2 章中已经进行了详细的介绍，这里不再重复。

利用式(10.4)和式(10.5)来更新源项和边界条件，并把他们代入到式(10.1)中，可以得到辐射强度关于 DRESOR 数的表达式如下：

$$
\begin{aligned}
I(\boldsymbol{r},\hat{\boldsymbol{s}})=&\,\varepsilon(\boldsymbol{r}_{\mathrm{w}},\hat{\boldsymbol{s}})I_{\mathrm{b}}(\boldsymbol{r}_{\mathrm{w}})\exp\left(-\int_0^s\beta\,\mathrm{d}s''\right) \\
&+\frac{1}{\pi}\left\{\int_W R_{\mathrm{d}}^{\mathrm{s}}(\boldsymbol{r}'_{\mathrm{w}},\boldsymbol{r}_{\mathrm{w}},\hat{\boldsymbol{s}})\left[\pi\varepsilon(\boldsymbol{r}'_{\mathrm{w}})I_{\mathrm{b}}(\boldsymbol{r}'_{\mathrm{w}})\right]\mathrm{d}A'\right. \\
&\left.+\int_V R_{\mathrm{d}}^{\mathrm{s}}(\boldsymbol{r}'',\boldsymbol{r}_{\mathrm{w}},\hat{\boldsymbol{s}})\left[4\pi\beta(1-\omega)I_{\mathrm{b}}(\boldsymbol{r}'')\right]\mathrm{d}V''\right\}\exp\left(-\int_0^s\beta\,\mathrm{d}s''\right) \\
&+\int_0^s\left[(1-\omega)I_{\mathrm{b}}(\boldsymbol{r}')\right]\exp\left(-\int_0^{s'}\beta\,\mathrm{d}s''\right)\beta\,\mathrm{d}s' \\
&+\int_0^s\frac{1}{4\pi}\left\{\int_W R_{\mathrm{d}}^{\mathrm{s}}(\boldsymbol{r}'_{\mathrm{w}},\boldsymbol{r}',\hat{\boldsymbol{s}})\left[\pi\varepsilon(\boldsymbol{r}'_{\mathrm{w}})I_{\mathrm{b}}(\boldsymbol{r}'_{\mathrm{w}})\right]\mathrm{d}A'\right. \\
&\left.+\int_V R_{\mathrm{d}}^{\mathrm{s}}(\boldsymbol{r}'',\boldsymbol{r}',\hat{\boldsymbol{s}})\left[4\pi\beta(1-\omega)I_{\mathrm{b}}(\boldsymbol{r}'')\right]\mathrm{d}V''\right\}\exp\left(-\int_0^{s'}\beta\,\mathrm{d}s''\right)\mathrm{d}s'
\end{aligned}
\tag{10.6}
$$

从式(10.6)可以看出，任意点处在任意方向上的辐射强度 $I(\boldsymbol{r},\ \hat{\boldsymbol{s}})$，是关于 DRESOR 数以及三维的介质黑体辐射强度$I_{\mathrm{b}}(\boldsymbol{r}')$和二维的壁面黑体辐射强度$I_{\mathrm{b}}(\boldsymbol{r}'_{\mathrm{w}})$的函数。

在本章中考虑的是漫发射和漫反射边界、各向同性散射介质的辐射系统，这时能量散射或反射到各个方向上是均匀的，也就是说，$R_{\mathrm{d}}^{\mathrm{s}}(\boldsymbol{r}_1,\boldsymbol{r}_2,\hat{\boldsymbol{s}})$在不同的$\hat{\boldsymbol{s}}$方向上是相等的。这样，DRESOR 数变成只与发射单元和接受单元有关的二维物理

量。利用辐射强度表达式式(10.6)来改写式(10.4)和式(10.5)的左边项，可以得到仅含有 DRESOR 数与黑体辐射强度的方程：

$$
\begin{aligned}
&\sigma_s(\boldsymbol{r}_c)\int_{4\pi}\left[\varepsilon(\boldsymbol{r}_w,\hat{\boldsymbol{s}})I_b(\boldsymbol{r}_w)\exp\left(-\int_{s_c}^{s}\beta\,\mathrm{d}s''\right)\right]\mathrm{d}\Omega_i+\frac{\sigma_s(\boldsymbol{r}_c)}{\pi}\int_{4\pi}\left\{\int_W R_d^s(\boldsymbol{r}'_w,\boldsymbol{r}_w)\left[\pi\varepsilon(\boldsymbol{r}'_w)I_b(\boldsymbol{r}'_w)\right]\mathrm{d}A'\right.\\
&\left.+\int_V R_d^s(\boldsymbol{r}'',\boldsymbol{r}_w)\left[4\pi\beta(1-\omega)I_b(\boldsymbol{r}'')\right]\mathrm{d}V''\right\}\exp\left(-\int_{s_c}^{s}\beta\,\mathrm{d}s''\right)\mathrm{d}\Omega_i\\
&+\sigma_s(\boldsymbol{r}_c)\int_{4\pi}\left\{\int_{s_c}^{s}[(1-\omega)I_b(\boldsymbol{r}')]\exp\left(-\int_{s_c}^{s'}\beta\,\mathrm{d}s''\right)\beta\,\mathrm{d}s'\right\}\mathrm{d}\Omega_i+\frac{\sigma_s(\boldsymbol{r}_c)}{4\pi}\int_{4\pi}\int_{s_c}^{s}\left\{\int_W R_d^s(\boldsymbol{r}'_w,\boldsymbol{r}')\right.\\
&\left.\times\left[\pi\varepsilon(\boldsymbol{r}'_w)I_b(\boldsymbol{r}'_w)\right]\mathrm{d}A'+\int_V R_d^s(\boldsymbol{r}'',\boldsymbol{r}')\left[4\pi\beta(1-\omega)I_b(\boldsymbol{r}'')\right]\mathrm{d}V''\right\}\exp\left(-\int_{s_c}^{s'}\beta\,\mathrm{d}s''\right)\mathrm{d}s'\,\mathrm{d}\Omega_i\\
&=\int_W R_d^s(\boldsymbol{r}'_w,\boldsymbol{r}_c)\left[\pi\varepsilon(\boldsymbol{r}'_w)I_b(\boldsymbol{r}'_w)\right]\mathrm{d}A'+\int_V R_d^s(\boldsymbol{r}'',\boldsymbol{r}_c)\left[4\pi\beta(1-\omega)I_b(\boldsymbol{r}'')\right]\mathrm{d}V''
\end{aligned}
\tag{10.7}
$$

$$
\begin{aligned}
&\rho_d(\boldsymbol{r}_{wc})\int_{\hat{\boldsymbol{n}}\cdot\hat{\boldsymbol{s}}'<0}\left[\varepsilon(\boldsymbol{r}_w,\hat{\boldsymbol{s}})I_b(\boldsymbol{r}_w)\exp\left(-\int_{s_c}^{s}\beta\,\mathrm{d}s''\right)\right]\left|\hat{\boldsymbol{n}}\cdot\hat{\boldsymbol{s}}'\right|\mathrm{d}\Omega'\\
&+\frac{\rho_d(\boldsymbol{r}_{wc})}{\pi}\int_{\hat{\boldsymbol{n}}\cdot\hat{\boldsymbol{s}}'<0}\left\{\begin{aligned}&\int_W R_d^s(\boldsymbol{r}'_w,\boldsymbol{r}_w)\left[\pi\varepsilon(\boldsymbol{r}'_w)I_b(\boldsymbol{r}'_w)\right]\mathrm{d}A'\\&+\int_V R_d^s(\boldsymbol{r}'',\boldsymbol{r}_w)\left[4\pi\beta(1-\omega)I_b(\boldsymbol{r}'')\right]\mathrm{d}V''\end{aligned}\right\}\exp\left(-\int_{s_c}^{s}\beta\,\mathrm{d}s''\right)\left|\hat{\boldsymbol{n}}\cdot\hat{\boldsymbol{s}}'\right|\mathrm{d}\Omega'\\
&+\rho_d(\boldsymbol{r}_{wc})\int_{\hat{\boldsymbol{n}}\cdot\hat{\boldsymbol{s}}'<0}\left\{\int_{s_c}^{s}[(1-\omega)I_b(\boldsymbol{r}')]\exp\left(-\int_{s_c}^{s'}\beta\,\mathrm{d}s''\right)\beta\,\mathrm{d}s'\right\}\left|\hat{\boldsymbol{n}}\cdot\hat{\boldsymbol{s}}'\right|\mathrm{d}\Omega'\\
&+\frac{\rho_d(\boldsymbol{r}_{wc})}{4\pi}\int_{\hat{\boldsymbol{n}}\cdot\hat{\boldsymbol{s}}'<0}\int_{s_c}^{s}\left\{\begin{aligned}&\int_W R_d^s(\boldsymbol{r}'_w,\boldsymbol{r}')\left[\pi\varepsilon(\boldsymbol{r}'_w)I_b(\boldsymbol{r}'_w)\right]\mathrm{d}A'\\&+\int_V R_d^s(\boldsymbol{r}'',\boldsymbol{r}')\left[4\pi\beta(1-\omega)I_b(\boldsymbol{r}'')\right]\mathrm{d}V''\end{aligned}\right\}\exp\left(-\int_{s_c}^{s'}\beta\,\mathrm{d}s''\right)\mathrm{d}s'\left|\hat{\boldsymbol{n}}\cdot\hat{\boldsymbol{s}}'\right|\mathrm{d}\Omega'\\
&=\int_W R_d^s(\boldsymbol{r}'_w,\boldsymbol{r}_{wc})\left[\pi\varepsilon(\boldsymbol{r}'_w)I_b(\boldsymbol{r}'_w)\right]\mathrm{d}A'\\
&+\int_V R_d^s(\boldsymbol{r}'',\boldsymbol{r}_{wc})\left[4\pi\beta(1-\omega)I_b(\boldsymbol{r}'')\right]\mathrm{d}V''
\end{aligned}
\tag{10.8}
$$

为了推导的方便，式(10.7)和式(10.8)中的积分点分别设为 $\boldsymbol{r}_c$ 和 $\boldsymbol{r}_{wc}$，分别对应式式(10.4)和式(10.5)中的 $\boldsymbol{r}'$ 和 $\boldsymbol{r}_w$。式(10.8)中的漫反射率 ρ_d 和式(10.5)中的双向反射率 ρ 的关系为 $\rho_d=\pi\rho$。

如果考虑各向异性散射介质，或非漫反射边界，DRESOR 数不仅与发射和散射(或反射)位置相关，而且还与散射(或反射)方向有关。这时式(10.7)和式(10.8)将变得更加复杂，本书中将不进行介绍。

10.1.2 方程的离散和系数的计算

假设辐射系统被离散成 N 个单元，其中，包括 $N_{\rm w}$ 个壁面单元和 $N_{\rm s}$ 个空间单元。壁面单元的标号为 $i_{\rm w}=1, 2, \cdots, N_{\rm w}$，空间单元的标号为 $i_{\rm s}=N_{\rm w}+1, N_{\rm w}+2, \cdots, N_{\rm w}+N_{\rm s}$。整个 4π 空间离散成 M 个不同的方向。

通过前面章节的介绍可以看出，DRESOR 数仅与辐射系统的几何结构、介质和边界的辐射特性有关。也就是说，在不考虑辐射特性随温度变化的条件下，不同的介质和壁面温度分布下，DRESOR 数保持不变。这样，假设系统中任意单元的黑体发射力为 $Q_{\rm b}(i_{\rm e})$（如果 i_e 为壁面单元，$Q_{\rm b}$ 表示的是单位面积的发射功率；如果 $i_{\rm e}$ 为空间单元，$Q_{\rm b}$ 表示的是单位体积的发射功率），该发射单元的面积（如果 $i_{\rm e}$ 为壁面单元）或体积（如果 $i_{\rm e}$ 为空间单元）为 $V(i_{\rm e})$，其他所有单元均不发射能量，这样式(10.7)和式(10.8)可以写成如下的统一形式：

$$
\begin{aligned}
&Q_{\rm b}(i_{\rm e})C(i_{\rm c},i_{\rm e})+\sum_{i_{\rm w}}^{\rm Wall}Q_{\rm b}(i_{\rm e})V(i_{\rm e})R_{\rm d}^{\rm s}(i_{\rm e},i_{\rm w})C(i_{\rm c},i_{\rm w})+\sum_{i_{\rm s}}^{\rm Space}Q_{\rm b}(i_{\rm e})V(i_{\rm e})_{\rm e}R_{\rm d}^{\rm s}(i_{\rm e},i_{\rm s})C(i_{\rm c},i_{\rm s})\\
&=Q_{\rm b}(i_{\rm e})V(i_{\rm e})_{\rm e}R_{\rm d}^{\rm s}(i_{\rm e},i_{\rm c})
\end{aligned}
\tag{10.9}
$$

式中，$i_{\rm e}$、$i_{\rm c}$、$i_{\rm w}$、$i_{\rm s}$ 分别表示发射单元、计算单元、壁面单元和空间单元。其中计算单元与式(10.7)中的 $\boldsymbol{r}_{\rm c}$ 和式(10.8)中的 $\boldsymbol{r}_{\rm wc}$ 相对应，表示的是用于建立方程组的中间单元。式(10.9)中引入了系数矩阵 $\boldsymbol{C}$，对于不同的计算单元类型，它的表达式不同。

当 i_c 为空间单元时，式(10.9)与式(10.7)含义一致，系数矩阵 $\boldsymbol{C}$ 的表达式为

$$
\boldsymbol{C}(i_{\rm c},i)=\begin{cases}\dfrac{\sigma_{\rm s}(i_{\rm c})}{\pi}\displaystyle\sum_{j=1}^{M}{\rm e}^{-\tau_j}\varOmega_j &, i\text{ 为壁面单元}\\[2ex] \dfrac{\sigma_s(i_c)}{4\pi\beta(i)}\displaystyle\sum_{j=1}^{M}({\rm e}^{-\tau_{1j}}-{\rm e}^{-\tau_{2j}})\varOmega_j &, i\text{ 为空间单元}\end{cases}
\tag{10.10}
$$

式中，$\sigma_{\rm s}(i_{\rm c})$ 为单元 $i_{\rm c}$ 的散射系数；$\beta(i)$ 为单元 i 的消光系数；$\varOmega_j$ 为在 $\hat{\boldsymbol{s}}_j$ 方向上的离散立体角大小；τ_j 为单元 $i_{\rm c}$ 的中心点和壁面单元 i 在 $\hat{\boldsymbol{s}}_j$ 方向上的光学距离；τ_{1j} 和 τ_{2j} 分别为单元 $i_{\rm c}$ 的中心点和空间单元 i 的两个表面在 $\hat{\boldsymbol{s}}_j$ 方向上的光学距离。

如图 10.1 所示，点 A 为空间单元 $i_{\rm c}$ 的中心点，如果 i 为壁面单元（如图中单元 i_1），并且点 B 为 $\hat{\boldsymbol{s}}_j$ 方向射线与该壁面单元的交点，τ_j 则为点 A 和 B 间的光学距离；如果 i 为空间单元（如图中单元 i_2），点 C 和 D 为 $\hat{\boldsymbol{s}}_j$ 方向射线与该空间单元两个表面的交点，τ_{1j} 为点 D 和 A 间的光学距离，τ_{2j} 为点 C 和 A 间的光学距离。图中分别以一维和三维系统某特定方向为例说明了系数矩阵 C 中所包含的光学距

离计算方法，以此类推，其他所有方向上的光学距离也可以得到，这样系数矩阵 C 可以通过式(10.10)计算得到。

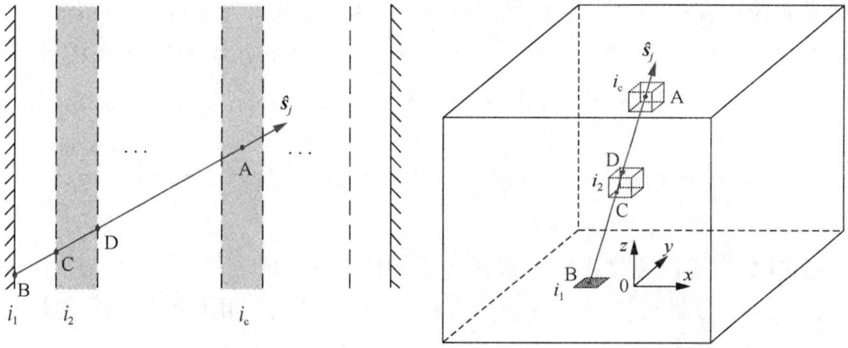

(a) 一维平行平板系统　(b) 三维立方体系统

图 10.1　方程组矩阵系数计算示意图

当 i_c 为壁面单元时，式(10.9)与式(10.8)含义一致，系数矩阵 $\boldsymbol{C}$ 的表达式与式(10.10)不同，如下：

$$C(\boldsymbol{i}_{\mathrm{c}},i)=\begin{cases}\dfrac{\rho_{\mathrm{d}}(\boldsymbol{i}_{\mathrm{c}})}{\pi}\displaystyle\sum_{\hat{\boldsymbol{n}}\cdot\hat{\boldsymbol{s}}_j<0}\mathrm{e}^{-\tau_j}\left|\hat{\boldsymbol{n}}\cdot\hat{\boldsymbol{s}}_j\right|\Omega_j & ,i\text{ 为壁面单元}\\ \dfrac{\rho_{\mathrm{d}}(\boldsymbol{i}_{\mathrm{c}})}{4\pi\beta(i)}\displaystyle\sum_{\hat{\boldsymbol{n}}\cdot\hat{\boldsymbol{s}}_j<0}(\mathrm{e}^{-\tau_{1j}}-\mathrm{e}^{-\tau_{2j}})\left|\hat{\boldsymbol{n}}\cdot\hat{\boldsymbol{s}}_j\right|\Omega_j & ,i\text{ 为空间单元}\end{cases}\tag{10.11}$$

式中，$\rho_{\mathrm{d}}(\boldsymbol{i}_{\mathrm{c}})$ 为漫反射率；$\hat{\boldsymbol{n}}$ 为壁面单元；$\boldsymbol{i}_{\mathrm{c}}$ 为指向系统内侧的法向矢量；其他各物理量与式(10.10)中相同。

对于特定的发射单元 i_{e}，所有的未知 DRESOR 数为 $R_{\mathrm{d}}^{\mathrm{s}}(i_{\mathrm{e}},i)$, $i=1, 2, \cdots, N$，总共有 N 个未知量。由于式(10.9)中的计算单元 $\boldsymbol{i}_c$ 可以选定为系统中的任意单元 $\boldsymbol{i}_{\mathrm{c}}=1, 2, \cdots, N$，所以可以建立 N 个方程，

$$\boldsymbol{AX}=\boldsymbol{B}\tag{10.12}$$

式中，向量 $\boldsymbol{X}$ 为需要确定的 DRESOR 数，其中，元素 x_i 与 DRESOR 数 $R_{\mathrm{d}}^{\mathrm{s}}(i_{\mathrm{e}},i)$, $i=1, 2, \cdots, N$ 一一对应。比较式(10.9)和式(10.12)可得到矩阵 $\boldsymbol{A}$ 和向量 $\boldsymbol{B}$ 的元素表达式：

$$a_{ij}=\begin{cases}1-c_{ij} & ,i=j\\ -c_{ij} & ,i\neq j\end{cases},\ i,j=1, 2, \cdots, N\tag{10.13}$$

$$b_i=\frac{c_{ij}}{V_j},\ i=1, 2, \cdots, N;\ j=i_{\mathrm{e}}\tag{10.14}$$

式中，V_j 为发射单元 i_e 的体积(如果 i_e 为空间单元)或面积(如果 i_e 为壁面单元)。所有的 DRESOR 数[$R_d^s(i_e,i), i=1,2,\cdots,N$]可以通过求解式(10.12)得到。

如果系统中存在多个发射单元 i_e=1, 2, ⋯, N_e，需要求解的 DRESOR 数为二维矩阵，即 $R_d^s(i_e,i),\ i=1,2,\cdots,N;\ i_e=1,2,\cdots,N_e$。这时，系数矩阵 $\boldsymbol{A}$ 的计算如式(10.13)所示保持不变，式(10.12)中的向量 $\boldsymbol{X}$ 和 $\boldsymbol{B}$ 变为矩阵，其元素分别为

$$x_{ij}=R_d^s(j,i),\ b_{ij}=\frac{c_{ij}}{V_j},\quad i=1,2,\cdots,N; j=1,2,\cdots,N_e \tag{10.15}$$

式(10.12)为线性方程组，存在许多不同的解法，本章中将使用高斯消去法来求解。由上面的分析可知，一旦获得方程组的解，所有 DRESOR 数都对应得到。

10.2 一维冷黑边界平行平板系统中 ES-DRESOR 法

本节考虑一维平行平板系统内具有吸收、发射和各向同性散射介质系统内的辐射传递过程[2]。取空间离散网格数 N=100，极角的离散数 M=180。介质具有一致的温度分布 T_m=1000K，两边界为真空(冷黑或透明)壁面，即发射率 ε_w=1.0，反射率 ρ =0.0，温度取为 T_w=0K。光学厚度 τ_L 取 0.1、0.5、1.0、2.0、5.0、10.0 以及光学散射反照率 ω 取 0.0、0.1、0.25、0.5、0.9 下的不同算例进行了计算和分析。

10.2.1 DRESOR 数

图 10.2 给出了 DRESOR 法和 ES-DRESOR 法获得的 DRESOR 数对比结果。在 DRESOR 法中，用 10^5 和 10^6 条能束跟踪计算得到的 DRESOR 数几乎是一致的，说明所得的结果已经收敛且接近了真实值。ES-DRESOR 法所得到的 DRESOR 数与 DRESOR 法的结果显示了很好的吻合性，证明了 ES-DRESOR 法是可靠的。

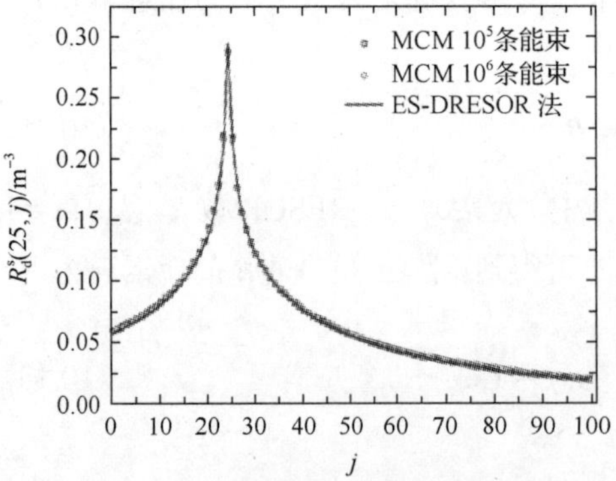

(a) $R_d^s(25,j)$，τ_L=1，ω=0.1

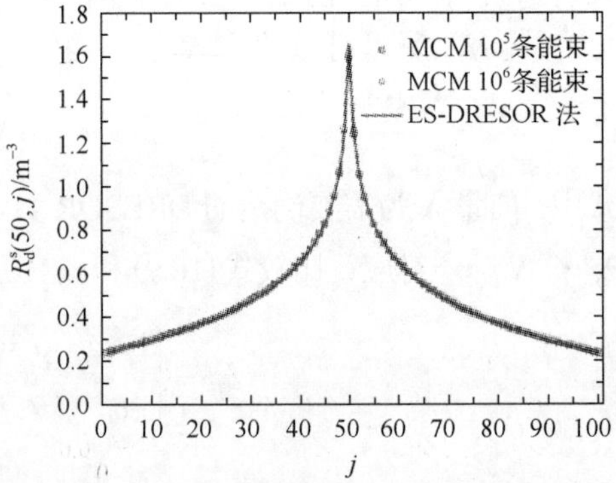

(b) $R_d^s(50,j)$，τ_L=1，ω=0.5

图 10.2 DRESOR 法和 ES-DRESOR 法所计算的 DRESOR 数对比

图 10.2 给出了不同光学厚度、不同散射反照率下，不同网格的 DRESOR 数计算结果的对比。在光学厚度 τ_L =1.0、光学散射反照率 $\omega = 0.1$ 的介质中，DRESOR 数 $R_d^s(25, j)$ 如图 10.2(a)所示，表示第 25 个网格发射的能量被其他各网格所散射的比率。因为更多的能量被自身网格所散射，所以 DRESOR 数的峰值出现在自身网格处，即 $R_d^s(25, 25)$。在计算条件为 τ_L=1.0、$\omega = 0.5$ 的图 10.2(b)中，$R_d^s(50, j)$ 出现了类似的情况。散射反照率显然影响着 DRESOR 数的大小，光学散射反照率越大，被散射的能量就越多，对应的 DRESOR 数就越大。随着光学散射反照率从图 10.2(a)中的 0.1 增加到图 10.2(b)中的 0.5，DRESOR 数的最大值也从图 10.2(a)中的大约 0.29 增加到图 10.2(b)中的 1.7。当然，光学厚度、吸收系数等也同样会影响着 DRESOR 的大小。

10.2.2　方向辐射强度

本小节将分析 ES-DRESOR 法计算得到的辐射强度结果。为了便于分析，定义无量纲辐射强度为 $\varepsilon(i, j) = I(i, j)/(\sigma T^4/\pi)$，也即是方向发射率，为实际方向辐射强度与黑体辐射强度的比值。

如图 10.3 所示，第 25 个网格的介质在 150°方向上的发射率 $\varepsilon(25, 150)$ 随着光学厚度的增加而变化。在不同的散射反照率下，150°方向上的发射都随着光学厚度的增加而变大，趋近于 1.0，也就是黑体的发射率。不同的是，当散射率为 0.0 时，方向发射率随着光学厚度的增加，很快就收敛到黑体发射率，而在散射反照率增大时，方向发射率收敛于 1.0 的速度趋缓。

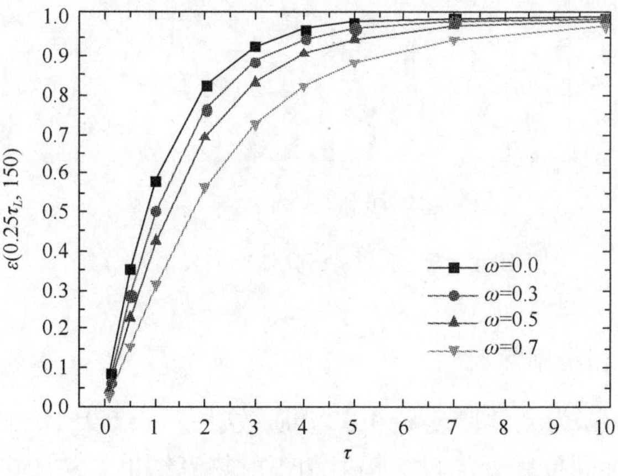

图 10.3　第 25 个网格介质 150°方向发射率随光学厚度的变化

如图 10.4 所示，为光学厚度为 1.0 时，第 25 个网格介质在 0°～180°方向上发射率的分布。从图 10.4(a)可以看出，在 90°～100°范围内，发射率明显大于其他方向，在小于 70°方向上发射率较小。当介质的散射率 ω =0.0 时，各方向发射率最大，在 90°～100°范围内已接近黑体发射。散射率增大后，各方向上的发射率也开始逐渐变小。图 10.4(b)给出的是光学厚度对第 25 个网格在各方向上发射率的影响，散射反照率是定值 ω =0.5。整体趋势上来看，与图 10.4(a)类似，在大于 90°的方向上发射率要大于 90°以下方向上的发射率。当光学厚度 τ =0.1 时，即介质比较稀薄，发射率也比较小，但在 90°方向上较大。随着光学厚度的增加，各方向上的发射率也在增大。在 τ =2.0 时，90°～180°范围内，发射率已超过 0.8。随着光学厚度的进一步增大，在负方向上的发射率趋近于黑体的发射率。

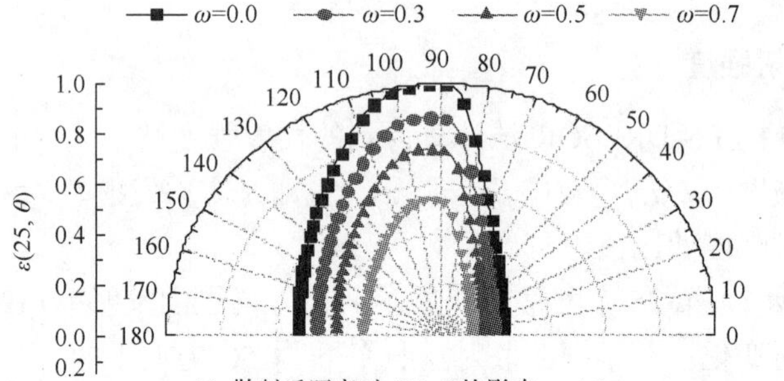

(a) 散射反照率对$\varepsilon(25, \theta)$的影响, τ =1.0

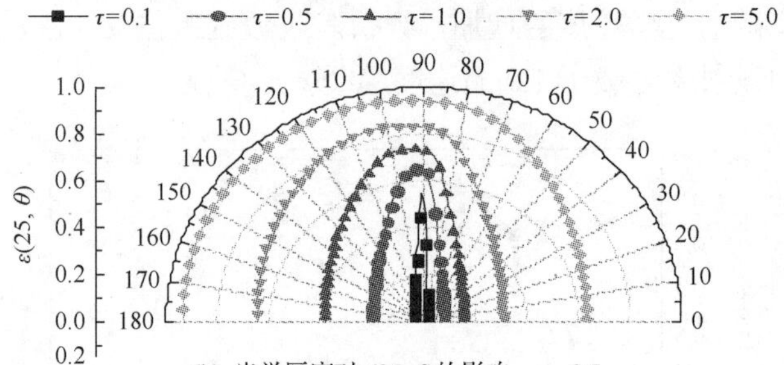

(b) 光学厚度对$\varepsilon(25, \theta)$的影响，ω =0.5

图 10.4　第 25 个网格介质方向发射率分布

10.2.3　投入辐射和辐射热流

如图 10.5 所示，为光学厚度 τ =1.0、介质散射率 ω =0.25、介质温度 T_m =1000K 条件下，介质中不同位置处的投入辐射和辐射热流结果。从图中可以看出，无论是投入辐射还是辐射热流，DRESOR 法和 ES-DRESOR 法计算的结果吻合得很好，进一步验证了 ES-DRESOR 法计算的可靠性。

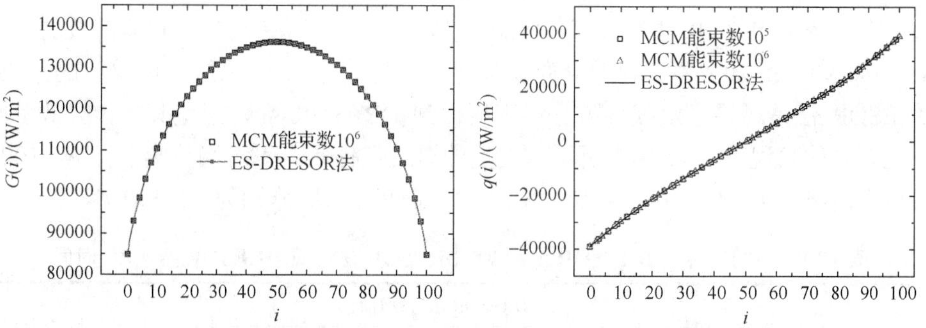

(a) 投入辐射对比 (b) 辐射热流对比

图 10.5 ES-DRESOR 法和 DRESOR 法计算的投入辐射及辐射热流对比

图 10.6 为用 ES-DRESOR 法计算 $\tau=1.0$、$T_W=0K$、$T_m=1000K$ 时不同散射反照率下投入辐射及辐射热流的分布。从图中可以看到，当散射反照率变大时，投入辐射 $G(i)$的值变小，如 $\omega=0.7$ 时，对应的曲线低于其他曲线。整体上，靠近边界处的投入辐射小于中间介质网格处的投入辐射，在第 50 个网格处达到最大值。在辐射热流图中，这种趋势正好相反，中间网格的辐射热流为零，没有热交换，从中间网格开始，向两边界网格，辐射热流逐渐增大。随着散射率的增加，单位时间内介质向外传递的辐射能量减少，热流减小。

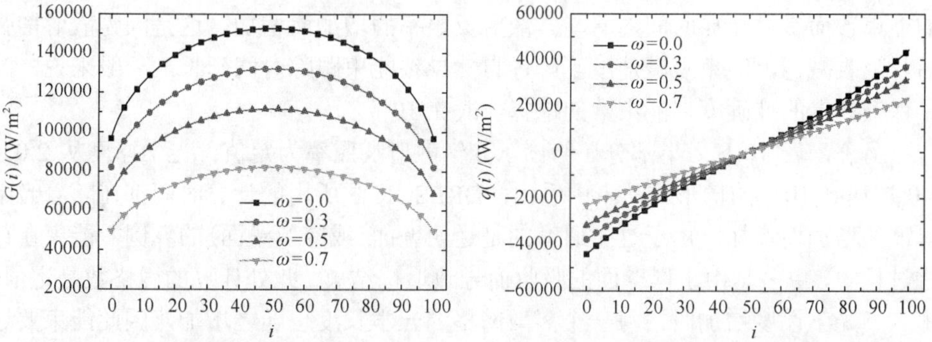

(a) 散射反照率对投入辐射 $G(i)$的影响 (b) 散射反照率对热流 $q(i)$的影响

图 10.6 散射反照率对投入辐射及辐射热流的影响

10.2.4 计算时间比较

前面的介绍表明，ES-DRESOR 法具有很高的计算精度。接下来将通过与传统 DRESOR 法进行比较，分析 ES-DRESOR 法的计算效率。为了便于比较，所有的计算都是在 Pentium（R）Dual-Core CPU E5200 @2.5 GHz 计算机上执行，程序代码由 FORTRAN 语言写成，对于 ES-DRESOR 法采用的 Gaussian 消元法求解线性方程组。

在传统 DRESOR 法的计算程序中，大部分时间是花费在 DRESOR 数的计算上。因 MCM 法中需要对大量的能束进行跟踪，计算耗时是不可避免的。ES-DRESOR 法是通过求解线性方程组直接得到 DRESOR 数，期望其在计算效率上也能有好的表现。如表 10.1 所示，这里的对比条件是：系统网格离散数 N=100，极角方向离散数 M=180，DRESOR 法中，能束的选取分别为 10^5 和 10^6。

表 10.1　不同条件下 DRESOR 法和 ES-DRESOR 法计算 DRESOR 数 CPU 时间

光学厚度 τ_L	散射反照率 ω	DRESOR 法计算时间/s		ES-DRESOR 法计算时间/s
		能束数 10^5	能束数 10^6	
1.0	0.1	268.9	2651.9	0.2
1.0	0.5	304.2	3025.5	0.2
1.0	0.9	325.2	3242.8	0.2
2.0	0.5	348.6	3490.8	0.2
5.0	0.5	477.8	4719.6	0.2
10.0	0.5	544.6	5394.3	0.2

DRESOR 法和 ES-DRESOR 法计算 DRESOR 数所花费的 CPU 时间如表 10.1 所示。对于 DRESOR 法而言，随着所取能束数从 10^5 增加到 10^6，计算时间也从几百秒增加到几千秒，几乎正比于追踪的能束数。在相同的光学厚度下，对同样的能束数而言，计算时间随着光学散射反照率的增加而增加。这是因为散射增强后，吸收减弱，能束衰减速度下降，自然导致能束跟踪时间延长。一般来说，为了保证计算的准确度，能束数的选择一般在 10^5 以上。

另外，表 10.1 后半部分还给出了光学散射反照率为定值，光学厚度从 2.0、5.0 增加到 10.0 的情形。从表中看出，DRESOR 法所用的计算时间都在随着光学厚度的增加而增加。由于这里研究的是透明壁面(或冷黑壁面)的算例，能束在行进过程中，更多是由于黑壁面的吸收而导致追踪结束。此处计算的网格数是定值，那么当光学厚度增加时，每一个离散网格的光学长度也随之增加，因此能束要达到壁面，需要经过更多的散射次数，从而计算时间就会更长。

作为对比，ES-DRESOR 法计算 DRESOR 数的时间仅为 0.2s。当散射反照率及光学厚度变化时，ES-DRESOR 法计算 DRESOR 的时间保持不变，计算时间不会因辐射参数的改变而发生改变。这是因为，在 ES-DRESOR 法中，辐射参数的改变只会影响到方程组的系数及常数矩阵元素数值的大小，而不影响方程组的维数，从而不会影响计算时间。从表中可以看出，相比于 DRESOR 法，ES-DRESOR 法在计算效率上的优势是非常显著的。

一个不可忽视的问题是，ES-DRESOR 法的计算时间与未知数的维数(即网格数 N)息息相关。当网格数 N 增加时，DRESOR 法计算时间大约成线性关系增加，而 ES-DRESOR 法的计算时间成几何级数增加。当网格数非常大时，解方程所花的时间惊人。在网格数 N 取为 1000 时，ES-DRESOR 法的计算时间大约在 50s 左右，与同网格数下 DRESOR 法相比，仍然有很大的优势。对于一维平行平板介质，在一般的计算中，这样的网格精细程度也足够了。对于网格数很大时，可以通过寻找更高效的解方程方法进一步提高 ES-DRESOR 法的计算效率。

10.3　一维漫射边界平行平板系统中 ES-DRESOR 法

本节考虑含有漫射边界的一维平行平板内具有吸收、发射和各向同性散射介质系统内的辐射传递过程[3]。相对于上一节介绍的冷黑边界系统，增加了两个壁面单元，所以总离散网格数 N=102，辐射强度在天顶角[0, π]内的离散方向数取为 M=180。对于不同的介质温度、壁面温度、光学厚度、散射反照率及壁面反射率情况，本节将对 DRESOR 数、方向辐射强度、投入辐射和辐射热流计算结果进行分析。

10.3.1　DRESOR 数

在图 10.7 中，将 ES-DRESOR 法获得的 DRESOR 数与传统 DRESOR 法获得的 DRESOR 数进行了对比。在 DRESOR 法中，用 10^5 根能束跟踪出来的 DRESOR 数，与 ES-DRESOR 法计算的 DRESOR 数几乎是一致的，显示了很好的吻合性。

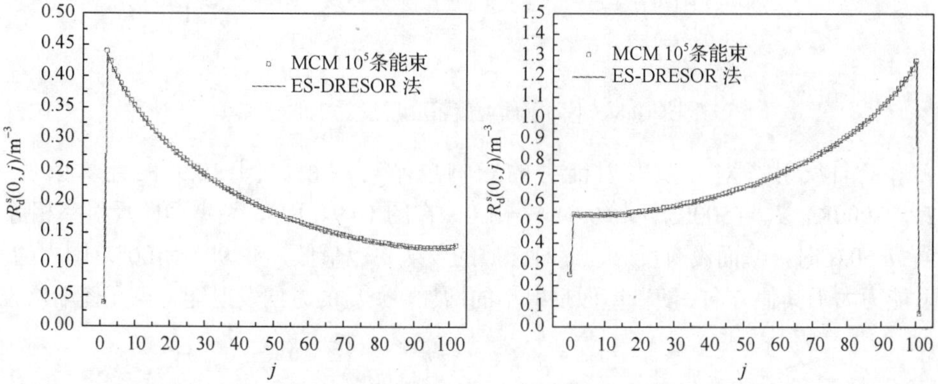

(a) $R_d^s(0,j)$，$\varepsilon_1=\varepsilon_2=0.5$，$\tau_L=1.0$，$\omega=0.2$　　(b) $R_d^s(101,j)$，$\varepsilon_1=0.3$，$\varepsilon_2=0.7$，$\tau_L=1.0$，$\omega=0.5$

图 10.7　DRESOR 法和 ES-DRESOR 法计算的 DRESOR 数对比

在光学厚度 τ_L=1.0，光学散射反照率 ω=0.2 的介质中，两边界发射率 $\varepsilon_1=\varepsilon_2=$0.5，DRESOR 数 $R_d^s(0,j)$，j=0, ⋯, 101，如图 10.7(a)所示，表示网格 0 发射被其他空间网格散射或被壁面网格反射的能量份额。可以看出，空间介质散射比壁面反射的影响要大得多。越接近壁面网格 0，被散射的能量就越多。其余 3 图中也存在类似的现象。

10.3.2 方向辐射强度

在真空边界条件下，已讨论了光学厚度及散射反照率对介质方向发射率影响。在本小节，主要考虑壁面温度及壁面反射率对介质方向发射能力的影响。定义介质方向发射率，或称相对辐射强度，表达式为 $\varepsilon(i,j)=I(i,j)/(\sigma T^4/\pi)$。本节主要考虑第 25 个网格的介质发射率。

当介质温度 T_m=1000K、ω=0.6、ρ= 0.5、τ_L=1.0 时，不同壁面温度条件下，第 25 个网格介质的方向发射率分布如图 10.8 所示。可以看出，当壁面温度小于 600K 时，壁温度对介质发射率的影响不是很大，总体上随着壁面温度的升高，介质的发射能力增强。在正方向上的发射率略小于负方向，但差别不是很大。当壁面温度升到 1000K，与介质温度相等时，介质在各方向上的发射能力一致，达到了黑体发射率。

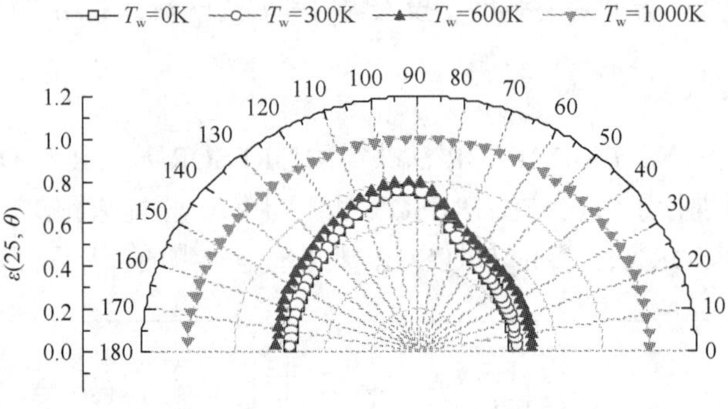

图 10.8 不同壁面温度下介质发射率的分布

壁面反射率对介质发射能力的影响也不可忽视。图 10.9 的计算条件为 T_m= 1000K，T_w = 500K、ω = 0.6、τ_L= 1.0。在图 10.9(a)中，两壁面的反射率相等。当 ρ = 0.0 时，壁面没有反射，此时介质的发射率也最低，在 90°～100°范围内的发射能力大于其他方向。随着壁面反射率的增加，介质的方向发射能力也在逐渐增强，

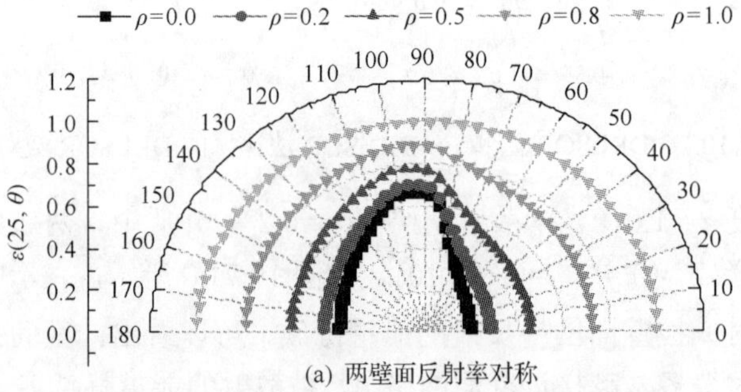

(a) 两壁面反射率对称

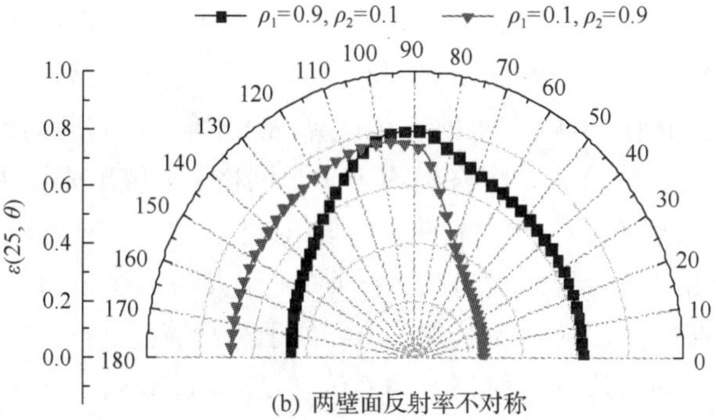

(b) 两壁面反射率不对称

图 10.9　壁面反射率对介质方向发射率的影响

当壁面反射率 $\rho = 0.0$ 时，为全反射壁面，介质在各方向上的发射达到最大值 1.0。在图 10.9(b)中，两壁面的反射率设定为不对称。当左壁面反射能力强，右壁面反射能力弱时，即 $\rho_1 = 0.9$、$\rho_2 = 0.1$，有更多的能量被左壁面反射到系统中，介质在正方向上的发射率大于负方向；而在 $\rho_1 = 0.1$、$\rho_2 = 0.9$ 时，结果正好相反。

10.3.3　投入辐射和辐射热流

本小节首先将 ES-DRESOR 法计算的辐射热流与投入辐射同 DRESOR 法计算的结果进行对比。然后用 ES-DRESOR 法来分析壁面的反射率对投入辐射及辐射热流的影响。

图 10.10 为 ES-DRESOR 法和基于 MCM 的 DRESOR 法计算的投入辐射及辐射热流。计算条件为：光学厚度 τ_L=2，散射反照率 ω=0.6，左壁面的发射率 $\varepsilon_1 = 0.2$，右壁面 $\varepsilon_2 = 0.4$，介质温度 T_m=1000K，两壁面温度相同 T_w=800K。

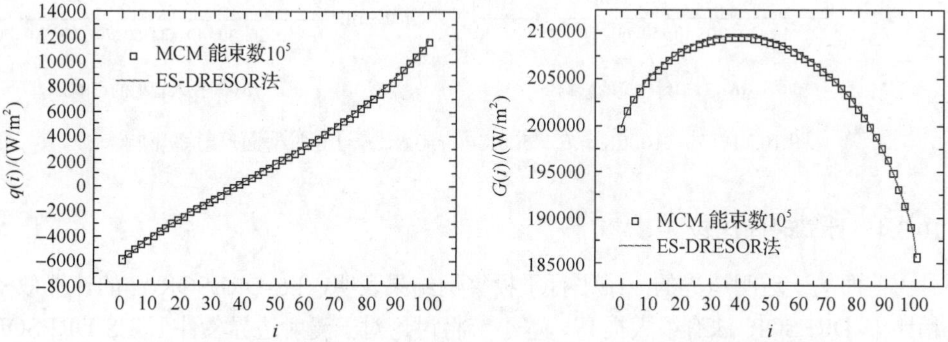

(a) 辐射热流对比　　(b) 投入辐射对比

图 10.10　ES-DRESOR 法和 DRESOR 法计算比较

MCM 中，使用的能束数为 10^5。图 10.10(a)显示了两种方法计算的辐射热流吻合得很好。并且，越靠近壁面处的热流值越大，左边网格热流为负向，右边网格热流为正向。虽然两壁面的温度相同，但由于壁面反射率不同(ρ_1=0.8，ρ_2=0.6)的影响，辐射热流为 0 处，即平衡点大约出现在第 37 个网格，并非在系统中间第 50 个网格处。图 10.10(b)中，两种方法计算的入射辐射同样吻合得很好。从图中可以看出，入射辐射从第 0 个网格到第 101 个网格，呈现出先增大再减小的趋势。同样是因为壁面反射率的影响，使得入射辐射也不对称，靠近左边的网格入射辐射较靠近右边网格的值要大。入射辐射的最大值大约出现第 37 个网格处。由图 10.10(a)知，此网格的辐射热流大约为 0，处于平稳状态。

图 10.11 反映的是边界反射率 ρ 为 0.0、0.2、0.5、0.8、1.0 对系统中辐射热流及投入辐射的影响。从图 10.11(a)中可以看出，整体上是边界处的热流大于中间介质网格的热流，系统中心网格处的辐射热流为 0。壁面反射率 ρ=0.0 时，壁面处的热流最大。随着反射率的增大，系统中热流梯度减小，当反射率 ρ=1.0，全反射壁面时，整个系统内的热流都为 0，没有能量交换。在图 10.11(b)中，壁面反射率较小时，投入辐射的值也相对较小，中间网格的值大于两边。随着反射率的增大，投入辐射也越来越大，曲线趋于平坦。当反射率为 1.0 时，系统内各节点的投入辐射值最大。

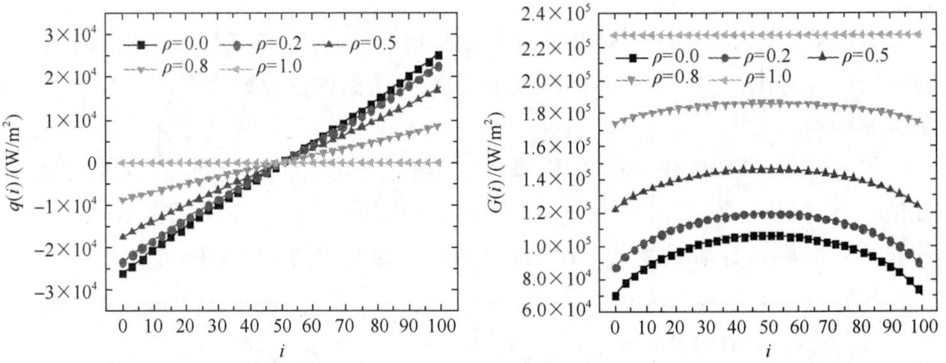

(a) 对辐射热流的影响 (b) 对投入辐射的影响

图 10.11 T_m =1000K、T_w =500K、ω=0.6、τ_L=1.0 时壁面反射率影响

10.3.4 计算时间比较

前面关于透明边界的一维平行平板算例结果表明，ES-DRESOR 法的计算效率相比于 DRESOR 法有很大提高。本小节将讨论对于漫射边界条件下 ES-DRESOR 法的计算效率。为了便于比较，所有的计算都是在计算机 Pentium（R）Dual-Core CPU E5200 @2.5 GHz 上执行的，程序代码由 FORTRAN 语言写成，对于 ES-DRESOR 法采用的 Gaussian 消元法求解线性方程组。

表 10.2 中列出了 DRESOR 法和 ES-DRESOR 法计算 DRESOR 数所花费的 CPU

时间，计算条件如下：空间网格数 N=100(加上两壁面后，总网格数为 102)，极角离散方向数 M=180，光学厚度、散射反照率和壁面发射率是变化的。从表中可以看出，对于 DRESOR 法，随着能束数从 10^4 增加到 10^5，所花费的 CPU 时间从几百秒增加到几千秒，几乎与能束数成正比。对于相同的能束数、光学厚度和壁面发射率，计算时间会随着散射反照率的增加而增加，因为介质的强散射和弱吸收会减缓能束的衰减速度，延长能束跟踪时间。另外，壁面发射率的大小，对计算时间也有着很大的影响。壁面发射率的加大，会使更多的能量被壁面反射到介质中去，继续参与散射，从而延长计算时间。当壁面从黑壁面(ρ=0)到全反射壁面(ρ=1)变化时，计算时间往往也会增加很多倍。

表 10.2　计算 DRESOR 数的 CPU 时间

光学厚度 τ_L	壁面发射率 ε	散射反照率 ω	DRESOR 法计算时间/s		ES-DRESOR 法计算时间/s
			能束数 10^4	能束数 10^5	
1.0	$\varepsilon_1=\varepsilon_2=0.5$	0.1	272.2	2699.0	0.2
1.0	$\varepsilon_1=\varepsilon_2=0.5$	0.2	291.0	2942.0	0.2
1.0	$\varepsilon_1=\varepsilon_2=0.5$	0.5	408.7	4031.2	0.2
1.0	$\varepsilon_1=\varepsilon_2=0.5$	0.9	784.5	7678.1	0.2
1.0	$\varepsilon_1=0.3$，$\varepsilon_2=0.7$	0.5	377.1	3855.7	0.2
2.0	$\varepsilon_1=0.2$，$\varepsilon_2=0.8$	0.5	354.2	3539.8	0.2
2.0	$\varepsilon_1=0.2$，$\varepsilon_2=0.4$	0.6	357.7	3564.4	0.2
3.0	$\varepsilon_1=0.8$，$\varepsilon_2=0.1$	0.5	193.4	1911.5	0.2

在用 ES-DRESOR 法计算 DRESOR 数时，所花费的 CPU 时间仅为 0.2s，并且与光学参数和辐射参数无关。不管是壁面条件发生变化，还是光学厚度、散射反照率等变化，它的计算时间都是定值。因为它是通过解方程直接得到的，只要方程组的维数不变，那么它的求解时间也就不变。与 DRESOR 法相比，ES-DRESOR 法在计算效率上的优势是巨大的。

若将表 10.2 与表 10.1 进行对比，就会发现，在增加了壁面后，DRESOR 法的计算效率大大降低了。透明壁面下，能束数为 10^5 时，计算时间是在几百秒，而当有壁面参与反射后，在能束数为 10^5 时，计算时间已经需要几千秒了。为了进一步提高计算精度，若取能束数为 10^6，计算时间将会达到上万秒。由此可见，ES-DRESOR 法计算效率的优势随着 DRESOR 法中能束数的增加而更加明显。

10.4　三维立方体系统中 ES-DRESOR 法

前文已经讨论了一维平行平板系统中 ES-DRESOR 法的计算精度和计算效

率。由于实际问题通常会遇到多维的几何结构，这一小节将讨论 ES-DRESOR 法在三维立方体系统中的应用[4]。

如图 10.1(b)所示，所讨论立方体在 x、y 和 z 方向的长度均为 1.0m。介质为发射、吸收、各向同性散射，其消光系数 β=1.0m^{-1}，考虑不同的介质散射率 ω 为 0.0、0.2、0.5、0.8、1.0 时的工况。边界均为漫发射和漫反射，考虑不同的反射率 ρ 为 0.0、0.2、0.5、0.8、1.0 时的工况。空间为发射力 σT_0^4=1.0W/m^2 的热介质，所有的边界均为冷壁面。辐射系统的几何结构以及坐标系如图 10.1(b)所示。

在计算过程中，除了用于考察计算时间随着总网格数变化的算例外，立方体结构均划分成 N=2057 个单元，其中包括 11×11×11=1331 个均匀的空间单元和 6×(11×11)=726 个均匀的壁面单元。4π 空间划分成 M 个不同的离散方向，文献[5]中的球带角度离散方式被用于角度的划分，因为它可以产生任意多个几乎相等立体角的离散角度。所有的计算都在 Pentium(R) Dual-Core CPU E5200@2.5GHz，2.0 GB 内存的 PC 机上完成。

10.4.1　DRESOR 数

DRESOR 数的计算是 DRESOR 法和 ES-DRESOR 法的关键。在 DRESOR 法中，绝大多数的时间花费在 DRESOR 数的计算上，因为其采用的是 MCM 法来计算。本章中所讨论的 ES-DRESOR 法采用的是解方程的方式来计算 DRESOR 数(如 10.1 节所述)。本节将对两种方法计算得到的 DRESOR 数进行比较讨论。

图 10.12 给出的是 ω=0.5、ρ=0.0 条件下 DRESOR 数结果图。由于 DRESOR 数是 2057×2057 的二维变量，很难将所有的结果在一张图上显示清楚。该图中选择一部分结果($R_{\rm d}^{\rm s}(i_{\rm e}, i)$, $i_{\rm e}$=1392, i=727, 728, ⋯, 847)进行显示。发射单元 $i_{\rm e}$=1392 为系统中心的空间单元，121 个散射单元(i=727, 728, ⋯, 847)为系统底部的第一层空间单元。如图所示，ES-DRESOR 法和 10^6 条能束的 DRESOR 法结果吻合较好。但是，10^4 条能束的 DRESOR 法结果与其他的结果相差较大，并且表现出最大的波动。

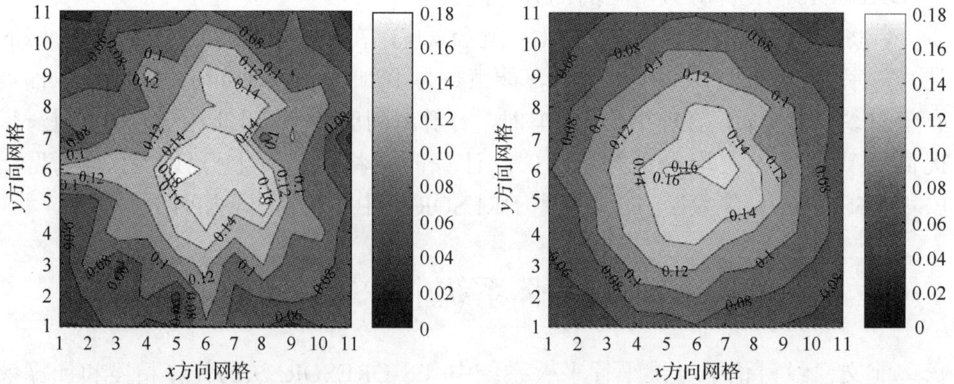

(a) 10^4条能束　　　　(b) 10^5条能束

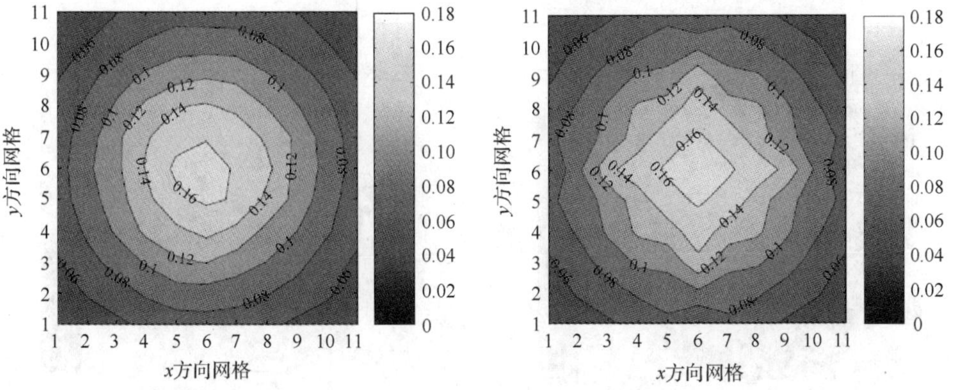

(c) 10^6条能束 DRESOR法 (d) ES-DRESOR法

图 10.12 ω=0.5、ρ=0.0 条件下 DRESOR 数结果

通过对 DRESOR 法和 ES-DRESOR 法计算得到 DRESOR 数的相对差值 ($|R_{\mathrm{d}}^{\mathrm{s}}(i_{\mathrm{e}}, i)_{\text{DRESOR}}-R_{\mathrm{d}}^{\mathrm{s}}(i_{\mathrm{e}}, i)_{\text{ES-DRESOR}}|/R_{\mathrm{d}}^{\mathrm{s}}(i_{\mathrm{e}}, i)_{\text{ES-DRESOR}}$, i_{e}=1392, i=727, 728, …, 847) 进行比较发现，ES-DRESOR 法和 10^4 条能束的 DRESOR 法得到的 DRESOR 数结果平均差值为 18.1%，但是当 DRESOR 法中采用 10^6 条能束时，平均差值降低为 4.1%。这表明 ES-DRESOR 法计算得到的 DRESOR 数具有较高的精度，而对于 DRESOR 法只有当所取能束数较多时才能得到较好的结果。

10.4.2 方向辐射强度

为了考察 ES-DRESOR 法计算高方向分辨率辐射强度的计算效率，整个 4π 空间离散成 M=4778 个方向。计算了边界处点在半球空间的 2389 个方向上的辐射强度。对于不同的算例，DRESOR 法和 RMC 法得到收敛的结果所需要的能束数是不一样的。对于本章中所讨论的大部分算例，取 10^4 条能束和 2×10^4 条能束时方向辐射强度的最大相对差值小于 1%，所以 DRESOR 法采用的 10^4 条能束来计算辐射强度。计算每个方向的辐射强度时取 10^5 条能束，这样得到的 RMC 法结果作为各算例下的基准解。

如图 10.13 所示，为上壁面中心点处的半球方向辐射强度以及不同方法的相对计算误差。在该算例中，介质发射力 σT_0^4=1.0W/m^2，散射率 ω=0.8，边界为冷壁面，漫反射率 ρ_{d}=0.5。图 10.13(a) 为 ES-DRESOR 法计算的在 2389 不同方向上无量纲辐射强度$[I(\boldsymbol{r}, \hat{\boldsymbol{s}})/(\sigma T_0^4/\pi)]$的结果。从图中可以看出，在极角 θ<30°方向上的辐射强度比其他方向上辐射强度要大。这是因为在这些方向上对应的介质光学厚度较大，有更多的能量发出。

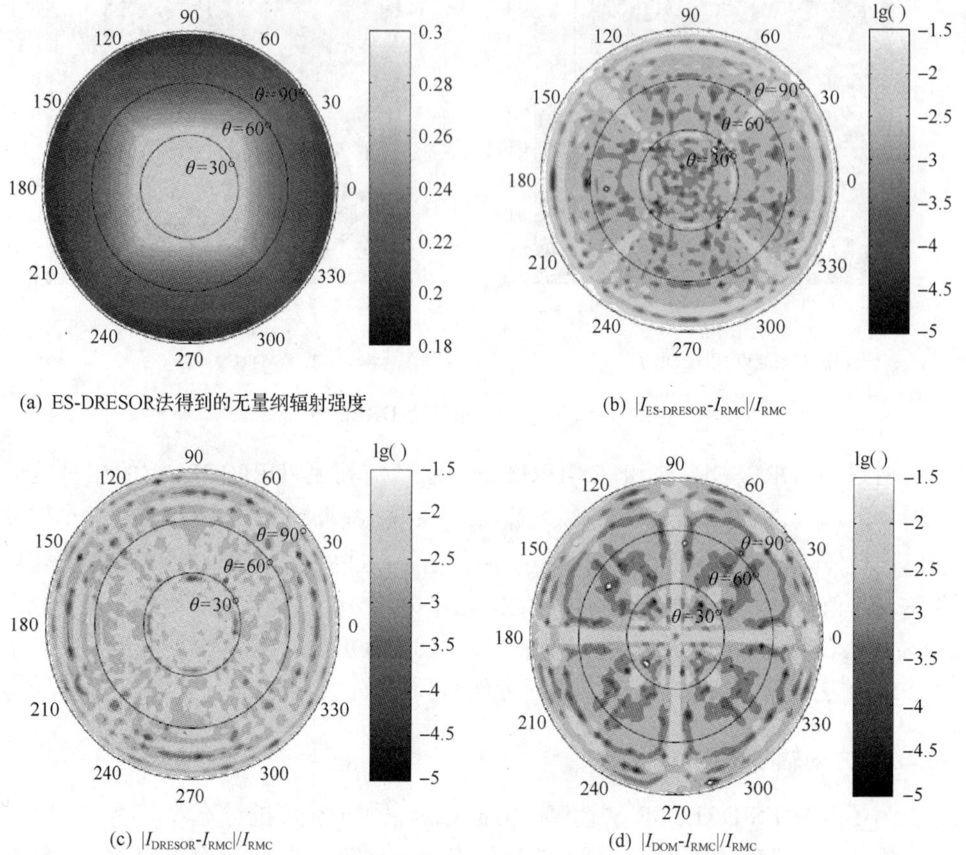

(a) ES-DRESOR法得到的无量纲辐射强度　　(b) $|I_{\text{ES-DRESOR}}-I_{\text{RMC}}|/I_{\text{RMC}}$

(c) $|I_{\text{DRESOR}}-I_{\text{RMC}}|/I_{\text{RMC}}$　　(d) $|I_{\text{DOM}}-I_{\text{RMC}}|/I_{\text{RMC}}$

图 10.13　ω=0.8、ρ=0.5 条件下上壁面中心点的半球辐射强度

图 10.13(b)为 ES-DRESOR 法和基准解的相对差值。在大部分方向上差值小于 0.5%。当极角趋于 90°时，这些方向上的辐射强度值很小，相对误差也较大。在圆周角为 45°、135°、225°和 315°方向上，相对误差也较大。整个半球空间所有方向的平均相对误差为 0.8%。DRESOR 法计算得到辐射强度的相对误差如图 10.13(c)所示。如图 10.13(b)类似，在圆周角为 45°、135°、225°和 315°方向上，相对误差也较大。与 ES-DRESOR 法的相对误差比较，DRESOR 法得到结果的误差较大，平均误差为 1.0%。图 10.13(d)给出的是 DOM 法的相对误差。在该算例条件下，DOM 也能得到很好的结果，其平均误差为 0.6%。但是，随着介质散射率和壁面反射率的降低，DOM 计算结果的误差将变大，这将在图 10.14 和图 10.15 中可以看出。

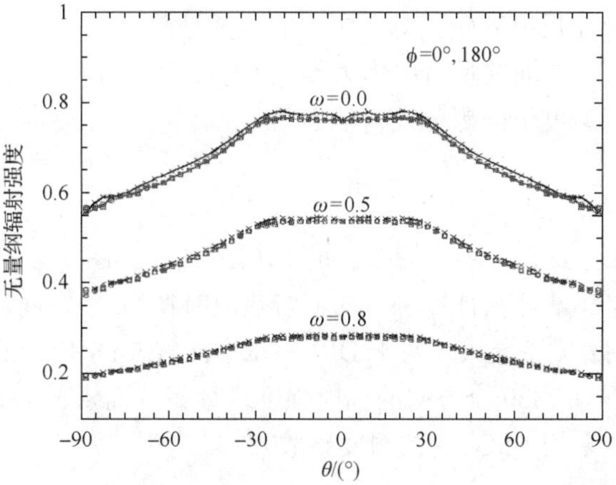

图 10.14　ρ=0.5，不同介质散射率下点(0, 0, 1.0m)处无量纲辐射强度

圆形：RMC；方形：DRESOR；三角形：ES-DRESOR；叉形：DOM

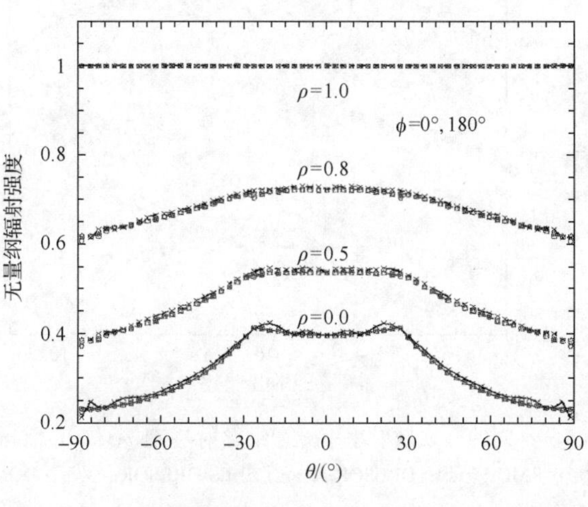

图 10.15　ω=0.5 不同壁面反射率下点(0, 0, 1.0m)处无量纲辐射强度

圆形：RMC；方形：DRESOR；三角形：ES-DRESOR；叉形：DOM

上壁面中心点在圆周角 ϕ=0°和 180°平面上的无量纲辐射强度如图 10.14 和图 10.15 所示。图 10.14 给出的是壁面反射率 ρ =0.5，不同介质散射率条件下，不同方法辐射强度结果。从图中可以看出，除了在 ω =0.0、ρ =0.5 条件下，DOM 的计算结果与其他方法的计算结果有明显差异外，其他算例各方法的计算结果都吻合较好。当介质散射率增大，辐射强度减小。这是因为当介质散射率较大时，介质单元本身发射的能量较少。

不同壁面反射率下无量纲辐射强度如图 10.15 所示。ES-DRESOR 法、DRESOR 法、RMC 法计算结果吻合很好。当介质反射率较小时，在一些方向上 DOM 的计算结果出现明显的偏离。同时，当壁面反射率增大时，边界处的辐射强度随着增大。这是因为当壁面反射率较大时，更多的能量被限制在系统内，导致系统的整体发射能力变强。当壁面的反射率增大到 1.0 时，无量纲辐射强度为 1.0，表明此时辐射系统达到同温度下的黑体发射能力。

10.4.3 辐射热流

位于上壁面中心线 11 个点的热流如图 10.16 所示，图中给出了 4 种方法的计算结果。对于 RMC 法，在计算每点的辐射热流时使用 10^4 条能束，DRESOR 法每个发射单元发射 10^4 条能束。对于 DRESOR 法和 ES-DRESOR 法，辐射热流是通过对半球空间所有 2389 个方向的辐射强度进行积分而求得。对于 DOM 采用的是棱形差分格式，采用 LSO S_{12} 的角度离散方式。

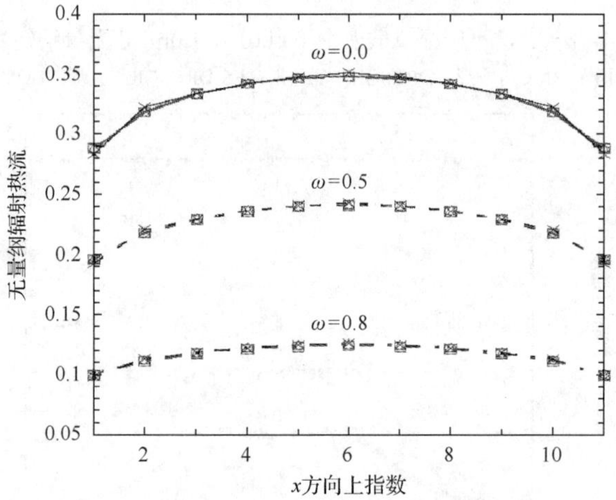

图 10.16 ρ=0.5，不同的介质散射率下无量纲辐射热流 $q(x, 0.0, 1.0\text{m})/(\sigma T_0^4)$ 结果

圆形：RMC；方形：DRESOR；三角形：ES-DRESOR；叉形：DOM

位于点$(x, 0.0, 1.0\text{m})$处的无量纲辐射热流如图 10.16 所示。除了 $\omega = 0$ 时 DOM 的计算结果不理想以外，其余条件下各方法的计算结果基本一致。这是因为当介质散射率较小时，射线效应现象更加明显，这时 S_{12} 的角度离散方式(半球空间 84 个方向)已不能得到较准确的结果。需要采用更多的离散方向来提高 DOM 的计算精度。

10.4.4 计算时间比较

计算效率和所需计算机内存是评价数值方法优劣的另一重要因素。本节将对三维立方体系统中 ES-DRESOR 法的这一因素进行讨论。所有的计算都用 FORTRAN 语言完成。

1）DRESOR 数计算时间

10.4.1 小节对两种方法计算得到的 DRESOR 数进行了比较，结果表明，ES-DRESOR 法的计算精度要优于 10^4 条能束的 DRESOR 法结果。这里将对两种方法的计算时间进行比较。DRESOR 法采用的是 10^4 条能束。

表 10.3 列出的是壁面反射率 ρ =0.5，不同的介质散射率条件下计算时间比较。其中第一部分为 DRESOR 数计算时间比较。从表中看出，随着介质散射率的增大，每条能束将会经历更多的散射次数，DRESOR 法的计算时间随着增长(从 554s 增加到 1090s)。而对于 ES-DRESOR 法，当 ω =0.2、0.5、0.8 时，由于所需要求解的方程组维数不变(均为总网格数 N)，其计算时间保持不变，为 48s，其中包括 17s 用于方程组(10.12)中系数矩阵的计算和 31s 用于方程组的求解。当 ω =0.0 时，由于介质不发射能量，所需求解的方程组维数降低为 N_w，ES-DRESOR 法的计算时间将为 7s。计算时间的比较表明 ES-DRESOR 法具有更高的计算效率，当 DRESOR 法采用更多的能束数时，两者计算时间的差异将更加明显。

表 10.3　不同介质散射率条件下计算时间比较　(单位：s)

参数	方法	ω=0.0	ω=0.2	ω=0.5	ω=0.8
DRESOR 数	ES-DRESOR	7	48	48	48
	DRESOR	554	713	859	1090
辐射强度(2389 方向)	ES-DRESOR	7.6	48.6	48.6	48.6
	DRESOR	554.6	713.6	859.6	1090.6
	RMC	1801	2052	2507	3192
	DOM	2950	3665	4653	7086
辐射热流	ES-DRESOR	13.6	54.6	54.6	54.6
	DRESOR	560.6	719.6	865.6	1096.6
	RMC	8.3	9.4	11.5	14.5
	DOM(S_{12})	1.6	1.9	2.8	3.4

表 10.4 列出的是介质散射率 ω =0.5、不同介质反射率条件下计算时间的比较。其中关于 DRESOR 数计算时间比较部分表明，当壁面反射率 ρ =0.0 时，ES-DRESOR 法的计算时间为 DRESOR 法的一半，随着反射率的增加，两者的差异进一步扩大。当壁面为全反射表面时，ES-DRESOR 法的计算时间要小于 DRESOR 法计算时间的 1/50。

表 10.4　不同壁面反射率条件下计算时间比较　　（单位：s）

参数	方法	ρ=0.0	ρ=0.2	ρ=0.5	ρ=0.8	ρ=1.0
DRESOR 数	ES-DRESOR	24	48	48	48	48
	DRESOR	43	460	859	1558	2610
辐射强度（2389 方向）	ES-DRESOR	24.6	48.6	48.6	48.6	48.6
	DRESOR	43.6	460.6	859.6	1558.6	2610.6
	RMC	149	1370	2507	4580	7604
	DOM	2206	3176	4653	8179	13442
辐射热流	ES-DRESOR	30.6	54.6	54.6	54.6	54.6
	DRESOR	49.6	466.6	865.6	1564.6	2616.6
	RMC	0.7	6.3	11.5	20.8	34.5
	DOM (S_{12})	1.4	1.8	2.8	4.0	7.1

表 10.3 和表 10.4 中关于计算时间的比较是基于空间为 11×11×11 的离散方式。当采用不同的网格离散方式时，计算时间的比较如图 10.17 所示。图中 4 种离散方式，几何体的各边分别均匀划分成 7、11、15、19 个网格，其对应的总网格数 N 分别为 637、2057、4725、9025。如图所示，当网格数较少时(637 或 2057)，DRESOR 数的计算时间要比 ES-DRESOR 法长一个数量级以上。随着网格数的增加，两者计算时间的差异变为倍数的关系。这是因为 ES-DRESOR 法中采用的是高斯消去法来求解方程组得到 DRESOR 数，其计算时间随着 N^3 成比例增长。DRESOR 法采用的是 MCM 法来求解 DRESOR 数，计算时间增加比较缓慢，与 N 成比例增长。可以预测，当总网格数达到几万时，ES-DRESOR 法的计算时间可能超过 DRESOR 法。针对大型线性方程组，需要采用更加有效的方程组求解方法来缩短 ES-DRESOR 法的计算时间。

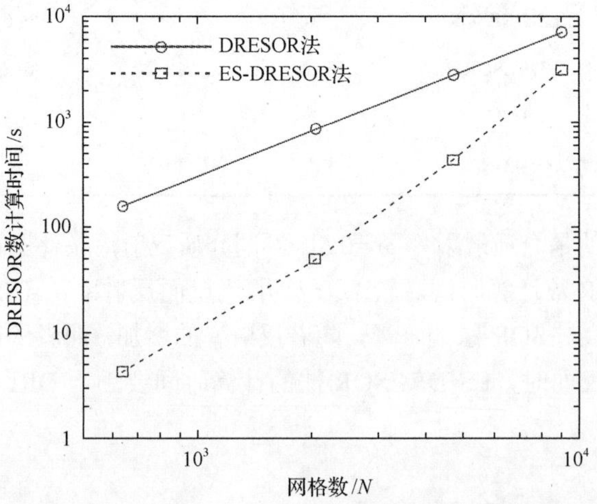

图 10.17　ω=0.5, ρ=0.5 时 DRESOR 数计算时间比较

2) 辐射强度计算时间

表10.3和表10.4中给出了不同方法辐射强度计算时间比较。半球空间离散成2389个不同方向，计算了上壁面的中心点在所有方向的辐射强度。在DRESOR法中，每个发射单元采用10^4条能束。除DRESOR法和ES-DRESOR法外，还给出了RMC法和DOM的计算时间。RMC法每个方向采用10^4条能束。DOM中采用的菱形差分格式，当两次迭代的辐射热流最大相对差值小于10^{-6}时迭代终止。

在DRESOR法和ES-DRESOR法中，一旦得到DRESOR数，方向辐射强度可以得到，仅为简单的求和运算。所以计算时间的增加仅为0.6s，与计算DRESOR数的时间相比很短。当需要计算更高方向分辨率的辐射强度时，计算时间的增加仅为0.6s的若干倍。这表明DRESOR法和ES-DRESOR法计算高方向分辨率辐射强度的优势。与DRESOR法类似，RMC法的计算时间随着介质散射率和边界反射率的增大而增加。对于ES-DRESOR法，当ω和ρ不等于零时，计算时间不随着ω或ρ的变化而变化，当ω或ρ等于零时，其计算时间缩短。从表中可以看出，在计算高方向分辨率的辐射强度时，DRESOR法和ES-DRESOR法都比RMC法具有更高的计算效率，其中ES-DRESOR法具有最高的计算效率。

DOM的计算时间也在表10.3和表10.4中列出，其计算时间最长，随着介质散射率和壁面反射率的增大，该方法收敛速度变慢，所以计算时间也随着增加。需要说明的是，这里只需要计算上表面中心点在2389个方向上的辐射强度结果，由于DOM本身的计算特性，最后计算得到了所有网格点在2389个方向上的辐射强度，而其他方法只是计算了所需点的方向辐射强度。

3) 辐射热流计算时间

在很多的实际应用过程中，往往只关心在特定立体角内的辐射热流，而不关心高方向分辨率的辐射强度。表10.3和表10.4也给出了关于辐射热流的计算时间比较。表中给出的是计算上壁面中心线的11个点辐射热流的时间。DRESOR法和RMC法中均采用10^4条能束。DOM采用的是菱形差分格式，S_{12}的角度离散方式。

表中显示，当采用S_{12}的角度离散方式时，DOM具有最高的计算效率。但是，如10.4.3节所述，由于射线效应的影响DOM的计算精度要明显比其他方法低。当辐射系统中包含有突变的介质或边界发射时，射线效应将导致DOM的精度更低。需要采用更多的方向数来降低射线效应的影响，从而计算时间也随着增加。

对于DRESOR和ES-DRESOR，辐射热流是通过辐射强度的积分来获得。为了消除射线效应的影响，需要采用较高方向分辨率的角度离散。表中给出的辐射热流结果是通过对半球空间的2389个方向辐射强度进行积分求得的。ES-DRESOR法的计算时间要比DRESOR法短，但是要比RMC方法长。由于DRESOR法和ES-DRESOR法的计算特性决定，它们在计算多点的辐射热流时，计算时间的增长将非常缓慢。如图 10.18 所示，当需要计算一整个壁面上所有点(121 点)或两个壁面上所有点(242 点)以致更多，ES-DRESOR 法的计算时间要比 RMC 法短。

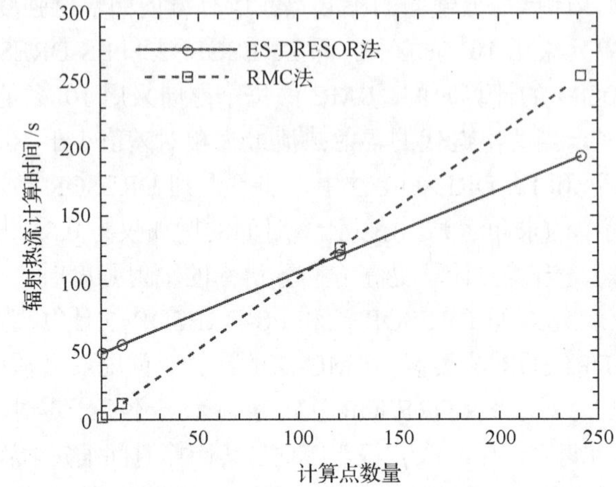

图 10.18　ω=0.5、ρ=0.5 时辐射热流计算时间比较

10.5　本 章 小 结

本章中 ES-DRESOR 法分别被用于求解一维平行平板和三维立方体参与介质中的辐射传递过程。和传统 DRESOR 法中通过 MCM 法来求解线性方程组不同，该方法通过求解线性方程组来获得 DRESOR 数。当 DRESOR 法中采用较多的能束数时，DRESOR 数的计算结果与 ES-DRESOR 法结果接近。在三维立方体系统中，通过将 RMC 法计算得到的方向辐射强度作为基准解，验证了 ES-DRESOR 法辐射强度的准确性，大部分方向上 ES-DRESOR 法的辐射强度计算结果要优于 DRESOR 法。

本章还对 ES-DRESOR 法的计算效率进行了讨论。如前面章节所述，DRESOR 法在计算高方向分辨率的辐射强度时，具有较高的计算效率。本章工作表明，在各种算例下，ES-DRESOR 法都比 DRESOR 法具有更高的计算效率。当介质散射率或壁面反射率增加时，DRESOR 法的计算时间增长很快，而 ES-DRESOR 法的计算时间保持不变。但是，随着计算网格数的增加，ES-DRESOR 法计算时间的增长速度要快于 DRESOR 法。在计算高反方向分辨率辐射强度时，与 RMC 法和 DOM 相比，DRESOR 法和 ES-DRESOR 法都有较高的计算效率。从对三维立方体辐射系统的计算看出，若只需计算辐射热流而不关心辐射强度时，ES-DRESOR 法不一定是好的选择。但是当需要计算一个面或者多个面上所有点的辐射热流时，ES-DRESOR 法的计算效率依然优于 RMC 法。

本章结果表明，对漫反射边界和各向同性散射介质辐射系统，ES-DRESOR 法是一种有效消除 DRESOR 法统计误差并提高其计算效率的方式，该方法能够更为有效地计算高方向分辨率的辐射强度。

参 考 文 献

[1] Modest M F. Radiative Heat Transfer[M]. 3rd Edition. San Diego: Academic Press, 2013.

[2] Wang G, Zhou H C, Cheng Q, et al. Equation-solving DRESOR method for radiative transfer in a plane-parallel, absorbing, emitting, and isotropically scattering medium with transparent boundaries[J]. International Journal of Heat and Mass Transfer, 2012, 55(13-14): 3454-3457.

[3] Wang G, Zhou H C, Cheng Q, et al. Equation-solving DRESOR method for radiative transfer in an absorbing–emitting and isotropically scattering slab with diffuse boundaries[J]. Journal of Heat Transfer, 2012, 134(12): 122702.

[4] Huang Z, Zhou H C, Wang G , et al. Equation solving DRESOR method for radiative transfer in three-dimensional isotropically scattering media[J]. Journal of Heat Transfer. 2014, 136(9): 092702.

[5] Lu X, Hsu P F. Parallel computing of an integral formulation of transient radiation transport[J]. Journal of Thermophysics and Heat Transfer. 2003, 17(4): 425-433.

第 11 章　基于 DRESOR 法的辐射成像模型及其逆求解

在燃烧系统中，三维温度场分布和介质浓度分布提供了丰富的炉内信息，对进行燃烧调整以实现高效低污染燃烧具有重要的意义。利用辐射图像处理方法进行燃烧系统中的三维温度场测量，具有系统简单、成本低的特点，同时具有较高的精度，因而受到广泛关注。在该技术中，通过布置在炉膛四周的图像探测器来获得辐射图像，为了测量得到炉内的三维温度场分布和介质浓度分布，需要建立炉内介质发射(与介质浓度和介质温度相关)与辐射图像间的对应关系，即需要建立燃烧系统的辐射成像模型。辐射图像中，各像素的图像信息对应的是该像素方向上接收到的辐射强度信息，为了建立辐射成像模型以分析高像素辐射图像信息，需要计算图像中各像素所对应的高方向分辨率辐射强度。本章将讨论 DRESOR 法在建立辐射成像模型中的应用，以及通过对辐射逆问题的求解获得介质温度和浓度分布信息。

11.1　应用于燃烧检测的辐射成像模型

文献[1]提出将辐射成像装置(如 CCD)作为燃烧空间辐射能量分布的二维传感器，从能量成像的角度研究辐射成像模型，在 CCD 成像的光学模型的基础上建立了辐射能量成像模型，将成像装置获得的辐射能量图像同炉内燃烧温度分布相关联。

在给定炉膛结构尺寸、空间介质辐射参数分布、壁面辐射特性、空间和壁面的离散网格划分后，就可以通过 DRESOR 法计算得到空间与空间单元、空间与壁面单元、壁面与壁面单元之间的辐射散射份额的分布 $R_{\mathrm{d}}^{\mathrm{s}}$；火焰图像探测器的布置及其成像参数(视角中心线方向、视角范围、像素数等)决定了网格单元与成像像素的视线之间的空间位置关系，进而成像系数矩阵就可以得到。

实际上，根据辐射强度的定义，即单位面积、单位立体角内投射出去(或接收)的辐射能量，其单位是 $\mathrm{W/(m^2\cdot sr)}$，当辐射成像装置获得的能量信息除以每个像素的成像面积和立体角后，可以转化为辐射强度分布图像，其基础在于辐射强度反映的是不同方向的辐射能量的大小，而辐射成像装置检测到的恰好是不同方向辐射能量的差异。

以管式加热炉中某一图像探测器的 CCD 为例，如图 11.1 所示。位于计算模型边界 O 点处，图像探测器的 CCD 摄像机在 $\hat{\boldsymbol{s}}$ 方向上可能与壁面相交(如图 11.1(a))，也可能与管壁面相交(如图 11.1(b))。因为在管式加热炉辐射温度成像模型中，壁面和管壁面 DRESOR 数更新方法是基本相同的，为了简洁起见，下面把壁面、管壁面统一称为壁面。应用 DRESOR 法，位于系统边界 O 点处的 CCD 摄像机在 $\hat{\boldsymbol{s}}$ 方向上接收到的辐射强度求解表示式如下：

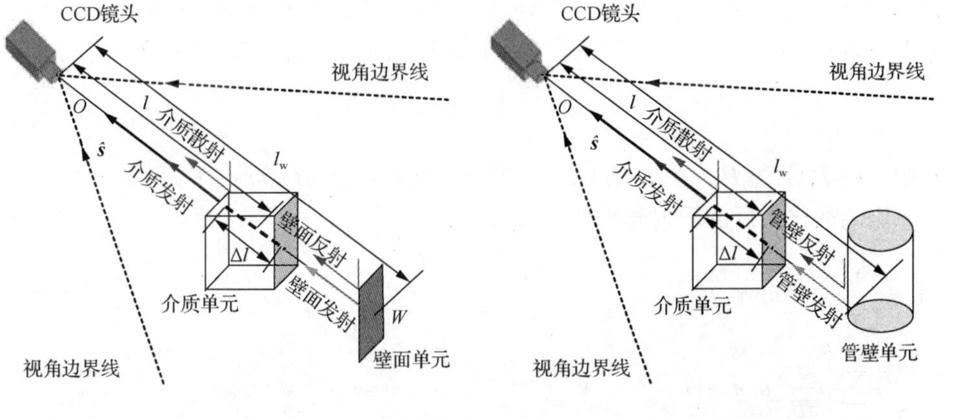

(a)　壁面情况　　　(b)　有管壁面情况

图 11.1　一条视线方向辐射强度的计算

$$\begin{aligned} I(O,\hat{\boldsymbol{s}}) &= I^{\mathrm{d}}(O,\hat{\boldsymbol{s}}) + I^{\mathrm{i}}(O,\hat{\boldsymbol{s}}) \\ &= I_{\mathrm{w}}^{\mathrm{d}}(O,\hat{\boldsymbol{s}}) + I_{\mathrm{m}}^{\mathrm{d}}(O,\hat{\boldsymbol{s}}) + I_{\mathrm{w}}^{\mathrm{i}}(O,\hat{\boldsymbol{s}}) + I_{\mathrm{m}}^{\mathrm{i}}(O,\hat{\boldsymbol{s}}) \end{aligned} \tag{11.1}$$

式中，$I^{\mathrm{d}}(O,\hat{\boldsymbol{s}})$ 为 O 点在 $\hat{s}$ 方向接收到的总的直接辐射的部分；$I^{\mathrm{i}}(O,\hat{\boldsymbol{s}})$ 为总的间接辐射的部分；$I_{\mathrm{m}}^{\mathrm{d}}(O,\hat{\boldsymbol{s}})$ 为从空间介质区域发射的直接辐射的部分；$I_{\mathrm{w}}^{\mathrm{d}}(O,\hat{\boldsymbol{s}})$ 为从壁面(管壁)区域发射的直接辐射的部分；$I_{\mathrm{m}}^{\mathrm{i}}(O,\hat{\boldsymbol{s}})$ 为从空间介质区域发射的间接辐射的部分；$I_{\mathrm{w}}^{\mathrm{i}}(O,\hat{\boldsymbol{s}})$ 为从壁面(管壁)区域发射的间接辐射的部分。

辐射强度 $I(O,\hat{\boldsymbol{s}})$ 的计算公式为：

$$\begin{aligned} I(O,\hat{\boldsymbol{s}}) = &\left[\frac{1}{\pi}\mathrm{e}^{-\int_{l_{\mathrm{w}}}\beta(l')\mathrm{d}l'}\varepsilon\sigma\right]T^4(w) + \int_0^{l_{\mathrm{w}}}\left[\frac{1}{\pi}\mathrm{e}^{-\int_l \beta(l')\mathrm{d}l'}\kappa(l)n^2\sigma\right]T^4(l)\mathrm{d}l \\ &+ \int_W\left[\int_0^{l_{\mathrm{w}}}\frac{1}{4\pi}\mathrm{e}^{-\int_l \beta(l')\mathrm{d}l'}\varepsilon\sigma R_{\mathrm{d}}^{\mathrm{s}}(w',l,\hat{\boldsymbol{s}})\mathrm{d}l + \frac{1}{\pi}\mathrm{e}^{-\int_{l_{\mathrm{w}}}\beta(l')\mathrm{d}l'}\varepsilon\sigma R_{\mathrm{d}}^{\mathrm{s}}(w',w,\hat{\boldsymbol{s}})\right]T^4(w')\mathrm{d}w' \\ &+ \int_V\left[\int_0^{l_{\mathrm{w}}}\frac{1}{4\pi}\mathrm{e}^{-\int_l \beta(l')\mathrm{d}l'}4\kappa(v)n^2\sigma R_{\mathrm{d}}^{\mathrm{s}}(v,l,\hat{\boldsymbol{s}})\mathrm{d}l + \frac{1}{\pi}\mathrm{e}^{-\int_{l_{\mathrm{w}}}\beta(l')\mathrm{d}l'}4\kappa(v)n^2\sigma R_{\mathrm{d}}^{\mathrm{s}}(v,w,\hat{\boldsymbol{s}})\right]T^4(v)\mathrm{d}v \end{aligned} \tag{11.2}$$

式中，$T(l)$ 为位于经过 O 点的在 $\boldsymbol{s}$ 方向线上的炉内介质的温度；$T(v)$ 为所有位于炉内体积空间区域的介质的温度，包括 $T(l)$；$T(w)$ 为与经过 O 点的在 $\hat{\boldsymbol{s}}$ 方向线相交的壁面点的温度；$T(w')$ 为所有壁面区域的温度，包括 $T(w)$。

同样，将三维炉膛系统离散化为 n 个空间体单元和 m 个炉壁面单元，同时将 CCD 靶面离散为 K 个像素。则待求温度分布 $T(i)$ $(i=1,\cdots,m+n$，其中，$i_1=1,\cdots,n$，$i_2=1,\cdots,m)$ 和各像素方向的辐射强度 $I(j)$ $(j=1,\cdots,m')$ 之间的关联方程为

$$\boldsymbol{I}=\boldsymbol{A}_{\mathrm{I}}\boldsymbol{T} \tag{11.3}$$

式中，$\boldsymbol{I}=[I(1),\cdots,I(j),\cdots,I(K)]^{\mathrm{T}}$；$\boldsymbol{T}=[T^4(1),\cdots,T^4(i),\cdots,T^4(m+n)]^{\mathrm{T}}$。

则离散化之后的辐射强度成像方程为

$$\begin{aligned}I_j=&\left[\frac{1}{\pi}\mathrm{e}^{-\tau(l_{n_j})}\varepsilon_{n_j}\sigma\right]T_{n_j}^4\\&+\sum_{i_j=1}^{m_j}\left\{\frac{1}{\pi\beta_{i_j}}\kappa_{i_j}n^2\sigma\left[\mathrm{e}^{-\tau(l_{i_j-1})}-\mathrm{e}^{-\tau(l_{i_j})}\right]\right\}T_{i_j}^4\\&+\sum_{i=m+1}^{m+n}\left\{\frac{1}{\pi}\varepsilon_i\sigma\Delta w_i\left[\frac{1}{4\beta_{i_j}}\sum_{i_j=1}^{m_j}\left(\mathrm{e}^{-\tau(l_{i_j-1})}-\mathrm{e}^{-\tau(l_{i_j})}\right)R_{\mathrm{d}}^{\mathrm{s}}(i,i_j,j)+\left(1-\mathrm{e}^{-\tau(l_{n_j})}\right)R_{\mathrm{d}}^{\mathrm{s}}(i,n_j,j)\right]\right\}T_i^4\\&+\sum_{i=1}^{m}\left\{\frac{1}{\pi}\kappa_i n^2\sigma\Delta v_i\left[\frac{1}{\beta_{i_j}}\sum_{i_j=1}^{m_j}\left(\mathrm{e}^{-\tau(l_{i_j-1})}-\mathrm{e}^{-\tau(l_{i_j})}\right)R_{\mathrm{d}}^{\mathrm{s}}(i,i_j,j)+4\left(1-\mathrm{e}^{-\tau(l_{M'_j})}\right)R_{\mathrm{d}}^{\mathrm{s}}(i,n_j,j)\right]\right\}T_i^4\end{aligned} \tag{11.4}$$

写为矩阵形式，有

$$\begin{pmatrix}\boldsymbol{I}(1)\\\cdots\\\boldsymbol{I}(j)\\\cdots\\\boldsymbol{I}(k)\end{pmatrix}=\begin{pmatrix}A(1,1)&\cdots&A(1,i)&\cdots&A(1,m+n)\\\cdots&\cdots&\cdots&\cdots&\cdots\\A(j,1)&\cdots&A(j,i)&\cdots&A(j,m+n)\\\cdots&\cdots&\cdots&\cdots&\cdots\\A(K,1)&\cdots&A(K,i)&\cdots&A(K,m+n)\end{pmatrix}\begin{pmatrix}T^4(1)\\\cdots\\T^4(i)\\\cdots\\T^4(m+n)\end{pmatrix} \tag{11.5}$$

即

$$\boldsymbol{AT}=\boldsymbol{I} \tag{11.6}$$

式中，$\boldsymbol{I}=\{I(j),j=1,\cdots,K\}$，为 CCD 接收到的辐射强度分布；$\boldsymbol{T}=\{T^4(i),i=1,\cdots,m+n\}$，为气体区域和壁面单元温度的四次方；$\boldsymbol{A}$ 为辐射成像模型，它是一个辐射强度成像矩阵，$\boldsymbol{A}=\{a(j,i),j=1,\cdots,K;i=1,\cdots,m+n\}$，表示三维系统(包括空间单元和壁面单元)的对成像装置的辐射贡献份额。

由于所获得的是摄像机镜头接收到的辐射强度，即单位时间(s)投射到镜头单位表面(m^2)上的能量(J)。首先，这个能量的大小直接与镜头的光圈有关：减小光圈会降低摄像机 CCD 靶面实际接收到的曝光量；反之亦然。此时，辐射强度成像模型中的关联矩阵就要随之发生变化，这在实际应用中是很不方便的。其次，摄像机 CCD 靶面实际接收到的曝光量是很难直接计量的。因此，文献[1]提出了辐射温度成像模型，建立了成像装置所检测到的火焰温度图像与系统内温度场之间的关系，即

$$\boldsymbol{A}'\boldsymbol{T} = \boldsymbol{T}_{\text{CCD}} \tag{11.7}$$

式中，$\boldsymbol{A}' \in R^{K\times(m+n)}$ 为辐射温度成像矩阵，将 $\boldsymbol{A}$ 归一化得到；$\boldsymbol{T}_{\text{CCD}} \in R^{K\times 1}$ 为 CCD 所检测到的火焰温度图像的 4 次方，可以用基于彩色 CCD 三基色的比色法[2]计算得到。

由于 CCD 摄像机成像系统要经过光电、数模转换等一系列中间过程，最后进入计算机内的火焰图像的 R、G、B 三基色已经不能完全反映单色辐射能的大小，为了得到准确的结果，必须对 R、G、B 进行修正。修正的方法是以黑体炉为标准辐射热源进行标定，以彩色图像的 r 为基准，修正分量 g 和 b，具体标定方法见文献[1]，将修正之后的 R、G、B 用于空间和壁面温度图像的计算。

这里使用正则化方法求解方程式(11.7)，如文献[1]所述，对于一个在空间内连续分布的重建参数来说，正则化矩阵是很有效的。其特点是：任何一个单元都依次作为中心与其相邻单元之间建立约束关系。此方法的基本原理是寻找一个使下式极小化的 $\boldsymbol{T}$：

$$R(\boldsymbol{T},\alpha) = \left\|\boldsymbol{T}_{\text{CCD}} - \boldsymbol{A}'\right\|^2 + \alpha\left\|\boldsymbol{DT}\right\|^2 \tag{11.8}$$

这里，D 为正则化矩阵，正则化参数 α 同样在重建过程中扮演了很重要的角色。经过严格的推导后，使得式(11.8)值最小的 α 近似值可由式(11.9)给出：

$$\alpha(\boldsymbol{T}_{\text{CCD}}) \approx 2\left\|\boldsymbol{T}_{\text{CCD}} - \boldsymbol{A}'\boldsymbol{T}(0)\right\|^2 \Big/ \left\|\boldsymbol{DT}(0)\right\|^2 \tag{11.9}$$

使式(11.8)极小时的 $\boldsymbol{T}$ 为[1]

$$\boldsymbol{T} = (\boldsymbol{A}'^{\text{T}}\boldsymbol{A}' + \alpha\boldsymbol{D}^{\text{T}}\boldsymbol{D})^{-1}\boldsymbol{A}'^{\text{T}}\boldsymbol{T}_{\text{CCD}} = \boldsymbol{B}\boldsymbol{T}_{\text{CCD}} \tag{11.10}$$

从正则化算法中可以知道，在已知系统参数后，系数矩阵 $\boldsymbol{B}$ 可以预先给出，因此在实际应用中，只需要计算出火焰温度图像后，用一步乘法即可求出炉内三维温度场，而其他方法除了对病态问题求解能力较差外，还需要迭代计算，无法满足工业生产中的监测系统的实时性要求。

式(11.2)中源相应用斯蒂芬-波尔兹曼定理，可得如式(11.7)所示的温度四次方成像模型。同理，在(11.2)式中源相应用维恩定理，则可得式(11.11)和式(11.12)所示的红色单色及绿色单色成像模型。

$$I_{\mathrm{R}} = \sum_{i=0}^{M} a_i R^i = A'(\kappa,\varepsilon)\frac{c_1\lambda_{\mathrm{R}}^{-5}}{\exp(c_2 / \lambda_{\mathrm{R}} T)} \tag{11.11}$$

$$I_{\mathrm{G}} = \sum_{j=0}^{N} b_j G^j = A'(\kappa,\varepsilon)\frac{c_1\lambda_{\mathrm{g}}^{-5}}{\exp(c_2 / \lambda_{\mathrm{g}} T)} \tag{11.12}$$

式中，系数矩阵 $A'(\kappa,\varepsilon)$ 为气体吸收系数 κ(气体燃料可忽略气体的散射系数)和壁面(管壁)发射率 ε 的函数，计算方式和式(11.2)及式(11.7)中相似。I_{R} 和 I_{G} 分别为红色和绿色单色辐射强度。a_i 和 b_j 分别为红色及绿色标定系数；R 和 G 分别为红色和绿色单色灰度值。

在预先假定气体吸收系数 κ 和壁面(管壁)发射率 ε 分布的情况下，利用图像红色单色和绿色单色的检测值，可得 I_{R} 和 I_{G}，在式(11.11)中的红色单色成像模型中，应用正则化算法可反演得到温度分布 T，然后，把温度分布 T 代入式(11.12)中的绿色单色成像模型中，看等式(11.12)是否成立，如不成立，则可求出气体吸收系数 κ 和壁面(管壁)发射率 ε 的差分值，气体吸收系数 κ 和壁面(管壁)发射率 ε 加上差分值后进行更新后，可再利用式(11.11)重新计算温度分布 T，再把温度分布 T 代入式(11.12)中，检验该方程是否满足，如还不满足，则继续迭代，直到两方程同时满足达到收敛，这时的气体吸收系数 κ 和壁面(管壁)发射率 ε 以及温度场分布才是真实值。

11.2 温度场与辐射特性参数解耦重建原理

基于火焰辐射图像处理的温度场与辐射特性参数同时重建问题，从本质上属于辐射传递逆问题的一种[3]，其难点在于如何实现温度场与辐射特性参数的解耦。目前常用的解耦方法为最优化方法，即通过优化边界辐射信息的计算值和测量值，使两者之间的误差达到最小，从而获得对温度场及辐射特性参数的最佳逼近。王飞[4]等采用代数迭代重建算法，从火焰图像提取的单色辐射强度分布中求解二维炉膛截面温度和烟黑浓度分布。周怀春[5-9]等通过增加边界辐射温度信息作为检测量输入，弥补了单一检测量在同时重建问题上的不足。通过利用边界辐射温度信息重建炉膛温度场，利用边界辐射强度信息重建炉膛辐射参数，两者交叉迭代，实现了对二维截面温度场及介质吸收系数、散射系数、壁面发射率的同时重建。艾育华[10-12]利用发射 CT 法，从烟黑单色辐射强度信息中同时重建了烟黑火焰温度和烟黑浓度分布，通过与热电偶的测量比较发现，发射 CT 法比热电偶测量烟黑在火焰上部的氧化区有更强的适应性。刘林华[13,14]利用共轭梯度法与一维搜索法相结合的混合方法，根据边界表面的出射辐射强度计算吸收、发射、非散射、灰性一维半透明厚平板的非均匀温度分布与均匀的吸收系数。

本章将介绍一种新的基于火焰辐射图像处理的温度场与辐射特性参数解耦重建的方法，首先给出其计算原理，然后分别对二维和三维工业炉模型开展模拟研究，以验证算法的可行性。

基于火焰辐射图像处理的温度场与辐射特性参数同时重建研究包括两方面内容：①给定炉膛源项及辐射参数分布，计算炉膛边界出射辐射强度分布，即获取火焰辐射图像，这本质上属于辐射传递正问题；②改变辐射特性参数作为初值，从加入测量误差的边界辐射强度分布中同时重建温度场与辐射特性参数，这本质上属于辐射传递逆问题。

温度场重建的精确度依赖于辐射参数的逼近程度，两者的相互耦合决定了同时重建问题的复杂性。11.1 节介绍了利用炉膛边界处的单色辐射强度分别重建温度场和辐射特性参数的方法，但温度分布与辐射参数的变化均能够引起边界单色辐射强度的改变，因此，要同时重建温度场和辐射参数，只有一个单色辐射强度作为检测量是不够的。实际上，在边界上的检测信息可以包含不同颜色或辐射波长下的辐射强度，如果我们同时引入两个波长下的单色辐射强度图像，结合正则化方法和最优化方法，我们就能够得到一种温度场与辐射特性参数的同时解耦重建方法。

彩色图像获得的是火焰的红(*R*)、绿(*G*)、蓝(*B*)三基色图像，可以从中分别得到火焰在 *RGB* 三基色波长下的单色辐射强度 $I_{\lambda\mathrm{R}}$、$I_{\lambda\mathrm{G}}$、$I_{\lambda\mathrm{B}}$。我们提取红绿波长下的单色辐射强度 $I_{\lambda\mathrm{R}}$、$I_{\lambda\mathrm{G}}$ 作为输入量，然后从红色单色辐射强度 $I_{\lambda R}$ 中重建温度分布，从绿色单色辐射强度 $I_{\lambda\mathrm{G}}$ 中重建辐射参数。其基本原理可用下式描述：

$$\begin{cases} I_{\mathrm{B},\lambda\mathrm{R}}=\left(A_{\lambda\mathrm{R}}^{\mathrm{T}}A_{\lambda\mathrm{R}}+\alpha D^{T}D\right)^{-1}A_{\lambda\mathrm{R}}^{\mathrm{T}}I_{\lambda\mathrm{R}} \\ T=-\dfrac{C_2}{\lambda_{\mathrm{R}}}\Big/\ln\left(\dfrac{\pi I_{\mathrm{B},\lambda\mathrm{R}}\lambda_{\mathrm{R}}^{5}}{C_1}\right) \end{cases} \tag{11.13}$$

$$\begin{cases} \begin{bmatrix}\Delta\kappa^{\mathrm{R}}\\ \Delta\sigma_{\mathrm{s}}^{\mathrm{R}}\\ \Delta\varepsilon^{\mathrm{R}}\end{bmatrix}=\left[\left[\dfrac{\partial I_{\lambda\mathrm{G}}^{\mathrm{R}}}{\partial\kappa}\dfrac{\partial I_{\lambda\mathrm{G}}^{\mathrm{R}}}{\partial\sigma_{\mathrm{s}}}\dfrac{\partial I_{\lambda\mathrm{G}}^{\mathrm{R}}}{\partial\varepsilon}\right]^{\mathrm{T}}\left[\dfrac{\partial I_{\lambda\mathrm{G}}^{\mathrm{R}}}{\partial\kappa}\dfrac{\partial I_{\lambda\mathrm{G}}^{\mathrm{R}}}{\partial\sigma_{\mathrm{s}}}\dfrac{\partial I_{\lambda\mathrm{G}}^{\mathrm{R}}}{\partial\varepsilon}\right]\right]^{-1}\left[\dfrac{\partial I_{\lambda\mathrm{G}}^{\mathrm{R}}}{\partial\kappa}\dfrac{\partial I_{\lambda\mathrm{G}}^{\mathrm{R}}}{\partial\sigma_{\mathrm{s}}}\dfrac{\partial I_{\lambda\mathrm{G}}^{\mathrm{R}}}{\partial\varepsilon}\right]^{\mathrm{T}}(I_{\lambda\mathrm{G}}-I_{\lambda\mathrm{G}}^{\mathrm{R}}) \\ \partial I_{\lambda\mathrm{G}}^{\mathrm{R}}/\partial\kappa=(I_{\lambda\mathrm{G},\kappa}^{\mathrm{R}}-I_{\lambda\mathrm{G}}^{\mathrm{R}})/\delta\kappa^{\mathrm{R}},\ \partial I_{\lambda\mathrm{G}}^{\mathrm{R}}/\partial\sigma_s=(I_{\lambda\mathrm{G},\sigma_{\mathrm{s}}}^{\mathrm{R}}-I_{\lambda\mathrm{G}}^{\mathrm{R}})/\delta\sigma_{\mathrm{s}}^{\mathrm{R}}, \\ \partial I_{\lambda\mathrm{G}}^{\mathrm{R}}/\partial\varepsilon=(I_{\lambda\mathrm{G},\varepsilon}^{\mathrm{R}}-I_{\lambda\mathrm{G}}^{\mathrm{R}})/\delta\varepsilon^{\mathrm{R}} \end{cases} \tag{11.14}$$

其基本过程如下：

(1)提取火焰图像中每个像素的 R、G 值，然后由标定系数分别得到在 R、G 代表性波长下的单色辐射强度分布 $I_{\lambda R}$、$I_{\lambda G}$，这里取 R、G 代表性波长分别为 $\lambda_R = 610\text{nm}$、$\lambda_G = 510.2\text{nm}$。

(2)利用正则化方法从红色单色辐射强度分布 $I_{\lambda R}$ 中重建温度分布。

(3)利用最优化方法从绿色单色辐射强度分布 $I_{\lambda G}$ 中重建辐射参数。

(4)以上两个过程交叉迭代，直到红、绿单色辐射强度重建值与检测值之间残差最小，迭代收敛。

下面将以一台工业燃烧炉模型为研究对象，首先、利用该方法对二维截面系统的温度分布与辐射特性参数开展同时重建模拟研究，并进一步将其推广到三维系统中，研究不同的迭代初值、空间温度分布、测量误差以及光学厚度对重建方法的影响。在二维及三维系统同时重建模拟过程中，做如下假设：

(1)空间介质为灰性发射、吸收和各向同性散射介质，吸收系数与散射系数均匀分布，其散射系数为 σ_s，吸收系数为 κ。

(2)壁面均为灰性发射、吸收、漫反射表面，壁面发散率为 ε。

(3)为了模拟 CCD 检测信息存在误差，将均值为 0、标准方差为 σ 的正态分布的随机误差加到红色单色辐射强度及绿色单色辐射强度检测值上。

11.3 二维系统温度分布与辐射特性参数同时重建模拟

11.3.1 计算模型

考察一个如图 11.2 所示的工业炉膛截面模型，其尺寸为 1m × 1m。对其进行网格划分，将壁面区域划分为 40 个网格，网格编号从 1 到 40，空间区域划分为 100 个网格，网格编号从 41 到 140，所有网格共计 140 个。4 支 CCD 火焰探测器被布置在炉膛 4 个角上，以捕捉来自炉膛内部的火焰辐射信息，假定探测器的视场角为 90°，这样可以保证探测器观测到炉内任何一个区域。将每支探测器靶面划分为 90 个像素单元，所有像素单元共计 360 个。待求解的参数包括：140 个网格单元的温度分布 T，壁面发散率 ε，介质吸收系数 κ，散射系数 σ_s。

首先，计算辐射传递正问题。假设炉膛初始空间温度呈单峰型分布，由式(11.15)给出每个空间网格单元的温度值，壁面温度均设为 1000℃。介质吸收系数 κ 初值设为 0.3m^{-1}，散射系数 σ_s 初值设为 0.15m^{-1}，壁面发射率 ε 初值设为 0.8。

$$\begin{cases} m(i,j) = 0.25\left\{1-\cos\left[2\pi(i/9)^{4/5}\right]\right\}\times\left\{1-\cos\left[2\pi(j/9)^{2/3}\right]\right\} \\ T_g\left[(i+4)\times 10+j+1\right] = 800+1000\times m(i,j)(i,j=0,\cdots,9) \end{cases} \tag{11.15}$$

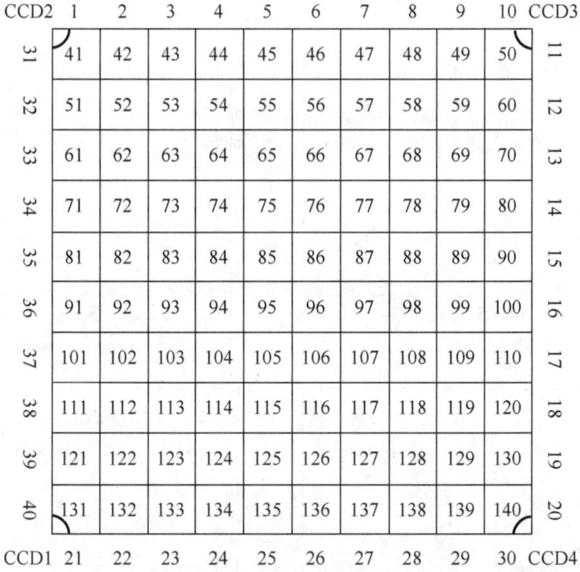

图 11.2　工业炉膛截面模型

图 11.3 给出了式(11.15)设置下的空间温度分布云图，呈单峰型非均匀分布，高温区设定在炉膛中部偏左墙区域，炉膛燃烧最高温度 1373℃。

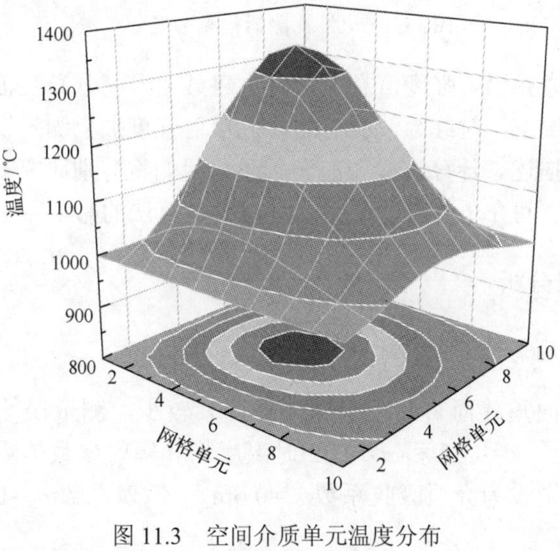

图 11.3　空间介质单元温度分布

图 11.4 给出了通过辐射正问题计算得到的 4 支 CCD 火焰探测器检测强度分布，与单峰型温度分布相对应，检测强度分布也为单峰型，由于空间区域温度呈不对称分布，4 支火焰探测器检测强度分布略有不同。

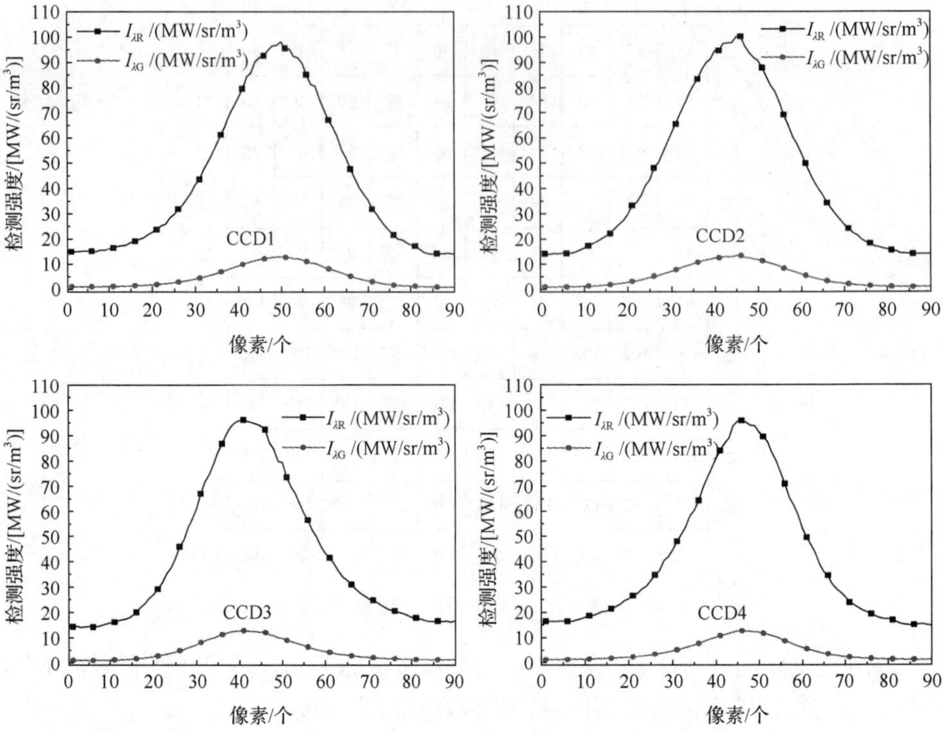

图 11.4　火焰探测器检测强度分布

下面开始从边界辐射强度信息中同时重建截面温度分布及辐射参数。为模拟检测信息存在的误差，对红绿波长下的单色辐射强度加上测量误差，误差大小可以用标准方差 σ 描述。计算过程如前面所述，我们将分别研究测量误差、迭代初值、光学厚度、空间介质温度、壁面温度对重建算法的影响。

11.3.2　计算结果分析

1. 测量误差的影响

对于二维截面重建而言，由于探测器像素较少，测量误差一般较小。这里分别研究标准方差 σ=0.01 和 σ=0.02 时温度场和辐射参数的重建结果。辐射参数的迭代初值分别设为介质吸收系数 κ=0.6m^{-1}，散射系数 σ_s=0.1m^{-1}，壁面发射率 ε=0.6。

图 11.5 给出了不同测量误差下辐射参数的迭代结果，可以发现，尽管辐射参数迭代初值离真实值较远，但通过算法的逐步迭代搜索，辐射参数最终均收敛到真实值附近。图 11.6 给出了不同测量误差下温度场重建结果。图 11.7 给出

了不同测量误差下温度场与辐射参数重建误差的统计结果。可以发现，在不同的测量误差下，重建算法均能够较好地还原炉膛温度分布。随着测量误差的加大，温度场与辐射参数的重建误差均有所增大，但基本保持在与测量误差一个量级上。

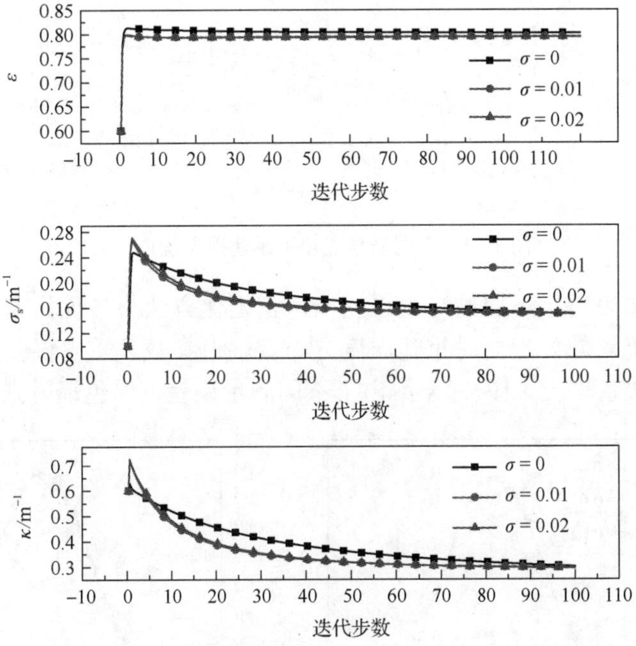

图 11.5　不同测量误差下辐射参数迭代结果

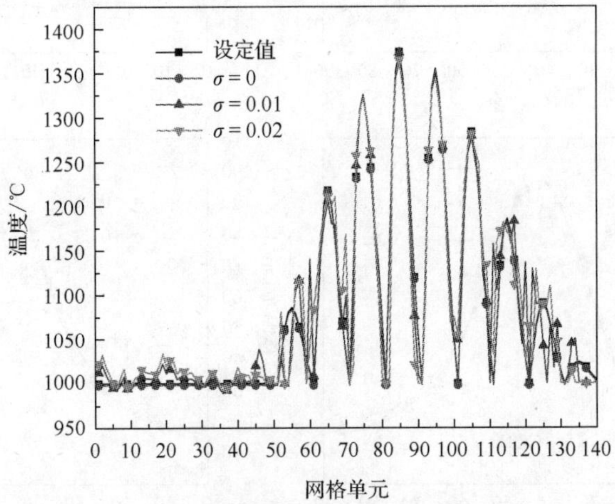

图 11.6　不同测量误差下温度场重建结果

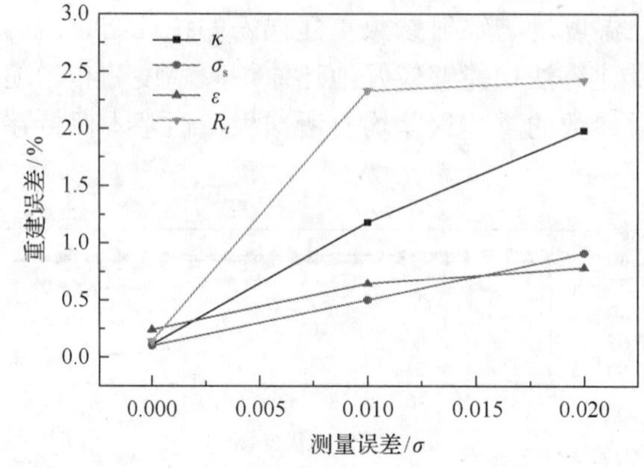

图 11.7　不同测量误差下重建误差统计结果

以上结果表明，不同的测量误差下，正则化方法与最优化方法相结合的解耦重建算法能够较好地同时重建温度分布及辐射参数，重建误差与测量误差保持在一个量级水平上。图 11.8 给出了不同测量误差下单色辐射强度检测值与重

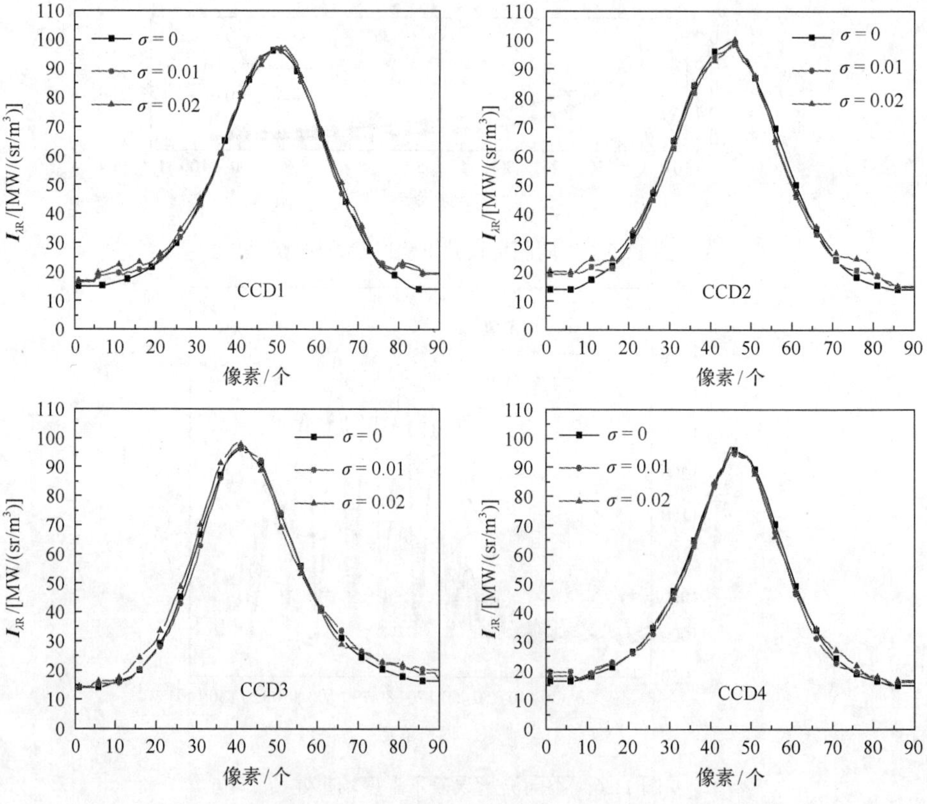

图 11.8　不同测量误差下单色辐射强度检测值与重建值比较结果

建值的比较结果，其吻合程度决定了反演的精度。当 $\sigma=0$ 即不加测量误差时，两者基本吻合，此时的温度场与辐射参数重建误差也较小；当测量误差增大时，两者之间的残差也逐步增大，从而导致重建误差也逐步增大。

2. 迭代初值的影响

在重建问题中，迭代初值的选择往往很重要，它决定了迭代过程能否最终收敛。同时，一个好的迭代算法必须对迭代初值的选择有较好的适应性，要能够从不同的迭代初值出发，均收敛到真实值。这里我们对辐射参数$(\kappa,\sigma_s,\varepsilon)$取三组迭代初值：①(0.2,0.1,0.7)；②(0.4,0.2,0.9)；③(0.5,0.3,0.6)，测量误差取 $\sigma=0.01$，研究辐射参数的重建结果。

图 11.9 给出了 3 组迭代初值下辐射参数迭代结果。可以发现，从不同的迭代初值出发，该重建算法均能够较好地搜索到真实值附近，这就保证该算法在处理实际应用问题时，在初值选取的问题上有了更大的灵活性。同时，比较 3 组迭代初值下的收敛速度可以发现，当初值离真实值越近时，迭代过程越快收敛。

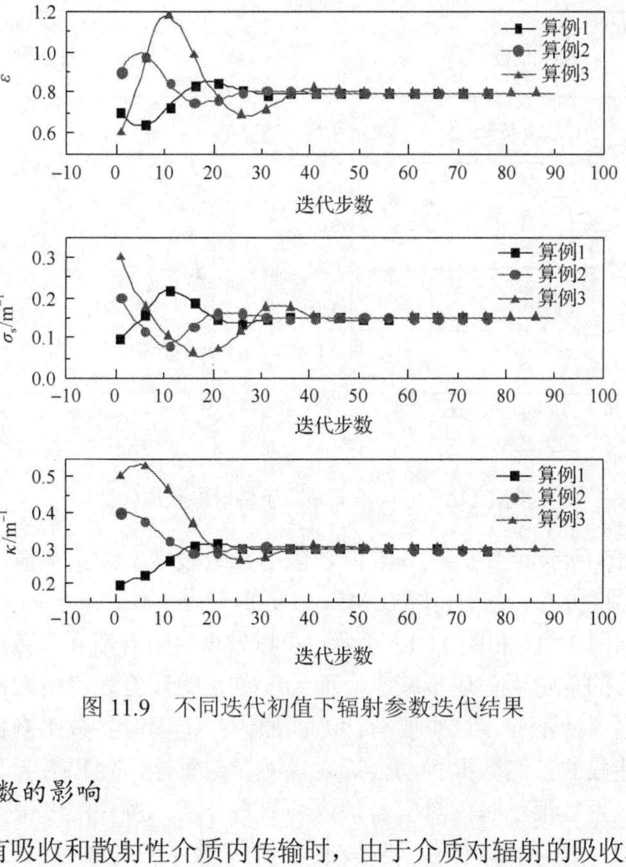

图 11.9　不同迭代初值下辐射参数迭代结果

3. 消光系数的影响

当辐射在有吸收和散射性介质内传输时，由于介质对辐射的吸收和散射作用，辐射强度将会有所衰减。散射和吸收一起使光束在传播方向上产生衰减，称它们的总和为消光，消光系数 $\beta=\kappa+\sigma_s$。介质中射线的衰减程度由几何厚度与消光系数两者决定。在几何厚度确定的情况下，本书主要研究不同消光系数对温度场及辐射参数重建的影响。在正问题计算过程中，选取 4 组吸收系数和散射系数的组合 (0.03,0.015)、(0.1,0.05)、(0.3,0.15)、(0.6,0.4)，对应的消光系数分别为 $\beta=0.045$、$\beta=0.15$、$\beta=0.45$、$\beta=1.0$，壁面发射率保持 0.8 不变，测量误差取 $\sigma=0.01$。图 11.10 给出了不同消光系数下辐射参数的迭代结果。

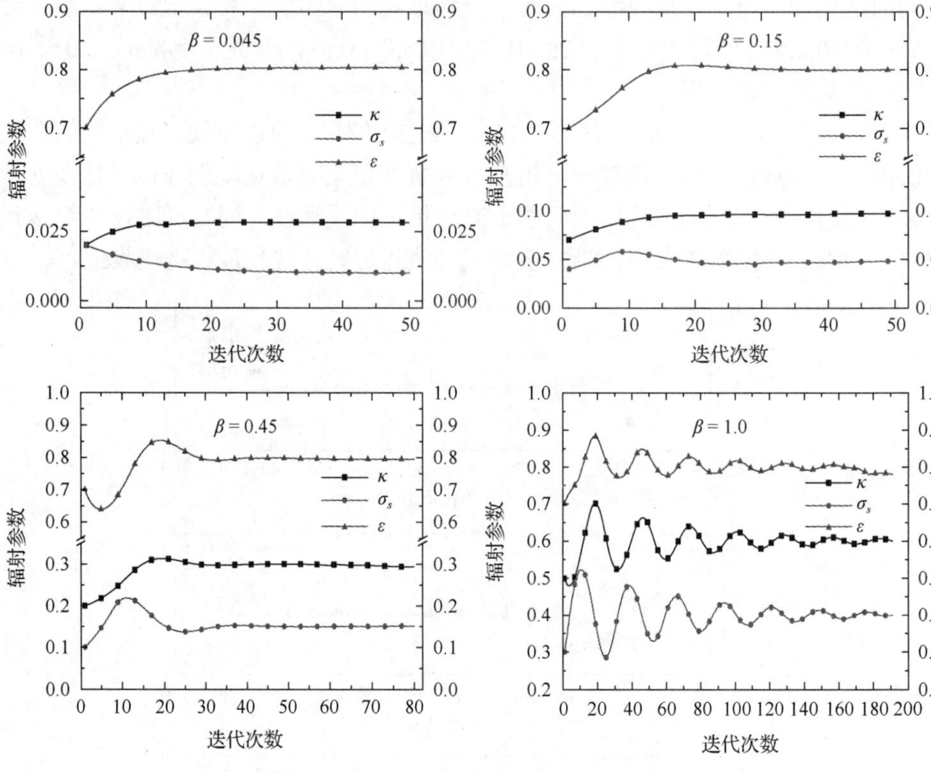

图 11.10　不同消光系数下辐射参数迭代结果

如图 11.10 所示，当 $\beta=0.045$ 时，散射系数搜索不到真实值，无法重建得到辐射参数及温度分布。统计 $\beta=0.045$、$\beta=0.15$、$\beta=0.45$、$\beta=1.0$ 下的重建结果和误差结果如图 11.11 和图 11.12 所示，可以发现，随着消光系数的增大，吸收系数与散射系数的重建误差逐步减小，而温度重建的误差逐步增大，壁面发射率的重建误差基本保持不变。这主要有两方面原因：①辐射参数比测量误差都小时，测量误差所造成的检测数据扰动会影响辐射参数重建，使辐射参数难以搜索到真实值；②消光系数很小时，对应着炉内纯气态介质，颗粒浓度很小，而基于可见光 CCD 检测数据重建得到的主要是颗粒相的吸收系数与散射系数分布，因此，当消光系数减小时，吸收系数与散射系数的重建误差会增大。对于温度重建则刚好相反，当消光系数增大时，光线的衰减作用增强，导致火焰探测器检测不到足够的辐射强度信息，从而使温度场重建的误差增大。当然，以上结论是基于均匀辐射参数假设的前提下得到的，如果辐射参数分布非均匀，当消光系数增大时，火焰辐射信息的缺失同样会导致辐射参数的重建误差增大。

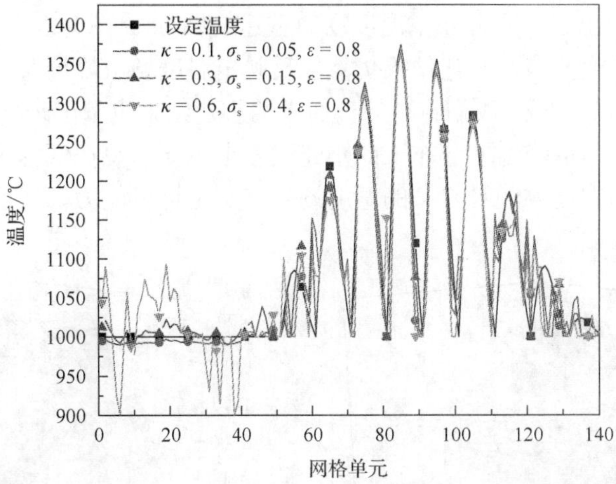

图 11.11　不同消光系数下温度场重建结果

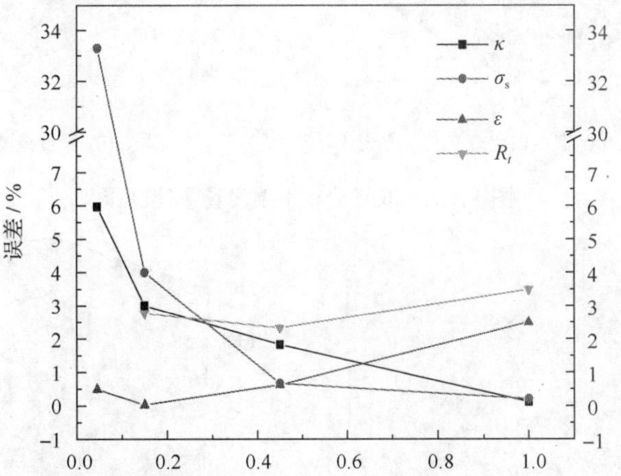

图 11.12　不同消光系数下重建误差统计结果

4. 空间介质温度的影响

为检验正则化算法对更复杂温度场的重建能力，我们进一步研究了双峰温度场的重建问题。双峰温度分布由式(11.16)给出，壁面温度设定为 1000℃，测量误

差取 σ=0.01。

$$\begin{cases} n(i,j)=\exp\{-40(i/9-1.1)^2-25(i/9-0.8)^2+0.8\exp[-25(i/9-0.8)^2-35(i/9-1.2)^2]\} \\ T_{\mathrm{g}}\left[(i+4)\times 10+j+1\right]=800+1000\times n(i,j)(i,j=0,\cdots,9) \end{cases} \tag{11.16}$$

图 11.13 给出了双峰分布下温度场的重建结果，(a)图为温度设定值，(b)图为重建得到的温度分布，重建结果仍然能反映出温度场双峰分布的特征，重建误差主要出现在低温区域。我们将单峰分布下的重建结果也拿出来比较，如图 11.14 所示，可以发现，单峰温度分布下的重建误差也主要出现在低温区域。因此，基于单色强度的正则化方法对复杂的温度场具有一定再现能力，温度场重建误差主要出现在低温区域。

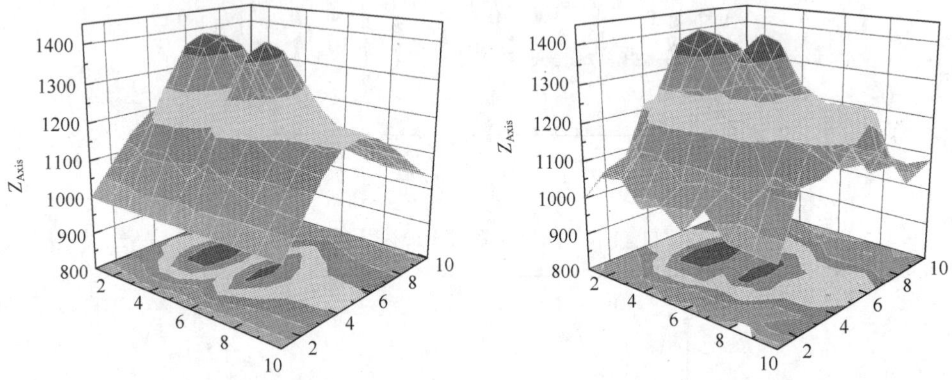

(a) 温度设定值　　　　(b) 温度重建值(σ = 0.01)

图 11.13　双峰分布下温度场重建结果

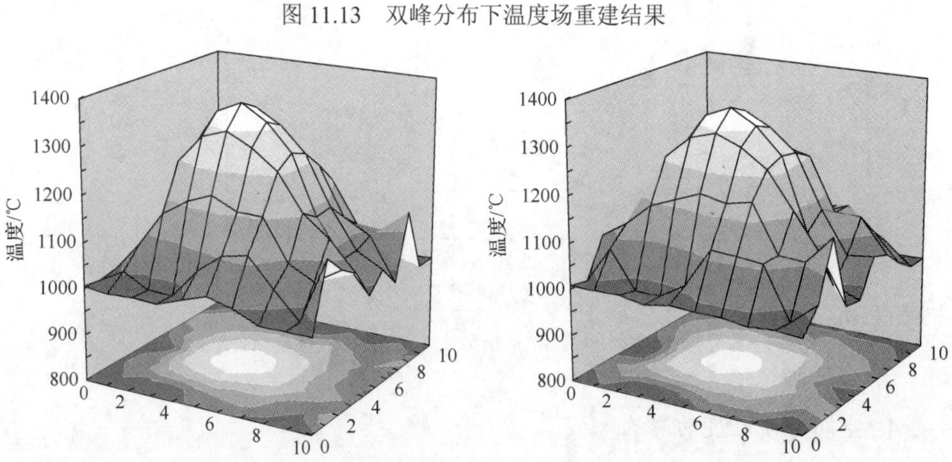

σ = 0.01　　　　σ = 0.02

图 11.14　单峰分布下温度场重建结果

5. 壁面温度的影响

研究工业炉内的同时重建问题，壁面温度的影响就不能忽略。之前的研究中，均设定壁面温度为 1000℃，同时重建算法能够很好地再现壁面温度分布，但也有必要考察其对更高和更低壁面温度的重建能力。在正问题计算过程中，我们分别取壁面温度为 1200℃和 700℃，介质温度按式(11.19)给出，吸收系数 κ 取 0.3m^{-1}，散射系数 σ_s 取 0.15m^{-1}，壁面发射率 ε 取 0.8，测量误差取 $\sigma = 0.01$。

图 11.15、图 11.16 给出了壁面温度 1200℃时温度场与辐射参数的重建结果。可以发现，辐射参数能够收敛到真实值附近，温度场的重建效果也较好，这表明同时重建算法能够较好地适用于高温壁面。

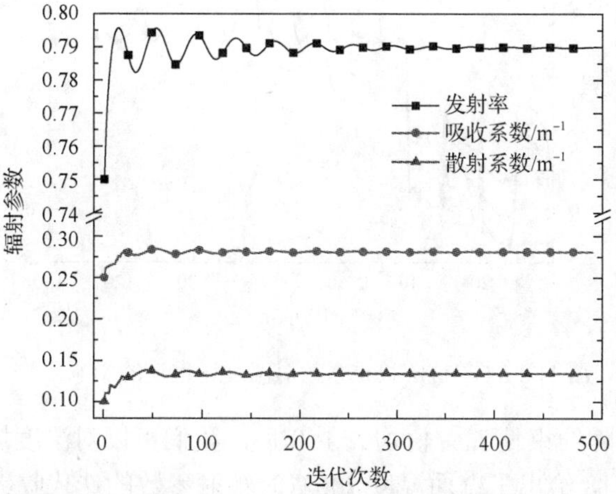

图 11.15　壁面温度 1200℃时辐射参数迭代收敛结果

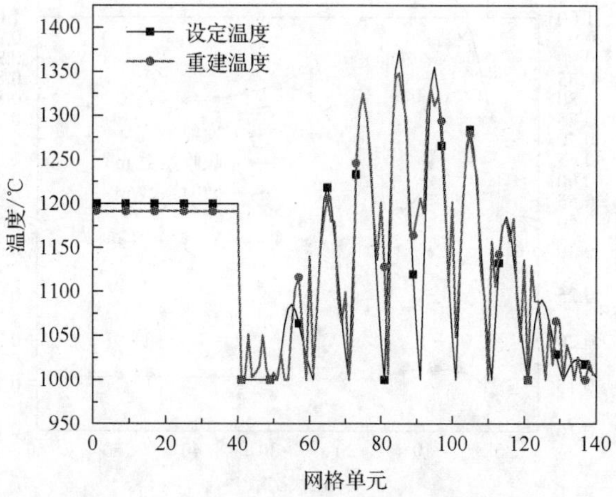

图 11.16　壁面温度 1200℃时温度场重建结果

当壁面温度为 700℃且辐射参数迭代初值离真实值较远时，由于逆问题的病态性，求解出的 $I_{B,\lambda R}$ 将会出现负值，这与实际物理现象不符合。这里将单位阵的约束方法引入到正则化方法中，即将单位阵约束与正则化约束联合使用，其原理在第 2 章已有介绍。引入单位阵约束后，求解出的网格单元的 $I_{B,\lambda R}$ 值将会增加，如图 11.17 所示，η 值由 0 增加到 2 时，壁面网格单元的 $I_{B,\lambda R}$ 值将会增加到大于 0，而气体网格单元由于其原来的 $I_{B,\lambda R}$ 值就很大，增加值可忽略不计。

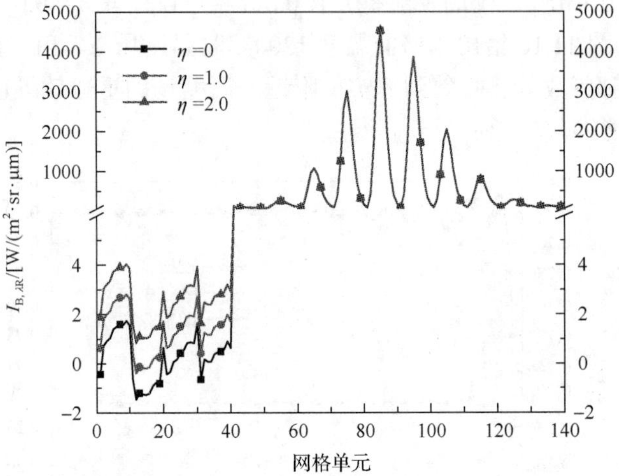

图 11.17　单位阵权重系数对温度场重建的影响

通过引入单位阵约束使 $I_{B,\lambda R}$ 值均大于 0 后，我们可以对温度场和辐射参数开展同时重建。图 11.18 给出了壁面温度 700℃时辐射参数的迭代收敛结果，图 11.19 给出了壁面温度 700℃时温度场的反演结果。可以发现，辐射参数基本能够收敛

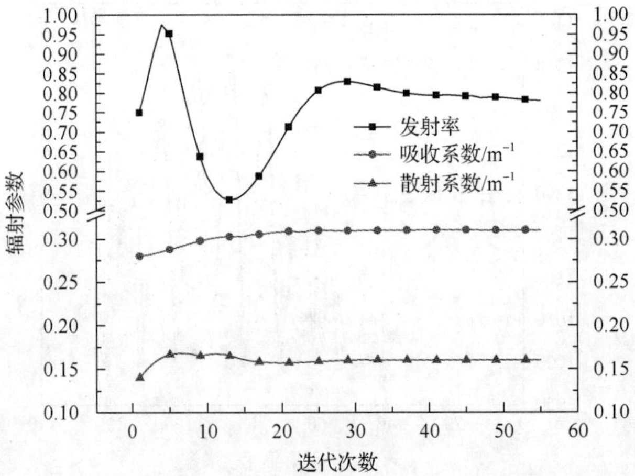

图 11.18　壁面温度 700℃时辐射参数迭代收敛结果

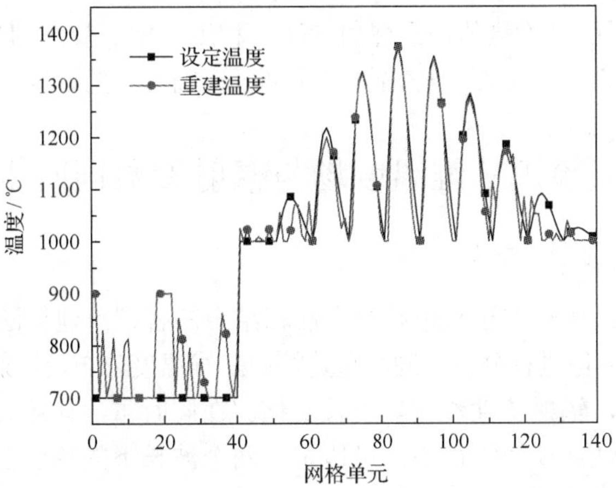

图 11.19　壁面温度 700℃时温度场重建结果

于真实值附近，而温度重建上壁面区域的重建误差较大，这表明引入单位阵约束虽然可以解决低温下 $I_{B,\lambda R}$ 重建值小于 0 的问题，但低温区的重建误差依然很大，这说明仅仅依靠单位阵约束或是平滑性约束的正则化约束方法并不能从根本上改善。另外在处理实际问题时，我们目前还没有找到一个单位阵权重系数的定量计算公式，只能依靠人为的选择去确定权重系数 η，这一研究还有待继续深入。

在一个二维炉膛截面的 4 个角上安装 CCD 火焰探测器，获取炉内火焰在红、绿波长下的近似单色辐射强度图像，利用正则化方法，从红色单色辐射强度信息中重建炉内温度分布，同时以绿色单色辐射强度为最优化目标重建炉内辐射参数。计算结果表明：

(1) 在不同的测量误差下，重建算法均能够较好地还原炉膛温度分布。随着测量误差的加大，温度场与辐射参数的重建误差均有所增大，但基本保持在与测量误差一个量级上。

(2) 从不同的辐射参数迭代初值出发，该重建算法均能够较好地搜索到真实值附近，当初值离真实值越近时，辐射参数迭代过程越快收敛。

(3) 随着消光系数的增大，吸收系数与散射系数的重建误差逐步减小，而温度重建的误差逐步增大。

(4) 基于单色辐射强度的正则化方法对单峰及双峰温度场均具有较好地再现能力，温度场重建误差主要出现在低温区域。

(5) 同时重建算法对中高温壁面温度具有较好的重建能力。对于低温壁面，采用单位阵约束与正则化约束联合使用的方法，可以有效地避免辐射参数误差造成的 $I_{B,\lambda R}$ 出现负值的情况，从而求解得到正确的辐射参数，但单位阵约束并不能减小低温区的重建误差。

(6) 单色辐射强度检测值与重建值的吻合程度决定了反演的精度，在实际应用中，可以以此作为判断温度场与辐射参数反演正确与否的标准。

11.4 热态试验炉三维温度场与辐射参数同时重建试验结果

11.4.1 试验装置及试验条件

本节将采用最优化方法与正则化方法相结合的解耦重建算法，对 6 个试验工况下拍摄的火焰图像进行分析，同时重建炉内三维温度分布及辐射参数。气体火焰是典型的非灰体，辐射特性参数随波长变化。在同时重建计算模型中，由于我们选用的红绿代表性波长间隔很小，可假定这两个波长下的辐射参数相等，因此该模型仍然适用。同时，由于我们采用的是可见光 CCD 火焰探测器，光谱响应范围为 380～780nm，其接收到的火焰辐射信息主要来自火焰中碳黑及其他固体颗粒辐射，所以重建得到的温度分布主要为火焰中碳黑粒子的温度。

试验对象为一台 1.16MW (100%) 的燃烧器，通过调节丙烷及煤气流量，试验过程共设计出 6 个试验工况，如表 11.1 所示。

表 11.1 试验工况参数

工况	时间	丙烷流/(m^3/h)	煤气流量/(m^3/h)	燃烧器负荷/%
1	14:56-14:57	0	113.6	50
2	15:14-15:15	0	170.45	75
3	15:27-15:28	0	199.72 (max)	88
4	16:06-16:07	7.92	71.32	50
5	16:27-16:28	11.88	106.98	75
6	16:48-16:49	21.27 (max)	51.82	75

图 11.20 给出了同时重建实验研究的计算模型。试验在底烧炉侧进行，炉膛高度 5.46m，炉膛截面尺寸为 3.3m×2.7m。燃烧器安装在炉膛底部中央，负荷为 1.16MW，燃烧器喷口直径为 0.6m。烟气出口位于炉膛顶部中央。炉管及 CCD 火焰探测器安装位置前面已有介绍。对炉膛进行网格划分，截面均匀划分为 14×11=154 个网格单元，高度方向划分为 20 个网格单元。空间单元网格总数 3080 个，壁面单元 1308 个。风管连接处的弯管尺寸很短，对辐射成像的影响很小，可忽略不计，这样可将 U 型布置的风管简化为 7 根直的炉管。对炉管表面采用圆柱网格进行划分，网格总数 624 个。所有网格单元总数为 5012 个。每只 CCD 摄像机靶面划分为 40×40 = 1600 个像素，像素单元总计 6400 个。

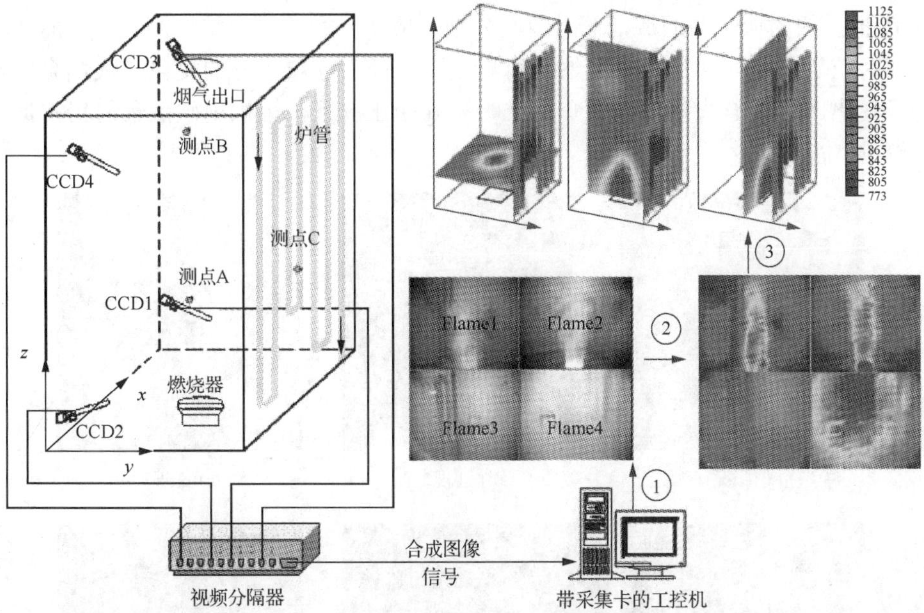

图 11.20　试验炉三维温度场可视化监测系统示意图

对于底烧试验炉，燃烧器安装在炉膛下部中心处。火焰区域的光学参数与气体区域的光学参数有很大区别，因此，在进行温度场重建时，需将火焰区域与气体区域作为两个不同的对象进行考虑。这里在计算模型中设置一个长方体形状的火焰区域，根据炉膛火焰的高度将高度设为 9 个网格，对应 2.5m，宽度及深度设为 4 个网格，对应 0.8m。火焰区域与旁边气体区域辐射能力的不同主要由二者的光学特性参数不同所决定的，燃烧器出口区域即火焰区域燃料燃烧所生成的颗粒物浓度要高于周围气体区域，因此其吸收系数及散射系数要高于旁边气体区域。假设火焰区域为吸收、各向同性散射介质，散射系数为 σ_{s}，吸收系数为 κ。周围气体区域由于碳黑浓度非常小，假定其吸收系数为 0.03，散射系数为 0.01。假设炉壁及管壁面均为灰性发射、吸收、漫反射表面，吸收率均为 ε；待求解的问题如下：如何从 6400 个像素单元接收的炉膛辐射信息中，同时重建炉膛内部 5012 个网格单元温度分布及火焰区域吸收系数 κ、散射系数 σ_{s}、壁面发射率 ε。

6 支热电偶被安装在炉膛内部来对可视化系统检测的温度进行验证。热电偶 A 测点位于炉膛下部，B 测点位于炉膛上部，C 测点布置在第 3 根炉管壁面上，D、E、F 三个测点分别位于火焰区域的下部、中部以及上部。A、B、C 3 支热电偶的量程为 0～1200℃，D、E、F 3 支热电偶的量程为 0～1400℃。

11.4.2　试验结果

图 11.21 给出了 6 个试验工况下的火焰图像。每个工况下的火焰图像由 4 支

CCD 拍摄的图像合并而成，下面两幅分别对应 1 号和 2 号火焰探测器，上面两幅分别对应 3 号和 4 号火焰探测器。可以发现，随着燃料组分的变化，火焰亮度发生了变化，但火焰颜色基本不变，表明在 6 个工况下，火焰中碳黑辐射仍占据主要份额。

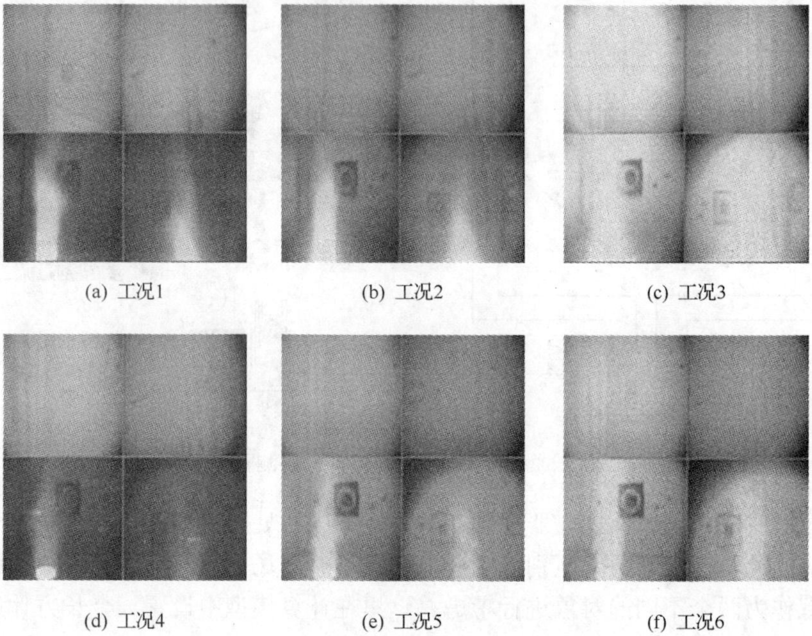

(a) 工况1　(b) 工况2　(c) 工况3

(d) 工况4　(e) 工况5　(f) 工况6

图 11.21　6 个试验工况下火焰图像

采用同时重建算法对 6 个工况下的温度场与辐射参数开展解耦重建。对每一个试验工况，我们从 3 组迭代初值出发，通过同时重建算法搜索辐射参数的最优化逼近结果。图 11.22 给出了 6 个试验工况下辐射参数的迭代收敛过程。

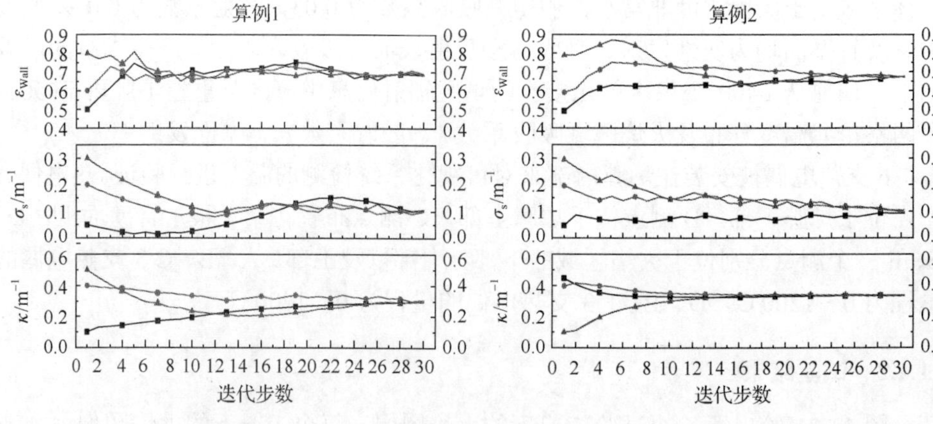

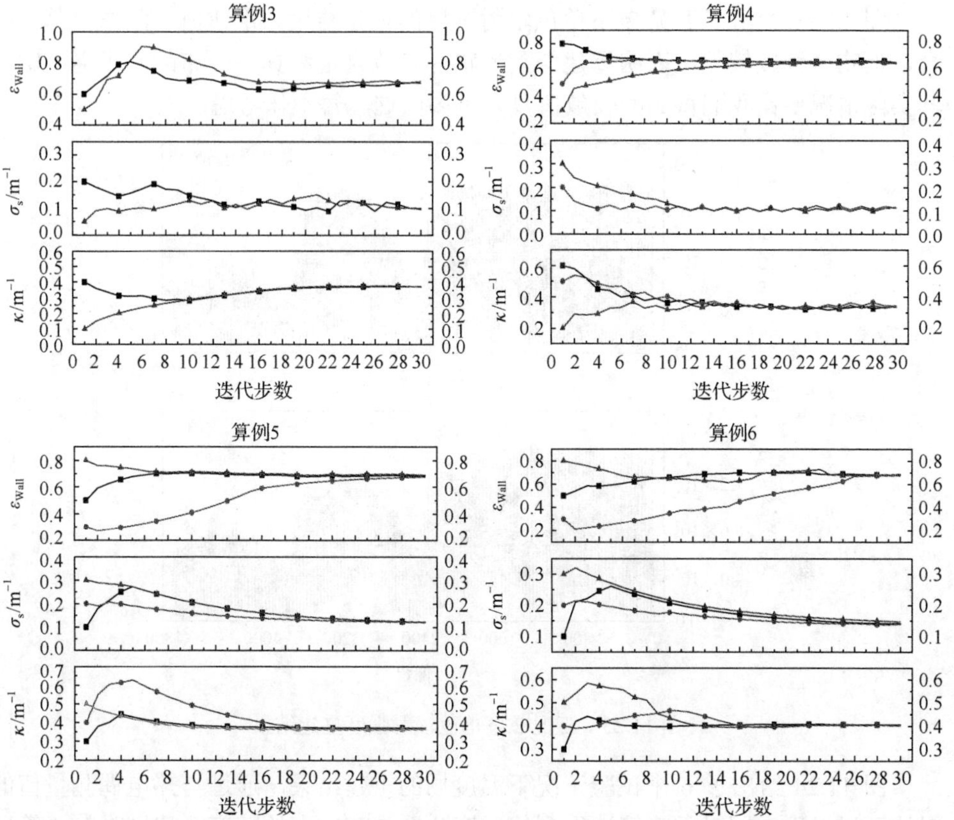

图 11.22　6 个试验工况下辐射参数迭代收敛过程

表 11.2 给出了 6 个试验工况下的辐射参数收敛值。可以发现，随着燃料组分的变化，火焰区域吸收系数与散射系数有明显变化，而壁面发射率则基本保存不变。比较工况 1 和工况 4 可以发现，在燃烧器负荷相同的情况下，掺烧丙烷会使火焰区域吸收系数增大，这是因为丙烷燃料中含有的有机物烃类在燃烧过程中裂解，所生成的炭粒成为火焰中的微粒，增大了火焰区域中碳黑粒子的浓度。

表 11.2　6 个试验工况下辐射参数重建结果

工况	κ/m^{-1}				σ_s/m^{-1}				ε			
	1	2	3	收敛值	1	2	3	收敛值	1	2	3	收敛值
算例 1	0.1	0.4	0.5	0.30	0.05	0.2	0.3	0.10	0.5	0.6	0.8	0.69
算例 2	0.5	0.4	0.1	0.34	0.05	0.2	0.3	0.10	0.5	0.6	0.8	0.68
算例 3	0.4	--	0.1	0.37	0.2	--	0.05	0.10	0.6	--	0.5	0.67
算例 4	0.6	0.5	0.2	0.32	0.1	0.2	0.3	0.10	0.8	0.6	0.5	0.69
算例 5	0.3	0.4	0.5	0.37	0.1	0.2	0.3	0.12	0.5	0.3	0.8	0.68
算例 6	0.3	0.4	0.5	0.40	0.1	0.2	0.3	0.14	0.5	0.3	0.8	0.68

图 11.23 给出了工况 2 下单色辐射强度的重建结果。重建值与测量值基本吻合，但吻合程度较差，表明重建得到的辐射参数只是对真实分布的一个逼近解，其实际情况要比我们得到的收敛值复杂得多，这里暂不作考虑。

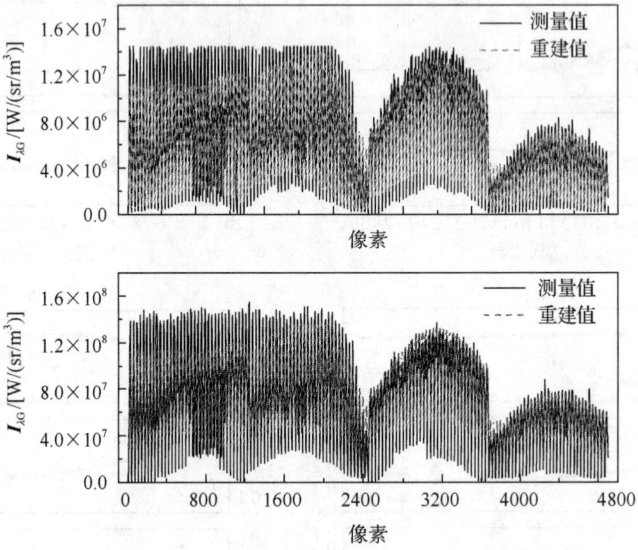

图 11.23　工况 2 下单色辐射强度重建结果

图 11.24 给出了 6 个试验工况下温度场的重建结果。通过与热电偶测量值的对比可以发现，同时重建算法得到的温度分布具有较高的精度。特别是对于管壁测点，温度重建误差不超过 20℃，表明建立的辐射成像模型精确计量了高温管壁的辐射贡献，通过火焰辐射图像分析的方法能够对管壁表面温度进行实时测量。

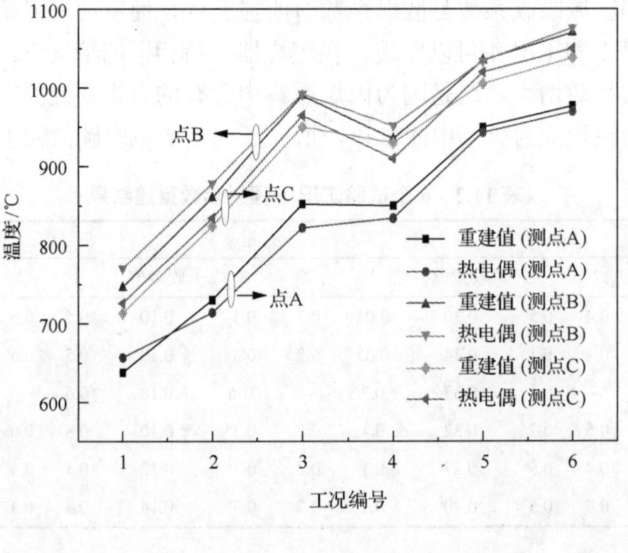

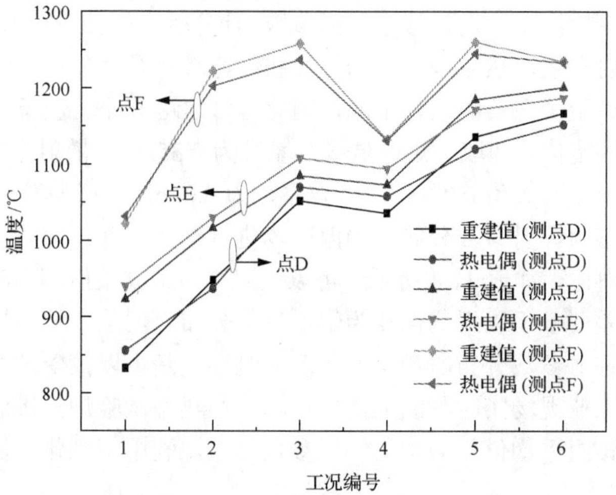

图 11.24　6 个试验工况下温度场重建结果

基于以上分析，我们通过同时重建的方法获得了火焰区域辐射参数的近似分布，对于非火焰气体区域的辐射参数，我们有必要作进一步确认。非火焰气体区域辐射为典型的非灰辐射，这里采用当量吸收系数与散射系数来描述其对辐射的衰减作用[15,16]。考虑到气体区域辐射参数对测温的影响很小，这里采用温度反推的方法确定其大致范围。以工况 6 为研究对象，我们将火焰区域及炉壁辐射参数设定为收敛值，改变非火焰气体区域的辐射参数，然后比较非火焰区域 A、B、C 3 个测点处重建温度与热电偶测量温度。这里选取 3 组吸收与散射系数的分布，分别为 $\kappa = 0.03$，$\sigma_s = 0.01$；$\kappa = 0.3$，$\sigma_s = 0.1$；$\kappa = 0.6$，$\sigma_s = 0.2$。表 11.3 给出了 A、B、C 3 个测点的温度比较结果。当非火焰气体区域吸收系数 $\kappa = 0.03$、散射系数 $\sigma_s = 0.01$ 时，温度重建误差最小，表明该组辐射参数最接近非火焰区域辐射参数真实分布。

表 11.3　非火焰区域辐射参数计算结果

测点位置		算例 1	算例 2	算例 3
		κ=0.03, σ_s=0.01	κ =0.3,σ_s=0.1	κ =0.6, σ_s=0.2
测点 A	计算值/℃	970	1042	1059
	热电偶/℃		977	
	相对误差/%	0.72	6.65	8.4
测点 B	计算值/℃	1076	1121	1128
	热电偶/℃		1070	
	相对误差/%	0.56	4.77	5.42
测点 C	计算值/℃	1050	1040	1032
	热电偶/℃		1062	
	相对误差/%	1.13	2.07	2.82

在实时温度检测中，迭代搜索辐射参数的过程是不允许的，我们常用的做法是固定一组辐射参数，然后利用正则化方法快速重建温度分布。以上 6 个试验工况代表了热态试验炉主要的运行工况，因此可以取这 6 个工况下的平均值作为炉内辐射参数的固定值，即取火焰区域吸收系数为 0.35m^{-1}，散射系数为 0.1m^{-1}，非火焰气体区域吸收系数为 0.03m^{-1}，散射系数为 0.01m^{-1}，壁面发射率为 0.7。对 6 个试验工况在该组辐射参数分布下的温度场进行重建，并与同时重建算法得到的温度分布进行对比，如表 11.4 所示。可以发现，利用收敛值作为辐射参数时，其温度场重建误差要小于以平均值作为辐射参数分布。但从工业应用的角度来说，以平均值作为辐射参数分布所带来的温度检测误差是可以接受的，同时其检测速度够快，满足工业现场实时测温的需要。因此在热态试验炉三维温度场检测系统中，我们采用该组平均值作为炉内辐射参数分布，利用正则化方法实时检测炉内三维温度分布。

表 11.4 辐射参数收敛值和固定值下温度场计算结果

测点位置		算例 1	算例 2	算例 3	算例 4	算例 5	算例 6
点 A	热电偶/℃	638	730	852	850	950	977
	收敛值/℃	657	714	822	834	943	970
	相对误差/%	2.98	2.19	3.52	1.88	0.74	0.72
	固定值/℃	667	763	875	814	933	969
	相对误差/%	4.55	4.5	2.7	4.23	1.79	0.82
点 B	热电偶/℃	746	860	990	935	1035	1070
	收敛值/℃	770	878	992	952	1034	1076
	相对误差/%	3.22	2.09	0.2	1.82	0.10	0.56
	固定值/℃	770	878	1002	972	1016	1077
	相对误差/%	3.22	2.10	1.21	3.96	1.84	0.76
点 C	热电偶/℃	713	824	950	930	1035	1062
	收敛值/℃	726	834	965	910	1020	1050
	相对误差/%	1.83	1.20	1.58	2.15	1.45	1.13
	固定值/℃	745	855	985	904	1010	1045
	相对误差/%	4.49	3.76	3.68	2.8	2.42	1.56
点 D	热电偶/℃	833	948	1052	1036	1136	1167
	收敛值/℃	856	937	1070	1058	1120	1152
	相对误差/%	2.76	1.16	1.71	2.12	1.40	1.29
	固定值/℃	866	979	1080	1033	1110	1182
	相对误差/%	3.96	3.27	2.66	2.32	2.29	1.29

续表

测点位置		算例 1	算例 2	算例 3	算例 4	算例 5	算例 6
点 E	热电偶/℃	923	1017	1085	1073	1185	1201
	收敛值/℃	940	1030	1108	1094	1172	1187
	相对误差/%	1.8	1.28	2.12	1.96	1.10	1.17
	固定值/℃	960	1060	1138	1104	1142	1218
	相对误差/%	4.01	4.23	4.88	2.89	3.63	1.48
点 F	热电偶/℃	1022	1222	1258	1132	1260	1235
	收敛值/℃	1032	1203	1237	1131	1245	1233
	相对误差/%	0.98	1.55	1.67	0.10	1.19	0.16
	固定值/℃	997	1184	1227	1113	1215	1240
	相对误差/%	2.45	3.1	2.46	1.68	3.57	0.35

图 11.25 给出了重建得到的炉内三维温度场云图显示效果。通过颜色的差异，我们可以很直观地得到炉内燃烧状态信息，比如燃烧器火焰高度、火焰宽度、火焰区域温度等。同时可以通过炉管颜色的不同对炉管的加热细节进行监测，判断炉管加热是否均匀，是否存在局部超温等。

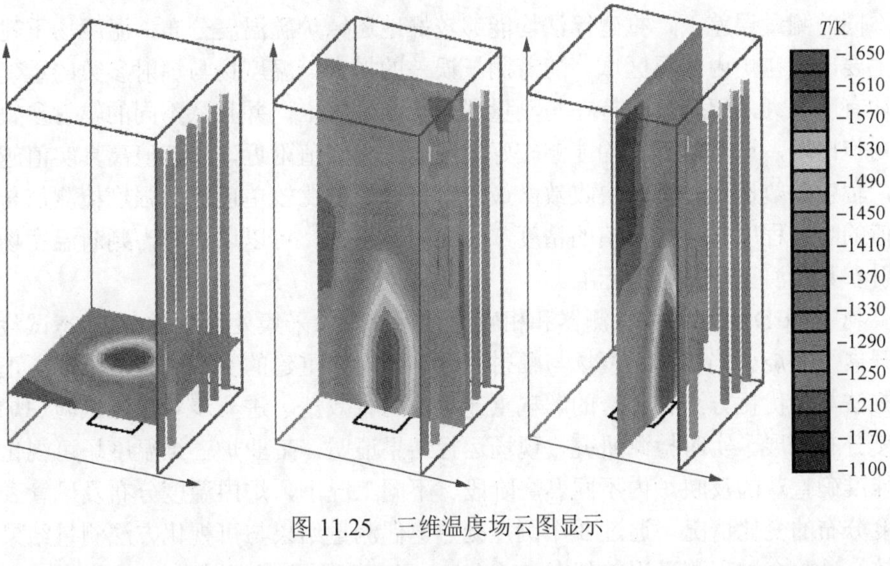

图 11.25　三维温度场云图显示

综上所述，在热态试验炉上的实验研究表明，利用正则化方法与最优化方法相结合的解耦重建方法；能够对工业炉膛三维温度场与辐射特性参数开展同时重建。通过研究不同燃料组分下燃烧火焰的辐射特性，我们获得了热态试验炉内辐射特性参数的近似分布，未来，我们将对炉内三维温度分布开展实时检测研究，以建立一套工业炉炉膛三维温度场可视化技术。

11.5 本章小结

工业加热炉和电站煤粉锅炉在运行方式，几何结构，使用的燃料，炉内光学参数等方面都有显著的不同，导致 DRESOR 法应用于工业加热炉三维温度场检测应用时，需要重新考虑模型的建立特别是网格划分和能束追踪的部分，以及新的基于辐射图像处理的辐射特性反演算法研究及更有效的正则化算法。

本章提出了一种将正则化方法与最优化方法相结合的温度场与辐射参数解耦重建算法，通过提取火焰图像在 R、G 代表性波长下的单色辐射强度分布 $I_{\lambda R}$、$I_{\lambda G}$、利用正则化方法从红色单色辐射强度分布 $I_{\lambda R}$ 中重建温度分布，利用最优化方法从绿色单色辐射强度分布 $I_{\lambda G}$ 中重建辐射参数，以上两个过程交叉迭代，直到收敛。利用该算法对二维截面的温度场与辐射参数解耦重建开展了模拟研究。首先假定炉膛内部空间介质为灰性发射、吸收和各向同性散射介质，吸收系数与散射系数均匀分布，壁面为灰性发射、吸收、漫反射表面，然后通过在炉膛边界处安装 CCD 火焰探测器以获取炉内火焰在红、绿波长下的近似单色辐射强度图像，利用正则化方法，从红色单色辐射强度信息中重建炉内温度分布，同时以绿色单色辐射强度为最优化目标重建炉内介质吸收系数、散射系数和壁面发散率。计算结果表明，在不同的测量误差下，重建算法均能够较好地还原炉膛温度分布，温度场重建误差主要出现在炉内低温区域。随着测量误差的加大，温度场与辐射参数的重建误差均有所增大，但基本保持在与测量误差一个量级上，并且从不同的辐射参数迭代初值出发，该重建算法均能够较好地搜索到真实值附近，当初值离真实值越近时，辐射参数迭代过程越快收敛。最后，可以通过比较单色辐射强度检测值与重建值的吻合程度来确定反演的精度，在实际应用中，可以以此作为判断温度场与辐射参数反演正确与否的标准。

利用 CCD 火焰图像探测器和相应的计算机图像采集处理系统，在热态试验炉上开展了燃烧火焰三维温度场与辐射特性参数同时重建的实验研究，验证了正则化方法与最优化方法相结合的解耦重建算法的有效性。进一步对热态试验炉炉内温度分布开展了实时检测研究，现场运行结果证明，工业炉三维温度场可视化方法能准确直观的反映炉内不同燃烧阶段、不同工况下，炉内温度分布及风管表面温度分布的变化情况。通过 3 个测点处热电偶测量结果与可视化方法测量结果的比较，试验全过程测温误差都在 5%以内，风管表面测温误差在 20℃以内。在试验炉中，通过对炉内燃烧区域和风管表面温度的检测试验证明，我们已经建立起了一种适用于工业炉膛三维温度场实时检测的方法，该方法能够检测炉内温度场的不均匀，能有效预防高温区域可能引起的管内结焦、管壁局部超温、寿命缩短等潜在的危机，此项技术的深入研究，有助于指导管式加热炉在最合理最优化的燃烧条件下工作，实现最优化的完全燃烧，提高管式炉热效率、减少燃料耗量，达到节能降耗的燃烧优化目标。

参考文献

[1] 夏新林, 任德鹏, 郭亮. 求解介质内热辐射传递的双向统计蒙特卡罗法[J]. 工程热物理学报, 2006, 27(z2): 21-24.

[2] 刘阳, 黄本诚. 基于蒙特卡罗法辐射传递系数的统计分析[J]. 航天器环境工程, 2005, 22(5): 278-282.

[3] McCormick N J. Inverse radiative transfer problems: A review[J]. Nuclear science and Engineering, 1992, 112(3): 185-198.

[4] Wang F, Yan J, Cen K, et al. Simultaneous measurements of two-dimensional temperature and particle concentration distribution from the image of the pulverized-coal flame[J]. Fuel, 2010, 89(1): 202-211.

[5] Zhou H C, Hou Y B, Chen D L, et al. An inverse radiative transfer problem of simultaneously estimating profiles of temperature and radiative parameters from boundary intensity and temperature measurements[J]. Journal of Quantitative Spectroscopy and Radiative Transfer, 2002, 74(5): 605-620.

[6] Zhou H C, Yuan P, Sheng F, et al. Simultaneous estimation of the profiles of the temperature and the scattering albedo in an absorbing, emitting, and isotropically scattering medium by inverse analysis[J]. International Journal of Heat and Mass Transfer, 2000, 43(23): 4361-4364.

[7] Zhou H C, Han S D. Simultaneous reconstruction of temperature distribution, absorptivity of wall surface and absorption coefficient of medium in a 2-D furnace system[J]. International Journal of Heat and Mass Transfer, 2003, 46(14): 2645-2653.

[8] 娄春, 周怀春, 姜志伟, 等. 炉膛内断面温度场与辐射参数同时重建实验研究[J]. 中国电机工程学报, 2006, 26(14): 98-103.

[9] 娄春, 周怀春. 炉膛中二维温度场与辐射参数的同时重建[J]. 动力工程, 2005, 25(5): 633-638.

[10] 艾育华, 周怀春. 含烟黑火焰烟黑浓度和火焰温度分布同时重建模拟研究[J]. 工程热物理学报, 2004. 25(3): 469-471.

[11] 艾育华. 基于辐射成像成像的扩散火焰温度和烟黑浓度分布研究[D]. 武汉: 华中科技大学, 2005.

[12] Ai Y, Zhou H C. Simulation on simultaneous estimation of non-uniform temperature and soot volume fraction distributions in axisymmetric sooting flames[J]. Journal of Quantitative Spectroscopy and Radiative Transfer, 2005, 91(1): 11-26.

[13] Liu L H, Tan H P, Yu Q Z. Inverse radiation problem of sources and emissivities in one-dimensional semitransparent media[J]. International Journal of Heat and Mass Transfer, 2001, 44(1): 63-72.

[14] Liu L H. Simultaneous identification of temperature profile and absorption coefficient in one-dimensional semitransparent medium by inverse radiation analysis[J]. International Communications in Heat and Mass Transfer, 2000, 27(5): 635-643.

[15] 聂宇宏, 陈海耿, 姚寿广. 反演计算不同炉气温度下非灰气体的当量吸收系数的方法[J]. 动力工程, 2005, 25(6): 830-833.

[16] 崔苗, 陈海耿, 吴彬, 等. 基于加热炉内炉气非灰辐射特性的总括热吸收率[J]. 工业炉, 2008, 30(1): 5-7.